O retorno da geopolítica na Europa?

FUNDAÇÃO EDITORA DA UNESP

Presidente do Conselho Curador
Mário Sérgio Vasconcelos

Diretor-Presidente
Jézio Hernani Bomfim Gutierre

Superintendente Administrativo e Financeiro
William de Souza Agostinho

Conselho Editorial Acadêmico
Danilo Rothberg
Luis Fernando Ayerbe
Marcelo Takeshi Yamashita
Maria Cristina Pereira Lima
Milton Terumitsu Sogabe
Newton La Scala Júnior
Pedro Angelo Pagni
Renata Junqueira de Souza
Sandra Aparecida Ferreira
Valéria dos Santos Guimarães

Editores-Adjuntos
Anderson Nobara
Leandro Rodrigues

O retorno da geopolítica na Europa?
Mecanismos sociais e crises de identidade de política externa

Stefano Guzzini
(org.)

Tradução
Bárbara V. de C. Motta

© 2012 Cambridge University Press

Esta tradução de *The Return of Geopolitics in Europe? Social Mechanisms and Foreign Policy Identity Crises* foi publicada por acordo com a Cambridge University Press

© 2020 Editora Unesp

Direitos de publicação reservados à:
Fundação Editora da Unesp (FEU)
Praça da Sé, 108
01001-900 – São Paulo – SP
Tel.: (0xx11) 3242-7171
Fax: (0xx11) 3242-7172
www.editoraunesp.com.br
www.livrariaunesp.com.br
atendimento.editora@unesp.br

Dados Internacionais de Catalogação na Publicação (CIP) de acordo com ISBD
Elaborado por Odilio Hilario Moreira Junior – CRB-8/9949

G993r

Guzzini, Stefano
  O retorno da geopolítica na Europa?: Mecanismos sociais e crises de identidade de política externa / Stefano Guzzini; traduzido por Bárbara Vasconcellos de Carvalho Motta. – São Paulo: Editora Unesp, 2020.

  Tradução de: *The Return of Geopolitics in Europe? Social Mechanisms and Foreign Policy Identity Crises*
  Inclui bibliografia.
  ISBN: 978-65-5711-012-6

  1. Geopolítica – Europa 2. Relações internacionais. I. Motta, Bárbara Vasconcellos de Carvalho. II. Título.

2020-2676
CDD: 320.12
CDU: 327

Esta tradução contou com financiamento da Borbos Foundation.

Editora afiliada:

Asociación de Editoriales Universitarias
de América Latina y el Caribe

Associação Brasileira de
Editoras Universitárias

SUMÁRIO

Lista de figuras e tabelas 7
Colaboradores 9
Agradecimentos 11
Prefácio à edição brasileira – Da geografia da política
para a política da geografia 15
Stefano Guzzini

Introdução – O argumento: a geopolítica para corrigir as
coordenadas da identidade de política externa 37
Stefano Guzzini

Parte I – A estrutura analítica

1. Qual quebra-cabeça? Um esperado retorno do
pensamento geopolítico na Europa? 49
Stefano Guzzini

2. Qual geopolítica? 67
Stefano Guzzini

3. O *framework* de análise: a geopolítica encontra a
crise de identidade de política externa 115
Stefano Guzzini

Parte II – Estudos de caso

4. Geopolítica tcheca: lutando pela sobrevivência   169
   Petr Drulák

5. O tema que não ousa falar o seu nome: *Geopolitik*, geopolítica e a política externa alemã desde a unificação   209
   Andreas Behnke

6. Geopolítica "na terra do príncipe": uma chave mestra para a política de poder (global)?   255
   Elisabetta Brighi e *Fabio Petito*

7. O "dogma geopolítico" da Turquia   293
   Pinar Bilgin

8. Huntingtonismo banal: geopolítica civilizacional na Estônia   331
   Merje Kuus

9. Rússia: a geopolítica vinda do *heartland*   363
   Alexander Astrov e *Natalia Morozova*

Parte III – Conclusões empíricas e teóricas

10. O renascimento diversificado da geopolítica na Europa   407
    Stefano Guzzini

11. Mecanismos sociais como microdinâmicas em análises construtivistas   461
    Stefano Guzzini

Referências bibliográficas   507
Índice remissivo   561

LISTA DE FIGURAS E TABELAS

Figuras

Figura 7.1. Cartum político de Behiç Ak demonstrando a "geopolítica como senso comum" na Turquia. Reproduzido com a gentil permissão do artista.   302

Figura 11.1. O ressurgimento da geopolítica (I): um simples modelo processual interpretativista   464

Figura 11.2. O ressurgimento da geopolítica (II): um modelo processual interpretativista estabelecido em camadas temporais   472

Figura 11.3. O retorno da geopolítica (III): mecanismos sociais em um modelo processual interpretativista estabelecido em camadas temporais   499

Tabela

Tabela 10.1. Uma síntese dos estudos de caso   449

COLABORADORES

Alexander Astrov é professor associado no Departamento de Relações Internacionais e Estudos Europeus na Central European University, em Budapeste, Hungria.

Andreas Behnke é conferencista sobre teoria política no Departamento de Ciência Política e Relações Internacionais da Universidade de Reading, Reino Unido.

Pinar Bilgin é professora associada no Departamento de Relações Internacionais da Bilkent University em Ankara, Turquia.

Elisabetta Brighi é professora-bolsista no Departamento de Ciência Política da University College London, Reino Unido, e conferencista visitante em relações internacionais na Middlesex University, Reino Unido.

Petr Drulák é diretor do Instituto de Relações Internacionais (Institute of International Relations – IIR), Praga, e professor associado na Charles University, em Praga, República Tcheca.

Stefano Guzzini é pesquisador sênior no Instituto Dinamarquês de Estudos Internacionais (Danish Institute for Internnational Studies), em Copenhague, e professor de política na Uppsala University, Suécia.

Merje Kuus é professora associada de geografia na Universidade de British Columbia em Vancouver, Canadá.

Natalia Morozova é conferencista na Faculdade de Relações Internacionais, na Nizhny Novgorod State University, Rússia.

Fabio Petito é conferencista sênior em relações internacionais e diretor do Sussex Centre for International Security na Universidade de Sussex, Reino Unido.

AGRADECIMENTOS

Este livro ficou muito tempo em fase de confecção. Assim, desde o início, quero e preciso sublinhar o tamanho da gratidão que devo aos autores deste volume, que continuaram revisando seus capítulos ao longo dos anos em função deste projeto de pesquisa em desenvolvimento. Eles fizeram isso mesmo quando não conseguiram ganhar nenhum "ponto a mais" com um mero capítulo de livro cuja publicação não esteve, por muito tempo, assegurada. Não tendo recebido nenhum financiamento importante, o projeto não pôde garantir a exclusividade de sua atuação, retirando os autores, momentânea e parcialmente, de seus compromissos normais. Felizmente, todos eles viram seus resultados de pesquisa intermediários ou relacionados com este livro publicados durante o processo de confecção deste volume, em particular na forma de artigos em periódicos (consulte as Referências Bibliográficas para obter mais detalhes).

Depois de tanto tempo, o projeto incorreu em muitas dívidas intelectuais. Seu artigo mais conceitual foi apresentado na conferência conjunta ISA-Ceeisa em Budapeste, em junho de 2003, na qual recebeu uma discussão animada de Yosef Lapid (obrigado novamente). Os capítulos sobre os estudos de caso foram apresentados nos painéis que organizamos para a convenção da ISA em Montreal (março de 2004), a conferência SGIR em Haia (setembro de 2004), e as convenções Ceeisa em Tartu (junho de 2006) e ISA em São Francisco (março de 2008). Obrigado a todos os debatedores e ao público desses eventos por todos os comentários e críticas.

Dois episódios foram particularmente úteis para o avanço deste projeto. Ele fazia parte da ação Cost A24, da UE (The evolving social construction of Threats – "A evolução da construção social de ameaças"), que financiou uma reunião, em formato de workshop, de todos os participantes, de 5 a 6 de junho de 2006 em Copenhague, no Instituto Dinamarquês de Estudos Internacionais (Danish Institute for International Studies – DIIS). Esse workshop mostrou-se muito importante, pois as primeiras descobertas empíricas, quando discutidas em conjunto, possibilitaram reformular todo o projeto. Então, pessoalmente, recebi uma bolsa no Instituto Hanse de Estudos Avançados (Hanse Institute for Advanced Studies – HWK) em Delmenhorst, perto de Bremen, para o ano acadêmico de 2007-2008. A oportunidade de ter um tempo livre para realizar pesquisas nas áreas da geografia política e crítica, bem como sobre metodologia interpretativista, foi fundamental para o presente livro. A maior parte de seus capítulos introdutórios foi produzida durante minha estadia neste instituto. Minha mais sincera gratidão aos colegas e funcionários do HWK.

Desde 2008, apresentei as conclusões do projeto geral em palestras na Hebrew University (Jerusalém) e nas universidades de St. Andrews e Tübingen, bem como em oficinas e seminários de pesquisa no DIIS, na Uppsala University, no Instituto de Relações Internacionais (IRI) da Pontifícia Universidade Católica do Rio de Janeiro (PUC-Rio), na reunião final da Ação Cost A24 em Bruxelas (junho de 2008), na conferência "Usos do Ocidente" organizada na Sais, Bolonha (novembro de 2008), e em um workshop de doutorado no DIIS coministrado com Ned Lebow e Janice Stein sobre "Análise de política externa: revisitando o papel das ideias, psicologia e causalidade" (2011), que foi financiado pela rede Danish Polforsk. Agradeço a todos os participantes por seus comentários perspicazes – que tentei abordar, mas não consegui fazê-lo em todos os casos.

Vários colegas e amigos tiveram a gentileza de tirar uma folga de seu próprio trabalho para ler partes e, às vezes, todos os meus capítulos deste volume entre o final de 2008 e 2011. Estou certo de que a lista a seguir não está completa, pelo que peço desculpas a todos aqueles que não menciono explicitamente. Mas é meu dever pelo menos tentar lembrar os muitos que me auxiliaram, ao longo de tantos anos. Meus agradecimentos vão a Emanuel Adler, John Agnew, Marco Antonsich, Eiki Berg, Fredrik Bynander, Simon Dalby, Thomas Diez, Stuart Elden, Carlos Frederico Pereira da Silva Gama, Tine Hanrieder, Jef Huysmans, Piki Ish-Shalom, Peter Katzenstein, Friedrich Kratochwil, Victor Lage, Anna Leander, Ned Lebow, Mikkel Runge Olesen, Nick Onuf, Nick Rengger e PerOla Öberg.

Finalmente, gostaria de agradecer a John Haslam, da Cambridge University Press, por seu apoio e paciência. Após os primeiros relatórios, que nos pediram um aprofundamento da análise, o processo de referenciação e revisão levou algum tempo, mas foi muito útil para melhorar a qualidade do livro. Meus agradecimentos também a Louise Clausen e Njeri Jensen, por sua assistência no DIIS; a Catherine Schwerin, por sua edição na parte de revisão de texto da primeira submissão; e a John Carville, por sua edição completa de meus capítulos para a submissão final (e ao DIIS por fornecer suporte financeiro para a edição).

PREFÁCIO À EDIÇÃO BRASILEIRA[1]
DA GEOGRAFIA DA POLÍTICA PARA A POLÍTICA DA GEOGRAFIA

Stefano Guzzini

QUAL GEOPOLÍTICA? Este livro é sobre uma teoria, mas também sobre o termo "geopolítica" em si. Na maioria das línguas latinas, "geopolítica" significa, muitas vezes, algo simplesmente relacionado à política internacional. Em vez de usar frases longas e confusas, basta uma única palavra. O termo aparece frequentemente na observação jornalística da política mundial, mas também na descrição e análise de vários indivíduos que atuam nas relações internacionais, dentre eles diplomatas e militares. No entanto, mesmo nesses usos genéricos, não é a qualquer "política internacional" que o termo "geopolítica" se refere. De fato, na maioria dos casos, a geopolítica tem relação com o componente geográfico da política, o qual lhe fornece uma fonte ou objetivo. A geografia surge, então, como uma fonte para ação política, quando a localização geográfica, o território e os recursos, incluindo os "recursos humanos", contribuem para uma avaliação em termos de (recursos de)

---

1 Sou grato a Paulo Chamon, Bárbara Motta, Carolina Salgado e Maíra Siman pelas sugestões a este Prefácio.

poder dos atores, a qual, por sua vez, define as intenções e o "interesse nacional" – e, portanto, o comportamento –, como nos aponta a própria perspectiva da *realpolitik*. A geografia aparece também como o objetivo de tal política quando um ator procura (e compete) por território e recursos. Assim, a geopolítica orienta nossa visão para políticas territoriais ou demográficas e, de modo mais geral, para a competição na "política de poder". Quando afirmamos que algo é geopolítico, queremos dizer que ele se refere à maneira como os principais atores internacionais interagem entre si na administração da ordem mundial, ou como os principais atores regionais participam na administração da ordem regional ou, enfim, como o próprio Estado atua no estabelecimento de sua ordem e seus limites, usualmente tendo em mente a ideia de um conflito em potencial, por vezes com conotações territoriais. Esses conflitos podem não se tornar embates militares, mas são vistos, em última análise, como inevitáveis em um mundo em que os Estados competem por poder.

Portanto, quando mencionamos a geopolítica, geralmente não nos referimos ao último tratado ambiental, à cooperação para o desenvolvimento de uma vacina ou à criação de um sistema comum de residência gratuita, para onde cidadãos de diferentes países podem se mudar e se instalar sem a necessidade de qualquer permissão especial de residência, licença de trabalho ou outro tipo de autorização (como entre os países do Conselho Nórdico na Europa). E caso a "geopolítica" seja utilizada para analisar essas questões, ela imporá uma leitura que as reduz à relação entre a geografia e a luta pelo poder. Consequentemente, embora a geopolítica pareça se referir à política internacional como um todo, ela, na verdade, aborda apenas um elemento particular da política internacional que traz consigo um conjunto específico de suposições sobre o papel do poder material (e humano) na política mundial. Assim, ela repete a falácia do realismo clássico de reverter a relação entre poder e política: embora seja correto compreender o poder como parte de toda a política, nem toda política é sobre poder (veja, por exemplo, o trabalho de Hannah Arendt a esse respeito). A "geopolítica" adquiriu esse conjunto de conotações por efeito de seu passado. Qualquer grande conceito tem uma história construída a partir de seus usos, e essa história informa seus significados atuais. Além disso, eles não têm uma história única, uma vez que estão inseridos em contextos políticos e culturais de diferentes localidades. Dessa forma, os termos dos nossos discursos políticos não estão se desenvolvendo necessariamente da mesma maneira nas várias culturas políticas em que eles são empregados: os mesmos termos são usados de modo diferente e, às vezes, termos completamente diferentes são criados. A própria palavra *power*, em inglês, normalmente se refere a dois termos nos idiomas latinos (se não a mais termos, já que, por exemplo, *forza, fuerza* e "força" também capturam aspectos da noção de poder), que são derivados de *potentia* e *potestas* em latim. Inversamente, nem a expressão *authority*, nem a expressão *domination*, ambas em inglês, capturam por inteiro o sentido da expressão, em alemão, *Herrschaft*, termo este preferido de Max Weber para a análise do poder, uma vez que *Macht* (geralmente traduzido como "poder") era analiticamente amorfo e, portanto, inútil.[2] Nesse sentido, não se trata apenas de encontrar equivalentes diretos. Os idiomas carregam contextos ontológicos diferentes. Em inglês, o termo "poder", em suas duas versões mais comuns de "poder para" e "poder sobre", mobiliza uma visão relativamente centrada no agente, em geral próxima à ideia de "influência", enquanto que em outros idiomas ele se relaciona mais facilmente a aspectos estruturais do poder ou a uma "dominação" impessoal.

Todavia, como esses exemplos também nos mostram, existem semelhanças entre os termos. Elas são maiores quando o termo é conscientemente traduzido em meio a diferentes culturas políticas.

----
2 Weber, *Wirtschaft und Gesellschaft: Grundriss der verstehenden Soziologie*, p.28-9.

Podemos argumentar que isso se aplica, em grande medida, à "geopolítica", ao ser partilhada e compartilhada por elites acadêmicas e políticas em muitos Estados e fazer parte do vocabulário de "senso comum" entre os indivíduos que atuam nas relações internacionais. É esse passado que, nos contextos relevantes para este livro e para esta tradução, levou a geopolítica ao seu campo semântico atual, no qual ela se refere à relação entre geografia física e humana, poder estatal e conflito. No caso da geopolítica, esse passado está intimamente relacionado a dois contextos, muitas vezes combinados. O primeiro foi o seu desenvolvimento na geografia política dos Estados Unidos e da Europa do final do século XIX, em que muitas vezes ela justificou, se não encorajou, o imperialismo e o colonialismo com base em motivos civilizacionais e, em última instância, racistas.[3] Isso também aconteceu em impérios menores, como ilustra o caso da Itália neste livro. Os principais pensadores considerados pioneiros da tradição geopolítica foram os geógrafos que se comprometeram a pensar o mundo em sua totalidade. Mas eles estavam observando o mundo com um olhar a partir das metrópoles que haviam sido, então, "convocadas" a governar este mundo, como exemplificado por *Sir* Halford Mackinder (1904). Alguns desses pensadores, como Alfred Thayer Mahan (1890), um oficial da Marinha norte-americana que se tornou historiador, eram militares, sendo este o segundo contexto significativo em que o termo "geopolítica" se desenvolveu. O encontro entre o olhar militar e a avaliação imperialista sobre a política não é coincidência. De fato, como o geógrafo político francês Yves Lacoste afirmou, de maneira enfática, sobre as origens da geografia, "a geografia serve principalmente para fazer guerra".[4]

Contudo, essa combinação de uma visão militar sobre política e o fortalecimento do poder estatal ocorre de modo diferente em muitos

---

3 Ver também a discussão sobre o "imperialismo realista racista" em Hobson, *The Eurocentric Conception of World Politics*, p.150 e ss.
4 Lacoste, *La géographie, ça sert d'abord à faire la guerre*.

países. Existe, por exemplo, uma "geopolítica dos fracos", como ilustrado por alguns países nórdicos da Europa.⁵ A geopolítica também foi mobilizada por atores militares para legitimar suas versões sobre a construção do Estado, incluindo processos de modernização doméstica (às vezes, com colonização interna) e segurança nas fronteiras externas.⁶ Essa dupla linhagem também enseja um uso da "geopolítica" que é crucial para o desenvolvimento deste livro: a geopolítica não se refere apenas a um certo modo de descrever o mundo; ela quer explicá-lo. De fato, o *termo* geopolítica pode, supostamente, apenas descrever o mundo simplesmente porque mobiliza certas suposições tácitas oriundas de uma *teoria* da geopolítica. Qualquer termo direciona nossa atenção para certas questões em detrimento de outras. Isso é normal e inevitável. Como mencionado, a geopolítica nos leva a olhar para uma política conflituosa, geralmente devido a questões territoriais, e preocupada com a competição pelo poder, que, em última instância, pode ser militar. Tal leitura deriva de uma teoria da geopolítica que estabelece, sistematicamente, maneiras de ler a política "a partir do mapa" ou, nos termos de Colin Gray, que analisa o "significado político da geografia".⁷ Como o *Cambridge Dictionary* definiu, a geopolítica é "o *estudo* de como o tamanho, a posição etc. de um país influenciam seu poder e suas relações com outros países" (grifo nosso). Ela é, portanto, uma teoria, um instrumento analítico, e não apenas um termo.

Na minha perspectiva, a teoria geopolítica é caracterizada por quatro suposições básicas (ver Capítulo 2 deste livro). Primeiro, ela enfatiza uma *interconectividade* do mundo que produz um senso de "totalidade", senso este que, para um escritor geopolítico atual,

---
5 Tunander, Geopolitics of the North, Geopolitik of the Weak: a Post-Cold War Return to Rudolf Kjellén, *Cooperation and Conflict*, v.43, n.2.
6 Para uma análise relacionada ao Brasil, ver Hage, Geopolítica brasileira: o desenvolvimento histórico-cultural de uma atividade política, *Revista de Geopolítica*, v.6, n.1.
7 Gray, Geopolitics and Deterrence, *Comparative Strategy*, v.31, n.4.

apresenta "os principais objetos e justificativas" da teoria geopolítica hoje.[8] Aqui, os primeiros geopolíticos costumavam recorrer à metáfora do "organismo" enquanto ilustração do holismo presente na geopolítica clássica, em que todos os elementos do globo estão conectados, e cada uma de suas partes desempenha papéis diferentes em um ciclo de vida marcado pelo declínio e pela expansão. Mas as ideias de totalidade e interconectividade podem ser abordadas de outra forma, como na teoria dos sistemas.[9] Segundo, a geopolítica insiste na *finitude* do mundo em que nenhum conflito pode ser exportado e nenhuma compensação é fácilmente alcançada. Esse ponto foi trazido à consciência imperial durante o "incidente" de Fashoda em 1898, em que tropas britânicas e francesas, em sua competição na África, se encontraram no Sudão. Em terceiro lugar, a geopolítica se apoia no *neomalthusianismo*, o qual fornece a determinância pessimista e, muitas vezes, o componente demográfico da teoria. Thomas Robert Malthus, por exemplo, um clérigo e economista político inglês, estava preocupado com a relação entre demografia e produção de alimentos. Os pensadores geopolíticos deduziram dessa preocupação que, em um mundo finito, no qual o crescimento demográfico poderia superar o crescimento de recursos, buscar o expansionismo seria a prática corrente de qualquer Estado, sendo a realização de tal empreitada necessária sempre que houvesse uma oportunidade. Conceitos como "pressão demográfica" ou "espaço vital" são inspirados nesse raciocínio. Essa visão está, finalmente, conectada ao componente mais controverso da tradição geopolítica, a saber, o *darwinismo social*, que nos aponta para uma luta existencial pela primazia nacional/cultural ou racial.

* * *

---

8 Parker, *Western Geopolitical Thought in the Twentieth Century*, p.2.
9 Além de Parker, ver Cohen, Global Geopolitical Change in the Post-Cold War Era, *Annals of the Association of American Geographers*, v.81, n.4; e Id., Geopolitical Realities and United States Foreign Policy, *Political Geography*, v.22, n.1.

Os escritores geopolíticos contemporâneos resistirão a algumas dessas características porque acreditam que elas dotam a geopolítica de uma crítica baseada em uma "culpa por associação". Não é possível negarmos que a geopolítica tem um passado pouco apresentável. Ela esteve intimamente ligada às ideologias fascistas e nazistas na primeira metade do século XX e, posteriormente, também a ditaduras autoritárias, em geral militares. O importante geopolítico alemão Karl Haushofer pode não ter sido a inspiração ou a figura mais proeminente no regime nazista, como muitos costumam assumir,[10] e suas ideias nem sempre estavam sincronizadas com a prática nazista.[11] Seus escritos[12] pretendiam, porém, estabelecer uma "ciência alemã da política internacional"[13] a qual justificava o expansionismo alemão e foi útil para o governo nazista. Na Itália, por sua vez, o primeiro jornal de geopolítica, *Geopolitica: Rassegna Mensile di Geografia Politica, Economica, Sociale, Coloniale*, foi criado no final do regime fascista.

A geopolítica também foi importante para a construção de experts em política externa nesses países, nos quais os militares desempenham um papel político importante, seja em um regime militar direto, seja em um sistema político que lhes reserva legitimidade particular por seu papel histórico na construção do Estado, frequentemente acompanhada de privilégios socioeconômicos e uma ampla autonomia em relação ao controle civil e legal e ao aparato democrático. No livro, esse ponto é exemplificado no capítulo de Pinar Bilgin sobre a Turquia, mas vários trabalhos foram escritos para os casos da

---

10 Wolkersdorfer, Karl Haushofer and Geopolitics: the History of a German Mythos, *Geopolitics*, v.4, n.3.
11 Bassin, Race Contra Space: the Conflict between German *Geopolitik* and National Socialism, *Political Geography Quarterly*, v.6, n.2.
12 Haushofer, *Geopolitik des Pazifischen Ozeans: Studien über die Wechselbeziehungen zwischen Geographie und Geschichte*; e *Weltpolitik von heute*.
13 Diner, Knowledge of Expansion: on the Geopolitics of Karl Haushofer, *Geopolitics*, v.4, n.3, p.163.

Península Ibérica[14] e da América Latina,[15] como, por exemplo, sobre a Argentina,[16] o Brasil[17] e o Chile.[18] Afinal, o general Pinochet já havia estabelecido uma certa reputação por publicar livros (inclusive didáticos) sobre geopolítica antes de seu golpe.[19] No entanto, os defensores da geopolítica dirão que esse passado não faz mais parte das considerações atuais da geopolítica, quando ela foi corrigida para o que Bassin[20] chamou de "geopolítica neoclássica". A referência aos pensadores clássicos é sempre contextualizada e usada para uma abordagem mais sóbria da geopolítica. Portanto, é compreensível que os proponentes atuais da geopolítica clássica ou neoclássica possam achar minha supracitada definição enganosa, se não injusta. Essa defesa, contudo, esbarra em alguns dilemas, dos quais mencionarei os dois mais importantes.

Em primeiro lugar, alguns geopolíticos resistem à ideia de ver a geopolítica como uma teoria científica no sentido acadêmico; antes, a geopolítica seria uma maneira de desenvolver uma estratégia

14 Sidaway, Iberian Geopolitics, in: Dodds e Atkinson (Orgs.), *Geopolitical Traditions: a Century of Geopolitical Thought*.
15 Child, Geopolitical Thinking in Latin America, *Latin American Research Review*, v.14, n.2; Hepple, Metaphor, Geopolitical Discourse and the Military in South America, in: Barnes e Duncan (Orgs.), *Writing Words: Discourse, Text and Metaphor in the Representation of Landscape*; Kacowicz, Geopolitical and Territorial Issues: Relevance for South America, *Geopolitics*, v.5, n.1.
16 Dodds, Geopolitics and the Geopolitical Imagination of Argentina, in: Dodds e Atkinson, op. cit.; e Reboratti, El encanto de la oscuridad: notas acerca de la geopolitica en la Argentina, *Desarrollo Económico*, v.23, n.89.
17 Costa, *Geografia política e geopolítica: discursos sobre o território e o poder*, p.183-228; Hepple, Geopolitics, Generals and the State in Brazil, *Political Geography Quarterly*, v.S5, n.4; Kelly, Geopolitical Themes in the Writings of General Carlos de Meira Mattos of Brazil, *Journal of Latin American Studies*, v.16, n.2.
18 Gangas-Geisse, Ratzel's Thought in Chilean Geography, in: Antonsich, Kolossov e Pagnini (Orgs.), *On the Centenary of Ratzel's Political Geography. Europe between Political Geography and Geopolitics*; e Santis-Arenas, Ratzel's Thought in Chilean Geopolitics, in: Antonsich, Kolossov e Pagnini, op. cit.
19 Pinochet Uguarte, *Geografía militar: interpretación militar de los factores geográficos*; e *Geopolítica*.
20 Bassin, The Two Faces of Contemporary Geopolitics, *Progress in Human Geography*, v.28, n.5, p.621.

sistemática de política externa. Esse duplo nível de análise, da teoria observacional e da doutrina para ação, é muito comum nas relações internacionais. Não há nada de errado com isso; apenas que os dois níveis não devem ser confundidos.[21] Uma teoria observacional não pode ser tratada da mesma forma que uma estratégia de política externa ou vice-versa. Por exemplo, após a invasão e anexação da Crimeia pela Rússia, alguns comentaristas viram os ensinamentos da geopolítica sendo confirmados,[22] mas isso confunde descrição com explicação. Descrever algo como um conflito territorial ou como uma guerra conectada ao tamanho e ao espaço dos países é bastante diferente de estabelecer as razões para essa apropriação de territórios. De maneira mais geral, não é que a teoria realista esteja certa quando as relações internacionais se tornam violentas, ou que o liberalismo esteja correto quando os Estados assinam um tratado de paz. Ambas as teorias têm explicações para qualquer um desses fenômenos. Portanto, seguir uma estratégia geopolítica de política externa e explicar as razões pelas quais um país decidiu seguir tal estratégia são questões com significados diferentes. As duas só podem ser combinadas caso a análise seja dotada de um alto grau de determinância, em que se apresente uma situação na qual os países ficaram literalmente "sem opção" – que é exatamente o que a geopolítica faz. Portanto, ou a geopolítica é defendida como uma estratégia de política externa que não pode ser sustentada por uma teoria observacional e, portanto, cega aos próprios efeitos da aplicação de tal estratégia, o que é pouco convincente; ou ela possui uma teoria que a apoia tacitamente, mas que precisa ser avaliada pelos critérios aplicados a toda teoria observacional nas ciências sociais, sejam elas positivistas ou pós-positivistas.

21 Aron, *Macht, Power*, Puissance: prose démocratique ou poésie démoniaque?, *European Journal of Sociology*, v.5, n.1, p.27 e 45-6.
22 Ver, por exemplo, Daniel Deudney em Agnew et al, Symposium on Stefano Guzzini's (ed.), The Return of Geopolitics in Europe? Social Mechanisms and Foreign Policy Identity Crises, *Cooperation and Conflict*, v.52, n.3.

Essa confusão entre o nível da prática e o nível da explicação está relacionada ao transcurso histórico específico da expertise internacional e sua tardia institucionalização acadêmica. Quando as ciências sociais ocidentais começaram a se desenvolver no século XIX, as relações internacionais seguiram uma trajetória diferente da ciência política (ou da "ciência do Estado"), da economia e da sociologia. No crescente processo de diferenciação das sociedades ocidentais, as ciências se desenvolveram para observar os recém-autônomos campos que se separavam do Estado: o governo, a economia de mercado e a sociedade civil. As relações internacionais não precisavam fazer esse movimento: elas já eram uma esfera separada de conhecimento – conhecimento prático – principalmente sobre estratégia e diplomacia. Seu processo de diferenciação é anterior à diferenciação social que ocorreu dentro do Estado, já que se baseia na própria diferença entre Estados. Ademais, ele já possuía indivíduos especializados. Quando seu conhecimento prático foi examinado no início do século XX, porém, era necessária uma justificativa científica para manter sua credibilidade e influência. As Relações Internacionais (RI) precisavam agora também ser uma disciplina; e, em contraste com as outras ciências sociais, as RI, enquanto ciência, se consolidaram tardiamente e de modo inverso. "A disciplina não foi criada para produzir conhecimento; o conhecimento [prático] já existente que produziu sua disciplina".[23] Desde então, as RI têm oscilado entre o conhecimento dos atores e o conhecimento dos observadores, fato que, mais uma vez, provocou certa ansiedade: seja em termos de "relevância perdida", quando não se coaduna com a prática, seja em termos das "armadilhas do senso comum", quando o conhecimento prático não se relaciona com o conhecimento científico.

Em segundo lugar, os geopolíticos contemporâneos concordariam comigo que as quatro características não são todas defensáveis

---

23 Guzzini, The Ends of International Relations Theory: Stages of Reflexivity and Modes of Theorizing, *European Journal of International Relations*, v.19, n.3, p.524.

e argumentariam, ainda, que especialmente a última característica não é mais pertinente no debate atual. Em geral, eles admitem que não se pode ler a política a partir do mapa. Aparentemente, ser uma ilha significava algo diferente na Inglaterra e no Japão do século XVIII, embora nunca seja impossível encontrar motivos relacionados à geografia para explicar diferenças. Os geopolíticos contemporâneos afirmariam, então, que não existe mais um "determinismo geográfico": a geografia não causa a política. Entretanto, essa correta afirmação produz um outro dilema. Se os escritores geopolíticos desejam enfatizar que sua abordagem é superior a outras abordagens, eles não podem simplesmente alegar que os fatores geográficos, físicos e humanos preciam ser encarados com seriedade. Todas as explicações consideram fatores geográficos, dependendo do assunto em questão. Isso não determina o campo da geopolítica, nem a distingue de demais abordagens: "encarar os fatores geográficos com seriedade" não oferece elementos suficientes para mostrar o quanto a geografia importa, e muito menos o quanto ela importa "por si só", como diz a teoria geopolítica. No desejo de justificar sua distinção e legitimar a utilização de sua teoria, em vez de outra, a geopolítica sistematicamente apresenta a geografia como elemento com primazia e determinância explicativa, ao mesmo tempo que não fornece uma justificativa teórica para isso, já que rejeita a acusação que lhe fazem de possuir um "determinismo geográfico". Em outras palavras, a teoria geopolítica se depara com um dilema: ou ela é indistinta, indeterminada e correta, mas trivial, ou distinta e determinada, mas equivocada. Esse dilema sem resolução explica o que o general Carlo Jean,[24] ele próprio um pensador geopolítico, chama de a inevitável tentação geopolítica do cientificismo e do determinismo (que ele, de fato, não evita em seus trabalhos, como mostro no livro).

---

24 Jean, *Geopolitica*, p.8 e 20.

Portanto, acredito ser importante definir a geopolítica neoclássica de uma maneira mais detalhada, como faço no Capítulo 2, em que ela se refere a "uma análise orientada por políticas, geralmente conservadoras e com conotações nacionalistas, que fornece primazia explicativa, mas não exclusividade, a certos fatores geográficos, físicos e humanos (seja o analista explícito sobre este ponto ou não) e dá precedência a uma visão estratégica – um realismo com um olhar militar e nacionalista – para analisar as "necessidades objetivas" dentro das quais os Estados competem por poder e status".[25]

* * *

Dessa forma, dado seu caráter determinista, competitivo e militarizante, esperaríamos que a teoria geopolítica florescesse em sociedades com forte presença dos militares na política doméstica, conforme definido anteriormente, e em um contexto cujo debate sobre assuntos internacionais estivesse fortemente associado à política de competição por poder das (grandes) potências. Isso produz o "quebra-cabeça" que informa este livro: por que encontraríamos um ressurgimento do pensamento geopolítico na Europa no final da Guerra Fria, isto é, na década de 1990, quando esta acabara de experimentar o fim de um dos principais momentos de competição por poder e o desmantelamento de regimes autoritários e, muitas vezes, fortemente militarizados?[26] O livro avalia uma série de hipóteses para explicar esse quebra-cabeça. No final, ele se concentra na "crise de identidade de política externa" como a explicação mais significativa para esse ressurgimento.

|||||||||||
25 Essa definição está inerentemente conectada à ideologia do Estado ou da nação, que, em muitos países, se relaciona com o espectro político de direita, mas isso nem sempre ocorre.
26 Para um exemplo brasileiro do renascimento da geopolítica após 1989, ver a tentativa de Mello (*Quem tem medo de geopolítica?*) em resgatar Mackinder para ler a política mundial após o fim da Guerra Fria.

De acordo com essa visão, o fim da Guerra Fria não apenas pacificou a segurança europeia nos anos 1990, mas também levantou novas questões sobre como entender essa nova ordem de segurança e o papel dos países nela. Essa era uma preocupação, por exemplo, para os países recentemente (re)criados, como o caso da Estônia, no livro, em que as novas elites tiveram de elaborar uma nova estratégia e uma nova identidade de política externa. Tal preocupação também se aplicava a países que viram suas fronteiras mudarem, como a Alemanha unificada, a (então sem a Eslováquia) República Tcheca e a Rússia. Além disso, esses questionamentos produziram problemas para a autocompreensão e para a percepção de importância dos países cujo papel estava intimamente ligado à dinâmica da Guerra Fria, como a Itália e a Turquia. Giorgy Arbatov, diretor do Instituto de Estudos sobre Estados Unidos e Canadá e consultor de Mikhail Gorbachev, é amplamente citado por ter dito, em 1988, em entrevista a um jornalista norte-americano, que "nós faremos algo terrível para você – nós vamos privá-lo do seu inimigo".

As identidades são sempre constituídas de modo relacional. Nesse sentido, perder os elementos basilares já estabelecidos em uma identidade enfraquece as narrativas identitárias que os Estados mobilizam ao ler o mundo político e ao localizar sua própria posição e suas próprias políticas neste mundo. Na Europa pós-1989, suas autocompreensões e seus reconhecimentos sobre os papéis que até então desempenharam deveriam ser redefinidos. Nesse contexto, a aparente simplicidade da geopolítica, em que o lugar e a função de um país podem ser "lidos a partir do mapa", se tornou uma maneira fácil de lidar rapidamente com essa ansiedade, sem nunca resolvê-la de fato, como mostram vários dos nossos capítulos empíricos. No entanto, como o presente livro também evidencia, esse ressurgimento da geopolítica não aconteceu em todos os lugares, nem mesmo em países nos quais as fronteiras dos Estados mudaram, como na Alemanha e na República Tcheca – algo que precisava, então, ser estudado e explicado.

Uma explicação em termos de uma crise de identidade de política externa recorre largamente à geopolítica crítica,[27] bem como à perspectiva construtivista em política externa e nos estudos de segurança.[28] Ao fazê-lo, descarta outra tese bastante proeminente da época, a saber, que as guerras iugoslavas mostraram como o passado da Europa também era o futuro da Europa.[29] Nessa leitura, não havia absolutamente nada de intrigante sobre o retorno do pensamento geopolítico. Para os realistas, momentos de distensão ou mesmo o fim da Guerra Fria só podiam ser vistos como uma pausa temporária em um estado contínuo de conflito nos assuntos mundiais que

---

27 Para exemplos iniciais e ainda notáveis, ver Agnew, *Geopolitics: Re-Visioning World Politics*, 2.ed.; Ó Tuathail, *Critical Geopolitics*; Raffestin, Lopreno e Pasteur, *Géographie et histoire*.

28 As primeiras referências para análises construtivistas de política externa incluem Ted Hopf (*Social Construction of International Politics: Identities and Foreign Policies, Moscow, 1955 and 1999*) e Jutta Weldes (*Constructing National Interests: the United States and the Cuban Missile Crisis*). Uma importante análise da política externa brasileira a partir da ideia de identidade é de Celso Lafer (*A identidade internacional do Brasil e a política externa brasileira: passado, presente e futuro*, 2.ed.). A segurança ontológica apareceu em meados dos anos 2000 no trabalho de Jennifer Mitzen (Ontological Security in World Politics: State Identity and the Security Dilemma, *European Journal of International Relations*, v.12, n.3) e Brent Steele (*Ontological Security in International Relations: Self-Identity and the IR State*). Para uma atualização recente da teoria, consultar o "Symposium: Anxiety, Fear, and Ontological Security in World Politics", editado por Catarina Kinnvall e Jennifer Mitzen na *International Theory*, e, em particular, as contribuições dos editores (Kinnvall e Mitzen, Anxiety, Fear, and Ontological Security in World Politics: Thinking with and beyond Giddens, *International Theory*, v.12, n.2), Bahar Rumelili (Integrating Anxiety into International Relations Theory: Hobbes, Existentialism, and Ontological Security, *International Theory*, v.12, n.2), Felix Berenskötter (Anxiety, Time, and Agency, *International Theory*, v.12, n.2) e Badredine Arfi (Security *qua* Existential Surviving [While Becoming Otherwise] through Performative Leaps of Faith, *International Theory*, v.12, n.2). Para uma abordagem sobre a relação entre a perspectiva deste livro e a segurança ontológica, ver a intervenção de Jennifer Mitzen no simpósio sobre o livro (Agnew et al., Symposium on Stefano Guzzini's [Ed.], The Return of Geopolitics in Europe? Social Mechanisms and Foreign Policy Identity Crises, *Cooperation and Conflict*, v.52. n.3) e a minha resposta (Guzzini, Militarizing Politics, Essentializing Identities: Interpretivist Process Tracing and the Power of Geopolitics, *Cooperation and Conflict*, v.52. n.3).

29 Mearsheimer, Back to the Future: Instability in Europe After the Cold War, *International Security*, v.15, n.1.

não pode ser superado. Além da habitual confusão entre um comportamento diplomático-militar e sua explicação (ver acima), inferir a partir das guerras iugoslavas a perene sabedoria da geopolítica é, no entanto, pouco convincente, por duas razões. Em primeiro lugar, a geopolítica adota um tipo de "teoria de congelamento", ou seja, um entendimento a-histórico em que os conflitos ou as estruturas sociais preexistentes ressurgem quando desaparece alguma época ou evento histórico, como se as dinâmicas estatais e mundiais pudessem evoluir sem nenhum tipo elemento relacional. Ela analisa os acontecimentos históricos com base em uma leitura que depreende, constantemente, uma lógica "de trás para frente" a partir de uma história já preestabelecida – quando, na verdade, é aquela história que, também constantemente, reconstitui os resultados. Em vez de apresentarem a existência de divisões étnicas perenes que explicam o conflito, as guerras iugoslavas também mostram claramente como o conflito emergente acabou criando novas divisões étnicas.[30] Segundo, não é convincente para realistas ou geopolíticos dizer que o fim da competição bipolar – a grande política de poder que definiu toda a ordem internacional (e que ensejou muitas guerras de notável taxa de mortalidade) – é menos importante para entender a política mundial do que uma guerra limitada aos Balcãs. Com essa estratégia argumentativa, o problema do realismo não é que ele possa errar, mas, sim, que não existe a possibilidade de ele errar, já que sempre é possível encontrar ou reorganizar certos elementos de modo que eles se ajustem à teoria.[31]

O livro, entretanto, ao estabelecer como sua principal hipótese a existência de uma crise de identidade de política externa, passa para um segundo objetivo e desenvolve maneiras de melhor entender e analisar metodologicamente essas crises de identidade de política

---

30 Gagnon Jr., *The Myth of Ethnic War: Serbia and Croatia in the 1990s.*
31 Guzzini, *Realism in International Relations and International Political Economy: the Continuing Story of a Death Foretold*; e Id., The Enduring Dilemmas of Realism in International Relations, *European Journal of International Relations*, v.10, n.4.

externa e seus efeitos. Em outras palavras, na metade do livro, seu objetivo e sua finalidade mudam. Ele é, de início, um livro sobre como a crise de identidade de política externa deu origem (ou não) ao renascimento do pensamento geopolítico em um contexto em que ele seria menos esperado. Essa parte, focada empiricamente na Europa, pode ser um pano de fundo para os estudos sobre o "imaginário geopolítico" e sobre possíveis crises de identidade de política externa em outros lugares. Todavia, este também é um livro que desenvolve sua análise sobre a crise de identidade de política externa por meio de um *process tracing* interpretativo e da identificação de mecanismos sociais,[32] como uma maneira de melhorar a perspectiva construtivista de análise da política externa.

* * *

Embora essa contribuição teórica seja de fato importante, há também boas razões para ficarmos, empírica e politicamente, em alerta sobre o renascimento da geopolítica. Como argumenta o último capítulo deste livro, esse ressurgimento, em geral, é acompanhado por dois efeitos, ainda que eles possam não ser planejados de modo intencional ou, às vezes, sejam até mesmo abertamente contestados. Mas recorrer ao pensamento e à teoria geopolítica neoclássica inevitavelmente os mobilizará.

O primeiro efeito é o que chamo, seguindo Raymond Aron,[33] de a "reversão [do pensamento] de Clausewitz". Aron criticou a política externa dos Estados Unidos durante a Guerra Fria por essa reversão. Em vez de conceber a política militar como um mero instrumento em uma estratégia mais ampla de política externa – ou seja,

---

32 Ver também Norman, Interpretive Process Tracing and Causal Explanations, *Qualitative & Multi-Method Research Newsletter*, v.13, n.2; e Pouliot, Practice Tracing, in: Bennett e Checkel (Orgs.), *Process Tracing: from Metaphor to Analytical Tool*.
33 Aron, *Penser la Guerre, Clausewitz. II: L'âge planétaire*.

usar meios militares apenas na medida em que estes promovessem objetivos políticos –, a política externa norte-americana põe o pior cenário possível – no caso, o da deflagração de uma guerra – como o cenário padrão a partir do qual toda a política externa deveria ser estabelecida. Esse pensamento é visível no slogan pré-clausewitziano de "se você quer paz, prepare-se para a guerra", legível, por exemplo, no portão de entrada do Forte de Copacabana, no Rio de Janeiro – quando essa preparação para a guerra só permite, na verdade, a paz dos cemitérios; ou até mesmo é identificável na frase, completamente sem sentido para a leitura de Clausewitz feita por Aron, na qual se afirma que "vencemos a guerra, mas perdemos a paz". Se alguém perdeu a paz, também perdeu a guerra, pois a única razão válida para ir à guerra é conseguir melhorar a situação política que se segue ao conflito. A guerra é a continuação da política por outros meios, e não o contrário. É um instrumento político, e essa visão política é fundamental. A geopolítica confunde essas questões ao reduzir a política à força militar, ou mesmo ao primado dos meios militares. Ela confunde os interesses do Estado com os interesses do Exército, confusão esta não efetuada por Clausewitz.[34] Portanto, a questão não é que reivindicações geopolíticas só estariam relacionadas ao setor militar; elas podem perfeitamente fazer parte de um rol mais amplo de políticas estatais e da diplomacia. Tais reivindicações, contudo, afetam a lógica dessas políticas. Elas colonizam e securitizam a política. Em resumo, a geopolítica neoclássica acaba por militarizar a política.

O segundo efeito pernicioso do renascimento da geopolítica é o que chamo de essencialização das identidades físicas e humanas, a qual enseja o risco do surgimento de políticas de assimilação que, em sua versão extrema, podem gerar casos de limpeza étnica. Esse efeito é facilmente exemplificado por uma tese geopolítica proeminente no início dos anos 1990, baseada na geografia humana: a tese

||||||||||||
34 Para essa crítica, ver Aron, Reason, Passion, and Power in the Thought of Clausewitz, *Social Research*, v.39, n.4, p.611.

do "choque de civilizações". O conhecido e infame artigo (e, posteriormente, livro) de Huntington, de 1993, trouxe para o contexto pós-Guerra Fria uma solução já existente e típica da Guerra Fria em busca de um novo problema. Sua tese afirmava que a primazia dos Estados Unidos não seria mais defendida nas Cortinas de Ferro e de Bambu, mas nas linhas das falhas civilizacionais. Em busca de um inimigo, o conflito "civilizacional" assumiu o lugar do conflito ideológico do século XX. Como muitos logo temeram, essa tese era perigosa não apenas porque estava errada (houve mais confrontos no interior dessas civilizações, o que quer que isso signifique),[35] mas porque ela poderia se tornar uma profecia autorrealizável: se todos nós acreditarmos viver em civilizações homogêneas que não podem se encontrar pacificamente, iremos nos preparar para a próxima guerra que, quase inevitavelmente, será travada em termos identitários, tanto interna quanto externamente. Pierre Hassner[36] observou o determinismo cultural do choque de civilizações e escreveu que Huntington "assume o caráter fechado e conflituoso dessas entidades, enquanto tenta encaixar todos os conflitos do mundo em seu esquema. E [...] ele baseia suas prescrições para as políticas ocidentais em um modelo segregacionista global". Ainda, como Fouad Ajami escreveu com eloquência:

> O próprio Ocidente não é examinado no ensaio de Huntington. Não há fissuras. Nenhum multiculturalista é ouvido. [O Ocidente] é ordenado dentro de seus muros. Quaisquer dúvidas que Huntington tenha sobre a vontade dentro desses muros, ele guardou para si. Ele assumiu que seu chamado à unidade será atendido, pois lá fora tremulam as bandeiras dos sarracenos e dos confucionistas.[37]

||||||||||
35 Ver, por exemplo, Senghaas, *Zivilisierung wider Willen: Der Konflikt der Kulturen mit sich selbst*.
36 Hassner, Morally Objectionable, Politically Dangerous (Review of Huntington's Clash of Civilizations), *The National Interest*, v.46, p.64.
37 Ajami, The Summoning: "But They Said, We Will Not Hearken", *Foreign Affairs*, v.72, n.4, p.3, nota 1.

Portanto, a profecia autorrealizável não se refere apenas aos assuntos internacionais, ela também é performativa em reconstituir o que essas civilizações "deveriam ser". A análise de Huntington não é uma descrição externa sobre a política mundial; é uma intervenção na política, pois deseja homogeneizar uma certa nação e uma certa cultura política. "De fato, Huntington é um ideólogo, alguém que quer transformar 'civilizações' e 'identidades' naquilo que elas não são: entidades fechadas e isoladas que foram purgadas das inúmeras correntes e contracorrentes que animam a história humana".[38] Na tentativa de confirmar essa sua preocupação latente com a "pureza" cultural ou étnica, Huntington[39] publicou, mais tarde, um trabalho sobre a ameaça hispânica à identidade dos Estados Unidos (o que ele chama de identidade norte-americana).

Portanto, falar em geopolítica não é inocente. Ao silenciar outras visões da política, o próprio termo captura somente uma certa visão conflituosa da política internacional por meio de uma imaginação geográfica que se torna fonte e objetivo das políticas de Estado. Como teoria, o determinismo físico e cultural inerente à geopolítica mobiliza uma militarização da política na reversão do famoso dito de Clausewitz e, por meio de sua reificação de identidades, incentiva a essencialização e a "purificação" de grupos sociais. Ambos intervêm na política mundial de uma maneira que produz conflito e falhas onde empiricamente elas não existem – ou, pelo menos, ainda não existem. E todo esse debate ocorreu antes do 11 de Setembro. Não foi, portanto, o 11 de Setembro que iniciou uma remilitarização da política mundial. Em algumas partes do mundo, e certamente na Europa e nos Estados Unidos, tivemos uma remilitarização no pensamento sobre a política mundial já nos anos 1990, a qual se tornou uma inspiração para a análise política e as respostas militarizadas dadas após os ataques.

||||||||||

38 Said, The Clash of Ignorance, *The Nation*.
39 Huntington, *Who Are We? The Challenges to America's National Identity*.

* * *

Este livro é testemunha desse intrigante renascimento de uma teoria militarizante e essencializante na Europa pós-1989. No final deste Prefácio, desejo agradecer àqueles que tornaram possível o livro, tanto na sua versão original quanto na tradução. Minha primeira expressão de gratidão vai para meus coautores neste volume. *O retorno da geopolítica na Europa?* envolve uma série de agendas de pesquisa: a análise da agenda de segurança europeia na década de 1990, o conteúdo e o papel da teoria geopolítica, o uso de mecanismos sociais, o *process tracing* em pesquisas interpretativistas e a teorização sobre as microdinâmicas nas teorias construtivistas de relações internacionais. O projeto original, intitulado "geopolítica autorrealizável", não começou dessa forma.[40] Quanto mais a pesquisa avançou, mais essas diferentes agendas se conectaram. Em grande parte, isso se deve aos debates que promovemos dentro do grupo de pesquisa. Embora os seis capítulos referentes à estrutura e à teoria tenham sido escritos por mim, eles foram, ao longo da construção do livro, alimentados por uma conversa em andamento. Longe de simplesmente fornecerem os estudos de caso sobre os diferentes países, os outros autores e autoras são teóricos(as) com sensibilidades bastante diversas. Eles já haviam trabalhado com questões convergentes às levantadas pelo livro antes de nossa reunião do grupo de pesquisa.[41] Consequentemente, suas análises empíricas não foram

||||||||||||

40 Guzzini, "Self-fulfilling Geopolitics?", or: the Social Production of Foreign Policy Expertise in Europe, *DIIS Working Papers*, n.2003/23.
41 Ver, por exemplo, Behnke, The Enemy Inside: the Western Involvement with Bosnia and the Problem of Securing Identities, *Alternatives: Global, Local, Political*, v.23, n.3; Bilgin, A Return to "Civilization Geopolitics" in the Mediterranean? Changing Geopolitical Images of the European Union and Turkey in the Post-Cold War Era, *Geopolitics*, v.9, n.2; Id., Only Strong States Can Survive in Turkey's Geography: the Uses of "Geopolitical Truths" in Turkey, *Political Geography*, v.26, n.7; Drulák, The Problem of Structural Change in Alexander Wendt's Social Theory of International Politics, *Journal of International Relations and Development*, v.4, n.4; Id., *Teorie*

uma mera aplicação de uma dada estrutura; elas, na verdade, estimularam reflexões que retornavam à estrutura geral. Inversamente, a discussão em torno da estrutura também afetou os diferentes caminhos de suas próprias pesquisas.[42]

Um segundo agradecimento vai para quem tornou possível esta tradução, que foi apoiada financeiramente por uma doação da Fundação Borbos Hansson na Suécia. Devo meu maior agradecimento a Bárbara Motta, que iniciou todo o projeto, em seguida fez a tradução, me convidou para apresentar as principais questões deste livro em uma palestra no Programa de Pós-Graduação em Relações Internacionais San Tiago Dantas, em São Paulo, e pacientemente conduziu todo o processo, bastante longo. Sem ela, isso não teria sido possível, em mais de uma maneira. Obrigado. Gostaria também de agradecer a Aureo Toledo e Lara Selis pela oportunidade de apresentar algumas das questões do livro em uma palestra pública na Universidade Federal de Uberlândia.

Após muitos anos de ensino no Instituto de Relações Internacionais da Pontifícia Universidade Católica do Rio de Janeiro (IRI/PUC-Rio), fico feliz em ver este livro disponível em português (até agora, um dos meus artigos anteriores foi traduzido, graças a João Urt).[43] Este é um livro inspirado em um quebra-cabeça particularmente europeu, mas sua preocupação com a militarização da política doméstica e internacional e com a construção de identidades

||||||||||

mezinárodních vztahů; Kuus, European Integration in Identity Narratives in Estonia: a Quest for Security, *Journal of Peace Research*, v.39, n.1; e Id., Toward Cooperative Security? International Integration and the Construction of Security in Estonia, *Millennium: Journal of International Studies*, v.31, n.2.

42 Ver, por exemplo, Behnke, *NATO's Security Discourse after the Cold War*; Bilgin, *The International in Security, Security in the International*; Brighi, *Foreign Policy, Domestic Politics and International Relations: the Case of Italy*; Kuus, *Geopolitics and Expertise: Knowledge and Authority in European Diplomacy*; Morozova, Geopolitics, Eurasianism and Russian Foreign Policy Under Putin, *Geopolitics*, v.14, n.4.

43 Ver Guzzini, Uma reconstrução do construtivismo nas relações internacionais, *Monções: Revista de Relações Internacionais da UFGD*, v.2, n.3.

"purificadas" pode ter uma ressonância mais ampla. Isso não implica, de maneira nenhuma, que existam lições europeias a serem aplicadas. A maior parte do livro é sobre certos desenvolvimentos políticos que eu não convidaria ninguém a reaplicar. Mas, acima de tudo, "aplicar" é um termo profundamente equivocado. Desenvolvimentos políticos em algumas partes do mundo, bem como conceitos de "tipo ideal" e mecanismos sociais contingentes e abertos usados em nossas explicações – como os desenvolvidos no último capítulo –, precisam ser *traduzidos* para diferentes contextos para que não caiamos na armadilha de naturalizar suas próprias origens contextuais.[44] Eles precisam ser (re)pensados nesta tradução, na qual alguns elementos podem se perder e outros, ser adicionados, porque a lógica das práticas em outros contextos funcionará de maneira diferente.[45] Mais importante, para funcionar bem, qualquer tradução desse tipo é uma via de mão dupla em que ontologias se encontram, geralmente em um novo local; e, se tudo funcionar como deveria, os horizontes se fundem, como Gadamer afirmou. Espero que os leitores julguem que o conteúdo deste livro fala suficientemente com eles (mesmo que de modo negativo) para que queiram influenciar nesta tradução bidirecional e, portanto, mudar o significado original deste livro, ao traduzi-lo de volta para um local ainda não imaginado.

Genebra, julho de 2020.

---

44 Para uma avaliação correta, ver, por exemplo, as tentativas de "pensar a Escola de Copenhague em português" em Barrinha e Freire (Orgs.), *Segurança, liberdade e política: pensar a Escola de Copenhaga em português*.
45 Guzzini, A história dual da securitização, in: Barrinha e Freire, op. cit.

INTRODUÇÃO
O ARGUMENTO: A GEOPOLÍTICA PARA CORRIGIR AS COORDENADAS DA IDENTIDADE DE POLÍTICA EXTERNA

Stefano Guzzini

COMO EXPLICAR QUE, PRECISAMENTE quando a Guerra Fria chegou ao seu fim, com um desfecho que demonstrou a possibilidade histórica de uma transição pacífica – contra todas as probabilidades (deterministas) –, e pareceu anunciar a superioridade das abordagens não realistas das relações internacionais,[1] vários países europeus – tanto no Oriente como no Ocidente – vivenciaram o renascimento de uma tradição marcadamente realista: a tradição da geopolítica, tradição esta que, de repente, ousou dizer seu nome?

O mais proeminente caso nesse contexto talvez seja o da Rússia, que testemunhou uma notável reviravolta. A geopolítica, então banida pelas autoridades soviéticas durante a Guerra Fria por ser vista como uma teoria equivocada, ou até mesmo como uma ideologia, adquiriu, com o fim do conflito EUA-URSS, um lugar quase

---

1 Allan e Goldmann, *The End of the Cold War: Evaluating Theories of International Relations*; Lebow e Risse-Kappen, *International Relations Theory and the End of the Cold War*.

dominante na análise russa da política mundial.² Por um tempo, até mesmo um novo comitê parlamentar sobre "geopolítica" foi criado em 1995 (com duração até 1999), presidido pelo antigo braço direito de Vladimir Zhirinovsky, Aleksey Mitrofanov. Embora a influência real do pensamento geopolítico sobre os "russos comuns" seja discutível,³ houve referências consistentes e amplamente difundidas ao pensamento geopolítico do início do século XX e ao que se denominava de "necessidades geopolíticas", debate realizado não apenas por Aleksandr Dugin. Dugin talvez seja o representante mais conhecido desse ressurgimento, tanto por meio dos *Fundamentals of Geopolitics*, reimpresso várias vezes, como por seu ativismo político como líder partidário, diretor do Centro de Especialização Geopolítica (fundado no final de 1999) e conselheiro do porta-voz da Duma, Gennadii Seleznev.⁴ Uma trajetória de Marx até Mackinder.⁵

No entanto, os países menores no espaço pós-soviético também viram um renascimento da geopolítica. Embora o status exato do pensamento geopolítico na Estônia continue a ser disputado,⁶ o lugar reservado para a tese do "choque de civilizações" de Huntington naquele país tem sido verdadeiramente significativo. O ministro das Relações Exteriores da Estônia, por exemplo, escreveu o prefácio da tradução estoniana de 1999 de *O choque de civilizações e a recomposição da ordem mundial*, de Huntington. Para o lançamento do livro,

---

2 Tyulin, *Between the Past and the Future: International Studies in Russia*; Sergounin, Russian Post-Communist Foreign Policy Thinking at the Cross-Roads: Changing Paradigms, *Journal of International Relations and Development*, v.3, n.3.
3 O'Loughlin, Geopolitical Fantasies, National Strategies and Ordinary Russians in the Post-Communist Era, *Geopolitics*, v.6, n.3.
4 Dugin, em particular, atraiu o desprezo dos críticos, que até o comparavam a um neofascista. Ver Ingram, Alexander Dugin: Geopolitics and Neo-Fascism in Post-Soviet Russia, *Political Geography*, v.20, n.8.
5 Ver também Bassin e Aksenov, Mackinder and the Heartland Theory in Post-Soviet Geopolitical Discourse, *Geopolitics*, v.11, n.1.
6 Para uma visão geral, ver Aalto, Beyond Restoration: the Construction of Post-Soviet Geopolitics in Estonia, *Cooperation and Conflict*, v.35, n.1; Id., *Constructing Post-Soviet Geopolitics in Estonia: a Study in Security, Identity and Subjectivity*.

Huntington ainda visitou a Estônia e falou em uma entrevista coletiva junto com o primeiro-ministro e o ministro das Relações Exteriores do país.[7] Seu livro foi mencionado de forma ostensiva nos principais jornais e tornou-se mais comumente parte do discurso popular.[8] Esse renascimento da geopolítica, entretanto, não parou no lado oriental da antiga Cortina de Ferro. Muito surpreendentemente, talvez, a Itália também assistiu a um renascimento das "geopolíticas", com o general e assessor político Carlo Jean como sua figura mais proeminente[9] e com a criação de um periódico de geopolítica, relativamente novo, chamado *Limes: Rivista Italiana di Geopolitica* (o equivalente italiano ao *Hérodote* francês, mas com sucesso nacional no debate de questões sobre política internacional/política externa) como seu principal meio.[10] Na Itália, os livros de relações internacionais de Jean são os mais lidos dos escritos por autores italianos. Juntamente com a *Limes*, eles têm acompanhado (e em muito contribuíram para) a propagação dos discursos de políticos e jornais por meio do uso de um vocabulário geopolítico.[11]

Então, por que isso? Ao analisar a relação entre os eventos de 1989 e o ressurgimento do pensamento geopolítico, o presente estudo colaborativo visa contribuir para a compreensão da relação entre, por um lado, eventos ou crises internacionais e, por outro, o pensamento (e a estratégia) de política externa – ou, mais geralmente, entre os modos de pensamento e os contextos históricos particulares nas relações internacionais. Ao mesmo tempo, ele contribui

---

7 Kuus, Toward Cooperative Security? International Integration and the Construction of Security in Estonia, *Millennium: Journal of International Studies*, v.31, n.2, p.307.
8 Aalto e Berg, Spatial Practices and Time in Estonia: from Post-Soviet Geopolitics to European Governance, *Space & Polity*, v.6, n.3, p.261-2.
9 Jean, Geopolitica, *Enciclopedia delle Scienze Sociali*, v.II; e *Guerra, strategia e sicurezza*.
10 Lucarelli e Menotti, No-constructivists' Land: International Relations in Italy in the 1990s, *Journal of International Relations and Development*, v.5, n.2. Dugin participou do lançamento (e é membro do conselho editorial) de uma outra revista de geopolítica em 2004, intitulada *Eurasia: Rivista di Studi Geopolitici*.
11 Antonsich, *Geopolitica e geografia politica in Italia dal 1945 ad oggi*.

para a teorização construtivista ao propor uma maneira de estudar as mudanças no que Alexander Wendt chamou de "culturas da anarquia" na sociedade internacional. Os quatro principais argumentos empíricos que este livro propõe são apresentados abaixo.

Primeiro, embora mostremos uma relação entre eventos internacionais e mudanças nos modos de pensamento em relação à construção de políticas externas, isso não deve ser entendido enquanto uma mera análise de fora para dentro, em que um evento internacional provoca mudanças nas ideias de política externa. No contexto do renascimento da geopolítica na Europa pós-1989, aparentemente não foi evidente – como nosso enigma mostra – que o sucesso da *Ostpolitik*[12] (este, então, o evento internacional para a elite alemã) poria fim ao pensamento geopolítico realista como parte de uma concepção tradicional e particular à Guerra Fria, da mesma forma que pôs fim à Guerra Fria em si, mesmo que muitos observadores esperassem que tal fim ocorresse (particularmente na Alemanha). Tampouco, como mostraremos, era necessário o retorno do pensamento geopolítico quando visto à luz das guerras étnicas nos Bálcãs, como muitos realistas sugeriram. Em outras palavras, "1989" – nosso "evento" – não causou nenhuma mudança em direção a entendimentos mais inclinados à agenda para paz ou mais direcionados à geopolítica. Em vez disso, o significado e o efeito desse evento, no caso, "1989", foram, eles próprios, resultado das maneiras pelas quais os discursos de política externa em diferentes países lhe deram significado. Dessa forma, este estudo afirma que precisamos entender o papel dos eventos internacionais sobre as ideias de política externa de dentro para fora – isto é, na maneira como os significados de eventos como "1989" são articulados dentro dos discursos nacionais de política externa.

---

12 *Ostpolitik* foi a política externa da Alemanha para a União Soviética iniciada no final dos anos 1960 com o objetivo de estabelecer uma distensão (*détente*) com os países do bloco soviético. (N. T.)

A questão anterior nos leva ao nosso segundo argumento, a saber, que o renascimento do pensamento geopolítico é mais bem compreendido no contexto de várias crises de identidade de política externa, uma espécie de uma série de "inseguranças ontológicas"[13] que as elites nacionais encontraram na Europa após 1989 em relação aos seus respectivos entendimentos de política externa. Podemos distinguir aqui três tipos de crises de identidade – isto é, instâncias em que concepções prévias sobre o autoconhecimento e as percepções de papéis externos ficaram suscetíveis à contestação. Em alguns casos, como, por exemplo, na Rússia, identificamos nosso primeiro tipo de crise: o lugar desse país no mundo já não era evidente, na medida em que os papéis anteriormente estabelecidos e a autocompreensão constituída no momento da Guerra Fria já não pareciam mais válidos (a Rússia pós-1989 não podia utilizar de modo não problemático a União Soviética ou a Rússia czarista como pontos de referência). Às vezes, como exemplifica nosso segundo tipo de crise, o papel de um país havia sido previamente definido de forma passiva – como na Itália, onde a divisão da Guerra Fria fez grande parte do trabalho para o pensamento de política externa italiana. E, por fim, no terceiro tipo, alguns Estados seriam recriados (caso da Estônia) ou reunidos (caso da Alemanha) como resultado dos eventos de 1989, tornando necessário rearticular uma identidade de política externa ou articulá-la de maneira atualizada. Assim, temos três potenciais crises de identidade: (i) nenhuma identidade, (ii) não mais a identidade previamente estabelecida, (iii) e nenhuma identidade

---

13 Agnew, *Geopolitics: Re-visioning World Politics*, 2.ed., p.115. Para conceitualizações de segurança ontológica, ver Huysman, Security! What Do You Mean? From Concept to Thick Signifier, *European Journal of International Relations*, v.4, n.2; Mitzen, Ontological Security in World Politics: State Identity and the Security Dilemma, *European Journal of International Relations*, v.12, n.3; Steele, Ontological Security and the Power of Self-Identity: British Neutrality in the American Civil War, *Review of International Studies*, v.31, n.3; Id., *Ontological Security in International Relations: Self--Identity and the IR State*.

ainda. Afirmamos, nesse sentido, que os efeitos dos acontecimentos de 1989 nos pensamentos de política externa são mais bem compreendidos no contexto de uma crise de identidade. Tal crise ocorre quando a política externa de um país, ou os seus discursos sobre o interesse nacional, enfrenta problemas na sua manutenção e continuidade, já que os autoentendimentos e as posições sobre os papéis assumidos anteriormente por esses países são contestados de forma aberta – e, eventualmente, desestabilizados.

Como um terceiro ponto, afirmamos que a mobilização do pensamento geopolítico parece particularmente adequada para responder a essa ansiedade ontológica ou a essa crise de identidade. O pensamento geopolítico fornece critérios supostamente objetivos e materiais para circunscrever as fronteiras (e lógicas internas) de formulações sobre o "interesse nacional". Invocar interesses nacionais quase inevitavelmente mobiliza justificativas em termos mais amplos do que o simples interesse do governante ou de um governo. Essa justificativa mais ampla, por sua vez, pode ser dada por ideologias, como no caso do anticomunismo e do anticapitalismo durante a Guerra Fria, ou, por exemplo, por meio de referências à "nação". No entanto, quando as certezas de ontem desaparecem, os interesses nacionais precisam ser ancorados novamente. Em tal contexto, a geopolítica, em sua compreensão clássica, fornece "coordenadas" para pensar o papel de um país nos assuntos mundiais. Nesta situação em que um Estado encontra-se privado de seus tradicionais pontos de referência e com a sua autocompreensão desafiada ou delimitada por uma visão externa sobre o seu papel, uma lógica espacial pode rapidamente preencher esse vazio ideacional e fixar o lugar do país e seu interesse nacional dentro do sistema ou da sociedade internacional. A geopolítica é particularmente adequada a esse papel, pois depende de um determinismo sobre o espaço e sobre as fronteiras naturais, proveniente tanto da geografia física (mobilizada com frequência por meio do pensamento estratégico) quanto da geografia humana/cultural típica dos discursos que essencializam uma nação.

No entanto, embora o pensamento geopolítico cumpra essa função com maestria, não existe nenhuma necessidade de mobilizá-lo em discursos de segurança nacional ou de política externa. Assumir o contrário, ou seja, assumir que a sua mobilização é, sim, necessária, seria cometer uma falácia funcional, em que pressupomos a necessidade do pensamento geopolítico pela função que ele pode desempenhar. Consequentemente, nosso quarto argumento reside no fato de que mobilizar ou não o pensamento geopolítico para cumprir a função anteriormente mencionada (de responder a uma ansiedade ontológica ou a uma crise de identidade) depende de uma série de fatores processuais: o "senso comum" embutido no discurso de interesse nacional que o predispõe (ou não) para o pensamento geopolítico; a estrutura institucional (e a economia política) em que o pensamento de política externa é desenvolvido; e a mobilização dos agentes no jogo político nacional.

Além de responder ao enigma empírico do renascimento da geopolítica após o fim da Guerra Fria, o presente estudo também visa adaptar ferramentas teórico-metodológicas para a análise construtivista. Primeiro, utilizamos uma versão interpretativista do *process tracing*. Nossa análise pode ser considerada como uma versão do *process tracing* por não assumirmos simplesmente que, quando as pressões externas se traduzem em resultados mais ou menos uniformes, elas o fazem pelas causas então levantadas como hipóteses. Sem verificar empiricamente o processo sobre como os *inputs* internacionais se traduzem em respostas domésticas, não é possível controlar o risco de equifinalidade – ou seja, a possibilidade de que o mesmo resultado possa ter sido alcançado seguindo diferentes caminhos processuais. Além disso, qualquer regularidade encontrada, sem que seja verificado o processo por trás de seu acontecimento, pode ser espúria e facilmente propensa a cair na falácia funcionalista que acabamos de mencionar.

É um *process tracing interpretativista* porque seu ponto de partida está nas interpretações e percepções sobre esses eventos internacionais, e não nos eventos em si.[14] O "rastreamento" desse *process tracing* começa com a consideração das diversas interpretações nacionais sobre o evento internacional. Ele, o evento internacional, não é, portanto, um *input* constante e igual para todos os casos nacionais; constante esta que é posta em xeque pela variância nos processos nacionais, a qual pode explicar as diferentes respostas políticas, como é mostrado, por exemplo, em muitas pesquisas que versam sobre a globalização e sua consequente hipótese de convergência em políticas (e políticas econômicas) e instituições. O significado do *input* – e o *input* em si – é endógeno ao processo. Além disso, conforme a conclusão irá apresentar, esse *process tracing* é mais bem entendido como um processo composto por múltiplas camadas com dinâmicas paralelas e suas respectivas interações, em vez de um processo único e linear.

Por fim, o livro deseja contribuir para o desenvolvimento da teoria construtivista de relações internacionais, fornecendo ferramentas e entendimentos microdinâmicos para analisar uma mudança estrutural. Essa proposta é realizada ao elaborarmos uma análise a partir de mecanismos sociais, análise esta consistente com os entendimentos construtivistas e pós-positivistas, e especificarmos dois desses mecanismos. O primeiro mecanismo, sobre a redução da crise de identidade de política externa, é o núcleo central dessa análise. No contexto da crise de identidade, em que o autoconhecimento ou o reconhecimento de papéis externos foram desafiados pela interpretação dos eventos, os agentes tentam remediar a situação a partir de pelo menos quatro iniciativas: eles podem (i) negar a existência de qualquer crise, (ii) definir como um mal-entendido e negociar com o exterior sobre isso, (iii) se adaptar a ela, ou (iv) tentar moldar

---

14 Além disso, esse processo também trata dos efeitos de interação entre a interpretação de como transcorreram os eventos com os próprios eventos, na medida em que a interpretação do que "1989 significa para o pós-1989" interage com os eventos do pós-1989. Para o conceito de "efeitos de interação", ver Hacking, *The Social Construction of What?*, p.31-2. Para o debate sobre esse ponto, ver o Capítulo 11 deste livro.

a sociedade internacional para se ajustar aos seus próprios discursos identitários.

Um segundo mecanismo se relaciona com a "cultura da anarquia", para usar a expressão de Wendt. Se "anarquia é o que os Estados fazem dela", e se isso acontece por meio e dentro deste "mundo vivo" das diferentes e particulares "culturas de anarquia", então a análise proposta investiga a dinâmica de tais culturas, uma vez que elas também são o que os Estados fazem delas. Sugerimos assim que a evolução da cultura da anarquia na Europa pós-1989 é proveitosamente analisada pela forma como as interpretações de grandes eventos são conduzidas e interagem com diferentes discursos nacionais de política externa, e como esses, por sua vez, interagem uns com os outros na reprodução da cultura mais geral. Para isso, o livro propõe um mecanismo chamado "círculo vicioso de essencialização". Isso faz parte de uma análise estrutural, mas de baixo para cima, na qual o significado dado aos eventos de 1989 – um evento que, para usar as categorias da Escola Inglesa e de Wendt, deveria ter anunciado e reforçado uma dinâmica de passagem de uma cultura lockeana para uma cultura kantiana na Europa – paradoxalmente também produziu um movimento na direção oposta. Se os parâmetros teóricos da análise geopolítica fossem levados a sério tanto no nível nacional quanto no nível internacional, sua dinâmica de essencialização da geografia física e cultural produziria um ambiente mais próximo de uma cultura hobbesiana.

Em outras palavras, onde a geopolítica tem sido usada para resolver crises de identidade de política externa, o próprio sucesso da "dessecuritização" que ocorreu no final da Guerra Fria poderia contribuir para introduzir uma "ressecuritização"; ou, diferentemente, sob certas condições, Kant torna Hobbes possível de novo. Desse modo, a partir do nosso entendimento sobre a concatenação desses dois mecanismos em ação, podemos ver que um movimento para uma cultura mais hobbesiana não ocorreu *apesar* do fim da Guerra Fria, mas, justamente, *por causa* do seu fim.

Por consequência, a presente análise compartilha uma preocupação normativa típica da pesquisa para a paz (mas não apenas isso) – a saber, a possibilidade de que as interpretações dos Estados se tornem profecias potencialmente autorrealizáveis, contribuindo, na verdade, para produzir um mundo ameaçador, enquanto aparentam ser simples respostas a ele; em outras palavras, uma preocupação com uma "geopolítica autorrealizável".

A estrutura do livro é direta. A primeira parte, composta por três capítulos, especifica o quebra-cabeça, juntamente com os termos, os conceitos e a estrutura da análise. A segunda fornece seis estudos baseados em seis países. Uma parte conclusiva sintetiza os resultados empíricos e, depois, desenvolve uma compreensão construtivista sobre *process tracing* e mecanismos, de modo a fornecer uma maneira de conceber a microdinâmica das teorias construtivistas de relações internacionais.

PARTE I
A ESTRUTURA ANALÍTICA

1. QUAL QUEBRA-CABEÇA? UM ESPERADO RETORNO DO PENSAMENTO GEOPOLÍTICO NA EUROPA?

Stefano Guzzini

O RENASCIMENTO DO PENSAMENTO GEOPOLÍTICO não seria, na verdade, esperado apenas justamente após o fim da Guerra Fria? Esse seria o argumento realista clássico, sugerindo que o rescaldo da Guerra Fria evidenciou a eterna sabedoria da tradição realista, incluindo seu componente mais geopolítico. As análises de Mearsheimer e Huntington existem, como mostra tal relação, por causa da natureza da política mundial.[1] O renascimento da geopolítica também não surpreende o campo da geografia política, no qual a nomenclatura "geopolítica" passou a abranger as "abordagens críticas às práticas e representações de política externa";[2] nesse sentido, em tempos de mudança

---

1 Mearsheimer, Back to the Future: Instability in Europe after the Cold War, *International Security*, v.15, n.1; Huntington, The Clash of Civilizations?, *Foreign Affairs*, v.72, n.3.
2 Para essa citação e para o debate sobre a divisão no uso da expressão "geopolítica" entre o campo das relações internacionais e os geógrafos políticos, ver Mamadouh e Dijkink, Geopolitics, International Relations and Political Geography: Geopolitical Discourse, *Geopolitics*, v.11, n.3, p.350.

territorial ou mesmo de redefinição do Estado, é normal que o discurso geográfico se torne mais proeminente.

No entanto, o problema de pesquisa desse estudo não gira em torno de apenas algumas alusões mais geopolíticas. Certamente, se "a linguagem geopolítica pode ser reconhecida pela ocorrência de termos que se referem a fronteiras e ao conflito entre interesses territorialmente limitados",[3] então quase por definição o fim da Guerra Fria teve de aumentar o discurso geopolítico na Europa – assim como seriam as discussões dos federalistas europeus após 1945 na tentativa de fazer com que os países europeus se unissem em uma federação. Porém, isso não é em si um achado significativo (pelo menos, não mais). O enigma para esse estudo comparativo diz respeito ao renascimento de uma forma especificamente clássica e mais determinista do pensamento geopolítico; um tipo de geopolítica que não se esquiva mais de usar seus argumentos, ou até mesmo de dizer o próprio nome.

Este capítulo irá, portanto, discutir de modo sucinto duas possíveis refutações para o problema de pesquisa deste volume, informadas uma pelo realismo e outra pela geografia política (crítica). A réplica realista é insatisfatória, uma vez que os eventos históricos não conferem evidências suficientes para a sua interpretação. Os realistas estão certos de apontar que o fim pacífico da Guerra Fria não faz necessariamente com que todos vejam confirmadas as expectativas (e estratégias) políticas da pesquisa para paz (*Ostpolitik*). Entretanto, pela mesma razão, não é autoexplicativo que o fim da Guerra Fria – um acontecimento histórico deveras importante e ocorrido de uma maneira inesperada para os realistas (apesar de tentativas posteriores de explicá-lo) – acabaria sendo considerado, pelos próprios realistas, como um evento de menor relevância do que as guerras dos Bálcãs. No que tange, por outro lado, à geografia política, mesmo se

---

3 Dijkink, *National Identity and Geopolitical Visions: Maps of Pride and Pain*, p.5.

os geógrafos políticos estão certos em esperar uma enxurrada de referências geográficas nos discursos políticos depois de 1989, isso não requer necessariamente que a versão mais determinista da geopolítica reemerja e que tais discursos estejam atrelados a ela. Por fim, precisamos também explicar o fato de que esse retorno da geopolítica não aconteceu em todos os lugares. Nosso problema de pesquisa, então, permanece.

1. "1989 e tudo isso": a política realista depois do congelamento da Guerra Fria

Muitos cidadãos da ex-Iugoslávia podem ser perdoados por terem uma visão menos gloriosa do fim da Guerra Fria. Os realistas acreditavam que seus pontos de vista haviam sido rapidamente confirmados pelas muitas guerras civis ocorridas nos Bálcãs e enfatizaram o quanto era necessário que os indivíduos não fossem atraídos pela ideia de que a Guerra Fria havia acabado por meio de uma solução pacífica. Para eles, a era pós-Guerra Fria era uma paz perigosa, ressuscitando uma série de fatores que quase exigiam um renascimento da geopolítica.[4] No entanto, como esta seção argumentará, isso não invalida nosso problema de pesquisa: não está claro por que a geopolítica ressurgiu das cinzas tão súbita e rapidamente, tanto no Oriente quanto no Ocidente. Não é evidente por que o fim pacífico da Guerra Fria, um evento de proporções verdadeiramente globais, seria ofuscado pelos entendimentos e pelas supostas lições das guerras (regionais) da Bósnia.

Desta vez, a geopolítica, como uma teoria distinta e não apenas como um discurso livre, ressurge como algo semelhante àquelas versões muito sistêmicas e deterministas do realismo que são

---

4 Para uma extensa lista com os fatores que, de maneira autoevidente, levaram ao ressurgimento da geopolítica depois de 1989, ver Jean, *Geopolitica*.

geralmente consideradas incapazes de explicar o comportamento da União Soviética no final da Guerra Fria. Não temos uma interpretação "final" sobre o término da Guerra Fria e, devido às várias implicações políticas provenientes das suas lições históricas, o debate provavelmente permanecerá "essencialmente contestado". No entanto, é bastante seguro afirmar que as teorias realistas que se concentram sobretudo em um determinismo sistêmico (o equilíbrio de poder) estiveram sob severo ataque dentro desse debate.[5] Em termos de poder relativo, a União Soviética não era mais fraca em meados dos anos 1980 do que era anteriormente, nos estágios iniciais da Guerra Fria. Além disso, uma perspectiva geopolítica que desse mais ênfase em questões geográficas, incluindo um foco em territórios, teria de explicar a relativa facilidade com que o governo soviético, sob a liderança de Gorbachev, deixou que a sua esfera de influência se desfizesse.

Ademais, uma resposta sistêmica à la Waltz foi, de fato, rapidamente descartada pelos próprios realistas. Uma réplica inicial de William Wohlforth foi mais inspirada no realismo de Robert Gilpin e Stephen Walt,[6] em que se misturava a ideia de declínio hegemônico com um momento de percepção do líder soviético sobre tal declínio. Independentemente se a posição de poder relativa da União Soviética fosse ou não tão ruim quanto parecia, Gorbachev percebeu um declínio do poder soviético e teve de reagir deixando algum peso morto para trás, por meio de uma política de retraimento. Para essa perspectiva, o rearmamento de Reagan é visto como o catalisador

---

5 Kratochwil, The Embarassment of Changes: Neo-Realism and the Science of Realpolitik without Politics, *Review of International Studies*, v.19, n.1; Koslowski e Kratochwil, Understanding Change in International Politics: the Soviet Empire's Demise and the International System, *International Organization*, v.48, n.2; Lebow, The Long Peace, the End of the Cold War, and the Failure of Realism, *International Organization*, v.48, n.2.

6 Ver Wohlforth, Realism and the End of the Cold War, *International Security*, v.19, n.3; e a relação com Gilpin (*War and Change in World Politics*) e Walt (*The Origins of Alliances*).

desse processo;[7] ademais, ela foi ampliada com a consideração de outro fator sistêmico, levando em conta também os efeitos da globalização e do declínio econômico.[8]

Ainda assim, é discutível se até essa lógica tardia do realismo é persuasiva – e historicamente ela chega tarde demais para justificar um renascimento quase natural da geopolítica no início dos anos 1990. Podemos argumentar ainda que, em relação à temporalidade dos fatos históricos, a grande mudança referente ao contexto soviético aparece em 1987, muito tempo depois da primeira administração Reagan, a qual provocou como resposta o rearmamento soviético, e não um retraimento.[9] E aconteceu também com (e depois de) Reykjavik, isto é, uma época em que o segundo governo Reagan, muito mais inclinado a acomodar as tensões EUA-URSS, começou a enfrentar uma crucial mudança de liderança do outro lado.[10] Além disso, por qual motivo um desafiante em declínio, no caso a União Soviética, preferiria simplesmente desistir da batalha em vez de optar por uma guerra preventiva antes da situação se deteriorar ainda mais? Mesmo que essa leitura realista enfatize, com razão, a existência de constrangimentos à política soviética, ela não consegue explicar por que tais constrangimentos foram interpretados de

||||||||||

7 Patman, Reagan, Gorbachev and the Emergence of "New Political Thinking", *Review of International Studies*, v.25, n.4.
8 Brooks e Wohlforth, Power, Globalization and the End of the Cold War: Reevaluating a Landmark Case for Ideas, *International Security*, v.25, n.3. É curioso, no entanto, que os realistas nas relações internacionais só tenham se valido dessa argumentação nesse momento histórico. Ao longo desse período, o debate sobre globalização avançou na direção de considerá-la uma variável dependente, e, mesmo assim, uma variável com uma grande carência explicativa, em vez de uma variável geral, sistêmica e independente, que fosse capaz de explicar todos os possíveis movimentos de socialização nacional e os padrões de convergência. Ver Leander, The Globalisation Debate: Dead-Ends and Tensions to Explore, *Journal of International Relations and Development*, v.4, n.3.
9 MccGwire, *Perestroika and Soviet National Security*.
10 Risse-Kappen, Did "Peace Through Strength" End the Cold War? Lessons from INF, *International Security*, v.16, n.1.

uma maneira particular e qual política seria adotada a partir de uma dada interpretação. Parece não haver evidências convincentes para apoiar a noção de que a União Soviética precisava abandonar a Europa Oriental[11] e muito menos encorajar o desaparecimento do comunismo naquela região.[12] Contrários a essa versão que, em grande medida, se baseia na política de poder dos Estados Unidos, talvez não seja por acaso que são justamente, em sua maioria, os indivíduos fora dos Estados Unidos que têm feito questão de enfatizar a influência da *détente* e da "segurança comum" na então nova elite no poder em Moscou: ideias social-democratas,[13] *Ostpolitik*,[14] "defesa não ofensiva", o processo de Helsinque e a construção da confiança, medidas estas que ajudaram a construir um notável reservatório de confiança, em particular em relação à Alemanha.[15] Os pesquisadores europeus dos estudos para a paz certamente viram seus trabalhos comprovados pelos eventos.[16] Explicações materiais, se elas não são apenas indeterminadas,[17] simplesmente não são suficientes e talvez nem sejam capazes de identificar os componentes mais importantes para compreender o "evento" 1989.[18]

---

11 Evangelista, Norms, Heresthetics and the End of the Cold War, *Journal of Cold War Studies*, v.3, n.1.
12 Kramer, Ideology and the Cold War, *Review of International Studies*, v.25, n.4; Id., Realism, Ideology, and the End of the Cold War, *Review of International Studies*, v.27, n.1.
13 Lévesque, *1989: la fin d'un Empire, l'URSS et la liberation de l'Europe de l'Est*.
14 Risse-Kappen, Ideas Do Not Float Freely: Transnational Coalitions, Domestic Structures, and the End of the Cold War, *International Organization*, v.48, n.2.
15 Forsberg, Power, Interest and Trust: Explaining Gorbachev's Choices at the End of the Cold War, *Review of International Studies*, v.25, n.4.
16 Wiberg, Peace Research and Eastern Europe, in: Allan e Goldmann (Orgs.), *The End of the Cold War: Evaluating Theories of International Relations*.
17 Lebow, The Long Peace, the End of the Cold War, and the Failure of Realism, *International Organization*, v.48, n.2.
18 Para uma abordagem geral sobre esses debates, ver Petrova, The End of the Cold War: a Battle or Bridging Ground between Rationalist and Ideational Approaches to International Relations?, *European Journal of International Relations*, v.9, n.1.

Dessa forma, os realistas produzem um renovado apelo aos argumentos geopolíticos não a partir do final da Guerra Fria *per se*, mas de alguns eventos regionais que lhe sucederam. Embora o fim da Guerra Fria possa ter abalado algumas explicações realistas, as guerras dos Bálcãs figuraram paradoxalmente como epítetos da sabedoria, então revigorada, do realismo, na medida em que os conflitos nessa região marcaram um retorno aos dias "normais" da política mundial, não mais silenciados pela disputa ideológica transitória da Guerra Fria. Estávamos de volta ao futuro.[19]

Mearsheimer avalia essa eclosão de hostilidades e seu conteúdo étnico em termos de uma "teoria de congelamento" da Guerra Fria. Nessa interpretação, os primeiros conflitos internos e, depois, internacionais tornaram-se adormecidos quando foram sobrepostos pela competição entre as superpotências. Uma vez que a sobreposição foi retirada, no entanto, a história regional retomou o curso de onde havia parado e as disputas territoriais, agora em um novo contexto de poder, inevitavelmente vieram à tona. Isso significava, como de costume, para o realista, o curso esperado e "natural" da política de poder mundial, embora a Guerra Fria houvesse suprimido de modo temporário essas eternas dinâmicas. "Você queria o fim da Guerra Fria – e veja o que você conseguiu" – com essa abordagem, ressurge uma espécie de determinismo cíclico, o qual consideraria um renascimento do pensamento geopolítico como algo totalmente esperado.

Há muitas deficiências nas suposições subjacentes a essa análise, principalmente o fato de que a mera ocorrência do conflito não é, em si, um argumento para o realismo. Como qualquer outra teoria, o realismo precisa explicar tanto o conflito quanto a cooperação. Ademais, o conflito pode surgir por outras razões que não aquelas

---

19 Mearsheimer, Back to the Future: Instability in Europe after the Cold War, *International Security*, v.15, n.1.

aventadas pelos realistas.[20] Assumir o conflito como, *a priori*, um argumento a favor do realismo é, portanto, profundamente falacioso e, em geral, não compartilhado pelos teóricos realistas. Tal presuposição reduziria o realismo, como já diria uma famosa piada, à alcunha de "teoria de 'azares acontecem' das relações internacionais", sempre ostensivamente confirmada quando as relações internacionais desandam.[21] Essa apreciação confunde, nas palavras de Wendt, a descrição da *Realpolitik* com sua explicação.[22]

No entanto, a parte empírica da análise de Mearsheimer também foi amplamente criticada. Ela baseava-se na previsão de que a Alemanha adotaria, inevitavelmente, uma postura mais agressiva e unilateral na Europa, assim que as restrições da Guerra Fria fossem removidas, pois a sua unificação justificaria um papel maior no continente europeu, proporcional, então, à sua acumulada posição de poder. Essa afirmação era improvável desde o início, como mostram outros realistas,[23] e o cenário que a avaliação de Mearsheimer sugeriu não se concretizou.[24] Desse modo, não restou muito da versão mais determinista do realismo que explicasse por que o ressurgimento do pensamento geopolítico se apresentaria simplesmente como algo que se seguiu às necessidades da política mundial depois de 1989.

|||||||||||

20 Até mesmo o dilema de segurança pode ser explicado por outros argumentos que não os argumentos realistas-idealistas (é importante notar que ambas as tradições analisam o dilema de segurança da mesma forma, mas possuem diferentes avaliações sobre a sua possível solução). Ver Mitzen, Ontological Security in World Politics: State Identity and the Security Dilemma, *European Journal of International Relations*, v.12, n.3.
21 Essa piada foi feita por Friedrich Kratochwil durante uma discussão com Mearsheimer em uma mesa-redonda no encontro da International Studies Association. No original, "*shit happens theory of international relations*".
22 Wendt, Constructing International Politics, *International Security*, v.20, n.1, p.76.
23 Ver, por exemplo, a resposta quase imediata de Van Evera, Primed for Peace: Europe After the Cold War, in: Lynn-Jones (Org.), *The Cold War and After: Prospects for Peace*.
24 Por exemplo, Banchoff, German Identity and European Integration, *European Journal of International Relations*, v.5, n.3.

Mesmo que todas essas argumentações tivessem sido precisas, uma pergunta central para o nosso problema de pesquisa ainda permanece: por que, no discurso – predominantemente ocidental e proveniente do norte global – das relações internacionais, o desmantelamento pacífico do Muro de Berlim e o fim da ameaça diária de uma guerra global – isto é, a maior mudança na política mundial no final do século – foram em alguns países europeus considerados menos importantes do que os conflitos étnicos localizados na ex-Iugoslávia (mesmo levando em consideração quão horrendas se mostraram as guerras nos Bálcãs)? Em outras palavras, ainda que nem todos os Estados ou suas elites compartilhassem o entusiasmo da Alemanha nos dias da então celebrada Carta de Paris ou as esperanças de uma estrutura de segurança genuinamente comum,[25] não é autoevidente que o pensamento geopolítico, há muito desconsiderado justamente por sua visão militarista e determinista da política externa, levantar-se-ia logo após a Guerra Fria ter enfim se encerrado, e de modo pacífico.

2. A geopolítica crítica: 1989 agitando as imaginações geográficas

Mudanças na política mundial incitam discursos geopolíticos. Essa é uma generalização bastante comum que surge com o estudo sobre o desenvolvimento do pensamento geopolítico nos últimos dois séculos. Nesse sentido, assim como os realistas, os escritores geopolíticos mais críticos também acham pouco surpreendente o reaparecimento não apenas do pensamento geopolítico, mas também do

---

25 Esse entusiasmo (e mesmo os pedidos para ações políticas que pudessem se valer do momento favorável para criar institucionalizações) pode ser encontrado tanto em governos (Genscher, *Erinnerungen*) como na academia (por exemplo, Senghaas, *Friedensprojekt Europa*).

próprio termo "geopolítica" depois de 1989. Contudo, é importante nos concentrarmos, neste momento, nas razões exatas de tal ressurgimento, uma vez que elas nos darão uma primeira pista para especificar o tipo de abordagem que será mais adequada ao nosso estudo. Antes de nos aprofundarmos na análise do contexto pós-1989 feita por estudiosos da geopolítica crítica, faz-se necessária uma consideração acerca dos antecedentes desse conjunto de abordagens. A geopolítica crítica talvez possa ser mais bem compreendida por meio da comparação com a geopolítica realista clássica/tradicional. Ambas compartilham um foco na relação entre geografia e política, em que toda geografia é política, e a política é sempre espacial. Entretanto, além desse terreno comum bastante trivial, elas diferem profundamente na forma como suas apreciações metateóricas especificam a relação entre os aspectos materiais e ideacionais do mundo social e a relação entre a representação da realidade social e a própria realidade. Nesse contexto, a geopolítica é vista tanto como um fenômeno de primeira ordem (a exemplo da relação empírica "factual" entre fatores geográficos e as políticas estatais) quanto como um fenômeno de segunda ordem (por exemplo, em relação às políticas advindas da sua representação), que, por sua vez, pode ter um efeito sobre o fenômeno de primeira ordem (via processo de reflexividade). Em outras palavras, a abordagem tradicional da geopolítica é sobre a *geografia das políticas*, na qual longas listas de fatores materiais geralmente fornecem o contexto estrutural dentro do qual os agentes tomam suas (esperançosamente ótimas) decisões. A geopolítica crítica, por sua vez, inverte esse interesse ao problematizar a própria geografia: ela se ocupa, na verdade, da *política da geografia*. Uma versão clássica da geopolítica "crítica" centra-se no papel da geografia no apoio às políticas externas, bem como na sua função política e ideológica.[26] Aplicando uma virada construtivista ou

|||||||||||

26 Por exemplo, Lacoste, *La geographie, ça sert d'abord à faire la guerre.*

pós-estruturalista, um segundo ramo da geopolítica crítica problematiza a interação entre a *política da geografia* e a *geografia da política* – ou, em seus próprios termos, a "geo-política da geopolítica"; isto é, como as representações geográficas, por sua vez, interagem com a realidade social.[27] Nesta última categoria, algumas abordagens visam uma compreensão macro-histórica de como a imaginação geopolítica moderna influencia a compreensão e as práticas da política mundial,[28] enquanto outras dedicam maior atenção às implicações políticas de discursos geopolíticos mais específicos, como aqueles focados em contextos nacionais.[29]

Nessa perspectiva, a geopolítica crítica "desnaturaliza" a geografia, ou seja, o valor dos fatores geográficos não é dado naturalmente. Tal abordagem traz mais elementos e significados do que o argumento de que mudanças tecnológicas influenciam no valor dos fatores geográficos, um argumento já comum nos escritos dos realistas clássicos, para os quais o valor dos recursos nunca foi entendido como totalmente fixo em suas análises de poder.[30] Ao contrário,

---

27 Isso certamente localiza a geopolítica crítica nas categorias com as quais caracterizo o construtivismo (nas relações internacionais), mas acredito que isso é defensável. Ver Guzzini, A Reconstruction of Constructivism in International Relations, *European Journal of International Relations*, v.6, n.2; e Id., The Concept of Power: a Constructivist Analysis, *Millennium: Journal of International Studies*, v.33, n.3.

28 Isso se aplicaria, embora com ênfases diferentes, no trabalho de John Agnew e Derek Gregory. Ver a autodefinição de Agnew como produzindo um trabalho que buscava realizar uma "geo-política histórica": Agnew, *Geopolitics: Re-visioning World Politics*, 2.ed, p.6; Agnew em Murphy et al., Forum: Is There a Politics to Geopolitics?, *Progress in Human Geography*, v.28, n.5, p.634-7; e o trabalho de Gregory ao se definir como "uma espécie de geógrafo histórico", em Gregory, *Explorations in Critical Human Geography: Hettner Lecture 1997*, p.46. Mesmo que com diferentes inflexões, ambos focam na evolução histórica da relação entre conhecimento e poder (e a crítica do Ocidente), e favorecem uma conceitualização robusta da história, entendida seja como à la Koselleck ou à la Foucault, na medida em que Agnew e Gregory se aprofundam no estudo sobre "as formas em que o espaço está implicado nas operações e nos resultados dos processos sociais" (Ibid., p.85).

29 Ver, por exemplo, Dalby, *Creating the Second Cold War: the Discourse of Politics*; e Ó Tuathail, *Critical Geopolitics: the Politics of Writing Global Space*.

30 Ver, por exemplo, Aron, *Paix et guerre entre les nations*, 8.ed., p.64.

uma abordagem crítica da geopolítica avalia o papel dos fatores geográficos a partir das percepções e dos entendimentos que os agentes possuem sobre esses mesmos fatores. Qualquer que seja a real importância de certos territórios em termos de recursos naturais ou humanos, é o lugar deles nas representações dos agentes que mais fortemente condiciona seu valor "real". De acordo com Yves Lacoste, em cuja abordagem o conflito territorial se destaca pela compreensão da geopolítica, o principal propulsor do conflito não são os "dados naturais da geografia" – se é que existe tal coisa –, mas, na verdade e de modo oposto, as reivindicações feitas pelas nações em nome de "seus 'direitos históricos'", ou simplesmente os seus desejos de preservar sua identidade cultural, ou o seu "espaço".[31]

Essa virada interpretativista na geopolítica se concentra, então, nas representações. Ela abre o debate para uma agenda de pesquisa – como a de John Agnew – na qual o desenvolvimento histórico de uma "imaginação geográfica", como desenvolvido na modernidade europeia, fornece uma gramática geral em que períodos específicos de pensamento geopolítico podem ser analisados. Tal abordagem estimula a análise de discursos geopolíticos particulares, geralmente nacionais, ou "visões geopolíticas", assim como em que medida eles interagem uns com os outros e com a política internacional.[32] Embora essa análise rejeite uma compreensão objetivista da geografia e da geopolítica, ela, ainda assim, não equivale a uma análise subjetivista, uma vez que essas interpretações nacionais fazem parte de um discurso socialmente compartilhado; e esses discursos estão embutidos em um contexto histórico e cultural, seja ele geral (isto é, a modernidade), seja de um Estado particular (ou ambos), o que possibilita o estudo das condições e processos com os quais tais conjuntos de representações evoluem.

---

31 Lacoste, Preambule, in: *Dictionnaire de geopolitique*, p.9 e 17.
32 Por exemplo, Dijkink, *National Identity and Geopolitical Visions: Maps of Pride and Pain*.

De posse dessa explanação sintética sobre a geopolítica crítica, podemos agora retornar ao nosso objeto de pesquisa. A geopolítica tradicional e a geopolítica crítica oferecem duas respostas diferentes em relação aos efeitos que o fim da Guerra Fria poderia ter ocasionado no desenvolvimento do pensamento geopolítico – isto é, se um renascimento era esperado ou não. Para as abordagens mais naturalizadas e mais tradicionais, basta que existam "experiências de choque" produzidas por mudanças claras nas "posições de poder e suas características primárias, como fronteiras e populações perdidas e ganhas", que o discurso geopolítico tende a (re)aparecer.[33] No entanto, tal desenvolvimento nem sempre ocorreu de modo subsequente: na República Tcheca, cujas características primárias certamente mudaram por meio, primeiro, da divisão do Pacto de Varsóvia e, depois, da secção da Eslováquia, não houve nenhum renascimento da geopolítica.

Uma segunda resposta estaria mais próxima de uma abordagem feita pelo geógrafo verdadeiramente crítico, em que o significado do espaço (e da mudança espacial) não é dado por uma geografia objetiva, mas, sim, informado pelas interpretações dos atores. O ressurgimento da geopolítica depois de 1989 não seria uma conclusão precipitada: só era esperado no caso de os eventos internacionais afetarem profundamente a imaginação geopolítica. As hipóteses para o ressurgimento do pensamento geopolítico depois de 1989 foram apoiadas não pela mudança nos fatores políticos *per se*, mas pelo encontro destes com a moderna imaginação geopolítica (para uma análise macro-histórica) ou com as visões particulares das geopolíticas nacionais.

Dada a lógica dos discursos da Guerra Fria, o ressurgimento do pensamento geopolítico não intrigou muito os estudiosos da geopolítica crítica, pois suas análises se concentram nos efeitos inerciais

---

33 Van der Wusten e Dijkink, German, British and French Geopolitics: the Enduring Differences, *Geopolitics*, v.7, n.3, p.21.

que um discurso preexistente pode obter na busca de uma nova aplicação. De acordo com esse aspecto, era de se esperar que os discursos estratégicos então consolidados fossem encontrar outras formas de se autorreafirmar: tais discursos mudam de forma morosa, e mesmo eventos de grandes proporções não necessariamente minam sua lógica fundante. Como irei argumentar, essa refutação ao nosso objeto de análise é parcialmente justificada. No entanto, ela não o resolve de fato, embora forneça um elemento importante para a sua especificação.

Isso pode ser exemplificado com uma breve nota sobre a famosa tese de Huntington acerca de um possível choque de civilizações. A partir de uma leitura crítica, tal tese, além de ser antiga em relação à geopolítica clássica, simplesmente repete as dicotomias da Guerra Fria. Huntington divide o mundo em diferentes civilizações (polos) que ocupam diferentes áreas culturais (blocos), em cujas fronteiras (por exemplo, cortinas de ferro ou de bambu) é provável que ocorram atritos. Em particular, o mundo ocidental (democracias) enfrentará o ataque conjunto de civilizações que, por suas próprias autodefinições, não podem estabelecer comprometimentos (pois possuem regimes totalitários). Nessa leitura, Huntington parece estar à procura de um novo inimigo para ser inserido em um argumento já conhecido. Em outras palavras, não é um novo problema que estimula uma resposta ocidental, mas, sim, soluções estratégicas particularmente ocidentais que estão em busca de um problema.[34]

Em particular, Gearóid Ó Tuathail (Gerard Toal) enfatizou o ressurgimento dessa geopolítica antiquada em momentos de desordem no pensamento estratégico (como no período pós-1989) – uma desordem a qual ele se refere como "vertigem geopolítica".[35] Aqui,

||||||||||

34 Para esse argumento, ver Guzzini, *Realism in International Relations and International Political Economy: the Continuing Story of a Death Foretold*, p.234.
35 Sobre este ponto, ver Ó Tuathail, *Critical Geopolitics: the Politics of Writing Global Space*, cap.7.

o ressurgimento de apresentações mais espaciais da dinâmica internacional é parte e, ao mesmo tempo, segmento de uma tentativa – não necessariamente consciente e estratégica – de recuperar terreno na política internacional. Diante da parcial dissolução de referências espaciais, o renascimento da "geopolítica" não é simplesmente um movimento intelectual: é uma reação ao declínio da política da geopolítica. Estando intrinsecamente ligada ao militarismo, segundo a hipótese de Tuathail, a geopolítica reaparece em um momento em que, em resposta ao apelo do público por um "dividendo de paz" da Guerra Fria, os orçamentos militares encolhem. Nesse sentido, tal ressurgimento é uma tentativa de consertar essa desorientação, exacerbada com os eventos de 1989, e permitir um retorno aos "procedimentos de sempre".[36]

A abordagem mais geral da geopolítica crítica é claramente compatível com a análise apresentada neste volume, embora não com todas as suas hipóteses. De fato, ela ajuda a especificar o nosso problema de pesquisa. Entretanto, ainda que para ela não pareça ser muito intrigante que a geopolítica reapareça – e possa até ser expressão privilegiada de um discurso (e de um imaginário) estratégico preexistente que necessite urgentemente de uma forte justificativa –, isso não responde à seguinte pergunta: por que algumas elites e discursos de política externa parecem ter sido muito mais receptivos a um renascimento do pensamento geopolítico do que outros? Em alguns países, o pensamento geopolítico permaneceu como letra morta, como, por exemplo, na República Tcheca, na Alemanha e na Suécia. Por quê? Foi porque as elites de política externa desses países não ficaram desorientadas? Em outras palavras, 1989 não as afetou da mesma maneira ou simplesmente não significou o mesmo para elas? Ou terá sido por outros motivos que a geopolítica

---

36 No original, "*business as usual*". (N. T.)

não conseguiu desempenhar o seu habitual papel de "consertar a ansiedade" nesses países?

3. Conclusão: o intrigante crescimento da "geopolítica neoclássica"

Se, por um lado, a refutação realista não é histórica e teoricamente convincente, por outro os geógrafos políticos têm uma melhor justificativa para não se impressionarem com o ressurgimento do pensamento geopolítico pós-1989. As crises na política mundial e suas consequências estimulam imaginações geopolíticas, antigas e novas. Quando as fronteiras mudam, o mesmo ocorre com a identidade territorial do Estado ou da pátria/nação. Depois de grandes terremotos políticos, novas e futuras paisagens são imaginadas, ou as antigas são restauradas. Embora talvez esse fenômeno seja intrigante para estudiosos não realistas das relações internacionais, um renascimento do pensamento geopolítico após uma mudança tão profunda como o fim da Guerra Fria era bastante previsível para os geógrafos políticos.

De fato, suas descobertas são parte do próprio desenho da pesquisa deste estudo. Os geógrafos políticos apontam corretamente para a relação entre o renascimento do discurso geopolítico e a crise dos discursos de segurança nacional quando confrontados com novos cenários políticos mundiais. No entanto, ainda é necessário ser explicado por que esse discurso geopolítico não se apresenta apenas como uma rearticulação do espaço e do território (nacional), ou enquanto um mero retorno da geografia ou das coordenadas espaciais e/ou territoriais à agenda política. Na verdade, tal discurso é mais do que isso: trata-se do renascimento exatamente daquela parte da tradição geopolítica com a qual muitos geógrafos políticos se sentem mais desconfortáveis. É o renascimento de um determinismo geográfico e de muitos pensadores do final do século XIX e do início do XX, que foram por ele influenciados. A geografia certamente importa na política, mas existe um salto muito grande em determinar a política a partir da naturalização da geografia. Não estamos testemunhando a mera retomada do *discurso geopolítico* no sentido de um visível retorno da geografia às considerações políticas; estamos lidando com a *geopolítica* em seu sentido mais clássico, ou com o que Mark Bassin apelidou de "geopolítica neoclássica".[37] E tal desenvolvimento não é necessariamente predestinado a acontecer em tempos de crise. Uma imaginação geopolítica mais visível não se traduz de forma automática em uma geopolítica que não se esquiva do seu determinismo.

---

37 Bassin, The Two Faces of Contemporary Geopolitics, *Progress in Human Geography*, v.28, n.5, p.621.

2. QUAL GEOPOLÍTICA?

Stefano Guzzini

O NOSSO OBJETO DE PESQUISA DEPENDE, então, de uma definição mais sistemática acerca da geopolítica nos termos da "geopolítica neoclássica", como Bassin a denomina, que o presente capítulo irá elaborar. No entanto, ela será apresentada com base na discussão da perspectiva da geopolítica clássica, por duas razões. Uma está ligada ao desenho geral desta pesquisa. Se, como apresentado em nossa hipótese, o renascimento do pensamento geopolítico na Europa afeta a "cultura da anarquia" da região de tal modo a suspender o movimento em direção a uma visão mais kantiana da segurança europeia, ou contribui até mesmo para invertê-la no sentido de uma visão mais hobbesiana, então se faz necessário mostrar quais são os componentes específicos presentes no discurso da geopolítica neoclássica responsáveis por esse movimento.

A segunda razão se refere à maneira como a geopolítica neoclássica é apresentada. Como os defensores da geopolítica neoclássica não exitarão em salientar, minha referência à geopolítica clássica talvez seja um tanto quanto parcial, de modo que a sua vinculação à geopolítica neoclássica pode, por sua vez, mobilizar contra este estudo as acusações de "culpa por associação" típica das referências "politicamente corretas" da geopolítica. Tais defensores veem a "geopolítica" como muito mais inocente e não mais contaminada pelas armadilhas políticas e teóricas de seu passado. Tal defesa geralmente vem, então, em formas previsíveis. Primeiro, ela tenta mostrar que a associação quase necessária da geopolítica com a política externa fascista está equivocada – ou, como alguns argumentam, pelo fato de que não havia uma ligação forte entre Hitler e a geopolítica, ou, como outros apontam, pela questão de que a escola alemã era uma forma especial de geopolítica, e as abordagens geopolíticas contemporâneas raramente dependem desse ramo em particular. Além disso, em um segundo movimento, a defesa da geopolítica admite que o determinismo espacial e geográfico não funciona e, portanto, que as suas versões contemporâneas não se baseiam nele. Dessa forma, falar geopolítica hoje soa relativamente inocente e não merece todo o rebuliço e todas as críticas a ela direcionadas. Então, qual seria essa geopolítica que foi revivida pós-1989?

Por essas razões, faz-se necessário que o presente capítulo aborde as diferentes tentativas de definir e redefinir a geopolítica, a fim de justificar a definição da geopolítica neoclássica que se mostrou mais relevante para especificar o objeto de pesquisa do nosso estudo comparativo. Tal abordagem será feita em três etapas. Na primeira, discutirei a relação entre a tradição geopolítica e a sua vertente da *Geopolitik* alemã. Aqui, irei sugerir que, embora a *Geopolitik* alemã não deva ser confundida com o nazismo (mesmo tendo sido usada por ele), as suposições centrais nas quais a tradição geopolítica alemã se baseou são as mesmas presentes na tradição da geopolítica clássica mais ampla. Afirmar que a *Geopolitik* é especial por sua referência a explicações organicistas não é totalmente errado, mas esse não é o ponto do argumento avançado neste livro. O que define a tradição da geopolítica clássica é a confiança no que eram, à época, as versões comuns do darwinismo social. Singularizar e afastar a tradição alemã da geopolítica clássica não exclui o importante fato de que ambas possuem raízes comuns.

Em uma segunda etapa, discutirei a relação entre a tradição da geopolítica e o realismo, pois compartilho da usual avaliação de que a geopolítica é apresentada enquanto um ramo da tradição realista. A partir dessa perspectiva, ambas as correntes possuem, enquanto um elemento-chave em comum, a crença de que a dinâmica padrão da política mundial reside na expansão do poder. No entanto, o realismo não deve ser reduzido a, ou confundido com, a geopolítica. Ele não compartilha com a geopolítica da sua dependência em relação ao darwinismo social e não parte necessariamente de alguma versão "muscular" do nacionalismo (muitas vezes ligada a uma "missão" especial) como causas para o expansionismo.

Por fim, discuto as alegações feitas pelos atuais estudiosos da geopolítica de que suas teorias, além de serem desprovidas de qualquer conexão significativa com a *Geopolitik*, são também, em linhas gerais, não deterministas em relação ao espaço geográfico. Tento, assim, mostrar que essa afirmação se baseia em uma definição errônea sobre as implicações de tal determinismo. Decerto, suas teorias não usam um determinismo monocausal que faz previsões claras sobre comportamentos futuros. No entanto, para realizarmos uma crítica acerca da "determinância em relação ao espaço geográfico", basta mostrarmos que suas análises conferem primazia explicativa aos fatores geográficos. Apontar que a geografia ou que o espaço em geral importam não é necessariamente o elemento que torna a "geopolítica" necessária para certos estudos; a identificação de tal importância é consistente com quase todas as teorias de RI. Desse modo, desistir da primazia em relação ao ambiente geográfico suscita um dilema: ou a geopolítica é algo específico, de modo que a primazia explicativa do ambiente geográfico é necessária e, portanto, sua utilização carece de uma justificativa – a qual, porém, já não é mais fornecida, pois alegam que a geopolítica não é determinista –; ou a geopolítica não é algo específico, mas, sim, um tipo de discurso materialista mais frouxo e, portanto, redundante, de maneira que insistir no uso do rótulo "geopolítica" precisa ser justificado – o que também normalmente não é feito. Para concluir a discussão realizada pelos geógrafos, avalio ainda as tentativas da geopolítica crítica de mudar a maneira como estudamos esse assunto, sugerindo que o consideremos não como uma escola de pensamento sobre política, mas como práticas de espacialização dentro da política. Embora isso tenha aberto caminhos fascinantes de pesquisa, uma definição tão ampla de geopolítica não se encaixa no objetivo do presente estudo, como mostrarei neste capítulo.

Concluo o capítulo, então, estabelecendo uma definição de geopolítica neoclássica que leva em consideração esses diferentes componentes. E, embora seja possível argumentar que houve um renascimento do pensamento geopolítico que cabe em tal definição, é importante ressaltar que nem todo o uso do conceito de "geopolítica" necessariamente se encaixa na definição proposta. Como mencionado anteriormente, essa definição mais "espessa" é necessária para o nosso objeto de análise, já que especifica o que torna o renascimento da geopolítica algo inesperado. Além disso, também é fundamental que esse renascimento possua a capacidade de gerar potenciais efeitos históricos mais amplos na cultura da anarquia europeia.

1. Geopolítica clássica, mas não *Geopolitik*?

"Não é a *Geopolitik* alemã", diz o mantra. Esse discurso procura resistir à redução da geopolítica à sua particular vertente alemã, o que equivaleria à sua imediata desqualificação. Para poder dizer geopolítica, essa "culpa por associação" ao nazismo precisa ser exposta e, portanto, removida.

No entanto, embora a *Geopolitik* alemã não possa ser responsabilizada por Hitler, não é tão autoevidente assim a afirmativa de que a geopolítica e a *Geopolitik* não possuem uma conexão estreita entre elas. Para permanecermos na linguagem do darwinismo, na qual esta seção aprofundar-se-á, ainda que a geopolítica possa não derivar necessariamente da *Geopolitik*, elas têm os mesmos ancestrais. As exatas implicações disso não são solucionadas ao removermos a vertente da *Geopolitik*. Além disso, se as explicações geopolíticas relativizarem seu determinismo geográfico, seja pela inclusão de uma grande variedade de fatores aos quais se concede primazia explicativa, seja pela negação da própria possibilidade de explicações mais deterministas, elas acabam minando, consequentemente, a própria justificativa para o uso dessas mesmas explicaões que se fundamentam no determinismo.

Nesse sentido, este estudo vê no renascimento da geopolítica, isto é, nos locais onde ela ocorreu, uma tentativa de revigorar uma espécie de determinismo geográfico, tanto de forma explícita quanto implícita. É justamente essa característica particular que torna a geopolítica tão atraente em tempos de crise de identidade nas políticas externas dos países, uma vez que um exaustivo rol de fatores com efeitos particulares e contingentes não é suficiente para apaziguar tais crises. Nessas ocasiões, são necessários paradigmas claros e determinados, como a tese do "choque de civilizações".

A geopolítica preservada da aberração nazista

A má reputação da escola de geopolítica alemã está intimamente ligada ao trabalho e às ações de Karl Haushofer. Como Haushofer era próximo do nazismo, se não um apoiador do movimento desde seus primeiros dias, por ser amigo de Rudolf Hess, gozava de uma posição relativamente privilegiada quando os nazistas chegaram ao poder (embora, com o tempo, tenha se tornado cada vez mais marginalizado). Ele foi amplamente publicado e até mesmo criou um instituto de pesquisa, tornando-se, para muitos, o mais próximo que se pode chegar à imagem de um intelectual vinculado à corte nazista na elaboração da política externa alemã. No entanto, a história dessa relação é muito mais complicada e nuançada do que o exposto, e forneceu um primeiro passo, por assim dizer, para a abertura de um espaço legítimo para justificar o retorno à geopolítica.

Nesse sentido, não é difícil encontrar maneiras de desvincular a *Geopolitik* alemã do governo nazista. Defensores da geopolítica são rápidos em apontar que a revista *Zeitschrift für Geopolitik* publicou uma série de autores, incluindo Karl Wittfogel, um proeminente estudioso comunista. Além disso, o "lendário" instituto de pesquisa sobre geopolítica em Munique era uma instituição minúscula, dificilmente merecendo a reputação que obteve no exterior. Nem mesmo a política nazista foi influenciada de maneira significativa por Haushofer, muito menos a confecção do Pacto Molotov-Ribbentrop de 1939, embora esse acordo pareça ter sido inspirado pela visão de Haushofer de um bloco continental para conter a expansão do poder anglo-americano.[1] De modo ainda mais substantivo, o determinismo geográfico subjacente à *Geopolitik*, em que se enfatizava o papel da natureza em condicionar tanto a existência humana quanto a organização política, encontrava-se, em muitos aspectos, em desacordo com a insistência nazista em utilizar a raça como o princípio central para entender (e justificar) sua *Geopolitik*.

De fato, Friedrich Ratzel, muitas vezes considerado o pai da geopolítica alemã, decidiu terminar sua primeira grande obra, a *Anthropo-Geography*, com uma crítica severa contra o uso de distinções antropológicas em que "raça" fosse apresentada como uma categoria qualitativamente importante. Para ele, tais alegações raciais eram uma herança indefensável de um "passado, quando pouco se sabia sobre os povos extraeuropeus". Em vez disso, as distinções raciais eram apenas "vestimentas enganosas" (*täuschende Gewänder*), que induziam um observador superficial ao erro.[2] Dada a dinâmica básica

---

1 Diner, Knowledge of Expansion: on the Geopolitics of Karl Haushofer, *Geopolitics*, v.4, n.3, p.173.

2 Ratzel, *Anthropo-Geographie oder Grundzuge der Anwendung der Erdkunde auf die Geschichte*, p.469. O argumento mais geral começa na p.468. Se não identificadas de outra forma, todas as traduções do francês, alemão e italiano são do autor.

de migrações humanas, não haveria, dessa forma, raças puras. As diferenças entre as várias misturas raciais são difíceis de estabelecer, e o seu valor para explicar as diferenças entre os indivíduos torna-se insignificante quando comparado com fatores etnográficos (ou seja, antropológico-culturais) e históricos. Segundo Ratzel, a humanidade é fundamentalmente unitária em sua antropologia – bem como em seu destino, o qual veria a crescente fusão dos povos em uma humanidade comum.[3] O argumento de Ratzel, portanto, dificilmente se assemelha com o material apresentado pela *Geopolitik* nazista.

Como mostra Bassin, essa tensão entre espaço e raça levou a uma crescente marginalização da geopolítica acadêmica e do (ainda oportunista) Haushofer, sob o governo nazista na Alemanha.[4] Certamente, os ideólogos nazistas pensavam raça em termos de "natureza" e, uma vez que a geopolítica incluía a geografia humana e cultural, a geopolítica acadêmica alemã e a geopolítica nazista eram dois ramos de uma única abordagem. Haushofer nem sempre compartilhou da forte oposição de Ratzel às teorias raciais. De fato, ele posteriormente permitiu que a argumentação racial fosse introduzida em sua análise, se não como principal motor argumentativo, pelo menos como uma condição para o poder do Estado – por exemplo, quando questionou a longevidade do Império francês por conta de suas "políticas raciais" que aceitavam misturas entre raças, ou quando ele tentou limitar as políticas raciais à arena doméstica, permitindo alianças inter-raciais no exterior.[5] Ainda assim, isso não muda o fato de que a geopolítica acadêmica alemã era menos movida por preocupações raciais do que o governo nazista. No entanto, como argumentarei a seguir, o simples fato de Haushofer não ter influenciado a política nazista, ou não ter compartilhado sua perspectiva racial ao

---

3 Ibid., p.177.
4 Bassin, Race contra Space: the Conflict between German *Geopolitik* and National Socialism, *Political Geography Quarterly*, v.6, n.2, p.125 e ss.
5 Haushofer, *Weltpolitik von heute*, p.31 e 215, respectivamente.

máximo, não esconde afinidades importantes em seus argumentos, nem mesmo a justificativa para um quase ilimitado expansionismo na inevitável luta pela existência.[6]

A geopolítica evitando o caminho alemão?

Os defensores contemporâneos da geopolítica argumentam que existem particularidades ao ramo específico da geopolítica alemã[7] que explicam a sua afinidade com o darwinismo social (no sentido da "sobrevivência do mais forte"), e que tais particularidades são evitadas pelos escritores geopolíticos de hoje. Essa especificidade pode ser encontrada nas constantes referências da tradição alemã a Estados como organismos. Na minha opinião, todavia, essa defesa contemporânea da geopolítica não é particularmente persuasiva.[8]

Muito se tem abordado sobre o fato de que a tradição alemã usa uma metáfora orgânica em relação ao Estado, legitimando seu crescimento e expansão como algo "natural" e, portanto, inevitável. Essa análise, em geral, culmina na referência ao conceito de *Lebensraum*, retomado de Thomas Malthus por Ratzel (e também usado pela política externa nazista), e que, mais tarde, veio a ser conhecido como "as sete leis do crescimento dos Estados", de Ratzel. No entanto, em que medida essa referência ao Estado orgânico, tanto em si como em suas implicações, é exclusiva da vertente alemã da *Geopolitik*?

Sem dúvida, as metáforas orgânicas desempenham um papel importante no romantismo alemão, mas dificilmente são

---

6 Diner, Knowledge of Expansion: on the Geopolitics of Karl Haushofer, *Geopolitics*, v.4, n.3.
7 O ramo alemão inclui Rudolf Kjellén, o geógrafo político sueco e discípulo de Ratzel que cunhou a expressão "geopolítica".
8 Nem todos os escritores geopolíticos se valem dessa estratégia argumentativa. Carlo Jean, por exemplo, afirma às claras que o darwinismo social e o organicismo não tornam o ramo alemão da geopolítica muito diferente de outras vertentes. Ver Jean, *Geopolitica*, p.17-9. Sua forma particular de defesa da geopolítica será discutida mais à frente, ainda neste capítulo.

desconhecidas em outros lugares. De fato, o uso de tais metáforas é proeminente no trabalho de Herbert Spencer, o qual teve forte influência sobre os pensadores americanos no final do século XIX.[9] Da mesma forma, elas abundam na sociologia francesa, de Auguste Comte a Émile Durkheim, de quem dizem que Ratzel retirou tais metáforas. No máximo, então, poderíamos afirmar que os defensores alemães da geopolítica usaram a metáfora orgânica com mais destaque do que seus equivalentes no Reino Unido (Mackinder) ou nos Estados Unidos (Mahan). Seja como for, ainda nos resta identificar se essa única característica necessariamente culmina na produção de teorias geopolíticas qualitativamente diferentes; isto é, focar em apenas uma característica não significa mostrar que ela é importante o suficiente para distinguir a vertente alemã das demais vertentes geopolíticas, exceto, talvez, se esse organicismo não foi usado como metáfora, mas como um conceito explicativo essencial. De qualquer forma, esse não era o caso.

Há necessidade de cautela ao interpretar o que as referências da tradição alemã ao Estado enquanto um organismo realmente significavam e tinham por implicações. A metáfora foi utilizada com notoriedade nas páginas iniciais do tratado de Von Rochau sobre a *Realpolitik*. No entanto, o tema presente nessa relevante passagem na obra de Von Rochau rapidamente muda para uma suposta lei do mais forte na vida política, semelhante, por exemplo, à lei da gravidade no mundo físico,[10] o que, na melhor das hipóteses, se assemelha à ideia da razão de Estado.[11] Além disso, o próprio Ratzel, suposto pai do pensamento geopolítico nessa tradição organicista, foi muito

---

9 Hofstadter, *Social Darwinism in American Thought, passim*. Ver também p.4, em que ele cita o número de vendas dos livros de Spencer, entre 1860 e 1903, nos Estados Unidos: uma surpreendente quantidade de 368.755 cópias!
10 Rochau, *Grundsatze der Realpolitik (angewendet auf die staatlichen Zustande Deutschlands)*, p.25.
11 Haslam, *No Virtue like Necessity: Realist Thought in International Relations since Machiavelli*, p.184.

cauteloso com relação ao uso dessa analogia. Embora um de seus breves ensaios seja repetidamente citado por mostrar o papel central do organicismo na tradição alemã,[12] em seu livro anterior, a *Anthropo-Geography*, dificilmente Ratzel menciona tal expressão; ainda, em seu trabalho subsequente, *Political Geography*, há uma clara negativa quanto ao uso de uma analogia biológica.[13] Quando Haushofer publicou uma seleção dos escritos de Ratzel no final de 1940, ele efetivamente incluiu uma seção sobre o Estado como um organismo. Contudo, as passagens selecionadas por Haushofer mostram que, para Ratzel, é a organização política que transforma o solo e os indivíduos em um organismo.[14] Portanto, parece justo dizer que a posição de Ratzel é ambivalente. Por um lado, seu antigo treinamento em zoologia não o levou a utilizar uma metáfora organicista (no sentido biológico), amplamente disponível naqueles tempos, mas, em vez disso, permitiu que ele visse com mais clareza os limites de tal metáfora.[15] Por outro lado, e ao mesmo tempo, Ratzel concede à força metafórica dessa analogia biológica a possibilidade de que ela, em si, sugira explicações. Ela fornece a fundamentação "científica" necessária para sua abordagem da geografia, bem como a justificativa política para o expansionismo e o colonialismo que ele ativamente apoiou.[16]

Em sua apologia ao expansionismo, essa tradição alemã é, no entanto, dificilmente única. A insistência de Ratzel na importância do solo ou do território ("pátria") para a definição do Estado pode parecer datada em tempos como o nosso, de uma presumida desterritorialização, mas ela não é um *tópos* estranho para o seu tempo, nem

|||||||||||

12 Ratzel, Der Staat als Organismus, *Die Grenzboten*, v.55.
13 Id., *Politische Geographie*, p.12-3.
14 Ratzel, *Erdenmacht und Volkerschicksal. Eine Auswahl aus seinen Werken*, p. 113 e ss.
15 Hunter, Commentary on "The Social Origins of Environmental Determinism", *Annals of the Association of American Geographers*, v.76, n.2, p.278.
16 Bassin, Imperialism and the Nation State in Friedrich Ratzel's Political Geography, *Progress in Human Geography*, v.11, n.4, p.488 e 485. Ver também Smith, Friedrich Ratzel and the Origins of Lebensraum, *German Studies Review*, v.3, n.1.

foi limitada às mentes alemãs. A compreensão de Ratzel do Estado como um todo, mais do que apenas a soma de suas partes, é certamente oriunda do idealismo alemão (e de outros idealismos) e da ideia sobre o "nacional", ideia esta tão poderosa desde o século XIX – e não apenas na Alemanha. E nem todos os idealistas alemães se transformaram em darwinistas sociais, como o argumento sobre o caminho organicista alemão para a geopolítica pode nos fazer acreditar. Muito pelo contrário. Falar sobre o "crescimento" das nações adquire facilmente uma metáfora corporal, mas a razão pela qual a geografia retornava aos holofotes da ciência, de acordo com Ratzel, foi o seu caráter bastante comum nas discussões históricas sobre "ascensão e declínio" das nações no início do século XIX.[17]

O fato de Ratzel e Haushofer aceitarem a ideia geral de uma *Kampf ums Dasein* (luta pela existência) como uma visão da política não é questionada aqui (mesmo que Ratzel tivesse uma visão mais qualificada dessa luta). Tampouco é contestado que tal visão quase inevitavelmente seja traduzida em prescrições políticas com relação à necessidade de se armar para tal luta, e sustenta que a expansão territorial, incluindo a expansão pela guerra, é "natural".[18] Contudo, em parte alguma – ou pelo menos argumentarei dessa forma – esse darwinismo social derivou de qualquer uma dessas metáforas organicistas mais proeminentes na Alemanha.

De fato, na primeira versão de Ratzel sobre a regra (*regel* entendida como probabilidade) de que as unidades políticas tendem a aumentar, o que também significa expandir territorialmente e colidir umas com as outras, todos os argumentos são derivados de uma leitura especial de Malthus. O ponto de partida de Ratzel é o aumento

---

17 Ratzel, *Anthropo-Geographie oder Grundzuge der Anwendung der Erdkunde auf die Geschichte*, p.6.
18 Ver Lindemann, *Die Macht der Perzeptionen und die Perzeption von Machten*, para um estudo sobre como tais ideias *völkisch-darwinistas* contribuíram para uma percepção nas elites da política externa alemã sobre uma inevitável guerra (no Primeiro Mundo).

demográfico geral, um fato empírico, e a suposta escassez de terras utilizáveis, o que induz as pessoas a se moverem e os Estados a expandirem, uma afirmação, portanto, malthusiana.[19] Isso basta para compreender o argumento de Ratzel, não sendo necessário nenhum organicismo. Só o que precisa ser feito é mudar a estratégia clássica de Malthus: em vez de reduzir a pressão por meio da restrição demográfica, como Malthus defendeu, a pressão é reduzida via expansão territorial. Curiosamente, para Ratzel, essa tendência a um aumento maior no espaço anda de mãos dadas com a tendência de fazer as fronteiras coincidirem com a formação das nações e seus territórios, a partir do desenvolvimento político de mais sistemas federais, em que os dois podem ser combinados positivamente (Ratzel cita os Estados Unidos como um modelo positivo nesse contexto).[20]

Isso é ainda mais visível em Haushofer, o qual é muito menos sutil em seus argumentos. Para Haushofer, a busca por expansão e a necessidade da Alemanha de obter um novo (ou recuperar o velho) *Lebensraum* na Europa originam-se, mais uma vez, de uma mistura de Malthus e nacionalismo. Malthus aparece fortemente no repetido argumento de Haushofer de que a superpopulação é algo a ser esperado no futuro e, de modo mais central, em seu conceito de *Volksdruck* (Malthus: pressão populacional), medido como o número de habitantes por quilômetro quadrado, um fator que, quando alto, "explica" ou até mesmo demanda (e repara) políticas territorialmente expansionistas.[21] O nacionalismo é visível na afirmação de Haushofer de que a Alemanha era "aleijada" (*verkrüppelt*), uma vez que suas fronteiras estatais não coincidiam, no mínimo, com o território do *geschlossener deutscher Volksboden* (do território nacional alemão

---

19 Ratzel, *Anthropo-Geographie oder Grundzuge der Anwendung der Erdkunde auf die Geschichte*, p.116 e ss.
20 Ibid., p.166
21 Haushofer, *Weltpolitik von heute*, p.27 e 41. Haushofer convenientemente incluiu as colônias no cálculo para a França e a Inglaterra, o qual lhe permitiu mostrar que tanto o Japão quanto a Alemanha sofriam a maior pressão populacional.

contíguo/unificado) – e muito menos com a esfera da influência linguística e cultural alemã –, evidenciando, com isso, a mensagem de que tal anomalia deveria ser remediada.[22] Mais uma vez, nenhuma referência a qualquer organicismo é necessária, ou efetivamente usada. O nacionalismo pode ser culturalista, não apenas organicista.

Caminhos alternativos para o darwinismo social

O fato de as metáforas alemãs dos Estados orgânicos não serem tão cruciais para alcançar o darwinismo social também pode ser demonstrado quando apresentamos um outro caminho, o qual leva à reivindicação da sobrevivência do mais forte, desta vez fora da Alemanha. Além da abordagem da tradicional geopolítica clássica, descrita anteriormente, que combina o malthusianismo e o nacionalismo para culminar na luta pela existência, há também uma segunda tradição, mais econômica (e anglo-americana), que muitas vezes passa despercebida. Essa abordagem parte do mundo da escassez presente na economia liberal, em que a inevitável competição acaba selecionando os mais fortes para sobreviver no mercado. Mais uma vez, esse caminho para a "sobrevivência do mais apto" pode dispensar grande parte dos tons biológicos geralmente considerados necessários para os darwinistas sociais (embora as ideias de Spencer tenham sido um apoio bem-vindo). Os resultados, no entanto, são surpreendentemente semelhantes. Enquanto as visões pessimistas e cíclicas dos europeus continentais dificilmente encantavam os observadores norte-americanos, a seleção do mais apto realizada pelo mercado anunciava uma história de progresso. Não se trata do progresso liberal (intervencionista) da perfectibilidade, no qual a intervenção humana asseguraria o progresso, mas, sim, a visão de

---

22 Ver Haushofer, op. cit., p.57, incluindo o mapa para elevar tal argumento. Isso corresponde quase literalmente à famosa definição de nacionalismo de Ernest Gellner, *Nations and Nationalism*, p.1.

um progresso libertário-conservador (ou neoliberal), em que o próprio sistema, em sua seleção "natural", se apresentava (e se apresenta) como mais eficaz quando deixado sozinho, garantindo assim que os inaptos seriam postos de lado ou pereceriam.[23]

Richard Hofstadter mostrou como o conservador Herbert Spencer, que cunhou a expressão "a sobrevivência do mais apto", tornou o darwinismo social palatável para grande parte da sociologia norte-americana e de seu público letrado em geral. Spencer recomendou a abstenção de qualquer intervenção do Estado para ajudar os fracos, considerando-a contraproducente, pois permitiria a sobrevivência de pessoas ou grupos inadequados. Seu otimismo evolucionário e sua defesa "científica" – porque agora biológica – do *laissez-faire* eram quase instantaneamente aceitáveis para empresários bem-sucedidos, que intuitivamente reconheciam na terminologia darwiniana um retrato de suas próprias condições.[24] Isso fez com que Hofstadter se perguntasse "se, em toda a história do pensamento, houve um conservadorismo tão progressista como esse". Esse pensamento se traduzia em um "darwinismo social enquanto uma razão conservadora" e um "conservadorismo quase sem religião".[25] Assim, o mesmo William Sumner, que Jonathan Haslam cita mostrando o quanto os Estados Unidos estavam longe da tradição realista europeia,[26] era um sociólogo conservador, adepto do *laissez-faire*, que abraçou

|||||||||||

23 Um outro indicador dessa leitura é a recepção (e redução) feita por Schumpeter em sua famosa frase (emprestada do trabalho de Werner Sombart, *War and Imperialism*) sobre a "tempestade perene da destruição criativa" como sendo essencial ao capitalismo (Schumpeter, *Capitalism, Socialism, and Democracy*, p.84). Essa redução é poderosa o suficiente para entrar no imaginário público dos Estados Unidos quando o presidente norte-americano Bartlet, da série de televisão *The West Wing*, utilizou, ao defender o livre-comércio, o argumento da destruição criativa como um princípio fundamental da sua experiência enquanto graduado em economia. Isso se tornou um progressivo "senso comum" por meio da sua tradução na economia neoliberal.
24 Hofstadter, *Social Darwinism in American Thought*, p.44.
25 Ibid., p.8 e 7, respectivamente.
26 Haslam, *No Virtue like Necessity: Realist Thought in International Relations since Machiavelli*, p.183.

fortemente o darwinismo social – ou seja, a parte menos palatável da tradição europeia da *Realpolitik*. Essa singularidade não passou inteiramente despercebida nas relações internacionais. E. H. Carr dedica uma seção inteira em seu livro ao darwinismo.[27] Surpreendentemente, porém, ele não o localiza dentro do realismo. O darwinismo faz parte da categoria utópica apresentada por Carr, na medida em que ele o localiza na tentativa do século XIX de salvar o credo liberal assentado em uma economia do *laissez-faire*, na qual os mais fracos são deixados para morrer.[28] Carr observa o fato de que o darwinismo dificilmente corresponde à original "harmonia de interesse", já que o progresso que costumava beneficiar a todos agora é dito como recompensador apenas para os poucos escolhidos ou combativos. E, ainda assim, mesmo talvez em uma irônica crítica ao imperialismo e à hegemonia britânica, prontos para esconder essa flagrante desarmonia de interesses ao assumir uma forma de cultura ou raça superior, Carr inclui esse pensamento darwinista, o qual é mais atraente para os conservadores, na categoria utópica (insistindo também que isso demonstra o quanto o pensamento de RI deve à tradição norte-americana). No entanto, esse "utopismo" norte-americano claramente não era igual à usual recepção feita pelas RI da escola liberal/utopista/idealista: era uma mistura peculiar de *laissez-faire* liberal e uma justificativa pragmática de poder, tão receptivo à separação do campo da economia e da política

---

27 Carr, *The Twenty Years' Crisis: an Introduction to the Study of International Relations*, 2.ed., p.46-50. Ver também a discussão em Sterling-Folker, Lamarckian with a Vengeance: Human Nature and American International Relations Theory, *Journal of International Relations and Development*, v.9, n.3.

28 Hans Morgenthau também salienta como a teoria de Darwin ajudou a cunhar uma "abordagem científica" à política, sugerindo que tanto a natureza quanto o homem estão sujeitos às mesmas leis naturais (e, portanto, perfeccionistas). Ver Morgenthau, *Scientific Man vs. Power Politics*, p.28. O que Morgenthau não percebe são os contornos conservadores que ele mesmo confere à teoria de Darwin, em outras palavras, como "a busca por poder" cria a política de poder – e, de fato, a "sobrevivência do mais apto" – inevitável. Isso é igualmente científico, mas não traz como implicação nenhum progresso.

em relação à "moralidade liberal" quanto à tradição europeia conservadora da "razão de Estado". Ele era uma utopia (ou nostalgia) conservadora, e não wilsoniana.[29]

Geopolítica clássica: o inevitável choque do expansionismo nacional em um mundo finito

Como vimos até o presente momento, a *Geopolitik* alemã não usou a metáfora organicista como um elemento estritamente explicativo, e seu darwinismo social poderia ser derivado de várias fontes. De fato, a geopolítica clássica compartilha com a *Geopolitik* uma raiz comum: o malthusianismo, que explica (e justifica) uma visão de luta perene, combinada com o nacionalismo – ou até mesmo com o racismo – que justifica uma busca por, ou a defesa de, um status e posição superiores. Embora as concepções ideacionais nacionais e as políticas culturais moldem essa raiz comum de várias maneiras, a tradição geopolítica (ocidental) é uma, e não muitas. O discurso de Halford Mackinder à *Royal Geographic Society*, em 1904, sobre o "eixo geográfico da história" servirá como ilustração dessa unidade.

Grande parte das primeiras inspirações da geopolítica em fins do século XIX foi capturada pelo célebre discurso de Mackinder. Aqui, refiro-me menos à sua famosa discussão sobre o *Heartland* ou sobre o seu mapa, presente por diversas gerações futuras, mas, antes, à sua abertura grandiosa, na qual ele se refere à mudança histórica de uma época antes marcada pelas navegações de Colombo, em que a

---

29 Ainda assim, esse caminho para a sobrevivência do mais apto foi cunhado tendo por referência a política interna e, por isso, não foi facilmente combinado com o militarismo (ainda que ambos estivessem intimamente vinculados na tradição alemã). Somente quando combinadas com uma missão nacionalista especial é que tais ideias tornam-se mais militantes, como no atual neoconservadorismo. Para uma discussão mais ampla sobre o neoconservadorismo nas RI, ver Williams, What Is the National Interest? The Neoconservative Challenge in IR Theory, *European Journal of International Relations*, v.11, n.3.

expansão da Europa (*sic*) encontrou uma resistência quase insignificante, para uma então "era pós-Colombiana", na qual o mundo se tornou um "sistema político fechado" de proporções mundiais:

> Toda explosão de forças sociais, em vez de ser dissipada em torno de um circuito baseado em espaços desconhecidos e em caos bárbaros, repercutirá acentuadamente do outro lado do globo, e os elementos mais fracos do organismo político e econômico do mundo serão consequentemente despedaçados.[30]

Essa citação refere-se a duas ideias relacionadas que são certamente fundamentais para esse discurso em particular, mas também para muitas geopolíticas em geral, e que encontraram um eco nas relações internacionais posteriores. A primeira é a ideia de que o mundo se tornou um todo, um "total", em que toda a política se interconectou.[31] Não é mais possível simplesmente desconsiderar os continentes, mesmo que eles estejam "distantes" e, presumivelmente, não possuam nenhuma significância imediata para um dado país e sua política externa. Como um alerta, então, para as "belas adormecidas", muitos estudiosos geopolíticos – embora não só eles – usaram essa ideia de conectividade para alertar seus compatriotas sobre uma política mundial que se tornou global. Mackinder empregou essa lógica para conectar todos os segmentos geopolíticos de modo a defender o Império Britânico. Haushofer esforçou-se para convencer seus leitores alemães de que o futuro centro da política mundial poderia estar no Pacífico, entre as duas maiores potências emergentes à época (os Estados Unidos e a União Soviética) e/ou, talvez um tanto

---

30 Mackinder, The Geographical Pivot of History, *The Geographical Journal*, v.23, n.4, p.422. Notem o uso da expressão "organismo" de modo frouxo, tal como presente na tradição alemã.

31 Geoffrey Parker vê nesse *Ganzheit* (totalidade ou qualidade daquilo que é inteiro) "a justificativa e objetivo últimos" da geopolítica à sua época. Ver Parker, *Western Geopolitical Thought in the Twentieth Century*, p.2.

inesperadamente, no novo jeito de os países do Pacífico lidarem com a política, muito diferente da antiga versão atlântica (via política das canhoneiras).[32] Henry Kissinger, proeminente no ressurgimento da "geopolítica" na década de 1970, e cujo uso da geopolítica tem sido muitas vezes observado como sendo bastante superficial,[33] se referiu de modo similar à geopolítica para vincular todos os desenvolvimentos políticos do mundo ao equilíbrio bipolar de poder – não importando se o caso em questão disesse respeito, por exemplo, à política interna, como a ascensão do Partido Comunista em um país europeu (Itália), ou à guerra civil, como na luta pela descolonização na África (por exemplo, Angola), nenhuma das quais era de grande interesse para o público norte-americano.[34] O mundo é um todo, não resta nenhum espaço; para Kissinger, o mundo se tornou um único sistema, exatamente como Mackinder disse.[35] Essa totalidade informa a metáfora frouxa do organismo, a qual funciona como uma representante para o holismo da geopolítica clássica, da mesma forma como para a posterior aplicação da teoria dos sistemas às relações internacionais.[36]

A segunda ideia relacionada a essa interconexão diz respeito à finitude do mundo. Se a expansão das grandes potências foi, antes, quase totalmente não constrangida, o que permitiu um intrincado sistema de compensações em termos de espaço e riquezas, um novo ciclo de expansão teria de lidar com um mundo em que todos os territórios já tivessem sido reinvidicados. Simbolicamente iniciada com a crise de Fashoda em 1898, essa finitude implicava que grandes potências só poderiam "ganhar" territórios às custas de outras grandes potências. E aqui o tom se torna sombrio, na medida em que

---

32 Haushofer, *Geopolitik des Pazifischen Ozeans: Studien über die Wechselbeziehungen zwischen Geographie und Geschichte*.
33 Hepple, The Revival of Geopolitics, *Political Geography Quarterly*, v.5, n.4.
34 Ver, por exemplo, Kissinger, *The White House Years*; e Id., *The Years of Upheaval*.
35 Ver também Jean, *Geopolitica*, p.58.
36 Merle, *Sociologie des relations internationales*, se refere explicitamente a isso e a subsequente ideia de um mundo "finito" como pré-requisitos para sua teoria sistêmica.

Mackinder prevê que essa finitude terá um impacto devastador nas partes mais fracas do que ele chama de "organismo do mundo". No entanto, tal impacto devastador só ocorrerá se o expansionismo no sistema internacional for subestimado: um mundo limitado no qual os atores competem por uma fatia maior de um bolo cujo tamanho não pode mais ser aumentado.

É essa visão neomalthusiana que fornece o determinismo na história: em um mundo finito com recursos limitados, buscar o expansionismo é a posição padrão de qualquer Estado, e sua realização é necessária sempre que surge uma oportunidade para alcançá-lo. Além disso, todo o texto de Mackinder é marcado por uma série de referências nacionalistas ao estágio civilizacional superior do Império Britânico, que justifica seu lugar privilegiado sob o sol.

Então, após essa avaliação, a vertente alemã já não possui mais tanta significância teórica. Para ficar claro novamente: isso não quer dizer menosprezar as atrocidades e particularidades da política nazista, nem algumas afinidades entre a geopolítica acadêmica e a política nazista. No entanto, na medida em que é cortado o vínculo entre a política nazista e a *Geopolitik*, a tradição geopolítica alemã, e não o nazismo, aparece como mais dominante, inspirada pelas mesmas raízes de Malthus e do nacionalismo que outros ramos da tradição da geopolítica clássica. A geopolítica alemã foi certamente caracterizada por um darwinismo social mais propício ao imperialismo, mas houve outros caminhos comparáveis a esse darwinismo social ou à apologia ao Império. Em última análise, retirar o ramo alemão não resolve os problemas da geopolítica clássica, cujas origens não estão na Alemanha, mas em raízes comuns de sua tradição em geral.

2. Geopolítica e realismo

Em uma segunda etapa, destinada a elucidar o tipo de geopolítica explorada neste livro, proponho-me a discuti-la e distingui-la do realismo, pois, uma vez que a seção anterior realizou uma leitura da geopolítica clássica pela lente das relações internacionais, foi necessário fazer referência a essa tradição teórica. No entanto, não é o mesmo se falarmos de um renascimento do "realismo" ou um renascimento da "geopolítica"; as diferentes expressões não parecem aludir exatamente aos mesmos tipos de explicações. Embora todos os estudiosos que foram proeminentes no lançamento de ideias geopolíticas desde 1989, como Zbigniew Brzezinski, Samuel P. Huntington, Edward Luttwak e John Mearsheimer,[37] sejam realistas, nem todos os realistas apelam para a geopolítica, ou, como argumentarei, nem mesmo precisam fazê-lo. Por isso a necessidade de uma comparação entre a geopolítica e a tradição realista, se quisermos entender de maneira adequada o tipo de geopolítica que ressurgiu depois de 1989 na Europa.

Como esta seção mostrará, há, sem dúvida, um conjunto de questões comuns que justifica a inclusão da geopolítica dentro da grande tradição realista. Esse conjunto consiste em uma visão materialista do mundo, na qual a agência humana pode, na melhor das hipóteses, adaptar-se às necessidades da natureza e do poder, mas não alterá-las fundamentalmente. Neste mundo, o impulso para a busca de um status relativo em termos de poder é dado, e a expansão do poder é a opção padrão, assim como na geopolítica clássica. Todavia, esse expansionismo não precisa derivar de alguma versão oriunda da análise neomalthusiana. Tampouco o impulso por um status está necessariamente ligado a ideias de nacionalismo, missões especiais ou primazia nacional. Em outras palavras, enquanto a geopolítica clássica é sempre parte da ampla família de abordagens realistas, o reverso não se sustenta. Algumas versões do realismo clássico – e decerto a ala

---

37 Brzezinski, *The Grand Chessboard: American Primacy and Its Geostrategic Imperatives*; Huntington, The Clash of Civilizations?, *Foreign Affairs*, v.72, n.3; Luttwak, From Geopolitics to Geoeconomics: Logic of Conflict, Grammar of Commerce, *The National Interest*, v.20; e Mearsheimer, *The Tragedy of Great Power Politics*.

pluralista da "Escola Inglesa" – concebem a luta pelo poder menos em termos do inevitável expansionismo dos poderes, e mais em termos da reprodução de uma cultura diplomática (europeia), na qual a guerra (limitada) não significa o colapso da sociedade internacional, mas passou a representar uma de suas instituições.[38] Somente quando um realista contemporâneo observa o mundo com o olhar de um estrategista militar, e somente quando esse olhar é usado para o aconselhamento de uma política externa em termos da primazia ou do engrandecimento nacional (territorial ou não), é que o realismo se assemelha, então, à geopolítica neoclássica.

Realismo: a necessidade da expansão do poder (para a maximização do ranque na esfera internacional)

A meu ver, o realismo é mais bem entendido como uma tradição de pensamento caracterizada por insistentes tentativas – repetidamente malsucedidas – de traduzir as máximas das práticas da diplomacia clássica europeia em leis gerais de uma ciência social marcadamente norte-americana.[39] Nessa tradição, é possível distinguir, de modo analítico, entre a existência de um ramo mais político e um ramo mais militar, entre aquele que participa de uma cultura diplomática europeia e o pensador estratégico. Os dois são, em geral, combinados, mas as diferentes combinações possuem também ênfases diferentes. Quanto mais o realismo pende para a sua tradição política, mais ele versa sobre as regras e convenções da sociedade internacional (europeia) que se desenvolveram historicamente. A análise é, em geral, expressa em termos de contingência histórica e,

||||||||||
38 Para os realistas clássicos, ver, em particular, Aron, *Paix et guerre entre les nations*, 8.ed., e Kissinger, *A World Restored: the Politics of Conservatism in a Revolutionary Era*. Para a Escola Inglesa em sua versão pluralista, a referência clássica é Bull, *The Anarchical Society: a Study of Order in World Politics*.
39 Guzzini, *Realism in International Relations and International Political Economy: the Continuing Story of a Death Foretold*, p.1.

muitas vezes, também inclui discussões normativas. Sua compreensão da teoria está, portanto, mais próxima de uma estrutura de análise (*a framework of analysis*), fornecendo justificativas para a seleção de fatores significativos, em vez de generalizações empíricas e testes de hipóteses. Representante dessa abordagem é a Escola Inglesa de Relações Internacionais, bem como realistas clássicos como Raymond Aron e Arnold Wolfers, cujas abordagens permitem, em última instância, a indeterminância final de seus *frameworks*.[40] Em contraste, quanto mais a tradição realista se considera parte de uma tradição estratégica, mais ela tende a construir explicações racionais em termos de piores cenários. O ramo político se inclina a ser mais aberto em suas explicações, enquanto o ramo estratégico, a ser mais determinista. Na primeira tradição, a razão de Estado corresponde a uma linguagem comum dentro da qual é possível entender (e justificar) o comportamento do Estado; na segunda, a razão de Estado se torna a expressão de um interesse de segurança nacional largamente individual, para o qual são calculados custos e benefícios mais ou menos quantificáveis.

Em princípio, algum grau de determinismo geográfico-espacial (ou simplesmente materialista) poderia ser alcançado seguindo qualquer caminho – seja ele mais pendente ao realismo político, seja ao realismo estratégico. No entanto, os elementos básicos do expansionismo que sustenta a geopolítica clássica foram alcançados seguindo, em particular, a segunda tradição, mais estratégica, na medida em

---

40 Essa avaliação do realismo pode ser criticada por ser muito ampla. De fato, embora a tradição clássica da Escola Inglesa seja realista, talvez nem todos os escritores inspirados por ela seriam, hoje, bem descritos por tal rótulo (particularmente aqueles da vertente solidarista da Escola). Por outro lado, seria injusto e reducionista para a tradição realista se o restringíssemos aos escritores mais "científicos" ou à tradição hobbesiana. Para um argumento mostrando as semelhanças entre a Escola Inglesa e o realismo clássico, ver Guzzini, Calling for a Less "Brandish" and Less "Grand" Reconvention, *Review of International Studies*, v.27, n.3; para uma tentativa de distinguir o realismo da Escola Inglesa, ver Copeland, A Realist Critique of the English School, *Review of International Studies*, v.29, n.3.

que a geopolítica clássica requer um elemento de determinância materialista que a escola realista mais contingente (a do realismo político) não fornece. Nem todo realismo é geopolítico. Isso significaria que o expansionismo em termos de poder enquanto um elemento padrão nas relações internacionais não é um componente central do realismo? É bastante controverso para quase todo realismo confiar nesse expansionismo em termos de poder, já que ele fornece a determinância comportamental básica na teoria, como Wolfers mostrou há muito tempo.[41] Quando uma escola de pensamento precisa justificar suas suposições ou alegações empíricas, meras referências à "experiência histórica" ou à tradição não são suficientes: suas suposições ou afirmações precisam ser melhores que outras explicações ou propostas normativas. Elas precisam persuadir. É essa necessidade de se apresentar enquanto melhor que outras propostas teóricas que tem levado os realistas, desde que as suas abordagens perderam o domínio evidente sobre a disciplina das relações internacionais, a optarem, repetidamente, por uma versão do realismo mais determinista, mais "cientificista". Uma virada mais científica não é estritamente necessária para todas as formas de realismo, já que os pensadores realistas poderiam simplesmente rejeitar a própria necessidade de justificar o que eles percebem como a superioridade do conhecimento prático de sua teoria. No entanto, em um ambiente científico (mas menos em um ambiente da política), isso dificilmente é uma posição sustentável. E, assim, sempre que pressionado a defender sua própria superioridade, o realismo termina, com insistência, tendendo às ideias de um habitual expansionismo ou maximização de status/posição (ganhos relativos) e uma luta historicamente infinita pelo poder. Seguramente esse não é a determinância teleológica do progresso, o qual é tão desprezado ou temido pelos realistas. A determinância dessa vertente realista, entretanto, se

---

41 Wolfers, *Discord and Collaboration: Essays on International Politics*, p.86.

traduz em uma forma conservadora e historicamente cíclica. Ele, por sua vez, pode ter várias origens. Em diversos aspectos, e, mais próximo da tradição geopolítica clássica, tanto cronológica quanto intelectualmente, são as primeiras obras de Hans Morgenthau.[42] Nesse estágio, a teoria realista de Morgenthau inclui as duas principais facetas da geopolítica: uma compreensão da política como uma luta pela sobrevivência e a crença em uma busca inerentemente humana pelo poder ou pela vontade de dominação, ambas condições suficientes para representar um mundo no qual reina a competição pelo poder. A luta pela existência é endêmica, pois, em um mundo de escassez, os interesses individuais necessariamente entrarão em conflito. Além disso, ela também é inerente, uma vez que o impulso humano da busca pela dominação está vinculado à procura de status e posição; como status e posição nunca são garantidos, eles se tornam, portanto, virtualmente insaciáveis. Como consequência, todos os agentes necessariamente buscarão aumentar seu poder, quaisquer que sejam seus objetivos finais. A ação corriqueira é, portanto, expansionista ou, ao menos, de defesa contra esse expansionismo, resultando, assim, em uma estratégia *de facto* de maximização de status.[43]

A lógica por trás desse impulso expansionista é bastante comum nos primeiros escritos realistas, mesmo naqueles que carecem de tons mais antropológicos. De fato, tem sido mais comum adotar a ideia de tal impulso em uma linguagem que se vale de jargões físicos. Aqui, a expansão aparece no que poderia ser chamado de "pressão colateral" ou "osmose". Nessa imagem vinculada à ideia de "pressão colateral", a pressão interna (poder) de um Estado é "empurrada" e projetada, de modo colateral, sobre os outros. Se essa pressão colateral for maior do que a desses outros corpos, o Estado expandirá – até o ponto exato em que sua pressão interna (que está declinando

---

42 Morgenthau, *Scientific Man vs. Power Politics*, p.192-200.
43 Essa luta pelo poder não é redutível apenas à mudança territorial. Ver Id., *Politics among Nations: the Struggle for Power and Peace*, parte II (p.11-69).

como resultado de sua expansão) é equilibrada pelas pressões ao redor. Uma imagem intimamente relacionada é aquela que poderia ser utilizada para descrever a "osmose do poder". Aqui, a pele exterior e flexível de um corpo torna-se de fato permeável. A crescente pressão é equilibrada não pela expansão dos corpos, mas por permitir que seu conteúdo passe pela barreira. Isso significa que sempre que parecer haver um "vácuo de poder", ele será inevitavelmente preenchido pelo ator mais forte, em geral depois de um conflito. A expansão não é necessariamente um impulso, mas, sim, o resultado natural de um decrescente nível de poder no ambiente, no caso, internacional. A principal metáfora é a da tendência natural dos líquidos para ajustar seus níveis em contêineres contíguos. Um dos exemplos mais literários (e poderosos) de tal argumento pode ser encontrado no artigo de "X" (George F. Kennan), "The Sources of Soviet Conduct" [As fontes da conduta soviética]: "Sua ação política é uma corrente fluida que se move constantemente, sempre que lhe for permitido mover-se, para um determinado objetivo. Sua principal preocupação é ter certeza de ter preenchido todos os cantos e recantos disponíveis na esfera do poder mundial".[44] A ideia de uma lógica de poder preenchendo um "vácuo de poder" basicamente não deixa escolha: ou um país expande seu poder (interna ou externamente) para manter a pressão, ou ele é engolido pela expansão de outrem. Tal é a suposta lógica da política de poder.

E, no entanto, já nos primeiros escritos de Morgenthau, pode-se ver como tais suposições vêm de um realismo político que não mais tolera e, na verdade, se opõe, ao nacionalismo.[45] Pois o nacionalismo não é mais um valor, ou a expressão necessária do interesse particular

---

44 Kennan, The Sources of Soviet Conduct, in: *American Diplomacy 1900-1950*, p.118.
45 Morgenthau se opõe abertamente à geopolítica. Curiosamente, no entanto, ele não critica a visão da geopolítica de expansão de poder ou a luta pelo poder/sobrevivência como tal, mas, sim, a tendência da geopolítica de compreender o poder puramente em termos da geografia – o que ele chama de "a falácia de um único fator". Ele também observa corretamente como tal abordagem pode ser facilmente utilizada para

de um grupo em um mundo de esscassez; o nacionalismo se tornou parte do problema. É devido a todos os diferentes "nacionalismos universalistas" que a moderação da diplomacia europeia tem tantos problemas em se afirmar. A limitação da guerra – isto é, o maior ou menor gerenciamento comum das expansões de poder – se tornou difícil de alcançar. Não é por acaso que alguns escritores realistas olham para o Concerto Europeu com nostalgia, como um tempo em que as novas forças nacionalistas ainda estavam sendo mantidas a distância, pelo menos de maneira relativa.[46]

Assim, dentro de tal realismo político, Hobbes (ou Maquiavel) toma o lugar de Malthus, e o nacionalismo desaparece. A escassez gera competição em um mundo no qual nenhum Leviatã mundial recebeu o direito, via contrato social, de impor a ordem. Além disso, quer suas premissas se assentem na estrutura da natureza humana ou na estrutura do ambiente internacional de poder, os efeitos comportamentais podem então ser tratados em termos amplamente racionalistas. Robert Gilpin argumenta que "um Estado tentará mudar o sistema internacional se os benefícios esperados excederem os custos esperados" (ou seja, se houver um ganho líquido esperado) e "procurará mudar o sistema internacional por meio de expansão territorial, política e econômica até que os custos marginais de futuras mudanças sejam iguais ou maiores que os benefícios".[47]

Geopolítica, ou o olhar militarista e nacionalista do realismo

Assim, seja de forma intencional ou não, isto é, baseado na natureza humana ou no cálculo racional, o expansionismo – e, portanto,

---

objetivos nacionalistas. Ver Morgenthau, *Politics among Nations: the Struggle for Power and Peace*, p.116-8.

46 De modo mais importante com Kissinger, *A World Restored: The Politics of Conservatism in a Revolutionary Era*.

47 Ver hipóteses 2 e 3 da versão de Robert Gilpin, Hegemonic Stability Theory, in: *War and Change in World Politics*, p.10, e como ele as desenvolveu em seus capítulos 2 e 3.

a competição pelo poder – é presente. Contudo, o expansionismo aqui não é necessariamente o mesmo que o do darwinismo social, uma vez que este exigiria uma conexão direta entre expansionismo e alguma versão do nacionalismo (cultura, raça ou nação superior), algo de que o realismo pode perfeitamente abrir mão.[48] De fato, alguns escritos realistas têm a clara intenção de afastar o darwinismo social do pensamento realista pós-1945.[49] Determinância baseada na necessidade da expansão de poder enquanto uma opção corriqueira é fundamental para a teoria; o mesmo não se pode dizer da sua ligação com a "sobrevivência do mais forte" (exceto em algum sentido tautológico).

No entanto, há uma conexão especial entre algumas versões do realismo e a geopolítica. Repetidamente, uma teoria realista puramente sistêmica que seria capaz de deduzir a existência de uma competição em termos de poder (em busca de segurança) a partir do simples fato de que o sistema internacional não possui uma autoridade comum (sua "anarquia") acabou se tornando indeterminada: uma postura recorrentemente expansionista, ou qualquer outra regra comportamental, não necessariamente pode ser depreendida dessa lógica.[50] Existem diferentes formas realistas de corrigir essa inde-

----

48 Ver também Portinaro, *Il realismo politico*, p.79-80, que defende a visão de que o realismo pressupõe que o poder "por sua natureza" (entre aspas no original) é expansionista e, portanto, esse expansionismo não precisa se referir a nenhum sentido de missão, fato que seria necessário para versões que utilizassem o darwinismo social.

49 Ver, por exemplo, a crítica de Aron (supervalorizada) de Max Weber, em Aron, Max Weber et la politique de puissance, in: *Les Etapes de la pensee sociologique*. Para a minha própria interpretação de Weber, ver Guzzini, Re-Reading Weber, or: The Three Fields for the Analysis of Power in International Relations, *Working Paper*, n.2007/29.

50 O *locus classicus* dessa teoria realista é, naturalmente, Waltz, *Theory of International Politics*. Para uma crítica dessa tentativa, anterior à teoria atual de Waltz, ver os realistas Aron, *Paix et guerre entre les nations*, 8.ed., e Wolfers, *Discord and Collaboration: Essays on International Politics*. Para uma crítica posterior da indeterminância de tal teoria, ver Axelrod e Keohane, Achieving Cooperation under Anarchy: Strategies and Institutions, in: Oye (Org.), *Cooperation under Anarchy*; Guzzini, *Realism in International Relations and International Political Economy: the Continuing Story of a Death Foretold*;

terminância. Uma estratégia, talvez nem sempre consistente com as suposições realistas, consiste em aumentar o número de fatores incluídos na estrutura de análise. Isso pode acontecer, por exemplo, por meio da inclusão de fatores idealistas (percepção) ou variáveis domésticas específicas para os Estados relevantes.[51]

Uma segunda estratégia disponível passa do nível de observação para o nível de ação, e assume que simplesmente não podemos ignorar o pior cenário possível. Esse é um movimento prático perfeitamente compreensível – ainda que, muitas vezes, contraproducente –, mas tem implicações bastante perniciosas, tanto teóricas quanto práticas. Essa estratégia basicamente afirma que, se existe ou não alguma tendência necessária à expansão do poder, tal tendência pode ser considerada como secundária; simplesmente assumimos isso, porque, para citar o ex-secretário de Defesa dos Estados Unidos Donald Rumsfeld, existe "também o desconhecido que desconhecemos. Há coisas que nós não sabemos que não sabemos".[52] No nível teórico, essa afirmação extremamente prudente não resolve nada: ainda não sabemos se o comportamento dos Estados é ou não caracterizado por uma tendência a expandir seus poderes e, portanto, a colidir. E, no nível prático, se cada Estado se comporta com base na suposição geral de

||||||||||||

Milner, The Assumption of Anarchy in International Relations Theory: a Critique, *Review of International Studies*, v.17, n.1; e Wendt, Anarchy Is What States Make of It: the Social Construction of Power Politics, *International Organization*, v.46, n.2.

51 É impossível nomear aqui até mesmo os estudiosos mais importantes. Portanto, algumas menções serão suficientes. O trabalho sobre percepção foi central para Jervis, *Perception and Misperception in International Politics*; e Wohlforth, *The Elusive Balance: Power and Perceptions during the Cold War*. Escritores que tentam reinserir fatores domésticos geralmente fazem parte da escola realista "neoclássica". Para uma visão geral, ver Rose, Neoclassical Realism and Theories of Foreign Policy, *World Politics*, v.51, n.1.

52 No original: *"Also unknown unknowns. There are things we don't know we don't know"*. Donald Rumsfeld em uma conferência à imprensa na sede da Otan, Bruxelas, Bélgica, 6 jun. 2002, disponível em: <www.defenselink.mil/transcripts/transcript.aspx?transcriptid=3490>. Embora muita piada tenha sido feita dessa citação, ela é significativa para exemplificar essa lógica do pior cenário, levado ao extremo.

que tal tendência existe, o risco de uma perigosa profecia autorrealizável paira nesse cenário.

Ainda assim, esse segundo movimento que busca se basear em um pensamento de pior cenário possível é crucial para salientarmos uma conexão especial entre a geopolítica e a ala mais militarista ou estratégica do realismo, na medida em que a utilização desses piores cenários faz com que a política seja pensada "de trás para frente", a partir do ocaso da guerra. O pior cenário, dessa forma, arrasta de imediato a política externa para o campo do planejamento militar e rapidamente tende a reverter a emblemática frase de Clausewitz – em outras palavras, passa a tratar a política como a continuação da guerra por outros meios, e não vice-versa, com efeitos frequentemente deletérios para a política externa em geral.[53] Tendo como pano de fundo um potencial planejamento para a guerra, os fatores geográficos, que, na melhor das hipóteses, seriam fatores genéricos na análise, adquirem uma importância particular. É quase evidente que a mobilização militar e a defesa são fortemente condicionadas, com frequência, pela geografia, e que a dominação do espaço é uma faceta estratégica crucial. Nesse sentido, é por meio dessa lógica dos "piores cenários" militares – em equivalência à "primazia da política externa", então reduzida à primazia da guerra em potencial (comparada com a política doméstica e a diplomacia) – que os fatores geográficos, ou geralmente os fatores mais materialistas, ganham prioridade na análise.

É nessa simbiose do expansionismo, por um lado, e do pensamento em termos do "pior cenário", por outro, que a geopolítica se torna ou representa o olhar militarista do realismo. Qualquer uso da "geopolítica" irá mobilizar quase que de imediato esse viés específico do pensamento estratégico. Tal viés é particularmente bem

||||||||||
53 Esse é o argumento central da crítica de Aron à política externa dos Estados Unidos durante a Guerra Fria, muitas vezes repetido em Aron, *Penser la guerre, Clausewitz. II: L'age planetaire*.

mobilizado em tempos de alerta ou tensão na esfera internacional. Por sua vez, seu uso propicia uma escalada, seja ela intencional ou não, que alça os fatores militares – e todos os demais fatores que se inserem nessa lógica – para o topo da agenda. O discurso geopolítico é, portanto, "securitizador", na terminologia da Escola de Copenhague de Estudos de Segurança.[54] E que ferramenta poderosa ele se torna, uma vez que não é apenas um argumento abstrato; o discurso geopolítico vem com a persuasão do visual e o poder dos mapas em que o mundo é posto diante dos olhos. Mesmo Carlo Jean, defensor de uma abordagem geopolítica, mas reticente em relação à determinância do argumento geopolítico, observa que "a tentação do determinismo na geopolítica [...] alimenta o enorme valor propagandístico do mapa geográfico. Esse determinismo apresenta, enquanto avaliação objetiva, aquilo que é apenas subjetivo".[55]

E o viés militar da geopolítica – que estabelece o pensamento de segurança nacional em primeiro lugar – também permite a mobilização do nacionalismo implícito na tradição geopolítica de "unir-se em torno da bandeira".[56] Isso é visível nas discussões sobre a necessidade de primazia de um dado país nos assuntos internacionais. É óbvio que tal necessidade é justificável se o expansionismo em termos de poder for subestimado, embora ninguém mais o explique e o justifique teoricamente.

---

54 Ver Buzan, Wæver e Wilde, *Security: a New Framework for Analysis*; Wæver, Securitization and Desecuritization, in: Lipschutz (Org.), *On Security*. É claro que a pesquisa sobre paz há muito se tornou ciente dos efeitos perversos embutidos nessa lógica do "pior cenário" e procurou aplicar nele uma virada reflexiva: em vários casos, o "pior cenário" acaba por produzir esse mesmo "pior cenário" que objetiva evitar. Para uma visão geral, ver Guzzini, "The Cold War Is What We Make of It": When Peace Research Meets Constructivism in International Relations, in: Guzzini e Jung (Orgs.), *Contemporary Security Analysis and Copenhagen Peace Research*.
55 Jean, *Geopolitica*, p.19.
56 No original, "*rally round the flag*". (N. T.)

3. Geopolítica neoclássica e crítica

Como o primeiro capítulo mostrou, para que o renascimento pós-1989 da "geopolítica" seja inesperado, ele precisa ser entendido como uma abordagem que vai além do renascimento de uma imaginação geográfica após o colapso do sistema da Guerra Fria e que inclui algum tipo de determinismo geográfico. Na minha tentativa de alcançar o que considero uma definição adequada de "geopolítica", que será apresentada no final deste segundo capítulo, tentei mostrar, até agora, que esse determinismo é oriundo de uma raiz neomalthusiana comum à geopolítica, e não de uma suposta vertente especial da geopolítica alemã. Mostrei também que ele não deve ser confundido com o realismo em geral, mas apenas com aquela parte do realismo que deriva de sua tradição "estratégica", na qual o pensamento do "pior cenário" mobiliza o olhar militarista do realismo.

Com esse argumento, não teria eu negligenciado a análise realizada pelos defensores do renascimento de uma geopolítica neoclássica? Tais defensores não teriam gastado todo o seu tempo desbancando sua relação com a *Geopolítik* alemã e refutando a acusação de um determinismo geográfico-espacial ao incorporarem sua tradição a uma versão mais moderada do realismo? Porém, como vimos, embora a tradição geopolítica esteja perfeitamente certa em se opor a qualquer "culpa por associação" com o nazismo, não considero os argumentos contra o expansionismo e o determinismo convincentes. De fato, como esta seção mostrará, os defensores da geopolítica neoclássica se deparam com um dilema básico. Eles são compelidos a compartilhar, em termos gerais, do condicionamento materialista da política e, em particular, do impulso expansionista dos Estados se desejam manter alguma singularidade e caráter de determinância nas explicações geopolíticas. Sem a primazia do material, algo evidente para uma abordagem geopolítica, também o realismo perderia sua autodefinição quando comparado com abordagens idealistas; sem algum argumento determinista, muitas vezes encontrado na inevitável luta por poder (e, portanto, expansão), ambas as formas de análise perderiam sua capacidade de persuasão quando comparadas a explicações alternativas. Argumentarei que a geopolítica neoclássica depende de uma compreensão menos exigente do determinismo – a saber, da primazia explicativa dos fatores geográficos em seu sentido mais amplo – e que isso é suficiente para reaplicarmos à geopolítica neoclássica a crítica da geopolítica clássica, como desenvolvi anteriormente. As questões traçadas dão origem ao dilema da abordagem geopolítica (neoclássica): se a geopolítica vem com uma defesa do determinismo (material), ela não é crível; se renuncia a tal defesa, isso enfraquece a própria base de sua abordagem e identidade. Por que, então, em primeiro lugar, precisaríamos da geopolítica? Ao ousar dizer "geopolítica", mas supostamente renunciando a alguma versão do determinismo geográfico, o renascimento da geopolítica neoclássica tenta solucionar tal dilema.

No entanto, quando chegarem a essa página, não apenas os geopolíticos neoclássicos, mas também os geógrafos políticos provavelmente irão suspirar de decepção. O que começou como uma boa abertura sobre a geografia política parece ter se restringido à linguagem usual de RI, reduzindo a discussão da geopolítica a um ramo do realismo, abordagem esta que eles tanto buscaram superar. Mas essa seria uma conclusão apressada demais. De fato, a geopolítica crítica tem sido uma grande inspiração para o presente estudo, mas essa inspiração vem mais em termos do conteúdo da análise e da crítica à tradição da geopolítica e menos no sentido de propor uma redefinição da "geopolítica" em uma nova roupagem. Embora eu possa simpatizar com alguns esforços, como os de John Agnew, contaminar o discurso geopolítico apropriando-se dele – uma estratégia seguramente útil para redefinir a geografia política –, em minha compreensão, faz com que o discurso geopolítico continue na academia e nas práticas de RI, e permaneça incólume. E é o poder desse discurso – isto é, o discurso da geopolítica neoclássica – um dos principais interesses do presente estudo.

Salvando a geopolítica ao apresentá-la como algo trivial? Nenhuma escapatória do dilema determinista

Estudiosos contemporâneos que defendem a geopolítica criticam o "determinismo geográfico-espacial" presente no passado dessa tradição. É comum encontrar passagens no início de suas análises com esclarecimentos conceituais que indiquem às claras que tal determinismo não existe em seus trabalhos e que, portanto, a repetição da crítica é infundada.

Em sua defesa, alguns geopolíticos neoclássicos simplesmente limitam a determinância dos fatores geográficos, mas os preservam para estruturar a análise. Como resultado, a definição de "geopolítica" torna-se bem vaga (e, para muitos, bastante trivial), e sua importância teórica é pouco explorada. Por exemplo, depois de ter rejeitado tanto a geopolítica clássica quanto o uso determinista do espaço geográfico na formulação da política externa, Saul Cohen – o decano de geopolítica na geografia política e, por muito tempo, seu defensor solitário dentro da disciplina[57] – define a geopolítica como "a análise da interação entre perspectivas e elementos geográficos com a política internacional", em que a sua própria perspectiva é especificada como uma abordagem que "combina teoria espacial com conteúdo geográfico em sua aplicação a formulações de política externa".[58] Isso é tão vago quanto é possível ser vago em uma definição sobre geopolítica, pois a questão não é se a geografia pode desempenhar algum papel, mas por que ela deve ser o principal motor explicativo, como uma referência à geopolítica sugere.

Quando Cohen avança para a análise empírica, ele vê o mundo estratificado em termos de níveis geográficos (do nível "geoestratégico" a unidades subnacionais) com a presença de uma hierarquia de

---
|||||||||||
57 Ver Cohen, *Geography and Politics in a Divided World*.
58 Id., Geopolitical Realities and United States Foreign Policy, *Political Geography*, v.22, n.1, p.3.

Estados, classificados por ordens de poder. Ilustrando a inter-relação entre geografia e política, Cohen escreve que

> existe uma forte relação entre a formulação de política externa e a estrutura geopolítica de uma nação. Estruturas refletem dimensões geográficas como distância e acesso, padrões de uso de recursos, fluxos de comércio, capital e fluxos migratórios, níveis de tecnologia e diferenças culturais/religiosas. À medida que essas dimensões mudam, a política externa deve se adaptar a elas. Por exemplo, o fluxo de capital e a terceirização da produção de Taiwan, Coreia do Sul, Japão e Estados Unidos em relação à China costeira forçaram aqueles quatro países a adaptar suas políticas externas para acomodar a nova realidade econômica. Pequim, por sua vez, adotou políticas mais flexíveis na economia, no comércio e nas relações exteriores.[59]

Aqui, o determinismo parece ter sido evitado, uma vez que a relação entre estrutura e agência é apenas de condicionamento (que aparentemente só acontece da estrutura para a agência, e não o contrário).

Todavia, não está claro como tal análise evita a crítica do determinismo. Claro que o determinismo não implica uma relação "um para um", em que uma determinada causa (mudança geográfica) produz invariavelmente um certo efeito (por exemplo, mudança de estruturas de poder ou mudança na política externa). Tal acusação de determinismo é fácil de contrapor, por ser um absurdo em si mesmo. Em vez disso, a questão crucial sobre o determinismo geográfico-espacial é se na análise geopolítica, mesmo admitindo uma multiplicidade de fatores, é a geografia que supera todas as outras, inclusive nos casos em que tal argumento vem com a condição de "em último recurso". E aqui, Cohen parece, antes, reafirmar a primazia da geografia para estruturar nosso pensamento nos assuntos internacionais.

---

59 Ibid., p.7.

Todos os outros fatores são residuais ou adicionados a esse núcleo. O fato de Cohen citar como inspirações teóricas o *The Social Organism*, de Herbert Spencer, e a obra de Von Bertalanffy, juntamente com sua insistência no pensamento de equilíbrio e no sistema mundial como um "sistema 'organísmico' geral",[60] sugere outra vez não apenas a possível afinidade do evolucionismo organicista com uma teoria sistêmica baseada em um equilíbrio dinâmico, como também subsume um determinismo funcional pelo modo como os sistemas evoluem "em formas previsivelmente estruturadas".[61] Mas essa primazia da geografia não precisa mais ser justificada, na medida em que – e aqui o círculo se fecha – tal abordagem não assume o determinismo e pode, portanto, prescindir da defesa contra aqueles que a criticam por isso.

Em termos lógicos, existem duas estratégias principais para se opor à determinância, ambas proeminentes dentro de outras abordagens materialistas em RI. A primeira é manter fortes os efeitos geopolíticos, mas enfraquecer a necessidade com que eles surgem: os fatores geopolíticos são eficientes, mas apenas sob certas condições. Esse é o movimento clássico de muitos escritos positivistas, em que a determinância é tratada em termos de "probabilidade". Na segunda, adota-se estratégia oposta: mantém-se um efeito geral como algo necessário, mas torna vago o que esse efeito significa de verdade – semelhante à defesa de Waltz sobre o realismo estrutural. Os fatores geopolíticos são considerados onipresentes, mas com efeitos difusos. Na primeira estratégia, supracitada, seria necessário adicionar uma série de condições relacionadas ao escopo, variáveis processuais permissivas, intermediárias (entre outras), sob as quais a "probabilidade" (em relação ao caráter do determinismo) aumenta

---

60 No original, "*general organismic system*". Cohen, Geopolitical Realities and United States Foreign Policy, *Political Geography*, v.22, n.1, p.3, nota 4.
61 No original, "*in predictably structured ways*". Id., Global Geopolitical Change in the Post-Cold War Era, *Annals of the Association of American Geographers*, v.81, n.4, p.560.

ou não. Na segunda, basicamente, deixa-se a encargo de outrem fazer uma análise, já sob medida, para o caso empírico em questão, preservando o conteúdo com um tipo de gradiente genérico dentro do qual o resultado final irá se localizar.

Mesmo com todo esse debate, ainda não está claro como a geopolítica neoclássica produz a sua explicação.[62] Por um lado, tal análise dificilmente contribui para os habituais estudos materialistas nas teorias (realistas) de relações internacionais. Para não ser redundante, seria necessário que ela mostrasse a primazia de algum conhecimento geográfico específico, algo que a geopolítica neoclássica não faz. Além disso, sua aplicação empírica mantém intocada a ambivalência sobre o real papel dos fatores geográficos. Agora, se esses fatores são apenas condições presentes como pano de fundo, então eles estão presentes em todas as teorias – a geopolítica não é, desse modo, necessária. Se, por outro lado, eles são mais do que um mero segundo plano, se há uma primazia dos fatores geográficos, então isso precisa ser mostrado e justificado, o que não é feito.

Isso me leva à segunda estratégia para ressuscitar uma geopolítica que não é maculada pelo determinismo. Nesta segunda defesa, a análise desce para o nível da cognição. De acordo com essa linha de pensamento, a geografia importa, mas apenas por meio das representações que as pessoas e/ou os formuladores de política externa possuem dela. Esse movimento é típico da escola francesa de geopolítica, que muito fez para legitimar o termo "geopolítica" em um ambiente mais crítico. Em seu recente tratado sobre geopolítica, baseado na abordagem de Yves Lacoste, Carlo Jean refuta uma série de equívocos mantidos pelos próprios estudiosos da geopolítica. De fato, ele está ciente do tanto que o determinismo está presente em todas as geopolíticas, e que isso ocorre pela própria necessidade

---

62 Ver também a resposta de Lowenthal a Cohen (Lowenthal, Geopolitical Realities and US Foreign Policy: Comments on a Paper by Professor Saul B. Cohen, *Political Geography*, v.22, n.1, p.35).

do argumento geopolítico. Como a geopolítica, para Jean, se refere às representações espaciais e às lições da história na elaboração de um interesse nacional que nunca é neutro, o estudioso geopolítico é semelhante ao geógrafo do príncipe, propondo uma "geografia voluntarista utilizada para identificar e definir as políticas que levam a uma modificação da ordem geográfica existente". Ele complementa:

> Por causa dessa falta de neutralidade, nenhum geopolítico pode evitar a tentação – mesmo que seja apenas inconsciente – do cientificismo e do determinismo, independentemente de quaisquer pensamentos críticos que ele ou ela possa ter em relação a esses dois elementos. Essa tentação é uma constante para todos aqueles que, no intuito de fazer com que suas escolhas políticas ou estratégicas sejam aceitas, elaboram teorias, hipóteses ou cenários geopolíticos, e buscam a aquiescência do "Príncipe" ou da opinião pública [...]. Aqueles que advogam por um programa político e não podem invocar "Deus" ou a "Ideia" em seus argumentos tentarão se valer da natureza ou da história (juntamente com elementos como justiça, humanidade, religião etc.), a fim de convencer os outros de suas propostas.

Mas, acrescenta Jean, "não existem princípios ou leis geopolíticas objetivas". Fronteiras ou regiões não são naturais; "elas só se tornam assim devido a um certo agente, dadas as suas visões, valores e interesses".[63] Provavelmente exasperado por uma sucessão de autoproclamados especialistas expressando suas opiniões no debate público (italiano), a reação de Jean mostra, quando muito, um realismo "antiaparente",[64] argumentando sobre a impossibilidade de evitar

---

63 Jean, *Geopolitica*, p.8, 20, 9 e 20, respectivamente. Todas as traduções para o inglês são do autor.
64 Norberto Bobbio distingue entre realismo anti-ideal (opondo-se ao utópico) e realismo antiaparente (desmascarado, em Bobbio, 1996 [1969], p.xiv-xvii, no qual o primeiro representa a tradição mais conservadora, e o segundo, a tradição mais crítica. Para uma discussão sobre esta última tradição, a qual inclui E. H. Carr e Susan Strange, ver Guzzini, *Strange's Oscillating Realism: Opposing the Ideal – and the*

o determinismo, muitas vezes oculto ou posto de maneira inconsciente, e desmascarando o componente ideológico de afirmações que pretendem "naturalizar" suas perspectivas particulares. Por enquanto, tudo bem.

Todavia, há aqui um claro problema que pode se agravar: quando se verifica que a geopolítica não é ciência (mas "uma metafísica da competição pela dominação do espaço"),[65] e que, como o interesse nacional, é subjetiva, parece que, então, qualquer um é livre para propor quaisquer explicações que julgue adequadas. Com base em que devemos julgá-los? Quando devemos misturar os fatores e quais deles podem ser misturados na análise? Uma vez que tenhamos determinado que o fator geográfico, embora sempre presente como constrangedor ou facilitador, necessariamente precisa ser acompanhado por quase tudo, desde a ideologia, passando pela tecnologia até a legitimidade doméstica,[66] podemos nos questionar: quanto esse fator ainda conta para a análise? E essa estratégia de desmascarar a necessidade do determinismo não acaba por desculpar a sua presença sempre que ele aparece – como, por exemplo, na previsão (baseada em quê?) de que o Japão e a Alemanha, "querendo ou não", transformar-se-ão em potências militares (ainda que o significado exato dessa expressão não seja especificado)?[67] E esse tipo de análise objetivista não viria a contradizer, descaradamente, o ponto de partida lacostiano de Jean, segundo o qual tudo é filtrado por meio de representações e direitos históricos?[68]

||||||||||||

Apparent, in: Lawton, Rosenau e Verdun (Orgs.), *Strange Power: Shaping the Parameters of International Relations and International Political Economy*; Id., The Different Worlds of Realism in International Relations, *Millennium: Journal of International Studies*, v.30, n.1.

65 Jean, op. cit., p.13.
66 Ibid., p.11.
67 Ibid., p.85.
68 É certo que Lacoste também não pode escapar de alguns descuidos em direção ao objetivismo clássico. Ver a crítica em Ó Tuathail, *Critical Geopolitics: the Politics of Writing Global Space*, p.165.

Afirmou-se que o mundo material funciona sempre por meio de um fator subjetivo, mas quando esse argumento é pressionado, o realismo convencional reaparece – e agora pode fingir que não precisa de nenhuma justificação explicativa adicional. É difícil apontar por que o uso ideológico e particular de Jean acerca da geopolítica não deveria suscitar um novo rol de atitudes que visam desmacarar a geopolítica, agora aplicado à própria versão de Jean sobre a geopolítica. Uma atitude crítica que não se volta para avaliar criticamente os seus próprios argumentos acaba por tornar-se o derradeiro ato ideológico. Tal autocontradição parece confirmar o veredito inicial de Carr de que é impossível ser um realista consistente.[69]

Mas, se esse for o caso, por que a necessidade de aplicar o rótulo "geopolítica" a essa frouxa abordagem realista, a qual permite a inclusão de todos os fatores possíveis, e que não representaria algo de muito novo ou desconhecido para os escritores ou leitores realistas nas RI? Uma das razões mencionadas por Jean é: a mobilização de um objeto ou de um apelo científico. "Geopolítica" é uma ferramenta retórica poderosa. Mas também é um símbolo. Como tal, ela está relacionada com a definição de quem se enquadra no posto de especialista em política externa – ou, em vez disso, especialista em segurança. A "geopolítica" é, muitas vezes, parte da linguagem à qual um indivíduo deve se sujeitar para ganhar e reter a legitimidade necessária para atuar como especialista. Faz parte e pode ser usado para definir quais termos integram o senso comum do especialista em RI, assim como a "política do poder" costumava se enquadrar nesse papel. Ou, para usar uma descrição apropriada, embora severa, em uma crítica ao equilíbrio de poder do início dos anos 1960:

---

69 Carr, *The Twenty Years' Crisis: an Introduction to the Study of International Relations*, 2.ed., p.89. Para a malsucedida tentativa realista de fugir da necessidade de justificar os argumentos de validade realistas, questionando a própria validade da ciência, ver a discussão em Guzzini, The Enduring Dilemmas of Realism in International Relations, *European Journal of International Relations*, v.10, n.4.

Esses casos ilustram a tendência generalizada de tornar a balança de poder um símbolo do realismo e, portanto, da respeitabilidade, para o estudioso ou para o estadista. Nesse uso, não possui conteúdo substantivo como conceito. É um teste de virilidade intelectual, de masculinidade no campo das relações internacionais. O homem que "aceita" a balança do poder e que pontua sua escrita com referências que aprovam a sua existência afirma assim sua pretensão de ser um realista cabeça-dura que pode olhar para a sombria realidade do poder sem vacilar. O homem que rejeita a balança de poder se condena à suavidade, à incapacidade covarde de olhar o poder nos olhos e reconhecer seu papel nos assuntos dos Estados.[70]

Assim, duas lições podem ser extraídas dessa discussão da geopolítica neoclássica. Por um lado, a abordagem está presa em um dilema um pouco semelhante ao da identidade do realismo.[71] Se aceitar o determinismo geográfico-espacial, precisa justificá-lo, o que evitou até agora ao fingir que não precisa fazê-lo. Se pretende não ser geográfica e espacialmente determinista, mas permite uma multiplicidade de fatores explicativos iguais, ou inflaciona suficientemente a definição de geografia para incluir tudo, desde lições históricas a formas de Estado, e então se torna redundante, já que perde tanto o componente específico que dota de valor sua proposta e a diferencia das abordagens já existentes, quanto sua identidade geográfica: por que então chamar de geopolítica?[72] O determinismo, entendido como primazia explicativa, é parte integrante da tradição da geopolítica neoclássica, mesmo que em segundo plano. O uso do termo

---

70 Claude, *Power and International Relations*, p.39.
71 Ver Guzzini, op. cit.
72 Para uma crítica relacionada, conforme a aplicada à ampla definição do pensamento geopolítico de Geoffrey Parker, a qual acaba sendo incapaz de discriminar de modo consistente quais elementos que fazem parte dela (incluindo também análise do sistema mundo, por exemplo), ver Østerud, The Uses and Abuses of Geopolitics, *Journal of Peace Research*, v.25, n.2, p.192.

"geopolítica" alude à "necessidade" materialista e estruturalista que os agentes só podem ignorar por sua conta e risco.

A segunda lição é que o uso da "geopolítica" não é de fato inocente. Em um ambiente no qual palavras ou conceitos menos carregados poderiam ser aplicados, no qual um tempo valioso poderia ser salvo se não passássemos por um passado confuso em busca de uma tradição tornada aceitável (qual a necessidade de fazer isso?), no qual o realismo já fornece uma linguagem bastante desenvolvida que se sobrepõe quase inteiramente a uma versão moderada da geopolítica, uma geopolítica que ousa falar seu nome vem com um propósito, de forma intencional ou não. Ela mobiliza, muito mais fortemente do que apenas o "realismo", o empobrecido componente da análise e, portanto, empodera a análise geopolítica como algo que possui precedência explicativa. Essa geopolítica possui potencial, então, de um trunfo discursivo.

Da geopolítica para a geo-política?

Antes de passarmos finalmente à definição de geopolítica neoclássica adotada para o presente volume, precisamos ainda abordar outra maneira de ampliar a definição de geopolítica. A geopolítica crítica é bem consciente e crítica em relação ao passado e ao presente da geopolítica clássica, mas deseja manter a palavra "geopolítica" em sua análise. Só pode fazê-lo porque move, de modo consciente, suas análises para o nível das observações de segunda ordem. Ela não estuda a geopolítica enquanto relação entre a geografia e a política (observação de primeira ordem), mas, sim, a "geo-política" dessa representação geopolítica em si, na medida em que esta última (a representação geopolítica) interage com a geografia e a política externa que pretende analisar (aqui a hifenização expressa essa observação de segunda ordem sobre os fenômenos oriundos dessa relação de primeira ordem). Enquanto a geopolítica neoclássica, "usando conhecimentos e representações geográficas para naturalizar o poder, pertence ao campo das abordagens realistas", a geopolítica crítica, "problematizando a fusão entre conhecimento e poder geográficos, pertence ao campo das abordagens construtivistas".[73] Essa abordagem possui implicações importantes sobre como a geopolítica é definida. "Geopolítica [...] deve ser criticamente reconceituada como uma prática discursiva pela qual os intelectuais do Estado 'espacializam' a política internacional de modo a representá-la como um 'mundo' caracterizado por tipos particulares de lugares, povos e dramas." E "o estudo da geopolítica em termos discursivos [...] é o estudo dos recursos e das regras socioculturais pelas quais as geografias da política internacional são escritas".[74] Consequentemente, a presente análise comparativa, ao enfocar a "geopolítica neoclássica", poderia ser culpabilizada por partir de uma compreensão estreita ou desatualizada da geopolítica.

As diferenças nos objetivos de pesquisa fornecem a razão pela qual escolhemos trabalhar com uma definição mais "clássica" da geopolítica. O objetivo deste estudo é diferente daquele dos geógrafos políticos que desejam desmascarar aquilo que ainda resta de "natural" na geografia. Seus esforços levam a definições bastante amplas de geopolítica – como a que acabamos de mencionar –, as quais ajudariam a revelar o núcleo geo-político da supostamente naturalista geografia e reunir todos os discursos pertinentes a ela, quer usem ou não o rótulo "geopolítica". Tais definições são parte de uma proposta maior que objetiva, antes, redefinir o que significa ser um geógrafo político. O presente estudo visa, no entanto, algo diferente. Procura entender por que, em vários países, foi justamente a tradição geopolítica a vertente mobilizada para uma espacialização da política, e não qualquer outra abordagem. Assim como não existe uma

---

73 Mamadouh e Dijkink, Geopolitics, International Relations and Political Geography: Geopolitical Discourse, *Geopolitics*, v.11, n.3, p.353.
74 Ó Tuathail e Agnew, Geopolitics and Discourse: Practical Geopolitical Reasoning in American Foreign Policy, *Political Geography*, v.11, n.2, p.192-3.

correspondência natural entre representações particulares e a imagem da geografia que elas produzem, não existe também uma correspondência natural entre enviesamentos oriundos desse processo de espacialização e o uso intuitivo de argumentos advindos especificamente dessa tradição geopolítica. Quando Gearóid Ó Tuathail e Simon Dalby escrevem que "a geopolítica não é uma escola específica de governo, mas pode ser mais bem compreendida como práticas espaciais, tanto materiais quanto de representação, da própria política",[75] eles querem, com razão, mudar o enfoque. No entanto, provavelmente não se oporiam à proposição de que a geopolítica é, *ao mesmo tempo*,[76] tanto um fenômeno de primeira quanto de segunda ordem; tanto uma escola específica quanto as práticas espaciais da política.[77]

Por isso, esse é o foco e o objetivo deste estudo que nos orienta para o uso da "geopolítica" de uma maneira mais tradicional, uma vez que é o renascimento dessa forma mais tradicional de pensamento geopolítico que desencadeia o problema que buscamos examinar e, como veremos adiante, também é mais pertinente para o segundo mecanismo social desenvolvido em nosso estudo. Para outros propósitos de pesquisa, a geografia crítica ganharia mais ao utilizar uma outra definição.

4. Conclusão: o significado e as funções da "geopolítica neoclássica"

O Capítulo 1 especificou a natureza intrigante desse "resurgimento": por que o fim pacífico da Guerra Fria revitalizaria uma

---

[75] Ó Tuathail e Dalby, Introduction: Rethinking Geopolitics: towards a Critical Geopolitics, in: *Rethinking Geopolitics*, p.3.
[76] Grifos do autor. (N. T.)
[77] Ó Tuathail (*Critical Geopolitics: the Politics of Writing Global Space*, p.16) também deseja manter uma definição mais restrita, embora o faça por diferentes razões.

escola de pensamento dentro das relações internacionais que, segundo a maioria da comunidade acadêmica (e para além dela), estava desacreditada por esse acontecimento? Para esse "quebra-cabeça", o importante não é apenas identificar que o fim do conflito Leste-
-Oeste estimularia uma nova imaginação espacial na Europa, o que poderia ser esperado, mas, sim: por que a tradição mais determinista, a "geopolítica", reapareceria sem nenhum pudor de dizer seu nome? E por que isso aconteceria apenas em alguns países e não em outros?

O presente capítulo especificou nosso objeto de estudo: qual geopolítica foi revivida; ou, mais precisamente, quais formas de geopolítica nesse rescaldo pós-1989 parecem mais intrigantes justamente porque levariam a uma cultura hobbesiana na segurança europeia. A discussão identificou basicamente três formas de geopolítica. Uma delas é a "geopolítica crítica", com a qual o presente livro compartilha várias suposições. Entretanto, essa "geopolítica" crítica e seu renascimento depois de 1989 não são o objeto do presente estudo. Ela decerto não contribuiria para uma cultura de anarquia mais hobbesiana; pelo contrário.

Uma segunda maneira de ver o renascimento da geopolítica poderia simplesmente se referir ao uso do termo "geopolítica" no debate público. Embora esse uso não seja o objetivo principal do presente estudo, ele pode afetar os discursos de política externa, por meio da simples capacidade do termo, já discutida, de mobilizar visões materialistas ou militaristas da segurança internacional. No entanto, essa mobilização de um enviesamento materialista e militarista é débil, pois em vez de ser vista como contribuindo para mobilizar tal viés (determinista), o simples fato de parecer aceitável ou até mesmo autoevidente referir-se à "geopolítica" é, em si, um indicador da presença de um já existente enviesamento. Essa situação nos é reveladora desse próprio discurso implícito.

Por fim, há uma terceira "geopolítica", a denominada "geopolítica neoclássica", que é o objeto central do estudo aqui proposto. Ela pode vir de duas formas. Em uma delas, não haveria apenas referências abertas e mais soltas a pensadores geopolíticos, mas também um endosso explícito a alguma visão neomalthusiana. Isso tem sido raro. De fato, tal abordagem seria apenas a geopolítica clássica reaplicada. Contudo, como o presente capítulo mostrou, o fato de não repetir os clássicos, por si só, não retira, automaticamente, um indivíduo dessa tradição, nem mesmo o afasta dos componentes menos fundantes da geopolítica clássica. De modo mais central para este estudo, a geopolítica neoclássica se apresenta sob outro disfarce. Na definição de "geopolítica neoclássica" que sustenta nosso problema de pesquisa, ela é uma

> *análise orientada para a produção de políticas estatais, geralmente conservadoras e com conotações nacionalistas, que dá primazia explicativa, mas não exclusividade, a certos fatores geográficos físicos e humanos (seja o analista explícito sobre isso ou não), e dá precedência a uma visão estratégica, a um realismo com um olhar militarista e nacionalista, para analisar as "necessidades objetivas" dentro das quais os Estados competem por poder e posição.*[78]

Tal definição pede algum esclarecimento. Ela carrega consigo a noção de que a geopolítica neoclássica é caracterizada por uma versão do determinismo geográfico-espacial, visto como um elemento que possui primazia explicativa, uma vez que é esse o critério discriminatório que diferencia a geopolítica de outras versões do realismo. Por primazia explicativa em relação a certos fatores geográficos, entendo uma análise que reserva um lugar especial para aqueles fatores geográficos que normalmente estão ligados à análise sobre os recursos estatais – seja porque eles estabelecem o cenário e o contexto para a análise como um todo, seja porque eles são o trunfo argumentativo.[79] Como na geopolítica clássica, isso inclui aspectos da

||||||||||||
78 Grifos do autor. (N. T.)
79 Isso é amplamente compatível com outras definições, como, por exemplo, "uma geopolítica [...] é um discurso orientado para a formulação de políticas sobre um Estado

geografia humana e cultural (demografia, relação das pessoas com o território ou com o "seu" território), bem como a geografia política e econômica. Em outras palavras, o pensamento geopolítico nunca foi apenas sobre mares e massas continentais, tendo sempre incluído um componente cultural, se não civilizacional. Portanto, não é nada incomum que Mackinder, por exemplo, tenha discutido como algo positivo questões de homogeneização étnica como uma forma de resolução de conflitos, como, de fato, foi feito após a Primeira Guerra Mundial na troca entre as populações turcas e gregas.[80] A esse respeito, a tese de Huntington não é novidade dentro da tradição geopolítica, da qual ela faz parte firmemente.

Por fim, a definição inclui um parêntese em relação à afirmação e à realidade de tal primazia na análise empírica. Vimos na discussão ilustrativa da geopolítica de Carlo Jean que a geopolítica neoclássica pode vir em uma versão que nega tal primazia na teoria, embora essa primazia reapareça na análise empírica. O óbvio problema aqui é que, se a geopolítica se resume a algum tipo de realismo, por que não pegar o caminho mais fácil e usar o realismo, em vez de utilizar uma abordagem em que seja necessária a eliminação de todas as dúbias conotações geopolíticas advindas da gepolítica alemã ou do darwinismo social? A resposta: porque o rótulo "geopolítica" tem uma certa função simbólica e um poder mais forte que o realismo. Isso nos leva à análise de explicações com uma aceitação explícita da "geopolítica", quer sua abordagem admita ou efetivamente exija uma primazia geográfica. Se essa geopolítica vem como uma versão do

---

inspirada pela posição de tal Estado no mapa" (Van der Wusten e Dijkink, German, British and French Geopolitics: the Enduring Differences, *Geopolitics*, v.7, n.3, p.20), quando existe alguma forma de determinância vinculada a essa "inspiração"; ou: "Geopolítica é entendida, de modo geral, como uma visão de mundo política que privilegia metáforas espaciais na autocompreensão territorial do Estado-Nação, e vê a posição relativa do Estado dentro de tal espaço como condições de possibilidade para sua projeção de poder" (Bach e Peters, The New Spirit of German Geopolitics, *Geopolitics*, v.7, n.3, p.1).

80 Mackinder, *Democratic Ideals and Reality: a Study in the Politics of Reconstitution*.

realismo, mas deseja reter um diferente – embora manchado – nome; se, como muitas vezes parece ser o caso, os escritores se valem em seus artigos do jargão geopolítico sem necessariamente estar conscientes de sua ancestralidade, ou usam o *pedigree* da geopolítica de forma solta, tal questão, em si, pode ser entendida em termos simbólicos como uma forma de poder retórico.

Assim, este livro irá comparar diferentes países europeus após 1989 em relação ao renascimento da "geopolítica" "neoclássica" em seus dois componentes. Para analisar qual o tipo desse renascimento, procuraremos os componentes "neoclássicos" conforme definimos, independentemente se o rótulo "geopolítica" seja utilizado de modo explícito na análise. Entretanto, também buscaremos o termo "geopolítica" quando ousarem falar o seu nome, devido à retórica e à função simbólica do termo. É o renascimento dessa geopolítica neoclássica o foco da obra presente.

3. O *FRAMEWORK* DE ANÁLISE: A GEOPOLÍTICA ENCONTRA A CRISE DE IDENTIDADE DE POLÍTICA EXTERNA

Stefano Guzzini

COMO, ENTÃO, PODEMOS COMPREENDER melhor o renascimento da geopolítica neoclássica? Agora que especificamos o problema deste livro e seu termo central, este capítulo apresenta os principais conceitos e a estrutura teórica de análise.

A natureza do nosso problema posiciona o presente estudo no amplo campo de pesquisa que investiga as origens e o desenvolvimento de teorias, visões de mundo ou, em um sentido geral, estruturas ideacionais. Na ausência de uma teoria social unificada que possa ter resolvido a latente divisão materialista-idealista, a qual um estudo como este mobiliza, há uma série de tradições de pesquisa das quais poderiam ser derivadas hipóteses para nossos estudos de caso.[1]

---

1 Para a primeira afirmação sobre as hipóteses de pesquisa, ver Guzzini, "Self-fulfilling Geopolitics?", or: The Social Production of Foreign Policy Expertise in Europe, *Working Paper*, n.2003/23. Obviamente, uma solução – pelo menos uma solução com a qual concordo – consiste em, antes, negar o status central dessa divisão, mostrando como essa mesma dicotomia se tornou parte do problema, e não a solução para as antinomias na teorização social, e como ambos os polos estão sempre

Na perspectiva mais idealista, uma primeira hipótese deriva da história e da institucionalização das ideias, a saber, da *path dependence* ideacional de uma determinada cultura política. Essa hipótese aponta que uma tradição materialista, de qualquer natureza, seria mais propícia a um renascimento do pensamento geopolítico. Onde o pensamento geopolítico não fazia parte do senso comum, teria sido mais difícil para os eventos de 1989 desencadearem um renascimento da geopolítica.

Na perspectiva mais materialista, por sua vez, duas hipóteses vêm à mente. Partindo de uma sociologia do conhecimento materialista, poderíamos afirmar que, na medida em que a geopolítica clássica prosperou em países com a necessidade de um senso de legitimidade em relação aos seus desejos de manter ou adquirir um status de grande potência, um processo similar poderia estar acontecendo depois de 1989. A geopolítica funcionaria como a ideologia das grandes potências. Olhando para fatores sociológicos dentro dos países, hipóteses poderiam ser derivadas de fatores institucionais e da economia política – isto é, como o campo de especialistas em política externa foi estruturado em diferentes países. Sendo a geopolítica geralmente ligada ao pensamento militar, o lugar das Forças Armadas dentro da comunidade de política externa pode ser importante. Além disso, como é organizado esse sistema de especialistas? Por exemplo, quão independentes são as universidades ou os principais institutos de pesquisa das agências de financiamento públicas ou privadas? Qual o papel dos institutos de pesquisa nos estudos para a paz?

Finalmente, com base em alguns estudos de caso, um outro fator mostrou-se importante para entender o renascimento da geopolítica e, em particular, o vigor com o qual ela poderia ressurgir. Embora fatores estruturais eventualmente sugiram da possibilidade de um renascimento, esses fatores podem permanecer latentes se não

---

interligados. Não é preciso dizer, entretanto, que essa solução ainda não é largamente aceita, decerto não nas RI.

forem mobilizados por atores políticos. Assim, um outro fator para compreender o ressurgimento (ou não) da geopolítica foi o jogo político interno em que os diferentes países se encontraram depois de 1989. Argumentos geopolíticos pareciam se adequar melhor às forças conservadoras que conseguiam usar a geopolítica em uma "retórica de reação", como Albert Hirschman precisamente apontou, em que qualquer tentativa de conter as "forças naturais" seria fútil, produziria efeitos perversos ou prejudicaria o que já foi realizado.[2]

No entanto, o fator mais importante – na verdade, aquele que acaba por definir toda a nossa estrutura de análise – veio a ser a identidade em termos de política externa (a ser definida adiante), como os estudiosos construtivistas na geografia política e nas relações internacionais poderiam esperar. Muitos países que tinham assistido a um renascimento do pensamento geopolítico, como a nossa hipótese aponta de início, eram de algum modo "novos países", ou porque nunca haviam existido anteriormente em suas fronteiras atuais, ou porque haviam experimentado um estado de independência interrompido. As elites e os discursos de política externa desses países estavam em busca de uma nova identidade, ou de uma identidade redefinida. Nessa situação, qualquer critério supostamente objetivo, como fatores geopolíticos, seria bem-vindo para ajudar a promover uma identidade apropriada. Quando reunimos os estudos de caso, a principal descoberta foi que o renascimento da geopolítica parecia estar intimamente ligado à existência do que poderia ser chamado de "ansiedade ontológica" no campo da política externa. As elites de política externa, antigas ou novas, se sentiam inseguras quanto às principais coordenadas não apenas da política mundial, mas de seu próprio país: onde é seu lugar, qual é o seu papel? Embora certamente isso não seja condição suficiente para o renascimento do pensamento geopolítico, uma "crise de identidade"

---

2 Hirschman, *The Rhetoric of Reaction: Perversity, Futility, Jeopardy*.

sinalizava estar centralmente conectada a todos os casos em que tal ressurgimento aconteceu. Essa descoberta trouxe para o centro do nosso estudo a análise da identidade dentro dos discursos de política externa. A tese inicial, derivada depois de um primeiro conjunto de estudos comparativos, é a seguinte: *o ressurgimento do pensamento geopolítico na Europa após 1989 ocorre na intersecção entre a existência de possíveis crises de identidade em termos de política externa – isto é, ansiedade em relação a uma nova, novamente questionada ou recém-adquirida autopercepção ou papel na política mundial – e a lógica espacial do pensamento geopolítico (tanto físico quanto cultural), que estaria disponível a fornecer alguns dispositivos para essa ansiedade.*[3] Essa tese inclui duas etapas. Primeiramente, um discurso ou uma tradição de política externa passa pela experiência de uma "crise de identidade", quando a continuação de suas prévias disposições interpretativas encontra problemas, como quando autopercepções e papéis assumidos são abertamente desafiados e, eventualmente, prejudicados. Em nosso caso, tal crise ocorre quando as disposições interpretativas dentro de uma determinada tradição ou discurso de política externa passam a entender o fim da Guerra Fria como um desafio à autocompreensão e à concepção de papéis anteriormente nela embutidos. Em segundo lugar, é mais provável que essa crise de identidade reviva o pensamento geopolítico quando pelo menos alguns dos seguintes fatores são encontrados: a existência de uma tradição materialista no pensamento da política externa; a institucionalização de tal tradição na cultura dos especialistas em política externa; e um jogo político em que tal pensamento é usado de forma retórica para angariar ganhos políticos (em geral pelo lado conservador).

Esse quadro explicativo, envolvendo um gatilho e condições facilitadoras adicionais, tem uma série de implicações metodológicas. Primeiro, as disposições interpretativas preexistentes tornam-se a

---

3 Grifos do autor. (N. T.)

unidade central de análise, porque, quando mobilizadas para compreender o evento relevante, elas provocam o possível gatilho de uma crise de identidade. Ser um "dispositivo" significa que, mesmo que um discurso de política externa esteja, em princípio, em crise, porque papéis preestabelecidos foram postos em risco, e mesmo que o discurso geopolítico esteja acessível para fornecer referências fáceis e supostamente naturais para consertar a decorrente ansiedade, isso não significa necessariamente que haverá um renascimento da geopolítica. Para que isso aconteça, outros fatores – do mais estrutural deles (uma *path dependence* ideacional, a ideologia da grande potência) até o institucional (a economia política em torno da produção de *expertise*), e inclusive a ação política (o jogo político e a retórica) – devem estar presentes. Em segundo lugar, a tese deste livro requer um certo tipo de *process tracing* que abre a "caixa-preta" do cenário doméstico em cada um dos casos. Além disso, não é possível um tipo clássico de *process tracing* "de fora para dentro", em que o mesmo evento internacional pode desencadear diferentes respostas dependendo das variáveis no processo doméstico. Em vez disso, o próprio significado do evento faz parte da análise e precisa ser avaliado caso a caso: tal significado pode não ser o mesmo em cada um. A análise ocorre no sentido *bottom-up* (de baixo para cima – ou seja, do doméstico para o internacional) justamente devido às compreensões específicas sobre esse fator internacional. Por fim, como este capítulo mostrará, o conjunto de fatores processuais pode não permitir uma versão mais positivista do *process tracing*: alguns fatores atuam como dispositivos e não são, portanto, causais (a *path dependence* ideacional); eles são oriundos de um processo de interação (entre tradições ideacionais e configurações institucionais), além de parcialmente contingentes (o fator político). Por isso, faz-se necessária uma análise interpretativa e configuracional.[4]

---

4 O capítulo final irá qualificar melhor esse tipo de *process tracing*.

Nossa tese também possui algumas implicações para o contexto teórico no qual este livro é inserido. Uma leitura superficial pode situar o presente trabalho dentro de uma agenda de pesquisa mais ampla sobre "ideias e política externa", já que estudamos aqui estruturas ideacionais em RI no nível do Estado. Isso seria equivocado em parte, no entanto. Quando conduzidas no âmbito da análise de política externa, as ideias e a agenda de pesquisa em termos de política externa, informadas pela psicologia, cognitiva ou social, geralmente se concentram em como certas estruturas ideacionais impactam em ações concretas. Essa abordagem analisa o fator ideacional na tomada de decisão pelos atores estatais e em seus comportamentos[5] – por exemplo, como visões de mundo e percepções produzem sistematicamente leituras particulares da realidade e, portanto, predispõem os atores a certas ações.[6] O foco de tal análise é o impacto no comportamento em termos de política externa.

Embora o presente volume tenha afinidades óbvias com tais estudos, seu objetivo é diferente. Dado o problema que pretende abordar, a presente pesquisa precisa, antes, investigar por que certos desenvolvimentos ideacionais ocorreram – isto é, como os discursos

---

5 Essa questão pode assumir diferentes formas, investigando ideias gerais ou sistemas de crenças, ou crenças, ou percepções mais individuais. Para uma pesquisa geral, ver Smith, Belief Systems and the Study of International Relations, in: Little e Smith (Orgs.), *Belief Systems and International Relations*. Ver também George, The Causal Nexus between Cognitive Beliefs and Decision-Making Behaviour: the "Operational Code" Belief System, in: Falkowski (Org.), *Psychological Models in International Politics*; e Goldstein e Keohane, Ideas and Foreign Policy: an Analytical Framework, in: *Ideas and Foreign Policy: Beliefs, Institutions, and Political Change*. Para um primeiro passo com o objetivo de ir além de uma análise causal clássica, ver Yee, The Causal Effects of Ideas on Politics, *International Organization*, v.50, n.1. Para uma visão geral das abordagens psicológicas nas RI, ver Stein, Psychological Explanations of International Conflict, in: Carlsnaes, Risse e Simmons (Orgs.), *Handbook of International Relations*.

6 Pela a riqueza dessa literatura, ver, por exemplo, Frei, *Feindbilder und Abrustung: Die gegenseitige Einschatzung der UdSSR und der USA*; Jervis, *Perception and Misperception in International Politics*; Larson, *The Origins of Containment: a Psychological Explanation*; Lebow e Stein, *We All Lost the Cold War*, e Steinbruner, *The Cybernetic Theory of Decision: New Dimensions of Political Analysis*.

de política externa se relacionaram ao pensamento geopolítico no pós-1989. O objetivo final da análise não é identificar, pelo menos não é esse o principal objetivo, como as estruturas ideacionais nos ajudam a entender certos comportamentos, mas, sim, explicar o desenvolvimento das próprias estruturas, ou seja, como eventos, ações e práticas se relacionam com a dinâmica histórica de certas estruturas (em sua maioria) ideacionais, sendo essas estruturas aqui os discursos de política externa. Embora isso seja necessariamente feito no nível do Estado e dos atores dentro do Estado, grande parte da nossa análise reside na maneira como esses discursos de política externa interagem com a "cultura da anarquia" como um todo, para usar o termo de Wendt.

Em outras palavras, ao analisar o renascimento da geopolítica na Europa após 1989, o presente estudo visa contribuir para a teorização e para a análise das microdinâmicas das macroestruturas sociais, uma questão até então pouco teorizada em RI (ao menos em sua vertente construtivista). Nossa abordagem sugere que a evolução da cultura da anarquia na Europa depois de 1989 é mais bem analisada por meio de uma avaliação da maneira pela qual as interpretações do "evento 1989" são movidas por (e interagem com) diferentes discursos nacionais de política externa, e como tais discursos interagem uns com os outros na reprodução da cultura da anarquia na Europa. Desse ponto derivamos, então, a segunda principal reivindicação empírica deste estudo. É o próprio sucesso de 1989, ou seja, a "dessecuritização" das relações de segurança europeias, que, sob certas condições, desencadeia uma crise de identidade que mobiliza o pensamento geopolítico como uma solução fácil, o qual, por sua vez, mobiliza o olhar nacionalista e militarista do realismo. Assim, talvez paradoxalmente, o próprio sucesso da dessecuritização pós-Guerra Fria (1989) traz as condições sob as quais fortes dinâmicas ressecuritizantes podem vir à tona.

Este capítulo se iniciará com a introdução de uma conceituação dos discursos de política externa em termos de um imaginário de política externa.⁷ Tal imaginário constitui a principal unidade disposicional intersubjetiva de análise (ou seja, o pincipal componente em termos de dispositivo intersubjetivo) para este estudo comparativo. Em seguida, o capítulo apresenta as premissas metodológicas do estudo, denominadas provisoriamente de *process tracing* interpretativo. Por fim, o capítulo deriva uma série de hipóteses sobre as condições ideacionais, institucionais e retórico-políticas dentro do campo de especialistas em política externa que permitem ou facilitam o ressurgimento da geopolítica neoclássica, para então, enfim, discutir a seleção dos casos utilizados para o estudo.

É importante notar aqui que essa estrutura será mais bem compreendida após a análise empírica. Tal metodologia é típica de uma abordagem de teorização constitutiva ou ontológica, em que os conceitos centrais são continuamente qualificados pelo contexto empírico no qual são utilizados. Por mais que necessitemos desse trabalho de definição para iniciar a análise empírica, tal análise também retorna e reavalia a definição proposta sobre os conceitos iniciais e suas relações teóricas uns com os outros.⁸

1. O gatilho: os "imaginários de política externa" encontram "1989" em uma crise de identidade de política externa

Não é de surpreender que o enfraquecimento dos antagonismos da Guerra Fria desde meados dos anos 1980 tenha pressionado esses países a

|||||||||||

7   O conceito é derivado da expressão "imaginário de segurança", tal como ele é empregado em estudos de segurança. Por razões estilísticas, e onde a diferença não for significativa, usarei, portanto, "imaginário de política externa" de modo intercambiável com "imaginário de segurança" e com "tradição de política externa" no restante deste volume.

8   Ver Leander, Thinking Tools, in: Klotz e Prakash (Orgs.), *Qualitative Methods in International Relations: a Pluralist Guide*, para uma elaboração dessa proposta em termos bourdiesianos.

adotarem uma visão nova e significativa das relações externas. O processo evoca problemas de identidade e hesitações no estabelecimento de novas linhas de política externa.[9]

O ressurgimento do pensamento geopolítico na Europa após 1989, de acordo com nossa tese, ocorre no ponto de encontro entre a crise de identidade de política externa – isto é, a possível ansiedade sobre uma recém-questionada ou recém-adquirida autopercepção ou papel nos assuntos mundiais – e a lógica espacial do pensamento geopolítico, que está disponível a fornecer algumas soluções para isso. Esta seção apresentará a estrutura geral necessária à análise.

Papéis e autoconcepções de política externa

Para compreender tanto a recepção diversa como a variedade de lições políticas que vieram com 1989, precisamos partir das relevantes e diversificadas "comunidades de intérpretes". Como eles estavam dispostos a entender os acontecimentos de 1989 de uma maneira e não de outra? Para isso, temos de buscar o debate e o discurso predominantes sobre a política externa nacional, o reservatório de lições e roteiros passados que informam a compreensão do que a política internacional fundamentalmente é, e o papel específico do país nesse contexto: o discurso nacional sobre o interesse nacional. Com isso, a análise caminha para o terreno da política externa e da identidade, entendidas, sobretudo, como autopercepções/autoconceitualizações (*Selbstverständnis*).

O conceito de identidade, no entanto, está repleto de problemas (para os problemas metodológicos, ver a seguir).[10] Um desses problemas está ligado ao risco de antropomorfizar os Estados. Embora seja possível argumentar que os representantes estatais se referem

---
9 Dijkink, *National Identity and Geopolitical Visions: Maps of Pride and Pain*, p.140.
10 Brubaker e Cooper, Beyond "Identity", *Theory and Society*, v.29, n.1.

a outros Estados como se estes últimos tivessem uma identidade quase humana – atribuindo intenção, agência e, portanto, responsabilidade –, esse tipo de identidade coletiva é decerto diferente de uma identidade individual.[11] Além disso, existe uma tendência bem conhecida de ver a identidade como algo relativamente dado e homogêneo, mesmo entre os construtivistas.[12] Afinal, isso revelaria a atratividade explicativa em torno desse termo. Uma vez que tenha sido demonstrado que qualquer argumento em termos do interesse nacional basicamente levanta a questão – por que o interesse foi elaborado e percebido dessa maneira particular e não de forma diferente? –, e uma vez que se argumenta que a identidade vem antes do interesse, já que é preciso antes saber quem somos para saber o que queremos,[13] explicações de identidade parecem persuasivas. Mas, se a identidade é heterogênea – e normalmente é –, então quase tudo vale, se a análise é levada a cabo em termos causais: qualquer resultado poderia ser explicado pela escolha daquela parte da identidade que se encaixa na história, assim como com o "interesse nacional". A identidade teria simplesmente aberto mais um regresso conceitual.[14]

---

11 Ver o fórum sobre "O estado é uma pessoa? Por que devemos nos importar?" com Jackson, Hegel's House, or "People Are States Too", *Review of International Studies*, v.30, n.2; Neumann, Beware of Organicism: the Narrative Self of the State, *Review of International Studies*, v.30, n.2; Wendt, The State as Person in International Theory, *Review of International Studies*, v.30, n.2; e Wight, State Agency: Social Action without Human Activity?, *Review of International Studies*, v.30, n.2.
12 Para uma crítica, ver, por exemplo, Brubaker e Cooper, Beyond "Identity", *Theory and Society*, v.29, n.1; e Zehfuss, Constructivism and Identity: a Dangerous Liaison, *European Journal of International Relations*, v.7, n.3.
13 Ver, por exemplo, Jepperson, Wendt e Katzenstein, Norms, Identity and Culture in National Security, in: Katzenstein (Org.), *The Culture of National Security*; Wendt, Anarchy Is What States Make of It: the Social Construction of Power Politics, *International Organization*, v.46, n.2; e Id., *Social Theory of International Politics*.
14 Guzzini, Machtbegriffe am Ausklang (?) der meta-theoretischen Wende in den Internationalen Beziehungen (oder: Gebrauchsanweisung zur Rettung des Konstruktivismus vor seinen neuen Freunden), in: Jørgensen (Org.), *The Aarhus-Norsminde Papers: Constructivism, International Relations and European Studies*.

Felizmente, o campo de estudos de análise de política externa começou a abordar pesquisas sobre identidade de política externa e, pelo menos, a mitigar alguns desses problemas, que, de qualquer maneira, nem todos são necessariamente pertinentes para a presente pesquisa. Um primeiro passo consiste em ver a identidade na política externa como parte das predisposições ideacionais existentes no campo de especialistas em política externa. É esse campo que dá sentido a "1989", possivelmente de modo a estimular o pensamento geopolítico neoclássico. Assim, "identidade" não se refere ao nível geral, e muito menos é uma propriedade do Estado ou da nação, mas se refere àqueles discursos particulares entre atores políticos, seus observadores (mídia e academia) ou o público em geral dentro do qual a "posição de sujeito" do país na política mundial é negociada.

Em segundo lugar, o próprio termo "identidade" deve ser usado de maneira circunscrita. Ele corresponde ao que Rogers Brubaker e Frederick Cooper denominaram "autocompreensão" e "subjetividade situada", e é entendido como um conceito disposicional.[15] Essa é a maneira pela qual a maioria dos construtivistas usou o termo dentro das RI. Tal entendimento tem duas facetas inter-relacionadas. Por um lado, a ideia de autocompreensão refere-se ao processo em curso que visa responder às perguntas "por que/a quem nos posicionamos?", olhado, assim, de dentro para fora. Em RI, essa tem sido a preocupação de acadêmicos e profissionais que querem definir a especificidade nacional da política externa – no caso extremo: sua missão. Por outro lado, quanto à segunda faceta, ela se refere aos espaços disponíveis na sociedade internacional; uma função socialmente atribuída, por assim dizer: "Qual é o nosso papel nos assuntos mundiais?" Analistas de política externa estabeleceram várias dessas concepções sobre papéis nos assuntos internacionais. Essa compreensão mais circunscrita da identidade pode, portanto, ser abordada a partir

---

15 Brubaker e Cooper, Beyond "Identity", *Theory and Society*, v.29, n.1, p.17.

de dois ângulos. O primeiro é internacional. A maioria dos países com alguma história diplomática construiu uma certa personalidade diplomática que fornece as referências para responder às questões supracitadas. Em relações internacionais, uma de suas linhas de pesquisa versa sobre a identidade diplomática em termos de "papéis" de política externa (por exemplo, o papel daquele que produz equilíbrio, daquele que age enquanto mediador, ou como uma potência civil) – termo este (ou seja, "papéis") adequado, uma vez que a sociedade internacional, do ponto de vista histórico, teve bem menos reconhecíveis "posições de sujeito" do que outras sociedades mais diferenciadas.[16] O outro entendimento é mais societal, olhando para a identidade de política externa com ênfase na história doméstica de um país, ou seja, uma história permeada pela dupla luta por coerência na tradição e pela primazia em sua definição.[17]

Uma terceira qualificação consiste em especificar o papel que esse conceito mais limitado de identidade tem na explicação do nosso problema de pesquisa. Isso é necessário para evitar um alargamento explicativo em demasia ou uma regressão infinita. Para apresentarmos essa terceira qualificação, talvez seja ilustrativo fazer um pequeno desvio para a literatura sobre "cultura estratégica".[18] Esse conceito tem sido utilizado para capturar diferenças nacionais em

---

16 Para o *locus classicus*, ver Holsti, National Role Conceptions in the Study of Foreign Policy, *International Studies Quarterly*, v.14, n.3. Para o desenvolvimento dessa abordagem, ver Walker (Org.), *Role Theory and Foreign Policy Analysis*. Para um aprofundamento dessa discussão e uma aplicação próxima à realizada pela presente pesquisa, ver Le Prestre (Org.), *Role Quests in the Post-Cold War Era: Foreign Policies in Transition*.
17 Para tal abordagem discursiva da identidade da política externa, ver também Wæver, Identity, Communities and Foreign Policy: Discourse Analysis as Foreign Policy Theory, in: Hansen e Wæver (Orgs.), *European Integration and National Identity: the Challenge of the Nordic States*. Para uma abordagem que enfatiza a "identidade social" (que vai além do que é proposto pela abordagem mais institucionalista proposta adiante neste capítulo), ver Hopf, *Social Construction of International Politics: Identities and Foreign Policies, Moscow, 1955 and 1999*.
18 Para uma visão geral, ver Johnston, Thinking about Strategic Culture, *International Security*, v.19, n.4.

percepções de segurança. Essas percepções são compartilhadas pelas elites política e militar de um Estado, alimentadas por diferentes histórias e memórias, e, dessa forma, explicam de que maneira as doutrinas e/ou os comportamentos militares diferem quando os constrangimentos estratégicos deveriam levá-los a convergir.[19]

Mas grande parte da análise que se baseia na lógica da "cultura estratégica" acaba por seguir a configuração clássica dos debates realista-idealistas, o qual opõe as teorias de cunho materialista e idealista (fazendo, assim, com que a parte ideacional seja uma mera categoria residual para explicar o inesperado). O caminho explicativo dessas análises consiste em entender como a cultura incorpora ideias que, por sua vez, influenciam as preferências e, consequentemente, escolhas ou comportamentos. Essa lógica comportamental presente em grande parte da literatura da cultura estratégica, entretanto, não é o foco de pesquisa da presente análise, que procura, antes, entender por que uma determinada ideia – a geopolítica neoclássica – surge (ou não) sob condições particulares; em certo sentido, busca entender o elo de um conjunto de ideias para outro, e não de ideias para o comportamento. Portanto, o presente estudo tem de olhar para teorias que elaboram sobre o próprio nível cultural e ideacional. Em outras palavras, em vez de tentar explicar o nexo causal entre identidade e comportamento, buscamos compreender como os entendimentos compartilhados são afetados na reprodução de um discurso de política externa com seus próprios elementos subjetivos. Mais precisamente: como pode uma estrutura ideacional (o imaginário de segurança/política externa), sob certas circunstâncias, dar origem a uma outra estrutura ideacional (a geopolítica neoclássica)? O estudo não considera a identidade como dada, mas, ao contrário, analisa como ela é reconstituída por meio da compreensão de eventos internacionais importantes. Essa é uma relação dialética ou

---

19 Ver, por exemplo, Gray, *Nuclear Strategy and National Style*.

constitutiva, e não uma relação causal, se entendermos a causalidade no modo clássico de Hume.[20] Ainda que este estudo não se baseie nesse tipo de causalidade, sua *path dependency* não se traduz em um regresso causal infinito. Em vez disso, a pesquisa analisa como foi possível que tal crise de identidade e o possível retorno da geopolítica ocorressem.[21] Somente quando analisarmos como esse renascimento da geopolítica pode afetar a cultura internacional da anarquia é que estabeleceremos um link que inclui comportamentos de política. Isso será retomado no último capítulo.

Imaginários de política externa e discursos de política externa

É central para nossa abordagem a identificação de uma unidade de análise intersubjetiva que capture as predisposições interpretativas inseridas no campo dos especialistas em política externa. Jutta Weldes introduziu essa unidade em seu estudo sobre a Crise dos Mísseis de Cuba. Ela chama isso de "imaginário de segurança", que é definido como uma "estrutura de significados e relações sociais bem estabelecidas, a partir das quais são criadas representações sobre o mundo da política internacional".[22] No processo de representação e interpretação dos assuntos mundiais, os atores mobilizam esse

---

20 Para uma análise constitutiva em RI, ver Wendt, *Social Theory of International Politics*, p.77-90. Para uma crítica à causalidade clássica inspirada em Hume nas IR, ver, por exemplo, Dessler, Beyond Correlations: toward a Causal Theory of War, *International Studies Quarterly*, v.35, n.3; Kurki, *Causation in International Relations: Reclaiming Causal Analysis*; Patomäki, How to Tell Better Stories about World Politics, *European Journal of International Relations*, v.2, n.1; Wight, *Agents, Structures and International Relations: Politics as Ontology*.
21 Para esse uso sobre *como* a causalidade transcorre, e não *qual* causalidade, ou para desenhos de pesquisa sobre questionamentos de "como é possível" em vez de "por que" nas RI, ver, por exemplo, Doty, Foreign Policy as a Social Construction: a Post-positivist Analysis of U.S. Counterinsurgency Policy in the Philippines, *International Studies Quarterly*, v.37, n.3.
22 Weldes, *Constructing National Interests: the United States and the Cuban Missile Crisis*, p.10.

reservatório de significados brutos, então embutidos na memória coletiva desses especialistas, incluindo roteiros e analogias históricas (o que Weldes chama de "articulação"), juntamente com a posição do sujeito nacional (ou seja, a posição de um país) embutida no sistema internacional (para Weldes, "interpelação"), o qual é o conceito mais diretamente relacionado ao presente estudo.

O uso desse conceito, no entanto, não implica que tal imaginário deva ser homogêneo e que ele signifique apenas uma maneira de levar em conta as lições do passado ou que possua uma única e particular autopercepção nacional ou, até mesmo, que produza um único entendimento sobre o papel de um país no mundo. Em vez disso, esse conceito nos aponta que existem aspectos compartilhados tanto nos modos como os debates sobre o passado são conduzidos quanto nas possíveis concepções sobre o papel de um país no mundo. Nos Estados Unidos, por exemplo, há a divisão utilizada com frequência entre intervencionistas e isolacionistas, os quais se referem ao mesmo evento histórico, mas com implicações diferentes, ou que estabelecem valores diferentes nos mesmos eventos. Ainda assim, esses grupos compartilham uma definição acerca das fronteiras do debate nacional e, portanto, quais os indivíduos com legitimidade para atuar nele. Da mesma forma, entre os intervencionistas, há um debate sobre o retraimento versus um maior engajamento da política externa norte-americana – o que novamente põe dois lados um contra o outro. Esses dois lados dependem de diferentes lições do passado: o argumento favorável a um retraimento (contra uma expansão inevitável) é derivado das lições da Segunda Guerra Mundial, enquanto que o argumento pró-engajamento (evitando uma escalada de tensões que ninguém queria) advém das lições da Primeira Guerra Mundial.[23] Pôr esses dois lados um contra o outro

---

23 Para uma das exposições mais elaboradas acerca dessas duas posições, ver o modelo em espiral e o modelo de dissuasão elaborado em Jervis, *Perception and Misperception in International Politics.*

justifica dizer, abertamente ou não, que essas lições são aquelas autorizadas a estruturar o debate.

Assim, um imaginário de política externa não é "compartilhado" no sentido de produzir apenas uma opinião: há sempre muitos roteiros e diferentes posições subjetivas; e isso não significa dizer que todos os atores estão dispostos a pesar os diferentes roteiros da mesma maneira. O que caracteriza uma tradição de política externa não é um kit de ferramentas ideacionais, tornando o debate desnecessário; pelo contrário, a existência de tal tradição é justamente o que permite que os debates políticos aconteçam, pois define as apostas, traça as fronteiras do debate relevante/competente e garante que as pessoas falem a mesma língua quando disputam as visões alheias. Uma tradição de política externa não é a existência de uma única opinião compartilhada, mas, sim, um sistema de referências que enquadre e autorize certas opiniões como parte do debate. Os especialistas em política externa discordarão em questões, mas dentro dos termos já previamente acordados, uma vez que eles compartilham do campo de política externa e de seu imaginário. Isso faz parte da "concessão que um indivíduo faz a um universo social quando concorda em tornar-se aceitável" e, portanto, parte dele.[24]

Metáforas são pontos centrais para a compreensão de tais tradições de política externa.[25] Tais analogias funcionam como roteiros

----

24 Bourdieu, *Language et pouvoir symbolique*, p.114, tradução do autor. Para uma análise em RI nesses termos, ver Ashley, The Geopolitics of Geopolitical Space: toward a Critical Social Theory of International Politics, *Alternatives*, v.XII, n.4; Untying the Sovereign State: a Double Reading of the Anarchy Problematique, *Millennium: Journal of International Studies*, v.17, n.2; Imposing International Purpose: Notes on a Problematique of Governance, in: Czempiel e Rosenau (Orgs.), *Global Changes and Theoretical Challenges: Approaches to World Politics for the 1990s*; e, mais recentemente, Leander, The Power to Construct International Security: on the Significance of Private Military Companies, *Millennium: Journal of International Studies*, v.33, n.3; e Id., The Paradoxical Impunity of Private Military Companies: Authority and the Limits to Legal Accountability, *Security Dialogue*, v.41, n.5.
25 Nas RI ver, por exemplo, Drulák, Motion, Container and Equilibrium: Metaphors in the Discourse about European Integration, *European Journal of International*

quase lógicos e são mobilizadas em (e por meio de) debates de política externa. Por exemplo, nas discussões em torno da intervenção dos Estados Unidos na guerra do Kuwait (assim como no contexto da recente guerra no Iraque), as críticas realistas viram um ressurgimento do wilsonianismo, pois percebiam na ação militar um intervencionismo usando um "disfarce" idealista[26] – independentemente se tal intervencionismo tinha ou não de fato uma correlação com a configuração multilateral prevista por Wilson. No entanto, o debate foi estruturado de tal forma que havia apenas duas categorias à disposição, as quais os intérpretes desse debate deviam escolher: intervencionista liberal e realista conservador. Ademais, o capital simbólico extremamente rico da Segunda Guerra Mundial deu origem a muitas analogias mobilizadas no debate ("articuladas", retomando Weldes), que fez com que certas ações parecessem quase necessárias, e seguramente mais legítimas. Como Timothy Luke descreve:

> Como Hitler, o aparentemente "açougueiro louco" de Bagdá se acovardou em seu Führerbunker, enquanto dirigia a sua Guarda Republicana, muito semelhante à Waffen-SS, para lutar até o último homem. Enquanto Hitler matava em câmaras de gás milhões de judeus e disparava cidades aliadas com V-1 e V-2, Saddam atirou SCUDs contra Israel, onde os judeus se abrigavam em salas seladas, usando máscaras de gás, contra ogivas químicas produzidas por fábricas iraquianas construídas pela Alemanha Ocidental.[27]

|||||||||||

Relations, v.12, n.4; Hülsse, Sprache ist mehr als Argumentation: Zur wirklichkeitskonstruierenden Rolle von Metaphern, *Zeitschrift für Internationale Beziehungen*, v.10, n.2; e Milliken, Metaphors of Prestige and Reputation in American Foreign Policy and American Realism, in: Beer e Hariman (Orgs.), *Post-Realism: the Rhetorical Turn in International Relations*.

26 Tucker e Hendrickson, *The Imperial Temptation: the New World Order and America's Purpose*. Para um argumento similar sobre a recente Guerra do Iraque (desde uma perspectiva menos realista), ver Rhodes, The Imperial Logic of Bush's Liberal Agenda, *Survival*, v.45, n.1.

27 Luke, The Discipline of Security Studies and the Codes of Containment: Learning from Kuwait, *Alternatives*, v.16, p.331.

Quando uma reportagem distribuída pela Interfax noticiou que Saddam Hussein havia mandado executar seu principal comandante da força aérea iraquiana em 24 de janeiro de 1991, o governo do Iraque negou as acusações, e até mesmo a coalizão contra Saddam admitiu que não podia verificar as notícias. Mas a história já havia sido divulgada, e a Guerra do Golfo teve o "equivalente mais próximo a uma conspiração Stauffenberg".[28] Retomando a questão da memória coletiva, o anúncio oficial da "Operação Tempestade no Deserto" parafraseou o famoso discurso de Eisenhower no rádio em 6 de junho de 1944, quando o porta-voz da Casa Branca, Marlin Fitzwater, anunciou que "a libertação do Kuwait havia começado".[29]

Inserir um evento no roteiro da Segunda Guerra Mundial também mobiliza uma determinada "posição do sujeito" para os Estados Unidos. Nesse caso, o país aparece como o libertador, o defensor da moral e dos valores, fazendo com que, como no passado, o mundo "e nada menos [do que o mundo todo]", como George Kennan brincou,[30] estivesse seguro para a democracia. Tal "posição do sujeito" orienta a leitura oficial, a justificativa e a legitimação da intervenção dos Estados Unidos em 1991 no Iraque e está, portanto, intimamente ligada às interpretações de eventos históricos particulares. De fato, isso toca no próprio problema de pesquisa que inicia a análise de Weldes: como é que uma interpretação particular da Crise dos Mísseis de Cuba – a saber, sobre a defesa de Cuba – nunca foi considerada seriamente entre os tomadores de decisão dos Estados Unidos no ExCom, embora aventar essa interpretação fosse perfeitamente válido? Explicar esse fato – na verdade, em seu sentido contrafactual – é o indicativo de Weldes para estabelecer o conteúdo do imaginário de segurança. Sua tese é de que a interpretação pró-defesa de Cuba

---

28 Taylor, *War and the Media: Propaganda and Persuasion in the Gulf War*, p.77.
29 Smith, *George Bush's War*, p.250. Isso pode obviamente ter um efeito nas preferências. Uma analogia Hitler-Saddam faz com que a negociação não funcione e que somente a guerra e a derrota de Saddam sejam as possíveis soluções.
30 Kennan, *Memoiren eines Diplomaten*, p.323.

teria desafiado seriamente a "posição do sujeito" e a autopercepção dos Estados Unidos; portanto, dada a pressão por coerência entre identidade, interesses e ações, o debate já estava predisposto contra tal visão.

Em outras palavras, as "posições do sujeito" serviriam de base para interpretações de eventos e ações de política externa, e somente serão anuladas em casos especiais, quando um determinado evento é realmente inesperado ou produz uma grande anomalia, como podemos levantar como hipótese para o fim da Guerra Fria. Outra possível fonte de mudança, que não é seguida no presente estudo, mas será discutida no último capítulo, decorre quando tais autopercepções podem se tornar uma fonte de fraqueza diplomática; ou seja, quando outros atores tentam explorar o que poderia ser interpretado, apresentando tensões entre as diferentes autopercepções, ou entre elas e as ações de política externa. A chantagem representacional pressiona os atores ou a renunciarem à sua própria autopercepção a fim de permanecer em sintonia com a interpretação predominante de seus atos – um exercício particularmente doloroso –, ou a manterem sua subjetividade, admitindo a existência de uma pressão para mudar de comportamento. Janice Bially Mattern define isso como "força representacional", uma política de poder com (e por meio da) identidade.[31]

Essa "posição do sujeito" – a autopercepção e o papel internacional de um país, embutido na prática discursiva de uma tradição de política externa – é, portanto, o foco central do presente estudo. Um imaginário de política externa fornece o pano de fundo

---

31 Bially Mattern, *Ordering International Politics: Identity, Crisis, and Representational Force*, em particular p.95-102. A estratégia de "envergonhar [o outro]", mesmo que ela funcione principalmente por meio da ameaça de exclusão da sociedade internacional (ver, por exemplo, Risse, Ropp e Sikkink [Orgs.], *The Power of Human Rights: International Norms and Domestic Change*), também pode funcionar por meio dessa chantagem sobre a autopercepção predominante de um dado país, como, por exemplo, na estratégia de Mahatma Gandhi contra o Império Britânico.

intersubjetivo, "o mundo vivo", por assim dizer, dentro do qual a identidade é discursivamente renegociada.[32]

Isso deixa um ponto final para a qualificação. Um imaginário de segurança é uma prática discursiva. Isso significa que não podemos entendê-lo independentemente de sua "consecução". A "consecução" da linguagem de política externa e de questões de segurança pode ser encontrada em três configurações conectadas, mas diferentes: dentro do governo ou do sistema político; nos meios de comunicação, escolas e instituições culturais; e dentro do sistema de especialistas, como em *think-tanks* privados ou públicos, institutos de pesquisa e universidades de um determinado país.[33] A geopolítica crítica distingue, de forma similar, três níveis: uma geopolítica formal, que é principalmente aquela produzida por pesquisadores; uma geopolítica prática, que é aquela usada pelos praticantes; e a geopolítica popular, que é a que se encontra no espaço público mais amplo, em geral na mídia e na cultura pública.[34] A interação dessas três configurações não é a mesma em todos os países, dependendo da maneira particular como o campo de política externa é organizado.

1989 e uma crise de identidade de política externa

Como podemos então entender uma "crise de identidade de política externa" ou um estado de "ansiedade ontológica" dentro desse *framework*? Para que tal crise ou tal ansiedade ocorram, é preciso que haja um desajuste entre o significado de um determinado evento e as posições do sujeito ou os papéis que estão embutidos em um

---

32 Para uma questão relacionada, ver Wæver, Identity, Communities and Foreign Policy: Discourse Analysis as Foreign Policy Theory, in: Hansen e Wæver (Orgs.), *European Integration and National Identity: the Challenge of the Nordic States*, p.26-33.
33 Weldes, *Constructing National Interests: the United States and the Cuban Missile Crisis*, p.108-9.
34 Ó Tuathail e Dalby, Introduction: Rethinking Geopolitics: towards a Critical Geopolitics, in: *Rethinking Geopolitics*.

imaginário de política externa. Isso significa mais do que apenas dizer que o evento "obviamente" contradiz a identidade relevante, uma vez que é perfeitamente possível que os imaginários de segurança forneçam material suficiente para interpretar determinados eventos de modo que eles se encaixem nas predisposições desses imaginários. Enquanto estudiosos conservadores da política externa dos Estados Unidos viam na corrida armamentista de Reagan uma das principais condições para a mudança na política externa soviética de Gorbachev, a pesquisa alemã para a paz e os políticos da *détente* viam os efeitos de longo prazo da *Ostpolitik*. Como os fatos são muitas vezes indeterminados pela teoria, diversas interpretações são viáveis, e nenhuma dissonância causada apenas pelo próprio evento precisa necessariamente ocorrer.

Portanto, para que haja uma crise, as interpretações dadas ao evento devem ser tais que as concepções sobre o papel de um dado país não sejam mais autoevidentes – em outras palavras, essas concepções precisam ser autojustificadas. Uma identidade deve vir de forma natural; no momento em que ela precisa, conscientemente, justificar suas suposições, podemos dizer que uma crise ocorreu. Tal definição é mais fraca do que uma outra em que se acrescentaria que tal justificação tornar-se-ia impossível. O problema de pesquisa começa com uma demanda sobre a necessidade de se "consertar" a identidade, e não com a impossibilidade de uma solução para a crise de identidade.

Conforme aplicado ao nosso caso, uma crise poderia, portanto, ser incitada de várias maneiras:

(1) *A autopercepção ou o papel internacional inserido no imaginário de segurança de um país estão intimamente ligados ao cenário da Guerra Fria*. Embora tal circunstância não implique que a autoconcepção será profundamente afetada pelo fim da Guerra Fria, na maioria dos casos a narrativa da identidade da política externa não pode simplesmente continuar

como se nada tivesse acontecido. Apenas se parecer óbvio que nenhuma mudança substancial ocorreu (um novo cenário da Guerra Fria), não haverá crise. No entanto, o grau com que os eventos de 1989-1991 foram recebidos enquanto uma grande mudança foi suficiente para que, pelo menos nos anos 1990, se esperasse que muitos países produzissem debates sobre seu lugar no mundo, independentemente de como esse debate terminou. No nível das autopercepções, esse é um cenário aplicável a Estados neutros, como Áustria, Finlândia, Irlanda e Suécia: o que significa neutralidade quando os polos (anteriormente) em oposição não estão mais presentes?[35] Mas também pode ser aplicável a outros Estados como Itália ou Turquia, que definiram sua "importância" muito em termos do papel estratégico que poderiam desempenhar para a Aliança ocidental, bem como para França ou Alemanha, que definiram seu papel diplomático muito em relação à existência de dois blocos na Europa. E se aplica à Rússia, na medida em que este país se vê como uma continuação da superpotência soviética que já não existe mais.

(2) *O debate sobre a identidade em termos da política externa de um país foi suprimido durante a Guerra Fria, mas esse já não é mais o caso.* Isso se aplica a todos os países do Pacto de Varsóvia, possivelmente incluindo a Rússia (se a Rússia for vista como tendo sido suprimida pela União Soviética, uma linha que teve algum destaque nos anos 1990) e, potencialmente, também a Itália.

---

35 Ver, por exemplo, Joenniemi, Models of Neutrality: the Traditional and the Modern, *Cooperation and Conflict*, v.23, n.1; Id., Neutrality beyond the Cold War, *Review of International Studies*, v.19, n.3; e Kruzel e Haltzel (Orgs.), *Between the Blocs: Problems and Prospects for Europe's Neutral and Non-Aligned States*. Para uma análise que mostra historicamente como as questões de neutralidade podem se tornar uma parte da autorrepresentação de um país, ver Malmborg, *Neutrality and State-Building in Sweden*.

(3) *Um país não existia em sua forma atual durante a Guerra Fria.* Esta é uma categoria relativamente heterogênea, já que abrange países que basicamente não existiam nas décadas da Guerra Fria, como aqueles da antiga União Soviética ou a ex-Iugoslávia, bem como países que mudaram de forma após 1989, como a República Federal da Alemanha, a República Tcheca e a Eslováquia. Considerando que, no primeiro caso, os imaginários de política externa e os discursos de identidade existentes se depararam com anomalias, nos dois últimos casos (com exceção da Alemanha) as novas elites tinham mais ativamente de procurar estabelecer, em primeiro lugar, tal tradição. Porém, em todos esses casos, seria de se esperar que as discussões sobre quem "nós" somos nas questões mundiais (ou europeias) surgissem, muitas vezes influenciadas fortemente por preocupações de identidade societal.

Para resumir o nosso argumento, a alegação deste livro é que o renascimento de ideias geopolíticas neoclássicas na Europa após 1989 ocorre no ponto de encontro entre as crises de identidade de política externa – isto é, uma possível ansiedade em relação a uma nova, recém-questionada ou recém-adquirida autopercepção ou papel nos assuntos internacionais – e entre a lógica espacial do pensamento geopolítico, disposta a fornecer alguns dispositivos para sanar ou mitigar essa ansiedade. Especifiquei três categorias de países para as quais uma crise de identidade poderia ser esperada. Contudo, a ocorrência de tal crise de identidade não é uma condição suficiente para o renascimento da geopolítica neoclássica. Com base na pesquisa existente, pode-se supor uma série de fatores subsidiários que, ao longo desse processo, condicionariam ou possibilitariam o renascimento dessa geopolítica.

2. Como as crises de identidade encontram a geopolítica neoclássica: fatores processuais ideacionais, institucionais e retóricos

Com suas metáforas espaciais e perspectiva determinista, a geopolítica neoclássica tem muitos recursos que podem fornecer uma possível solução para um campo de especialistas em política externa que debata a autopercepção e o papel internacional de um país – ou seja, sua identidade. Isso, no entanto, não faz com que seu uso seja inevitável. Alguns discursos de política externa que poderiam ter experimentado uma crise de identidade não viram um desenvolvimento significativo da geopolítica neoclássica, como os de República Tcheca, Finlândia, Alemanha e Suécia. Assim, o próximo passo é especificar os fatores que desempenham um papel na forma como especialistas relevantes lidam com crises na reprodução de seus imaginários de segurança.

Três principais tipos de fatores parecem ser importantes. Em primeiro lugar, seria esperado que o ressurgimento de uma teoria (ou ideologia) fortemente materialista fosse *path-dependent* em relação a uma cultura política preexistente que seja materialista ou que de fato tenha conhecido um proeminente passado geopolítico. Além dessa *path dependence* ideacional, há ainda um outro fator: a forma como o campo de especialistas em política externa, incluindo a seleção e admissão dos mesmos nesse grupo, é organizado. Finalmente, a geopolítica é uma ferramenta na própria política, sendo ela mobilizada pelos atores em seus embates políticos. Algumas das características do pensamento geopolítico fazem dele um recurso retórico bem recebido, sobretudo, mas não apenas, por ideologias conservadoras. Além desses três fatores principais, existe também um quarto fator que está ligado à geopolítica quase como se fosse "seu pecado original" e com o qual começaremos a discussão. A geopolítica tem sido usada como uma ideologia imperial; consequentemente, países que se encontram na posição de ter ou de manter objetivos expansionistas podem entender que a habilidade de racionalizar tais objetivos em termos geopolíticos vem a calhar. Em certo sentido, esse não é efetivamente um fator doméstico ligado aos debates sobre autopercepções. Ele é, na verdade, um fator internacional de cunho processual que emerge nos momentos em que países usam a geopolítica de modo a reivindicar para si maior reconhecimento pelo seu papel nos assuntos internacionais.

Esta seção apresentará esses vários fatores, indicando para quais países europeus um pesquisador poderia esperar que certos fatores desempenhassem papel fundamental nesse possível retorno da geopolítica. Antes disso, porém, esclarecerei o tipo de *process tracing* dentro do qual esses fatores serão utilizados.

Process tracing *interpretativista*

O problema de pesquisa deste estudo é de um tipo que demanda do analista abrir a "caixa-preta" da política interna, bem como, mais genericamente, do processo pelo qual um *input* inicial (neste caso, os eventos de 1989) é transformado em um *output* particular (aqui, o renascimento do pensamento geopolítico). No mundo social, há situações em que saber o que aconteceu dentro dos processos políticos de um governo – ou até mesmo dentro do cérebro de um ator – pode ser considerado secundário. Arnold Wolfers ilustra isso com o exemplo de um "incêndio no hotel".[36] Imagine uma sala cheia de pessoas, onde há apenas uma saída e ocorre um incêndio. Para a maioria dos objetivos de pesquisa, não é realmente necessário examinar as interpretações pessoais dadas a esse evento para entender o resultado: uma corrida geral para a porta. Esse *black-boxing* produz, portanto, uma análise alinhada ao esquema behaviorista

---

36 Ver Wolfers, *Discord and Collaboration: Essays on International Politics*. Para uma utilização mais recente, ver Krasner, Wars, Hotel Fires, and Plane Crashes, *Review of International Studies*, v.26.

estímulo-resposta: *input*/alarme de incêndio – *output*/corrida para a saída. Para ser uma abordagem permissível, isto é, para que tais situações existam no mundo social, pelo menos uma das duas condições precisa ser satisfeita: (i) ou devemos ser capazes de assumir uma quase perfeita homogeneidade na unidade dos atores (isto é, todos os atores compartilham a mesma característica, pelo menos uma característica que é verdadeiramente fundamental para a explicação); (ii) ou estamos explicitamente interessados em perguntas de pesquisa que lidam apenas com os agregados de ações individuais e podem legitimamente supor que as diferenças individuais "se apagam" (ou podem ser expressas em declarações de probabilidade).

Mas, no mundo social, devemos estar preparados para a eventualidade de que o mesmo resultado possa ser produto de diferentes fatores ou de diferentes caminhos.[37] Isso pode ser ilustrado com o mesmo exemplo do incêndio no hotel. Pode haver casos em que os indivíduos não reajam e não corram para a porta: por exemplo, crianças pequenas que não entendam o significado do alarme de incêndio e precisem ser arrastadas pelos pais. Ou ainda casos em que as pessoas fazem o esperado, ou seja, correm para a porta, mas por outros motivos: surdos incapazes de ouvir o alarme de incêndio, mas que imitam o que todo mundo faz, mesmo antes de ler nos lábios das pessoas ao redor o que está acontecendo. Em ambos os casos, não é o alarme de incêndio (*input*) que está provocando o comportamento do indivíduo (*output*). Dependendo da pergunta de pesquisa, a simples análise de *input-output*, típica do behaviorismo, seria agora enganosa. A análise precisaria, nesse momento, controlar a equifinalidade – isto é, a possibilidade de que "vários caminhos explicativos, combinações e sequências conduzam

---

37 Para uma análise sobre as implicações metodológicas resultantes de diferentes ontologias do mundo social ver, por exemplo, Hall, Aligning Ontology and Methodology in Comparative Research, in: Mahoney e Rueschmeyer (Orgs.), *Comparative Historical Analysis in Social Sciences*.

ao mesmo resultado".[38] Em outras palavras, no mundo social, uma análise que pressupõe uma caixa-preta é uma situação especial cujas condições precisam ser cuidadosamente estabelecidas, caso a caso. Para o presente desenho de pesquisa, a implicação é direta. Como estamos interessados nas razões pelas quais o fim da Guerra Fria desencadeou um renascimento do pensamento geopolítico e, por conseguinte, por que isso ocorreu em alguns países, mas não em outros, temos de controlar o desdobramento desse processo tanto para encontrar a razão de o mesmo evento não ter tido o mesmo resultado e, quando aconteceu, se temos casos de equifinalidade. Como resultado, a metodologia subjacente é, pelo menos, semelhante ao *process tracing*, "um procedimento para identificar etapas em um processo causal, produzindo o resultado de uma determinada variável dependente pertencente a um caso particular e em um contexto histórico também particular".[39]

No entanto, esse é um *process tracing* de um tipo específico. Por um lado, o início do processo não é um fenômeno neutro ou facilmente objetificável. Usualmente, um exercício de *process tracing* avalia os diferentes mecanismos causais pelos quais um fenômeno afeta outro. É dessa maneira, por exemplo, que Jeffrey Checkel fornece uma configuração bem pensada cujo objetivo é "teorizar e documentar um conjunto de mecanismos de socialização como variáveis intervenientes que ligam o *input* (instituições internacionais) e o *output* (resultado de socialização ou internalização)".[40] E, de fato, à primeira vista, o presente problema de pesquisa pareceu bastante simples em termos da habitual caixa de ferramentas metodológicas de análise comparativa. Todos os casos partem do mesmo evento (1989 ou o final da Guerra Fria) e perguntam se esse evento

───────────
38 George e Bennett, *Case Studies and Theory Development in the Social Sciences*, p.20. Ver também p.161-2.
39 Ibid., p.176.
40 Checkel, International Institutions and Socialization in Europe: Introduction and Framework, *International Organization*, v.59, n.4, p.805.

produziria o mesmo resultado (ressurgimento da geopolítica). Isso nos daria o típico projeto de pesquisa de *process tracing*, uma vez que o mesmo *input* não produz o mesmo *output* em todos os países, desencadeando assim uma variância que precisa ser controlada.

Mas o ponto de partida para o processo em nossos casos nem sempre foi o mesmo. Para a Rússia, 1991 era mais importante que 1989. A pequena agitação geopolítica da Alemanha ocorreu não depois de 1989, mas principalmente em meados da década de 1980, quando, estimulada por uma mudança para um governo mais à direita e alarmada pela mobilização pacifista contra o mecanismo de decisão dupla da Otan, o *Historikerstreit* viu uma *intelligentsia* conservadora, antes dormente, intervindo no debate sobre a segurança nacional alemã. Embora os eventos internacionais não estejam obviamente desconectados da criação de uma ansiedade ontológica, tais eventos, por si só, não são suficientes para criá-la; de fato, definir qual evento internacional mostrar-se-ia mais significativo é algo a ser determinado mais pela natureza da identidade de um Estado inserida nos seus discursos domésticos de segurança nacional e pelos embates em torno dessa mesma identidade. Em outras palavras, em vez de ter um design típico, em que os efeitos variados de um determinado fenômeno internacional seriam traçados por meio de uma série de mecanismos internos, precisávamos iniciar a análise a partir de um processo interno de recriação de uma identidade que interagisse com o exterior para que, nessa concatenação entre recriar a identidade e interagi-la com o externo, fosse possível a criação desse evento produtor de ansiedade. Eventos internacionais podem *significar*[41] coisas diferentes dentro de diferentes discursos de política externa e, portanto, em algum ponto, podem de fato *constituir*[42] diferentes eventos para esses discursos. Em certo sentido, o que constitui o *input* nesse processo é endógeno ao próprio processo.

---

41 Grifo do autor. (N. T.)
42 Grifo do autor. (N. T.)

Da mesma forma, o processo não pode se inserir na abordagem de pesquisa que utiliza o *process tracing* naturalista, pois ele desagregaria o processo em mecanismos, os quais poderiam, por sua vez, ser subsumidos em leis gerais apenas qualificadas por condições de escopo.[43] Existem várias razões para isso. Abordagens sobre identidade são disposicionais, conforme observado anteriormente por Brubaker e Cooper, levando a perguntas do tipo "como é possível?" em vez de "por quê?". Além disso, a progressiva evolução do imaginário de política externa e de suas embutidas posições do sujeito não é independente desses fatores processuais; de fato, por meio da análise deste último (os fatores processuais), também acessamos o imaginário de política externa e suas posições de sujeito. Estamos, então, em um tipo de círculo hermenêutico.[44] Quando Jutta Weldes tomou por foco as discussões no ExCom e inferiu o conteúdo do imaginário de segurança dos Estados Unidos a partir das questões não ditas e daquelas implícitas pela elite política da época, ela precisava ter, em primeiro lugar, algumas pré-concepções sobre o que tal imaginário de segurança poderia ser, a fim de dar sentido a essas omissões. Ela precisava ter um reservatório de significados para entender o sentido das deliberações. Os significados são, portanto e paradoxalmente, tanto a base quanto o resultado da análise. Mas, então, como podemos verificar a validade desses significados nos quais as inferências são baseadas? Aqui, o analista deve confiar em algum tipo de *path dependence* das estruturas ideacionais. Por exemplo, as inferências de Weldes baseiam-se em temas comuns no discurso em

---

43 Embora talvez não seja a intenção, esse seria o desdobramento de George e Bennett, *Case Studies and Theory Development in the Social Sciences*, p.226 e ss.
44 Esse é um modelo de processo de interpretação, que começa a partir do problema de relacionar as partes de uma obra com o trabalho como um todo: já que as partes não podem ser entendidas sem algum entendimento preliminar do todo, e o todo não pode ser compreendido sem que entendamos suas partes, nossa abordagem precisa envolver uma antecipação do todo que informe nossa visão das partes enquanto esse todo é, simultaneamente, modificado por elas. Sou grato a Catherine Schwerin por essa formulação.

termos de identidade da política externa norte-americana, uma vez que eles se desenvolveram durante e na sequência do período inicial pós-1945. Por meio da contraposição em relação a um *background* de sistemas de crença que surgiu no início da política externa de contenção – como estudado, por exemplo, por Deborah Welch Larson – é que suas inferências, por sua vez, devem fazer sentido.[45] Da mesma forma como acontece com as explicações de *path dependence* em geral, tal abordagem produz uma regressão *histórica*, mas não *lógica*, virtualmente infinita. E como a questão básica do estudo de Weldes não é de um tipo causal clássico, mas do tipo "como possível", mais semelhante a uma compreensão contingente sobre mecanismos (ver Capítulo 11), tal regressão não é perniciosa. Com essas questões abordadas, podemos agora nos voltar aos fatores individuais desse processo e às hipóteses que podem ser derivadas deles.

Geopolítica e a sociologia do conhecimento: a ideologia da grande potência ou da potência insatisfeita

A tradição clássica da sociologia do conhecimento foi uma tentativa de "pensar sobre o enraizamento do conhecimento no tecido social".[46] É essa compreensão mais materialista da sociologia do conhecimento que tem sido, muitas vezes, usada nas RI para analisar a ascensão de certas ideias ou ideologias. Aplicada de maneira relativamente direta (e um tanto "crua"), ela afirma que as ideias de política externa nada mais são do que a racionalização dos interesses nacionais (deixados, em geral, insuficientemente definidos). Dessa forma, E. H. Carr argumentou que a concepção de uma "harmonia de interesses" na qual os Estados compartilham um interesse comum (por exemplo, a paz ou a expansão do livre-comércio internacional)

---

45 Larson, *The Origins of Containment: a Psychological Explanation.*
46 Mannheim, *Ideology and Utopia*, p.33. Para uma crítica a essa tradição, ver Berger e Luckmann, *The Social Construction of Reality: a Treatise in the Sociology of Knowledge.*

só poderia surgir em potências satisfeitas que tivessem muito a ganhar com a continuação do *status quo*, como a Grã-Bretanha de Carr.[47] Escrevendo a partir da perspectiva da geopolítica crítica, Simon Dalby usou tal argumento em sua discussão sobre a Segunda Guerra Fria, na qual a perspectiva geopolítica podia ser entendida como uma representação ideológica dos impulsos imperiais em um período de declínio da hegemonia.[48] Inversamente, potências crescentes, como a Alemanha nazista, usariam qualquer ideologia que pudesse gerar alguma ressonância mais ampla a fim de justificar suas tentativas de se expandir ou de melhorar sua posição dentro da sociedade de Estados.[49]

Ao aplicar essa sociologia ao renascimento da geopolítica neoclássica, uma primeira hipótese verificaria se a geopolítica neoclássica – ou uma geopolítica que ousou reaparecer de modo explícito – pode ser encontrada principalmente em países cujo discurso de política externa os apresenta como potências ou superpotências. Essa hipótese deriva de uma analogia histórica. John Agnew e Geraoid Ó Tuathail enfatizam o momento histórico da ascensão da "geopolítica" durante

---

47 Carr, *The Twenty Years' Crisis: an Introduction to the Study of International Relations*. Para uma análise do link de Mannheim a Carr, ver Charles Jones, *E. H. Carr and International Relations*. Essa é a herança que permite aos gramscianos mostrarem afinidades com Carr. Ver Cox, Social Forces, States and World Orders: beyond International Relations Theory (+Postscript 1985), in: Keohane (Org.), *Neorealism and Its Critics*; ou Germain, E. H. Carr and the Historical Mode of Thought, in: Cox (Org.), *E. H. Carr: a Critical Appraisal*.

48 Dalby, American Security Discourse: the Persistence of Geopolitics, *Political Geography Quarterly*, v.9, n.2, p.181.

49 Para uma crítica ao argumento de Carr de que qualquer ideologia serviria, ver Guzzini, *Realism in International Relations and International Political Economy: the Continuing Story of a Death Foretold*, p.21-2. Certamente era difícil para uma ideologia racista como o nazismo usar com credibilidade justificativas "internacionalistas", como na tentativa da "nova Europa". O darwinismo social era mais palatável ao nazismo, mas impediu um maior grau de legitimidade no cenário internacional. No mínimo, justificativas domésticas e internacionais precisam se encontrar para que se mantenham com credibilidade, mas isso nem sempre serve ao propósito de conseguir legitimidade.

o auge do imperialismo. As teorias geopolíticas acompanham a tentativa de reconciliar o nacionalismo expansionista com um mundo que se tornava cada vez mais "finito".[50] O subjacente darwinismo social de tais teorias justifica a posição dos poucos escolhidos sob o sol e sua decisão sobre o mundo.

Não há casos óbvios para essa hipótese na Europa pós-1989, embora as autopercepções possam ser diferentes e, portanto, precisem ser verificadas empiricamente (para o caso russo, ver a seguir). Uma possível exceção poderia ser a União Europeia (UE) como um todo. Até agora, no entanto, e decerto nos anos 1990, a UE apostou sua reputação em ser uma unidade antigeopolítica. Na frase memorável de Ole Wæver, "o outro da Europa é o passado da Europa",[51] de maneira que a UE se consolida enquanto uma organização de paz, uma potência "civil" ou "normativa",[52] destinada precisamente a superar o militarismo e o nacionalismo, historicamente associados ao pensamento geopolítico clássico, o qual atormentou o início do século XX na Europa.[53] Dito isto, os mesmos anos 1990 viram uma

---

50 Agnew, *Geopolitics: Re-visioning World Politics*, 2.ed.; Ó Tuathail, *Critical Geopolitics: the Politics of Writing Global Space*.
51 No original, "*Europe's other is Europe's past*". Wæver, European Security Identities, *Journal of Common Market Studies*, v.34, n.1.
52 O termo potência "civil" foi inicialmente usado para referir-se à Europa (Duchêne, Die Rolle Europas im Weltsystem: von der regionalen zur planetarischen Interdependenz, in: Kohnstamm e Hager [Orgs.], *Zivilmacht Europa: Supermacht oder Partner?*), bem como à Alemanha pós-1945 e ao Japão (Maull, Germany and Japan: the New Civilian Powers, *Foreign Affairs*, v.69, n.5). Para uma elaboração teórica sobre o conceito, ver Kirste e Maull, Zivilmacht und Rollentheorie, *Zeitschrift für Internationale Beziehungen*, v.3, n.2. O conceito e a sua utilização, no entanto, sofreram inúmeras críticas, não apenas de Bull, Civilian Power Europe: a Contradiction in Terms?, *Journal of Common Market Studies*, v.12, n.2. Para uma breve revisão dos debates, ver Orbie, Civilian Power Europe: Review of the Original and Current Debates, *Cooperation and Conflict*, v.41, n.1. Sobre potência "normativa", ver Manners, Normative Power Europe: a Contradiction in Terms?, *Journal of Common Market Studies*, v.40, n.2; e a discussão mais recente em Diez e Manners, Reflecting on Normative Power Europe, in: Berenskoetter e Williams (Orgs.), *Power in World Politics*.
53 Os Estados Unidos também se enquadrariam nessa discussão, mas estão fora do escopo comparativo deste estudo. Depois de 1989, o país afastou do debate as

preocupação crescente com um possível papel mais global para a UE e um começo concomitante no uso do termo "geopolítica".[54]

Para o escopo do presente estudo, uma segunda hipótese, talvez mais relevante e conectada com o nosso objeto de pesquisa, seria olhar para as nações cujas elites nacionais estão insatisfeitas com o status de poder de seus respectivos países, e que sentem que a comunidade internacional não está dando a elas o que lhes é devido. Como o reconhecimento é um fenômeno social entre pares, os parceiros insatisfeitos tendem a insistir em alguns indicadores objetivos para sustentar suas reivindicações de maior reconhecimento. Se os países basearem sua reivindicação em vantagens em termos de recursos naturais e materiais, pode-se esperar que eles ressaltem as necessárias facetas da geopolítica. Tal movimento é, com frequência, acompanhado por uma tentativa consciente de remilitarizar os assuntos internacionais, se a percebida distribuição geral do poder militar merecer uma reavaliação do status e do ranque dos países na esfera internacional. Assim, uma outra hipótese examinaria a possível relação entre a insatisfação do Estado e os argumentos

---

preocupações anteriores com a possibilidade do seu declínio. Pelo fato de os norte-americanos serem muitas vezes percebidos como a única superpotência restante, essa aparente seleção do mais apto é entendida pelos Estados Unidos como justificativa suficiente para reivindicar-lhes um senso de superioridade nacional geral e para estabelecer o direito de atuar de modo unilateral (*go it alone*) nas relações internacionais. Tal visão é compartilhada pelos neoconservadores nos Estados Unidos; ver, por exemplo, Kagan, The Benevolent Empire, *Foreign Policy*, v.111; Krauthammer, The Unipolar Moment, *Foreign Affairs*, v.70, n.1; e Id., The Unipolar Moment Revisited, *The National Interest*, v.70. Para uma discussão sobre a ideologia neoconservadora na política externa, ver Williams, What Is the National Interest? The Neoconservative Challenge in IR Theory, *European Journal of International Relations*, v.11, n.3. Para uma discussão sobre o uso ideológico e/ou performativo do poder em argumentos sobre a primazia dos Estados Unidos, ver Guzzini, From (Alleged) Unipolarity to the Decline of Multilateralism? A Power-Theoretical Critique, in: Newman, Thakur e Tirman (Orgs.), *Multilateralism under Challenge? Power, International Order and Structural Change*.

54 Diez, Europe's Others and the Return of Geopolitics, *Cambridge Review of International Affairs*, v.17, n.2.

geopolíticos, uma vez que tais argumentos podem fornecer um escudo supostamente científico para reivindicações de maximização de status e ranque. Tal hipótese poderia se adequar ao caso russo tanto depois de 1989 quanto, conforme alguns já argumentaram,[55] por alguns séculos.

Essa sociologia do conhecimento bastante materialista também poderia se aplicar a uma "geopolítica do irredentismo", a qual parece inspirar alguns eruditos húngaros, sem problemas em se reportar a uma tradição geopolítica *à la* Mackinder.[56] Para muitos nacionalistas húngaros, e não apenas para eles, o Tratado de Trianon continua sendo um evento traumático. Ele reduziu drasticamente os territórios da Hungria, fez dos húngaros uma minoria considerável em quase todos os países vizinhos – Eslováquia, Voivodina (Sérvia), Transilvânia (Romênia) – e alimenta até hoje uma espécie de irredentismo húngaro. Apesar de não pedir nenhuma forma de secessão, Gusztáv Molnár usou Huntington com um bom propósito (pelo menos em termos de sua própria posição) em seus escritos sobre a questão da Transilvânia – uma menção que logo estimulou grandes refutações, todas pondo em questionamento a suposta ciência detrás do esquema geopolítico de Huntington.[57] E, em uma leitura ainda mais materialista, esse irredentismo também se aplicaria a países cuja melhora na sua posição internacional levaria,

---

55 Neumann, Russia As a Great Power, 1815-2007, *Journal of International Relations and Development*, v.11, n.2.
56 Molnár, The Geopolitics of Nato-Enlargement, *The Hungarian Quarterly*, v.38, n.146. O transilvano Gusztáv Molnár liderou o Grupo de Pesquisa Geopolítica da Teleki László Foundation – Instituto de Estudos da Europa Central, em Budapeste.
57 Andreescu, The Transylvanian Issue and the Issue of Europe, *The Hungarian Quarterly*, v.39, n.152; Mitu, Illusions and Facts about Transylvania, *The Hungarian Quarterly*, v.39, n.152; Molnár, The Transylvanian Question, *The Hungarian Quarterly*, v.39, n.149. Em contraste com o tratamento extravagante dado a Huntington em muitos Estados da Europa Central e Oriental, a tradução romena do *Choque de civilizações* teve seu prefácio escrito não por um político, mas por uma acadêmica, Iulia Motoc, advogada internacional e teórica de RI, que criticou fortemente o próprio livro que introduziu.

quase automaticamente, ao desencadeamento de reivindicações por maior reconhecimento, como pode ser o caso da República Federal da Alemanha após a sua unificação. Dito isso, uma preocupação com status e ranque não precisa necessariamente ser expressa dessa maneira. Por exemplo, em vez de tentarem justificar uma identidade particularmente defensiva pelo fato de possuírem um território diminuto, alguns pequenos Estados optam por adotar o projeto de paz europeu, no qual a sua soberania será diluída. Luxemburgo pode se referir ao seu tamanho e à sua posição geográfica na sua identidade de política externa, mas sem fazer menção à geopolítica neoclássica. Portanto, a geopolítica neoclássica está ligada a autocompreensões ou percepções de papéis que se desenvolveram de um modo a se vincularem, intimamente, com indicadores naturais (ou fronteiras), e/ou com uma avaliação da sociedade internacional que legitima uma visão materialista. Por sua vez, tal argumentação geopolítica é fortalecida pelas predisposições do imaginário de segurança que a considera, assim, atraente. O pensamento geopolítico torna-se uma expressão implícita do imaginário de política externa, e o uso de declarações geopolíticas, portanto, uma solução justificada para a crise de identidade.

Assim, a hipótese levantada nesta seção é que a geopolítica neoclássica seria útil em situações em que a autocompreensão de um país parece não corresponder ao seu papel na sociedade internacional – em outras palavras, existe um desajuste com a sua identidade externa – e em que os indicadores materialistas sobre tamanho e poder são os meios predominantes para estabelecer o status desse país em seu discurso de política externa.

Geopolítica e tradições intelectuais: a continuidade do materialismo

Existe a hipótese bastante óbvia de que um renascimento da geopolítica é mais provável nos países em que uma tradição geopolítica existiu em algum momento no passado. Em outras palavras, quando confrontado com uma crise de identidade, o campo de especialistas tenderá a contar com recursos intelectuais já "bem estabelecidos" em suas tentativas de enfrentar a crise. No entanto, isso varia de país para país.

Em algumas nações, em especial na França, um debate geopolítico bastante vigoroso vem ocorrendo há algum tempo. A participação de escolas militares de elite e muitas figuras militares no debate público garantiu a presença contínua de temas geopolíticos mais clássicos. Todavia, concomitantemente, a França viu uma das tentativas mais originais de redefinir a geopolítica, por meio de Yves Lacoste, editor da revista *Hérodote*. Essa versão de uma geopolítica mais de esquerda abarcou uma série de mudanças conceituais, incluindo uma análise do uso estratégico da geografia para fins políticos, que tornam a pesquisa geopolítica mais aceitável fora do seu público habitual (a primeira edição de *Hérodote* possuía uma entrevista com Michel Foucault). No debate francês, as referências à "geopolítica" são mais onipresentes e não se referem necessariamente a uma versão da "geopolítica neoclássica".

Em outros países da Europa Ocidental com fortes tradições geopolíticas, a geopolítica é marginalizada desde 1945, devido à sua conexão com o fascismo e o nazismo. Então, de certa forma, aqui o passado geopolítico também poderia, em princípio, ser um fator que prejudicasse um ressurgimento da geopolítica. Mas existe uma diferença considerável entre, por um lado, a Alemanha (e a Suécia), onde a geopolítica enquanto uma teoria coerente é raramente aceita, e referências a ela são quase inaudíveis; por outro, a Itália, onde, como já mencionado, o termo "geopolítica" tornou-se um chavão nos discursos acadêmico e político, e as publicações geopolíticas, um grande sucesso comercial (abordaremos mais sobre essa diferença).

Diferente também é o caso de alguns países da Europa Central e Oriental – sejam eles completamente novos, fundados outra vez ou com uma nova perspectiva de política externa – que buscam novas inspirações. Nessa busca, eles podem olhar para o exterior ou recorrer a pensadores nacionais que estão escrevendo justamente nesses momentos em que seus países adotam políticas externas mais independentes. Assim, a tentativa de encontrar uma voz mais independente pode levar a um renascimento de formas anteriores de pensar. Como muitos países da Europa Central e Oriental tiveram seus últimos dias de política externa verdadeiramente independente no período do entreguerras, esse retorno a uma tradição nacional pode facilmente se reportar ao pensamento vigente nesse período: a geopolítica.

De fato, a inclusão dos países da Europa Central e Oriental acrescenta uma reviravolta a essa hipótese de uma dependência de trajetória ideacional dos discursos políticos materialistas. Em muitos aspectos, o panorama geral da geopolítica (ou geoeconomia) não é muito diferente de um materialismo histórico vulgarizado.[58] Consequentemente, uma hipótese relacionada seria que a predominância de uma intacta tradição política materialista em um país faria o renascimento da geopolítica um evento mais provável. O que resta explicar a seguir, é claro, é por que essa renúncia ocorreu em alguns países (por exemplo, na Rússia e em uma extensão mais limitada da Hungria), mas não em outros (como na República Tcheca).

Geopolítica e análise institucionalista sociológica: o "campo" da expertise em política externa

Até agora, as hipóteses de pesquisa sobre os diversos renascimentos da geopolítica nos discursos nacionais de política externa e de segurança foram derivadas de teorias históricas e sociológicas que focam no longo prazo. Um próximo passo é examinar o ambiente

---

58 Mesmo durante a Guerra Fria, analistas do pensamento da política externa soviética ficaram impressionados com os vários paralelos que encontraram com o realismo. Ver Light, *The Soviet Theory of International Relations*; e Lynch, *The Soviet Study of International Relations*.

sociológico do cenário institucional no qual a expertise em política externa é formada. "As ideias não flutuam livremente", como Thomas Risse-Kappen tão bem apontou.[59] A análise do contexto institucional é importante, pois especifica as avenidas que levam à criação e à dinâmica das ideias.

Para investigar por que certas ideias encontram um caminho mais fácil no campo de especialistas em política externa, uma análise institucionalista começaria examinando o contexto em que os especialistas em política externa são socializados e trabalham. Isso produz, outra vez, uma série de hipóteses. Essas questões estão relacionadas na medida em que focam na reprodução do pensamento internacional clássico, o qual costumava prevalecer em sistemas anteriores de especialistas em política externa e segurança. Porém, uma análise completa implicaria uma pesquisa de campo de todo o sistema de especialistas em política externa, seja com um tipo de *network analysis* ou, talvez de forma mais adequada, com uma abordagem sobre o "campo" inspirada nos conceitos desenvolvidos por Bourdieu (mais adequada, pois a abordagem de Bourdieu abrange as questões de *doxa* e poder simbólico). Isso está além do escopo do presente estudo. Ainda assim, podemos usar uma série de indicadores que nos fornecem, pelo menos, primeiros caminhos a serem considerados.

Uma primeira avenida de pesquisa concentra-se na existência de fortes tradições na agenda de pesquisa dos estudos para paz e sua institucionalização em centros de pesquisa que desafiaram a burocracia tradicional de política externa nas últimas décadas da Guerra Fria. A existência de tais sistemas de especialistas alternativos, segundo a hipótese, poderia andar de mãos dadas com um renascimento muito mais fraco da geopolítica. Por esse motivo, o

---

59 Risse-Kappen, Ideas Do Not Float Freely: Transnational Coalitions, Domestic Structures, and the End of the Cold War, *International Organization*, v.48, n.2.

renascimento do pensamento geopolítico foi escasso mesmo em alguns países com fortes tradições geopolíticas, como na Suécia pós--Kjellén e na Alemanha pós-Haushofer. Por outro lado, de acordo com essa hipótese, em países como a Itália, onde uma cultura alternativa especializada nunca foi autorizada a aderir ao discurso oficial, o corpo diplomático e militar foi capaz de se isolar com mais eficiência e, dessa forma, a geopolítica poderia permanecer incontestada ou pelo menos emergir com mais facilidade.

Obviamente, a existência de institutos de pesquisa para paz ou *think-tanks* não convencionais que se debruçam sobre temas de segurança é, ao memso tempo, causa e efeito nesse esquema. Tais instituições aparecem em países cujo debate e cuja cultura política tornaram possível a sua criação. Por sua vez, suas pesquisas e intervenções podem contribuir para consolidar tal cultura e impedir o renascimento da geopolítica neoclássica, minando suas credenciais "científicas" ou propondo alternativas, como entendimentos de segurança mais amplos e/ou não militares (como na pesquisa para paz na Alemanha ou na Escandinávia).

Uma segunda hipótese se concentra na maneira como a disciplina de relações internacionais é geralmente ensinada, pois isso afetará, em maior ou menor grau, as futuras gerações de líderes. Aqui, os diferentes contextos tornariam um ressurgimento da geopolítica mais ou menos provável. Em alguns países, o ensino mais central de relações internacionais é realizado, via de regra, "internamente", ou seja, dentro do corpo militar ou diplomático, podendo assim contribuir para a reprodução de tradições anteriores. Da mesma forma, se as relações internacionais são ensinadas sobretudo como uma prática (e pelos praticantes) – e em particular como uma prática histórica e não uma prática jurídica –, então, de acordo com a hipótese levantada anteriormente, isso poderia aumentar o apelo do pensamento geopolítico. Por fim, onde a teoria das relações internacionais é ensinada sobretudo em termos de uma tradição realista ou materialista (em especial nas instituições em que os futuros líderes são geralmente selecionados), os argumentos geopolíticos teriam mais condições de se consolidar.

O elemento central dessas hipóteses é que a tradição e as abordagens da pesquisa para a paz, tais como o construtivismo (que já existia nas RI antes de ser rotulado como tal),[60] não são apenas reflexivas, pois impõem uma distância entre observador e ator; são reflexivas também ao levar em consideração que a maneira como concebemos o mundo acaba por afetá-lo. Isso impõe uma distância analítica em relação à tradição de RI e à prática convencional, e problematiza os efeitos da interação entre o conhecimento e a realidade social. Nesse ambiente, a geopolítica neoclássica teria mais dificuldade em ser aceita como algo além de uma ideologia.

Um tipo final de hipótese nesse contexto refere-se à possível influência da esfera internacional no estabelecimento do status e na autorização de expertise dentro das elites nacionais de política externa. Isso ocorre de duas maneiras: oferta e demanda. Em países nos quais um especialista só é considerado quando em conexão com certas instituições internacionais, como instituições militares, tal qual a Otan, ou instituições de pesquisa, como a Rand, sua cultura de especialistas obviamente será influenciada por esse vínculo. Olhando de fora para dentro, atores internacionais – em particular organizações internacionais cujo papel e escopo cresceram na Europa pós-1989 – tornar-se-ão, mais facilmente, veículos para a difusão de políticas públicas e normas, além de desempenharem um papel cada vez mais importante na definição de quais conhecimento e perspectiva fazem o especialista.

Essa hipótese é, em princípio, aplicável a todos os países europeus. Até agora, porém, ela foi aplicada principalmente à socialização das elites de política externa na Europa Central e Oriental em

---

60 Guzzini, "The Cold War Is What We Make of It": When Peace Research Meets Constructivism in International Relations, in: Guzzini e Jung (Orgs.), *Contemporary Security Analysis and Copenhagen Peace Research*.

seus processos de aproximação com organizações internacionais, como a Otan, a UE, a OSCE e o Conselho da Europa.[61] Nesse contexto, se a socialização das elites de política externa (inclusive as elites de segurança) ocorrer sobretudo em instituições como a Otan, que veem o mundo com um olhar mais militarista, os argumentos geopolíticos neoclássicos terão mais condições de emergir.

Todas essas hipóteses – a existência de instituições e pensamentos não convencionais na área de segurança, o papel da reflexividade teórica no ensino de RI na academia e em outros lugares, e a socialização das elites em instituições internacionais – enfatizam como as instituições estão relacionadas aos dispositivos ideacionais no campo e na prática da *expertise* em política externa e às maneiras pelas quais elas permitem, legitimam ou fortalecem o possível surgimento da geopolítica neoclássica.

Geopolítica e retórica: mobilizando a geopolítica no debate político

Finalmente, a ascensão da geopolítica neoclássica, ou a falta dela, remonta aos atores políticos e seu campo particular. Pois, conforme as hipóteses mencionadas, existem algumas características do argumento geopolítico eventualmente úteis no debate político. Mais uma vez, é possível estabelecer uma série de hipóteses sobre essas qualidades intrínsecas da geopolítica neoclássica, isto é, compreender quando utilizar o termo "geopolítica" em um discurso pode ser útil e para quais atores.

Uma primeira hipótese está relacionada ao vínculo da geopolítica à política territorial ou, mais precisamente, ao conflito territorial – um vínculo enfatizado por Yves Lacoste e, mais tarde, por

----

61 Ver, por exemplo, Flockhart, "Masters and Novices": Socialization and Social Learning through the NATO Parliamentary Assembly, *International Relations*, v.18, n.3; Gheciu, Security Institutions As Agents of Socialization? NATO and the "New Europe", *International Organization*, v.59, n.4; e Schimmelfennig e Sedelmeier (Orgs.), *The Europeanization of Central and Eastern Europe*.

Carlo Jean. Em países onde as fronteiras territoriais não estão consolidadas ou são contestadas, ou onde há conflitos territoriais nas proximidades, é provável que os atores políticos tenham de lidar com argumentos geopolíticos, endossando-os ou refutando-os.

Uma hipótese adicional tem a ver com a possibilidade de conectar o discurso geopolítico com uma linguagem de ameaça. Aqui, a geopolítica pode ser usada para "reprimir a dissidência doméstica: a existência de ameaças externas fornece a justificativa necessária para limitar a atividade política aos limites do Estado".[62] De forma relacionada, uma vez que, conforme mencionado, a "geopolítica" pode ser usada para todos os três aspectos de uma retórica reativa, em que qualquer tentativa de conter as "forças naturais" seria inútil, produziria efeitos perversos ou comprometeria o que já foi realizado, tal uso é funcional para o conservadorismo – Bassin mostra o aumento paralelo da geopolítica neoclássica e das forças conservadoras na Europa.[63] Em outras palavras, quando a política conservadora está em ascensão, o argumento geopolítico encontra um público mais receptivo e, na via inversa, em países onde a cultura política ou a tradição intelectual são receptivas ao pensamento geopolítico, o conservadorismo é retoricamente fortalecido.

Talvez a característica mais importante do discurso geopolítico seja seu aparente determinismo. Como visto no Capítulo 2, o uso da geopolítica e o renascimento do pensamento clássico nessa tradição têm muito a ver com seu apelo às condições estruturais e à dinâmica de longo prazo, isto é, aos componentes físicos do poder e à ascensão e queda dos Estados (ou nações). Isso pode ter claras conotações conservadoras, na medida em que diminui o lugar da agência política ativa (ou seja, da "mudança") em favor de uma adaptação passiva ao

---

62 Dalby, American Security Discourse: the Persistence of Geopolitics, *Political Geography Quarterly*, v.9, n.2, p.172.

63 Bassin, The Two Faces of Contemporary Geopolitics, *Progress in Human Geography*, v.28, n.5.

poderoso curso da história em condições estruturais que são sempre dadas. Mas o uso da retórica nem sempre é conservador. De fato, a referência da geopolítica neoclássica a uma geografia humana e cultural essencializada é mais útil em debates sobre nacionalidade, os quais podem ir para além da ala política conservadora.

Da mesma forma, quando atores políticos – especialistas ou políticos de carreira – invocam a "geopolítica", em geral desejam alertar o público e os tomadores de decisão sobre o primado da política externa. Claro que esse é um argumento realista clássico, largamente avançado pela tradição historicista alemã,[64] que pode hoje desempenhar um papel semelhante. Aqui, a intenção não é argumentar a favor de uma visão de mundo mais conservadora, mas afirmar a importância da política internacional *tout court*, seja essa política vista ou não como profundamente imutável.[65] Isso mobiliza a agenda normativa sobre a primazia da política externa em tempos de controle democrático, em que decisões anteriormente soberanas foram submetidas a um escrutínio público mais amplo.

Relacionada a essa qualidade retórica da geopolítica, existe uma outra qualidade, a qual poderia ser uma das razões pelas quais estrategistas, com formação militar ou não, tendem a favorecê-la. A "geopolítica" eleva o debate para além das disputas cotidianas, instaurando-o no âmbito dos "interesses" ou das preocupações políticas de longo prazo. Aqui, em vez da simples sutileza tática, o uso da retórica geopolítica enfatiza a necessidade de um pensamento estratégico na definição da política externa. Os militares não têm escolha a não ser engajar-se no planejamento de longo prazo: os sistemas bélicos e as estratégias não podem ser alterados com rapidez. Portanto, a retórica da geopolítica ajuda a resgatar a política internacional das

|||||||||||

64 Meinecke, Einfuhrung, in: *Die großen Machte*.
65 Ó Tuathail e Dalby (Introduction: Rethinking Geopolitics: towards a Critical Geopolitics, in: *Rethinking Geopolitics*, p.6) observam a capacidade de mobilização política da geopolítica em favor da "política mundial", uma vez que o mundo está interconectado e é visto de modo total.

avaliações de curto prazo próprias a simples gerenciamentos de crises, conduzindo, então, a agenda política, em vez de ser movida por ela. Para usar uma metáfora muitas vezes encontrada em relação às práticas do Estado: enquanto o diplomata usualmente se restringe a dirigir um navio durante a mais recente tempestade, o estrategista de política externa deve constantemente reconstruí-lo para mantê--lo apto a enfrentar futuras tempestades.

É óbvio que estas tantas hipóteses sobre a utilidade retórica da geopolítica – lidar com questões territoriais; fazer parte de uma retórica de ameaças; controlar dissidências domésticas e fortalecer o conservadorismo; estabelecer o primado da política externa e a necessidade de estratégias de longo prazo; fornecer uma linguagem de política externa para reivindicações nacionalistas – são diferentes entre si. Nem todos os atores políticos ou atores da sociedade civil recorrerão à "geopolítica" pela mesma razão, nem com as mesmas intenções ou com o mesmo objetivo. Muitas vezes, a linguagem geopolítica parecerá natural, sem ter sido escolhida de forma consciente. No entanto, ainda que vários atores possam usar a linguagem geopolítica por uma série de razões diferentes, o renascimento da linguagem geopolítica geralmente tem efeitos semelhantes. Ela possibilita uma visão do mundo em termos de mapas ou – para usar o título de um programa de TV francês sobre assuntos internacionais – "por baixo/por detrás dos mapas" (*le dessous des cartes*).[66] Tal renascimento favorece visões da política internacional orientadas por aquilo que é naturalmente "dado", cujos efeitos são extrapolados ao longo do tempo, e não pelo que pode ser mutável pelas vias diplomáticas. Ele faz o que a geopolítica fez com o realismo: incentiva uma visão de mundo a partir do olhar dos estrategistas militares.

66 Essa série de curtos programas de dez minutos, que já está no ar há vários anos, pode ser vista na ARTE, mas também é exibido em outros canais. Em associação com os produtores do programa para a TV, uma editora francesa produziu livros escolares para os quatro últimos anos do ensino médio baseado nesse programa. Ver: <www.arte.tv/fr/Comprendre-le-monde/le-dessous-des-cartes/1632212.html>.

Sumário desta seção

Esta seção especificou uma série de fatores que *podem* tornar a geopolítica uma solução bem-vinda para lidar com uma crise nas autocompreensões e no reconhecimento de papéis nas práticas de política externa de um país: (1) uma *path dependence* ideacional do materialismo nos discursos públicos mais amplos e/ou nos círculos acadêmicos (geopolítica popular e formal); (2) uma certa organização do campo de especialistas em política externa e como esse campo define qual é o conhecimento mais apropriado a ser utilizado; e (3) a mobilização da geopolítica em um debate político no qual as suas características retóricas podem ser úteis para alguns atores. Todos os estudos de países a seguir terão de examinar esses fatores para determinar não apenas que tipo de geopolítica foi revivida em países que experimentaram um renascimento geopolítico pós-1989, mas também como esse renascimento poderia ocorrer e como ele se tornou possível. Em combinação com a existência de uma crise de identidade em política externa nos respectivos imaginários de segurança, esses fatores de processo fornecem a estrutura para analisar qual geopolítica neoclássica ressurgiu em alguns países, mas não em outros.

3. Sumário do desenho de pesquisa e da seleção dos casos

Objeto de pesquisa

Como é que, bem quando a Guerra Fria chegou ao fim, em uma série de desenvolvimentos que ilustraram a possibilidade histórica de uma mudança pacífica contra todas as previsões (deterministas) e pareciam anunciar a superioridade de abordagens não realistas dentro da disciplina de relações internacionais, muitos países europeus, no Leste e no Oeste, experimentaram o renascimento de uma tradição distintamente realista, ou seja, a geopolítica – uma tradição que, de repente, se atreveu a dizer seu nome de maneira explícita?

A origem desse quebra-cabeça vai além da ideia de que o fim do conflito Leste-Oeste estimularia uma nova imaginação espacial na Europa. Ao contrário, ele questiona: por que a tradição mais determinista, intitulada "geopolítica", reaparece e por que isso aconteceria somente em alguns países e não em outros?

Para este estudo, a geopolítica neoclássica é definida como uma análise voltada à produção de políticas estatais, geralmente conservadoras e com conotações nacionalistas, que dá primazia explicativa, mas não exclusividade, a certos fatores geográficos físicos e humanos (seja o analista explícito sobre isso ou não) e dá precedência a uma visão estratégica, a um realismo com um olhar militarista e nacionalista, para analisar as "necessidades objetivas" dentro das quais os Estados competem por poder e posição (ver página 111).

Tese

O ressurgimento do pensamento geopolítico na Europa após 1989 ocorre no ponto de encontro entre potenciais crises de identidade na política externa – ou seja, ansiedade por uma completamente nova, uma recém-questionada ou recém-adquirida autocompreensão ou papel nos assuntos internacionais – e a lógica espacial do pensamento geopolítico, disposta a fornecer algum auxílio para lidar com essa ansiedade. A hipótese prossegue em duas etapas. Primeiramente, um discurso ou tradição de política externa experimentam uma "crise de identidade" quando suas disposições interpretativas enfrentam problemas para continuar tranquilamente em suas (re)produções, uma vez que as autocompreensões e os papéis assumidos como "dados" são abertamente desafiados e, às vezes, prejudicados. Na presente pesquisa, ocorre uma crise de identidade quando as disposições interpretativas de um país passam a entender o final da Guerra Fria como um desafio à autocompreensão e à concepção de papéis incorporados em uma tradição de política externa nacional. Segundo, é mais provável que essa crise de identidade reviva o pensamento geopolítico quando pelo menos alguns dos seguintes fatores se aplicam: a existência de uma tradição materialista no pensamento de política externa, sua institucionalização na cultura dos especialistas em política externa de um país e a existência de um jogo político em que esse pensamento é usado retoricamente para ganhos políticos (em geral do lado conservador).

Estrutura de análise e metodologia

Este estudo compreende o renascimento do pensamento geopolítico após 1989 no contexto de como imaginários de segurança nacional ou discursos de política externa e suas posições de sujeito interagem com eventos internacionais. Portanto, ele compartilha uma abordagem interpretativista, uma vez que o evento em si é insuficiente para imprimir um único significado e efeito sobre os agentes; antes, os agentes dão sentido a esse evento dentro de um contexto interpretativo. Além disso, focar no fator disposicional da identidade requer um tipo disposicional de explicação que procura entender como um determinado fenômeno se tornou possível. Nessa explicação, uma crise de identidade seria um gatilho cuja realização depende, no entanto, de uma série de fatores de processo. Consequentemente, o estudo se baseia em uma versão interpretativista do *process tracing*, e sua estrutura comparativa é orientada pelos casos empíricos.[67]

Questões específicas de pesquisa para os estudos de caso

Primeiramente, os estudos de caso precisam estabelecer se ocorreu um ressurgimento da geopolítica e, se sim, de que tipo: houve um ressurgimento da geopolítica neoclássica? Se ocorreu, qual é o

---

67 Para a distinção entre comparações orientadas pelos casos empíricos (*case-oriented*) e comparações estabelecidas por meio de variáveis (*variable-oriented*), ver Ragin, *The Comparative Method: Moving beyond Qualitative and Quantitative Strategies*.

conteúdo exato desse pensamento geopolítico neoclássico envolvido? Além disso, em que nível esse ressurgimento está se dando (geopolítica formal, geopolítica prática ou geopolítica popular)? Quão importante é isso? O estabelecimento cuidadoso do conteúdo da geopolítica, então ressurgida, também é importante para um estudo mais aprofundado sobre as possíveis microdinâmicas da "cultura da anarquia" europeia.

Em segundo lugar, os estudos de caso precisam indicar o tipo de crise de identidade de política externa que ocorreu no país estudado. O fim da Guerra Fria foi entendido como um desafio à autoidentificação do país, ao reconhecimento do seu papel na política externa, ou a ambos?

Em terceiro, cada estudo precisa estabelecer como essa crise, se ocorreu, foi relacionada ao surgimento da geopolítica, verificando uma série de fatores. Derivada da sociologia do conhecimento, uma via de pesquisa examinaria os casos em que a autocompreensão de um país parece não corresponder ao seu papel dentro da sociedade internacional (o desajuste da identidade externa) e onde indicadores materialistas de tamanho e poder são os principais meios utilizados para ranquear a legitimidade desse país em seus discursos de política externa; nesses casos, espera-se que a geopolítica neoclássica seja revivida. Para estabelecer a *path dependency* ideacional, o estudo perguntaria: havia, de antemão, uma tradição geopolítica no país? Quão "comprometida" pela tradição alemã a tradição geopolítica parece ser? O país possui uma cultura política fortemente materialista, realista ou marxista? Para investigar como as instituições estão relacionadas às disposições ideacionais no campo e na prática da expertise em política estrangeira, bem como as maneiras pelas quais elas possibilitam, legitimam ou capacitam o possível aumento da geopolítica neoclássica, os estudos de caso se debruçam sobre a existência de instituições de pesquisa e formas de pensar não convencionais sobre a temática da segurança, o papel da reflexividade teórica no ensino de RI na academia e em outros locais e, se possível, a socialização das elites em instituições internacionais. Por fim, o renascimento da geopolítica neoclássica pode estar ligado à sua utilidade nos embates políticos, em que seu poder retórico eventualmente se revela ao lidar com questões territoriais, sendo mobilizada em uma retórica de ameaça, controlando dissidências domésticas e fortalecendo o conservadorismo, bem como estabelecendo o primado da política externa e a necessidade de uma estratégia de longo prazo.

Seleção dos casos

Um estudo abrangente dos efeitos da interação entre o final da Guerra Fria e os discursos nacionais de política externa na Europa teria potencialmente incluído todos os países europeus. Analisar todos os países da Europa estaria além das possibilidades financeiras do presente projeto, de modo que foi necessária uma seleção de casos.[68] Essa seleção, por sua vez, teve de responder a duas expectativas. Primeiramente, era necessário um conjunto de casos em que nossa hipótese pudesse ser posta em xeque. Portanto, a seleção precisava incluir os casos em que a geopolítica neoclássica experimentou um renascimento e os casos em que não. Em segundo lugar, como a análise seria disposicional e a comparação orientada pelos casos empíricos, os estudos de caso precisariam abranger um conjunto de crises de identidade e processos que fossem suficientemente diversos para permitir verificar os múltiplos e potencialmente divergentes caminhos em direção à ocorrência (ou à ausência) de tal ressurgimento da geopolítica.

Os casos selecionados foram os da República Tcheca, Estônia, Alemanha, Itália, Rússia e Turquia. Eles correspondem aos critérios que mencionamos da seguinte maneira. Primeiro, a seleção inclui países que não experimentaram um renascimento significativo do

---

68 Existem outras pesquisas comparativas com estudos de caso diferentes. Para um estudo interessante, ver Mälksoo, *The Politics of Becoming European: a Study of Polish and Baltic Post-Cold War Security Imaginaries.*

pensamento geopolítico (República Tcheca e Alemanha). Segundo, abarca potenciais tipos de crise de identidade diferentes. Dada a centralidade do território e das fronteiras, isso significava incluir os países que viram suas fronteiras mudarem (República Tcheca, Estônia, Alemanha e Rússia) e os países que permaneceram os mesmos (Itália e Turquia). Além disso, a seleção precisava incluir países em que as potenciais crises de identidade pudessem ser linkadas com os diferentes modos em que um discurso identitário sobre a política externa de um respectivo país pudesse ter sido contestado, distinguindo entre os países que entendiam seu status como sendo desafiado – "não existe mais uma identidade" (Itália, Rússia e Turquia) – e aqueles em que essa identidade precisava ser, em primeiro lugar, restabelecida – "ainda não é uma identidade" (República Tcheca e Estônia). Finalmente, a seleção tinha de apresentar alguma variação nos fatores processuais para que pudéssemos identificar as várias configurações desses fatores nos mais diversos caminhos. Portanto, a seleção incluiu países com uma forte tradição geopolítica (Alemanha, Itália, Rússia e Turquia) e aqueles sem essa tradição (República Tcheca e Estônia), bem como países com um passado marxista após 1945 (todos os países anteriormente comunistas e, em certa medida, a Itália) e também aqueles sem esse mesmo passado. Incluiu ainda países com estruturas diferentes em sua produção intelectual (acadêmica e outras) e países com distintas relações civil-militares (Rússia e Turquia sendo diferentes das demais). Para o último fator processual, os embates políticos, cabia à seleção incluir países que viram vigorosas forças nacional-conservadoras (e não apenas forças vindas da direita) que poderiam usar o poder retórico do pensamento geopolítico e aquelas que não se valeram desse mesmo pensamento. Dito isso, essas forças estão presentes em praticamente todos os países, mas com capacidades e forças diferentes, variando de muito fraca (Alemanha) a muito forte (Turquia). Claro que, como essa pesquisa deixou espaço para contribuições indutivas e específicas a cada caso, o *process tracing* não excluiu outros fatores que pudessem desempenhar um papel importante em cada caso individual e contribuíssem para que a especificidade de tais fatores fosse destacada na comparação final.

Desenvolvimento teórico

Como em todas as análises mais interpretativistas e comparações orientadas pelos casos empíricos que se fundamentam no *process tracing*, a relação com o desenvolvimento da teoria não se dá de modo a testar hipóteses, em que uma teoria prévia de médio alcance é operacionalizada, aplicada a um conjunto de casos e, em seguida, testada empiricamente. Nos estudos interpretativos, as partes empírica e teórica estão bem mais entrelaçadas, já que os interpretativistas abordam as teorias sobretudo por meio de seu caráter constitutivo: é por meio da teoria que se torna possível não apenas a análise empírica em si, mas também o modo como ela será desenvolvida. Portanto, grande parte da justificativa sobre as teorias selecionadas precisa se dar no nível de suas suposições metateóricas e teóricas. Se as teorias forem apresentadas como inconsistentes, serão descartadas em favor de outras; e somente aquelas consideradas consistentes devem ser aplicadas à análise empírica. Em outras palavras, o teste transcorre, em grande parte, antes mesmo da aplicação empírica. Devido à relação interna entre a observação e o objeto de estudo, e a dependência teórica dos fatos, a análise empírica por si só não pode, de modo consistente, invalidar a teoria (embora a análise empírica possa estar errada, é claro). As inúmeras e sofisticadas críticas metateóricas aos escritos construtivistas não são mero fruto de estudiosos obcecados pela abstração, mas, sim, uma verificação científica onde esta se faz necessária. E, na maioria das vezes, tais críticas são alcançadas pelos estudiosos às custas de algum grau de desespero, porque ajustes em níveis mais elementares simplesmente não funcionariam.[69]

---

69 Além disso, às vezes, a interação reflexiva entre a observação e o observado é relevante para a própria questão de pesquisa, assim como aqui com a potencial relação

Ainda assim, também para esse projeto interpretativista, os termos da análise, seus conceitos e estruturas centrais precisam ser claramente delineados. Portanto, o estudo empírico já possui alguns elementos que guiam a sua execução. As análises também são passíveis de falha, tanto em sua lógica teórica quanto em seu alcance empírico. A tese proposta seria contrariada por casos em que a geopolítica neoclássica teria revivido sem qualquer tipo de crise de identidade na política externa.

Não sendo o teste de hipóteses o nosso objetivo *per se*, mas, sim, a solução de um quebra-cabeça, utilizando uma comparação orientada não pelas variáveis, mas pelos casos empíricos, e endogenizando o *input* da análise no próprio *process tracing*, a contribuição teórica do presente estudo só pode ser dupla. Por um lado, a análise empírica é capaz de contribuir para ajustar a estrutura subjacente da análise, incluindo suas suposições metateóricas. Por outro, a análise teoricamente informada pode estabelecer mecanismos sociais novos ou diferentes, ou qualificar a importância e os papéis dos mecanismos sociais já conhecidos. Embora esses mecanismos sejam sobre fenômenos empíricos, eles são inerentemente teóricos, pois versam sobre a relação específica entre os fenômenos empíricos selecionados e, nesse sentido, não são muito diferentes de "tipos ideais". Após as análises empíricas, dois desses mecanismos serão apresentados no capítulo final deste trabalho: um mecanismo de redução da crise de identidade de política externa e um mecanismo de autorrealização que é chamado de "círculo vicioso de essencialização".

|||||||||||
entre análise geopolítica e o surgimento de uma cultura de segurança geralmente mais hobbesiana na Europa.

PARTE II
ESTUDOS DE CASO

4. GEOPOLÍTICA TCHECA: LUTANDO PELA SOBREVIVÊNCIA

Petr Drulák[1]

Introdução

ESTE CAPÍTULO É SOBRE o "cachorro que não ladra". Enquanto em muitos outros países europeus a geopolítica tornou-se popular depois de 1989, a República Tcheca é um daqueles casos em que não houve nenhum ressurgimento forte da geopolítica. Embora tenham ocorrido algumas tentativas isoladas, nem o discurso acadêmico, nem o político foram moldados por ela.

No entanto, a maioria dos fatores identificados no Capítulo 3 para se entender um possível ressurgimento da geopolítica parece se aplicar ao caso tcheco. Por um lado, e no que diz respeito ao elemento central da

---

1 Algumas das ideias abordadas neste capítulo foram anteriormente analisadas em Drulák, Between Geopolitics and Anti-Geopolitics: Czech Political Though, *Geopolitics*, v.11, n.3. No entanto, apesar de algumas sobreposições, este capítulo difere do texto anterior, tanto em seu escopo quanto em seu foco. Sou grato a Stefano Guzzini e a outros participantes por seus úteis comentários durante o seminário sobre a geopolítica autorrealizável (*self-fullfilling geopolitics*) no Instituto Dinamarquês de Relações Internacionais (5-6 de junho de 2006).

estrutura analítica deste livro, a Revolução de Veludo em 1989 e o fim da Guerra Fria trouxeram uma redefinição fundamental do papel internacional do país. Dessa forma, o caso da República Tcheca pode ser visto como exemplo de uma "crise de identidade de política externa", em que a perda de identidades bem estabelecidas e reificadas produz um estado de "ansiedade ontológica" que pode ser corrigido por meio de referências a elementos aparentemente objetivos da geografia. Além desses fatores externos, também os discursos predominantes sobre a política externa estavam propensos a provocar uma crise identitária. Até certo ponto, o "imaginário de segurança" da República Tcheca tende a pensar a nação como uma vítima perene das ambições territoriais das suas duas grandes potências vizinhas: a Alemanha no oeste e a Rússia no leste. Nesses casos, a expulsão dos sudetos alemães do território tcheco após 1945 e a retirada das tropas soviéticas depois de 1989 podem ser vistas como recentes triunfos na batalha dos tchecos por espaço. Contudo, dada a assimetria de poder entre os tchecos e os alemães, bem como entre os tchecos e os russos, esses triunfos territoriais são vistos como frágeis e reversíveis, podendo provocar, mais uma vez, uma ansiedade ontológica e tornar os argumentos geopolíticos relevantes no discurso político.

Além disso, vários dos fatores processuais levantados como hipótese também se aplicam ao caso tcheco. Quarenta anos de comunismo deixaram para trás nas mentes tchecas a tradição intelectual de um "materialismo histórico simplista". Esse materialismo foi a única teoria social publicada e ensinada nas escolas e universidades por um período tão extenso. Essa *path dependence* ideacional materialista poderia fornecer as bases para o surgimento de uma geopolítica igualmente materialista. Por fim, o "campo de expertise em política externa" foi novamente fundado após 1989 com um arcabouço acadêmico bastante fraco e sob forte influência dos profissionais praticantes de política externa. Além disso, a principal contribuição acadêmica veio de historiadores. Como Guzzini argumenta no Capítulo 3, a orientação prática e o contexto histórico poderiam "aumentar o apelo do pensamento geopolítico".

Como, então, o renascimento geopolítico na República Tcheca foi menos forte do que o esperado? Uma análise mais detalhada revela que nenhum dos fatores supracitados é tão inequívoco quanto pode parecer. Em particular, argumentarei que uma forte tradição antigeopolítica preveniu o desenvolvimento de uma crise de identidade amplamente compartilhada e diminuiu, se não neutralizou, o impacto dos fatores processuais, como a *path dependence* ideacional materialista ou a proximidade do novo sistema de especialistas em política externa dos profissionais praticantes de política externa.

Primeiro, a Revolução de Veludo gerou sentimentos de crise e ansiedade ontológica apenas na antiga elite comunista. Em contraste, a nova elite abraçou a mudança como um momento de libertação e de novas oportunidades. A interpretação da experiência comunista na República Tcheca pela nova elite estava muito afinada com a metáfora do "sequestro"[2] criada por Milan Kundera. Nessa perspectiva, os tchecos, juntamente com outros países da Europa Central, foram sequestrados e depois feitos de reféns pelos imperialistas soviéticos por quarenta anos. Dessa forma, o fim de antigas certezas foi visto como a fuga de uma prisão. Além disso, a definição de Europa Central elaborada por Kundera era cultural e não geográfica: "Suas fronteiras são imaginárias e devem ser desenhadas e redesenhadas a cada nova situação histórica".[3] Esse *insight* intelectual foi então reforçado pelos eventos da Revolução de Veludo, iniciados por estudantes e representantes da classe cultural – atores, músicos e escritores, entre outros.

No caso tcheco, a renovação das elites políticas e administrativas foi mais radical do que na maioria dos outros países da região (com exceção da Alemanha Oriental), na medida em que redes de

---
2 Kundera, The Tragedy of Central Europe, *The New York Review of Books*, p.33.
3 Ibid., p.35.

indivíduos completamente novas assumiram o poder: dissidentes em torno de Václav Havel, muitos dos quais vieram da esfera cultural, e economistas neoliberais em torno de Václav Klaus.[4] Os membros da antiga elite que não puderam ou não quiseram mudar suas lealdades desapareceram da vida pública. Assim, a nova elite política e intelectual não sofreu nenhuma ansiedade ontológica que pudesse empurrar-lhes para as certezas geopolíticas. Por outro lado, a experiência do "poder fazer" e de ser parte da trajetória histórica do país que essas novas elites tiveram com a Revolução de Veludo estava em desacordo com o determinismo geopolítico. Em seu pensamento, elas contavam com sua experiência artística e cultural ou com sua experiência econômica neoclássica.

Ainda assim, ocorreram mais tarde dois breves ressurgimentos da geopolítica que podem ser associados a crises de identidade de política externa. A nova elite passou por sua primeira crise no momento em que a Tchecoslováquia se desintegrou. Então, a geopolítica emergiu brevemente como um respeitado modelo para o pensamento internacional do país. Mais tarde, uma parte influente da elite política e intelectual da República Tcheca sucumbiu à ansiedade em razão da nova assertividade internacional da Rússia de Putin. Naquela época, surgiram dúvidas sobre a utilidade e eficácia da UE e da Otan como possíveis refúgios contra tal assertividade. Por um breve período, os argumentos geopolíticos voltaram a aparecer.

No entanto, e isso é central para o meu argumento, o estado do imaginário de segurança contribui bastante para a explicação de por que os dois reavivamentos geopolíticos foram tão breves. Embora o imaginário de segurança tcheco tenha uma clara dimensão geopolítica, como esboçada anteriormente, ele também tem uma forte dimensão antigeopolítica. A seguir, argumento que a antigeopolítica

---

4 Drulák e Königová, The Czech Republic: from Socialist Past to Socialized Future, in: Flockhart (Org.), *Socializing Democratic Norms: the Role of International Organizations for the Construction of Europe*.

é aquela que tradicionalmente prevalece no pensamento político tcheco. Também mostro que, após 1989, o imaginário de segurança tcheco foi moldado por duas correntes de pensamento político que correspondem à composição da nova elite política: o humanismo de Václav Havel e o neoliberalismo de Václav Klaus. Enquanto o primeiro é um descendente da tradição antigeopolítica tcheca, o segundo se distancia da geopolítica e da antigeopolítica.

Além de prevenir o desenvolvimento de uma grande crise de identidade, essa tradição antigeopolítica do pensamento político tcheco também enfraquece o impacto dos fatores processuais no ressurgimento da geopolítica no caso tcheco. Em relação à *path dependence* ideacional, não se deve superestimar o impacto desse materialismo simplista depois de 1989. A ideologia oficial não foi levada a sério por quase ninguém nos últimos anos do comunismo. Havel adequadamente descreve que os indivíduos diziam apoiar os slogans oficiais sem de fato acreditar neles.[5] Assim, mesmo que a ideologia marxista-leninista fosse o ponto de referência obrigatório no discurso político e acadêmico, sua influência intelectual era limitada. Uma série de princípios básicos oriundos da experiência com a decadência da sociedade comunista era provavelmente mais importante do que a ideologia. Mas a sua conceituação teórica seria bastante difícil. Ademais, argumentarei que a ideologia foi aplicada à versão oficial da história tcheca de uma maneira abertamente antigeopolítica. Isso não significa que a ideologia comunista não deixaria nenhum vestígio na tradição intelectual tcheca, mas ela não prescreveu um caminho específico de evolução intelectual que favorecesse a geopolítica.

Por fim, os praticantes e historiadores que contribuíram para o estabelecimento do "campo de expertise em política externa" estavam, majoritariamente, relacionados à nova elite, a qual foi

---

5 Havel, The Power of the Powerless, in: Keane (Org.), *The Power of the Powerless: Citizens against the State in Central-Eastern Europe*.

perseguida durante o regime comunista.⁶ Dessa forma, até mesmo os profissionais de política externa tinham uma experiência limitada com a prática da política externa e o seu senso comum geopoliticamente orientado. Além disso, a maioria deles se baseava na tradição antigeopolítica do pensamento político tcheco.⁷

O principal argumento deste capítulo é sobre a debilidade do renascimento da geopolítica na República Tcheca. Ao mesmo tempo, assim como nos outros capítulos, ele analisa o conteúdo das (aqui: poucas) intervenções geopolíticas. Como o principal argumento do capítulo se baseia na distinção entre geopolítica e antigeopolítica, começo a discussão com a elaboração conceitual desses dois termos. Em seguida, apresento a tradição antigeopolítica tcheca, argumentando que ela tem sido a principal corrente de pensamento político no país desde o século XIX, quando a política moderna se inicia. Analiso as contribuições mais importantes para a geopolítica tcheca e defendo que seus picos intelectuais estão ligados a períodos de ansiedade ontológica, quando a integridade territorial do Estado é posta em xeque, exatamente como apresentado na hipótese deste livro. Por fim, quando minha última seção finalmente aborda os dois modestos reavivamentos da geopolítica tcheca após 1989, ela fornece mais evidências sobre o impacto persistente da antigeopolítica.

Geopolítica, antigeopolítica e senso comum

Dado que a geopolítica "é notoriamente difícil de definir",⁸ é necessária uma breve introdução sobre seus conceitos básicos.

---

6 Drulák e Drulaková, International Relations in the Czech Republic: a Review of the Discipline, *Journal of International Relations and Development*, v.3, n.3.
7 Ibid.
8 Ó Tuathail e Agnew, Geopolitics and Discourse: Practical Geopolitical Reasoning in American Foreign Policy, in: Ó Tuathail, Dalby e Routledge (Orgs.), *The Geopolitics Reader*, p.79.

Apresento, então, o conceito de geopolítica juntamente com o seu oposto, a antigeopolítica. Ambos os conceitos são contextualizados dentro dos debates de RI. Por fim, aponto para a significativa contribuição da geopolítica para a construção de "sensos comuns" nas relações internacionais. Essa estreita conexão entre geopolítica e senso comum nos permite distinguir entre geopolítica prática e geopolítica formal. Mais do que isso, essa relação transforma a geopolítica em uma das muitas teorias básicas de RI, que são difíceis de evitar quando se pensa e se fala em política internacional.

O capítulo argumenta que nenhum ressurgimento significativo do pensamento geopolítico (neoclássico) ocorreu na Tchecoslováquia ou na República Tcheca após 1989. Para fazer isso de forma minuciosa, tento abranger uma série de elementos de forma a encontrar possíveis evidências desse ressurgimento, operacionalizando, inclusive, o conceito de geopolítica de maneira menos rigorosa do que a "geopolítica neoclássica". No entanto, tendo assim mais incidências de falas geopolíticas, grande parte do capítulo lida diretamente com elas, avaliando seu significado com o objetivo de distinguir entre usos mais retóricos e um verdadeiro discurso geopolítico (que seria semelhante à geopolítica neoclássica).

Para minha análise, definirei a geopolítica como "um discurso orientado à confecção de políticas para um Estado, inspirado pela sua posição no mapa".[9] Embora menos exigente (e "convenientemente" mais vaga) do que a definição de referência apresentada no Capítulo 2, essa definição é suficiente para levantar várias alegações que são fundamentais para estabelecer a dicotomia central deste capítulo. A reivindicação central da geopolítica é a objetividade. Supostamente, esse fator é assegurado por seu foco nas "condições

---

9 Van der Wusten e Dijkink, German, British and French Geopolitics: the Enduring Differences, *Geopolitics*, v.7, n.3.

duradouras do ambiente físico".[10] Com isso em mente, a geopolítica alega fornecer uma perspectiva imparcial da política internacional, livre de ideologia e de quaisquer outros fatores discursivos em geral. Nesse sentido, a geopolítica é "uma barreira ao idealismo, à ideologia e à vontade humana",[11] representando um discurso determinista que analisa a política com base na geografia e evoca suas características naturais e imutáveis.[12]

Por outro lado, a antigeopolítica enfatiza o papel das ideias, da ação humana, e a possibilidade de mudança, apesar dos constrangimentos impostos pelas condições objetivas.[13] Além disso, mostra quão profundamente ideológicas podem ser as reivindicações geopolíticas; ela revela "a política oculta do conhecimento geopolítico".[14] A distinção entre geopolítica e antigeopolítica pode ser contextualizada nos debates de RI. Primeiro, a geopolítica está do lado do realismo, enquanto a antigeopolítica fica do lado do idealismo, no primeiro grande debate de relações internacionais. Sendo uma ramificação do realismo, a geopolítica conceitua a luta realista pelo poder em termos mais específicos, como, por exemplo, na luta pelo território. Segundo, a crítica antigeopolítica em relação ao determinismo e ao materialismo compartilha um denominador comum com a crítica reflexivista quanto ao neoliberalismo e neorrealismo.

A geopolítica, juntamente com o realismo, também possui uma função importante no discurso público sobre as relações

---

10 Bassin, Race contra Space: the Conflict between German *Geopolitik* and National Socialism, *Political Geography Quarterly*, v.6, n.2, p.120, apud Ó Tuathail e Agnew, Geopolitics and Discourse: Practical Geopolitical Reasoning in American Foreign Policy, in: Ó Tuathail, Dalby e Routledge (Orgs.), *The Geopolitics Reader*, p.79.
11 Ó Tuathail e Agnew, op. cit., p.79.
12 Esses elementos se referem à geografia física (rios, montanhas, recursos). No entanto, como Huntington mostra, eles também podem se referir à geografia cultural.
13 Routledge, Anti-Geopolitics: Introduction, in: Ó Tuathail, Dalby e Routledge, op. cit., p.245-54.
14 Ó Tuathail, Thinking Critically about Geopolitics, in: Ó Tuathail, Dalby e Routledge, op. cit., p.3.

internacionais. Tal como o realismo, ela contribui para o que, em geral, é visto como parte do senso comum da política internacional, fornecendo, assim, argumentos nas RI que são usualmente vistos como inquestionáveis e informando grande parte do pensamento de RI.[15] Guzzini[16] mostra que o realismo, como uma disciplina das pesquisas sociais, representa a tentativa de Hans Morgenthau[17] de traduzir os aspectos mais antigos do senso comum da diplomacia europeia para o idioma da ciência social norte-americana. Assim, o neorrealismo de Kenneth Waltz é apenas mais um passo em direção à formalização desse "senso comum" da política internacional.[18] Essa observação nos ajuda a entender até que ponto a linguagem dos profissionais da política internacional e outras partes significativas da pesquisa em RI são, de fato, realistas.[19]

Uma afirmação semelhante pode ser feita em relação à geopolítica, uma vez que ela formaliza crenças sobre a existência de uma função decisiva do espaço físico na política internacional. A geopolítica pode, usualmente, apontar para figuras políticas poderosas, como Napoleão ou Bismarck, que verbalizavam essas crenças. Nesse sentido, é possível fazer uma distinção entre um raciocínio geopolítico prático, "do tipo senso comum",[20] e um raciocínio geopolítico formal assentado em bases teóricas. A própria existência da geopolítica prática pode ser uma evidência do pensamento geopolítico nesse "senso comum" das relações internacionais.

---

15 Ó Tuathail (*Critical Geopolitics: the Politics of Writing Global Space*, p.168-9) faz uma breve observação a respeito desses links entre geopolítica, realismo e senso comum nas relações internacionais.
16 Guzzini, *Realism in International Relations and International Political Economy: the Continuing Story of a Death Foretold*.
17 Morgenthau, *Politics among Nations: the Struggle for Power and Peace*.
18 Ibid.
19 Beer e Harriman, Realism and Rhetoric in International Relations, in: *Post-Realism: the Rhetorical Turn in International Relations*, p.6-7.
20 Ó Tuathail e Agnew, Geopolitics and Discourse: Practical Geopolitical Reasoning in American Foreign Policy, in: Tuathail, Dalby e Routledge (Orgs.), *The Geopolitics Reader*, p.79.

Nesse sentido, a presença do discurso geopolítico no senso comum das relações internacionais tem várias consequências. Ainda mais importante, o senso comum funciona como uma estrutura discursiva que torna um tipo de afirmação possível ou compreensível, enquanto inviabiliza outras afirmações.[21] Assim, ele facilita os argumentos geopolíticos enquanto discrimina o raciocínio antigeopolítico. Portanto, tal como o realismo, a geopolítica serve como uma das teorias padrão do pensamento internacional. O entendimento do realismo e da geopolítica sobre o pensamento internacional os torna (realismo e geopolítica) um tanto inevitáveis no discurso público, especialmente quando se trata de contribuições discursivas que defendem uma opinião específica e são direcionadas ao grande público ou aos praticantes da política internacional.

Dessa forma, até mesmo pensadores cuja formação teórica é antirrealista e antigeopolítica às vezes se valem da linguagem do realismo e da geopolítica para tentar alcançar um público mais amplo. Mas um uso ocasional da linguagem geopolítica não pode ser equiparado à adesão desse falante ao pensamento geopolítico. Pelo contrário, a linguagem geopolítica pode ser utilizada para apoiar certos raciocínios que são basicamente antigeopolíticos. Como exemplo, Jacques Derrida e Jürgen Habermas se referem ao vocabulário realista do "equilíbrio de poder" quando argumentam que a Europa deveria "equilibrar o unilateralismo hegemônico dos Estados Unidos",[22] embora seus trabalhos teóricos estejam claramente em desacordo com o que o realismo defende. Da mesma forma, Václav Havel, um exemplo claro da antigeopolítica,[23] afirma que "nossa

---

21 Milliken, The Study of Discourse in International Relations: a Critique of Research and Methods, *European Journal of International Relations*, v.5, n.2; Weldes, *Constructing National Interests: the United States and the Cuban Missile Crisis*.
22 Derrida e Habermas, Nach dem Krieg: Die Wiedergeburt Europas, *Frankfurter Allgemeine Zeitung*.
23 Routledge, Anti-Geopolitics: Introduction, in: Ó Tuathail, Dalby e Routledge (Orgs.), *The Geopolitics Reader*.

posição geopolítica cultivou em nós o senso de uma dimensão moral da política".²⁴ Em outras palavras, a mera referência ao espaço não se traduz, necessariamente, em geopolítica.

Essa tensão entre a geopolítica prática e a antigeopolítica formal deve ser levada em consideração ao avaliar o papel da geopolítica no pensamento político, especialmente com base no que os principais atores podem escrever ou dizer. Assim, as declarações geopolíticas que surgem nos discursos dessas figuras devem ser contextualizadas em relação aos princípios básicos desses pensadores, os quais são revelados em outras ocasiões, e em relação ao seu público-alvo no momento em que essas declarações foram realizadas. Essa contextualização torna possível distinguir entre o discurso geopolítico, fundamentado no verdadeiro pensamento geopolítico, e a retórica geopolítica, que se baseia em modelos de senso comum criados para enfatizar argumentos antigeopolíticos.

O *mainstream* antigeopolítico

A tradição dominante do pensamento tcheco nas relações internacionais é antigeopolítica. Esse argumento é fundamentado pela análise de quatro nomes altamente influentes, todos eles intelectuais e políticos que moldaram o pensamento e a prática política nos países tchecos desde a segunda metade do século XIX: František Palacký, Tomáš Garrigue Masaryk, Zdeněk Nejedlý e Václav Havel. Começarei com uma breve introdução sobre cada um deles e depois explicarei suas contribuições individuais para o pensamento político tcheco. Em seguida, descrevo os argumentos antigeopolíticos mais importantes que moldaram o pensamento político tcheco predominante.²⁵

||||||||||
24 Havel, *Projevy a jine texty z let 1992-1999. Spisy VII*, p.43-64.
25 Para uma avaliação mais detalhada, ver Drulák, Between Geopolitics and Anti-Geopolitics: Czech Political Thought, *Geopolitics*, v.11, n.3.

Figuras intelectuais e políticas

František Palacký (1798-1876) foi um grande historiador nacional cujo livro *History of the Czech Nation* [História da Nação Tcheca], publicado em 1836, ainda influencia o entendimento predominante da história tcheca, com base na visão de que ela é definida por tensões e lutas intermináveis entre tchecos e alemães. Além disso, ele era o líder político do conservador partido liberal tcheco e visto como *pater patriae*[26] por seus contemporâneos em uma época em que os países tchecos pertenciam ao Império Austríaco. Ele também é membro do "panteão dos heróis nacionais", respeitado por todas as forças importantes na sociedade tcheca, incluindo os comunistas, como uma fonte contínua de inspiração para o pensamento político tcheco.

Palacký inspirou muito Tomáš Garrigue Masaryk (1850-1937), que transformou seu legado em um programa político para a construção de um Estado independente da Tchecoslováquia.[27] Masaryk começou sua carreira como professor de sociologia; porém, tornou-se o líder político e intelectual do movimento de emancipação tcheco antes da Primeira Guerra Mundial. Durante a guerra, suas negociações no exílio com a Entente contribuíram para a queda do Império Austro-Húngaro e a ascensão da Tchecoslováquia. Ele se tornou, então, seu primeiro presidente. O impacto de sua influência é bem capturada por Gellner, que observa que a Tchecoslováquia, "dominada pelo espírito de Masaryk [...], tinha uma política externa baseada em [sua] filosofia".[28]

---

26 Em português, "pai da pátria". (N. T.)
27 Šolle, Palacký, Masaryk, habsburská monarchie a střední Evropa, in: Šmahel e Doležalová (Orgs.), *František Palacký 1798/1998, dějiny a dnešek*, p.473.
28 Gellner, The Price of Velvet: Thomas Masaryk and Vaclav Havel, *Czech Sociological Review*, v.3, n.1, p.49.

Zdeněk Nejedlý (1878-1962), um dos alunos de Masaryk, era historiador e musicólogo.[29] Antes da Segunda Guerra Mundial, fora um influente intelectual público que defendia a perspectiva marxista-leninista em uma variedade de questões políticas, sociais e culturais. Depois de passar seus anos de guerra exilado em Moscou, ele se tornou o primeiro ministro comunista da Educação e dos Assuntos Sociais no governo da Tchecoslováquia. Nos anos 1950, chefiou a Academia de Ciências da Tchecoslováquia e supervisionou as atividades de pesquisa. Dessa maneira, foi responsável pela stalinização da educação e da pesquisa na Tchecoslováquia. Quando os comunistas assumiram o governo, Nejedlý era seu intelectual mais proeminente e a única pessoa no alto escalão com formação acadêmica. Ele lançou as bases para a ideologia comunista oficial da Tchecoslováquia, que se respaldava na interpretação marxista-leninista de Palacký e de seu então mentor, Masaryk.

Václav Havel (1936-2011), dramaturgo, dissidente anticomunista e presidente democrático da Tchecoslováquia e da República Tcheca, foi, da mesma forma, inspirado por Masaryk, com quem também compartilhou o destino de lutar contra regimes antidemocráticos em nome da verdade, da democracia e da moralidade.[30] Embora a influência de Havel sobre o pensamento político nunca tenha sido tão forte e inconteste quanto a de Masaryk, ele exerceu uma clara liderança no discurso e na prática de política externa ao longo do período pós-comunista na Tchecoslováquia (1990-1992).

Em muitos aspectos, esses indivíduos são companheiros estranhos entre si. No entanto, possuem diversos pontos em comum. Primeiro, cada um foi reconhecido, pelo menos por algum tempo, como a autoridade suprema no discurso público. Portanto, o trabalho deles

---

29 Informações sobre Zdeněk Nejedlý podem ser encontradas em: <www.libri.cz/database/kdo20/search.php?zp=2&nome=NEJEDL%DD+ZDEN%CCK>.
30 Masaryk é a pessoa a quem Havel se refere com mais frequência em seus discursos nos anos 1990 (Havel, *Projevy a jine texty z let 1992-1999. Spisy VII*).

nos fornece informações valiosas sobre as crenças e as práticas de um determinado período. Segundo, todos eles pertencem à tradição de pensamento que começou com Palacký. Ambos, Masaryk e Nejedlý, se consideravam estudantes de Palacký, cada um deles reinterpretando à sua maneira as leituras de Palacký sobre a história tcheca. Além disso, Havel gostava de utilizar o que via como o legado de Masaryk, em especial depois que ele se tornou presidente da Tchecoslováquia. Terceiro, o núcleo central de seus pensamentos é antigeopolítico e baseia-se em perspectivas religiosas, morais ou sociais. Ainda assim, a geopolítica não está de todo ausente em seus discursos, sobretudo quando eles se dirigem ao público em geral ou aos tomadores de decisão em tempos de crise.

De Jan Hus aos direitos humanos

O principal argumento dos pensadores antigeopolíticos tchecos é tradicionalmente baseado em uma interpretação particular da história tcheca, que identifica o período hussita, no início do século XV, como a maior conquista histórica da nação e, assim, uma referência para os projetos políticos mais importantes do país. Essa leitura da história faz pouco sentido do ponto de vista geopolítico. O período hussita não está ligado à expansão territorial do Estado, como no período da Grande Morávia ou no período do domínio de Přemysl Otakar II, nem ao pico da influência política da nação, que provavelmente ocorreu durante o reinado de Carlos IV. Pelo contrário, o período hussita foi marcado por guerra civil, enorme destruição material e intervenção estrangeira.

O movimento hussita está conectado com os ensinamentos do estudioso e pregador tcheco Jan Hus. Inspirado pelo reformador da Igreja inglesa, John Wycliff, Hus deu voz a uma crescente insatisfação com o governo institucional da Igreja católica, especialmente em relação à corrupção e ao acúmulo de propriedades. Hus defendeu uma Igreja que deveria ser pura e pobre, enfatizou uma interpretação pessoal da Sagrada Escritura e desafiou a hierarquia da Igreja católica. Em 1415, ele foi convidado para Konstanz, onde ocorreu o Conselho da Igreja, para se defender de acusações de heresia. Mas perdeu o caso e foi imediatamente queimado ali mesmo.

A morte de Jan Hus, juntamente com a repressão de seus seguidores e com a confusão política no país, provocou uma ira pública que se transformou em uma revolta contra a Igreja e contra o rei. Os anos de 1419 a 1434 marcaram o período da guerra civil em que partes significativas do reino boêmio, incluindo a capital, Praga, foram libertadas do controle dessas autoridades tradicionais e governadas por comunidades hussitas lideradas por pregadores radicais e pela baixa nobreza. Algumas dessas comunidades se organizaram sob princípios radicais de igualdade (por exemplo, a propriedade individual foi banida e todos os membros eram iguais), enquanto outras introduziram novas hierarquias. É importante ressaltar que a maioria deles era surpreendentemente eficiente em assuntos militares, resistindo a quatro cruzadas convocadas pelo papa contra os hereges hussitas. Eles foram derrotados quando uma ala moderada do movimento fez um acordo com os católicos, encerrando, assim, essas exaustivas guerras de enorme destruição.

Por que, então, o movimento hussita é tão valorizado? Palacký considera a tentativa de Jan Hus de reformar a Igreja católica como um movimento de vanguarda e precursor da reforma europeia um século depois. Isso torna possível interpretar o movimento hussita como um dos primeiros esforços na defesa dos valores humanísticos e democráticos.[31] A esse respeito, Palacký estabelece uma distinção cuidadosa entre o movimento hussita, o qual enxerga como uma favorável e positiva batalha de ideias, e as guerras hussitas, as quais critica

---

31 Válka, Palacký a francouzští liberální historikové, in: Šmahel e Doležalová (Orgs.), *František Palacký 1798/1998, dějiny a dnešek*, p.95.

severamente por serem destrutivas,[32] embora observe que tais guerras foram pelo menos dirigidas por ideias e não por interesses materiais.[33]

Masaryk elabora essa concepção argumentando que a reforma tcheca introduziu ideias democráticas em uma Europa medieval e teocrática. A diferença entre democracia e teocracia é central para o seu pensamento político. Se a primeira é definida em termos morais, enquanto responsabilidade e autolimitação individuais que não necessitam de coerção externa, a segunda está associada ao culto à hierarquia e às políticas de poder, personificadas pela Igreja católica, ou pelo que Masaryk chama de "cesaropapismo" prussiano, que, segundo ele, dominava a cultura, o pensamento e a política alemã no século XIX.[34]

Ele interpretou a Primeira Guerra Mundial como uma luta entre democracia (França, Reino Unido e Estados Unidos) e teocracia (Áustria, Alemanha). Os tchecos se aliaram ao lado da democracia devido à sua tradição hussita. Além disso, Masaryk entende a história de uma maneira teleológica, como uma marcha da teocracia em direção à democracia – na qual os tchecos foram os primeiros a colaborar. Essa contribuição permite a Masaryk defender a independência tcheca em relação ao Império Austríaco a partir de uma perspectiva ética, e não geopolítica ou econômica.

Nejedlý muda essa visão ao interpretar o movimento hussita como uma força revolucionária em uma Europa reacionária.[35] Dessa forma, ele substitui a dicotomia liberal e a teleologia democracia/teocracia de Masaryk por uma dicotomia marxista e uma teleologia baseada no par revolução/reação. Assim, os hussitas deixam de ser

---

32 Čornej, Ke genezi Palackého pojetí husitství, in: Šmahel e Doležalová, op. cit., p.131-3.
33 Bednář, Vyznam Palackého filosofické obnovy české státni ideje, in: Šmahel e Doležalová, op. cit., p.64; e Palacký, Die Geschichte des Hussitenthums und Prof. Constantin Hofler, Kritische Studien, p.65.
34 Masaryk, *Světová revoluce*, p.410-20.
35 Nejedlý, *Velké osobnosti*.

vistos enquanto os primeiros democratas para ser encarados como os primeiros revolucionários que lutavam por uma sociedade sem classes. Além disso, o marxismo-leninismo se definiu como antigeopolítico, rejeitando qualquer tipo de determinismo geográfico ou cultural, substituindo-o pelo determinismo teleológico da revolução mundial que leva a uma sociedade sem classes.

Depois que o movimento hussita foi utilizado por décadas pela propaganda comunista oficial, Havel não tentou ressuscitar sua interpretação masarykiana. De modo geral, ele é cético em relação a grandes teorias, "depositando sua confiança não em teorias históricas de cunho geral, mas, sim, em vitórias pontuais da simples decência".[36] De modo que sua antigeopolítica é desenvolvida a partir do conceito de democracia de Masaryk, o qual se baseia na ideia de moralidade.[37] Nesse sentido, Havel oferece seu credo pessoal "Vivendo em verdade"[38] – credo este que ele usou para combater o regime comunista e que se assemelha ao slogan favorito de Masaryk, "A verdade prevalece".

Assim, Havel argumenta que a política deve estar ancorada na consciência moral dos indivíduos e na responsabilidade pelo mundo como um todo. Portanto, um país não pode perseguir seus próprios interesses às custas de outros. O que ele chama de "espírito da nossa política externa" é definido como uma campanha pelos direitos humanos, sua universalidade e indivisibilidade.[39] Havel sinaliza conceber a política externa da Tchecoslováquia como uma continuação da Revolução de Veludo em escala global. A luta pacífica pelos direitos humanos e pela democracia contra todos os tipos de regimes totalitários ou autoritários constitui os preceitos fundamentais da nova política externa.

||||||||||||

36 Gellner, The Price of Velvet: Thomas Masaryk and Václav Havel, *Czech Sociological Review*, v.3, n.1, p.55.
37 Ibid., p.56.
38 No original, "*living in truth*". (N. T.)
39 Havel, *Letní přemítání: Spisy VI*, p.487.

Até os seus comentários sobre eventos contemporâneos estão cheios de rejeições explícitas aos modelos geopolíticos. A indivisibilidade da liberdade fornece a Havel os fundamentos para defender a participação da Tchecoslováquia na primeira Guerra do Golfo ou o seu encontro com Dalai Lama. Ele alerta contra o "ódio coletivo na forma de nacionalismo", alegando que a Europa Central e Oriental precisa de tempo para se acostumar com a "alteridade".[40] Havel também enfatiza a amizade com a Alemanha. Ele a considera um pilar da espiritualidade europeia, valoriza a iniciativa alemã de começar a derrubar o muro que dividia a Europa, e até conseguiu igualar os sentimentos tradicionais antialemães ao antissemitismo.[41] No geral, Havel tenta evitar qualquer externalização e territorialização de um "outro" negativo. Em vez disso, ele constrói o "outro" (de ódio e intolerância) como estando dentro dos indivíduos e que, portanto, precisa ser suprimido pela sua autorreflexão.

Viagens geopolíticas dos antigeopolíticos

Todas as quatro figuras intelectuais e políticas supracitadas ocasionalmente usam a geopolítica. Estão cientes de seu poder retórico (ver o Capítulo 3 deste volume) e fortalecem seus argumentos utilizando as realidades do mapa e do poder físico. No entanto, isso é feito sem nenhuma consistência e somente em resposta aos desafios territoriais do dia em artigos de jornal, discursos e panfletos.

Assim, quando Palacký propõe a federalização do Império Austríaco, ele argumenta que este estava funcionando como um refúgio geopolítico das nações da Europa Central, incluindo os tchecos, primeiro contra a ameaça turca, depois contra a Prússia e a Rússia. No entanto, quando suas propostas fracassam, Palacký sugere que

---

40 Havel, *Letní přemítání: Spisy VI*, p.249-63.
41 Ibid., p.94-103.

os tchecos ajam como uma ponte entre o Ocidente e o Oriente, fomentando contatos mais estreitos entre os tchecos e a Rússia. Da mesma forma, ao pressionar pelo colapso do Império Austríaco durante a guerra, Masaryk apresenta uma variedade de argumentos geopolíticos isolados (por exemplo, sobre uma aliança eslava, contra o pan-germanismo ou defendendo a forma particular das fronteiras da Tchecoslováquia), direcionando-se a líderes e diplomatas da Entente, bem como à opinião pública ocidental.[42] Mas esses argumentos não se consubstanciam em nenhuma perspectiva geopolítica consistente da política internacional que possa ser comparada ao seu pensamento antigeopolítico.

Por outro lado, a concepção de história e democracia de Masaryk dá margem a uma leitura geopolítica. Seus conceitos sofrem uma contradição entre, por um lado, uma visão positivista e comtiana da história (na transição da teocracia para a democracia) e, por outro, uma compreensão moral e metafísica da democracia (via responsabilidade e agência humana).[43] Essa contradição tornou possível ler os argumentos de Masaryk de maneira puramente positivista e geopolítica,[44] em especial contra o conceito de que "o espírito da história mundial" (em forma de uma marcha em direção à democracia) estava localizado no Ocidente e que os tchecos escolheram pragmaticamente uma aliança com as potências ocidentais para estar do lado vencedor da história. A leitura geopolítica de Masaryk também facilitou a aceitação intelectual do regime comunista, redefinindo levemente o "espírito da história mundial", como foi realizado por Nejedlý. Nessa leitura, o espírito da história (assumindo a forma de uma marcha em direção a uma sociedade sem classes) estava localizado no Oriente; com base nisso, os tchecos escolheram

||||||||||||

42 Krejčí, *Český národní zájem a geopolitika*.
43 Patočka, *Tři studie o Masarykovi*.
44 Gellner, The Price of Velvet: Thomas Masaryk and Vaclav Havel, *Czech Sociological Review*, v.3, n.1.

com pragmatismo uma aliança com a potência oriental para estar outra vez no lado vencedor da história.

Embora Havel desista de qualquer tipo de teleologia simplista, ele ocasionalmente também usa argumentos geopolíticos. Isso pode estar vinculado a sua audiência. Na Polônia, Havel defende a cooperação da Europa Central "para preencher o vácuo de poder após a queda do império dos Habsburgos".[45] Da mesma forma, ele relembra à audiência norte-americana que a Tchecoslováquia está no centro do continente e sua estabilidade política é importante para a Europa.[46] Além disso, a geografia se torna inevitável quando se discute o fim da Tchecoslováquia. Assim, ao alertar seus concidadãos contra essa cisão, ele aponta para ameaças como um grande afluxo de imigrantes do Oriente, dúvidas sobre fronteiras ou o renascimento de divisões na Europa.[47] Mas nenhuma dessas declarações se refere a princípios implícitos comparáveis ao seu conceito de liberdade humana.

Geopolíticos tchecos: permanecendo nas margens

Embora a antigeopolítica tenda a prevalecer no *mainstream* político tcheco, ela também teve, no passado, as suas próprias margens geopolíticas. Tais margens eram, em algumas ocasiões, bastante amplas. Foi especialmente em tempos de ansiedade ontológica provocada por mudanças territoriais que a geopolítica ganhou alguma influência. Nesse sentido, três períodos são especialmente importantes: a fundação da Tchecoslováquia (1918), a destruição da Tchecoslováquia pela conferência de Munique (1938) e a cisão da Tchecoslováquia (1992).

---

45 Havel, *Letní přemítání: Spisy VI*, p.44-53.
46 Ibid., p.59-72.
47 Ibid., p.311-9, 714-8.

No início dos anos 1920, Viktor Dvorský (1882-1960), um proeminente geógrafo, membro da delegação da Tchecoslováquia na conferência de Versalhes e fundador da geopolítica formal no ambiente tcheco, levantou os argumentos para a necessidade de uma Tchecoslováquia soberana, contra as reivindicações feitas pela Alemanha ou pela Áustria. No final da década de 1930, Jaromír Korčák (1895-1989), geógrafo econômico e pai fundador da demografia tcheca, foi motivado pela crença de que o pensamento oficial antigeopolítico da Tchecoslováquia não era capaz de se contrapor às reivindicações geopolíticas alemãs, que duvidavam da soberania e da integridade territorial do Estado tcheco.[48]

Ao contrário de Dvorský e Korčák, Emmanuel Moravec (1893-1945) não era um acadêmico. Era um soldado, servindo como coronel nas Forças Armadas da Tchecoslováquia, e um prolífico comentarista de política internacional na década de 1930. Embora tenha sido no início de sua carreira um dos principais defensores de Masaryk e Beneš nos debates públicos,[49] Moravec é lembrado como o *quisling* (traidor) tcheco, personificando a pior forma de colaboração com os ocupantes nazistas, devido às suas infames atividades como ministro da Educação no período da ocupação alemã. Essa aproximação com a Alemanha estava ligada à sua profunda decepção após a conferência de Munique em setembro de 1938. O fato de a França ter traído a Tchecoslováquia e o governo tcheco ter aceitado os ditames da conferência, sem criar grandes resistências, destruiu suas crenças mais profundas. Moravec reagiu com uma série de ensaios nos quais criticou o "idealismo ingênuo" do então prévio pensamento de política externa da Tchecoslováquia, delineando, assim, alternativas baseadas em um pensamento geopolítico.[50]

|||||||||||

48 Korčák, *Geopolitické základy Československa: Jeho kmenové oblasti*, p.7.
49 Veber, Úvod, in: Moravec, *V úloze mouřenína*, p.5.
50 Moravec, *V úloze mouřenína*.

Após a divisão da Tchecoslováquia nos anos 1990, Oskar Krejčí apresentou uma perspectiva geopolítica dissidente que se reportava aos escritos geopolíticos tchecos do período anterior às guerras, criticando fortemente a decisão de dividir o Estado. Apesar de sua intensa atividade em publicações, Krejčí foi afastado de qualquer cargo ou trabalho acadêmico na República Tcheca desde 1990 até recentemente, por causa de suas estreitas conexões com o *establishment* comunista e dos serviços de inteligência nas décadas de 1970 e 1980. Nesse sentido, Krejčí representa a parte da sociedade tcheca que percebe 1989 como a crise de identidade de política externa para a qual as receitas geopolíticas podem fornecer soluções atraentes.

Apesar da diversidade em seus pensamentos, os geopolíticos tchecos compartilham pelo menos três princípios. Primeiro, criticam o idealismo do *mainstream* antigeopolítico e o contrastam com suas próprias análises científicas baseada em fatos objetivos. Segundo, definem a identidade do Estado tcheco em termos geográficos e não veem o movimento hussita como particularmente importante. E, terceiro, enfatizam o relacionamento conflituoso de seu país com a Alemanha.

A realidade do poder

Os geopolíticos tchecos insistem em estabelecer uma clara distinção entre a abordagem normativa do *mainstream* do pensamento tcheco e a abordagem considerada por eles como científica. Seu suposto pensamento científico é baseado na realidade da geografia e no poder material. Isso corresponde à crítica realista do idealismo no primeiro grande debate das RI. Embora as contribuições de Dvorský sejam anteriores a esse debate, o livro de Moravec foi publicado menos de um ano antes da obra de E. H. Carr, *Vinte anos de crise, 1919-1939*.

Assim, Dvorský apresenta o raciocínio geopolítico como parte de uma nova "ciência dos Estados" ou "biologia das nações",[51] e é desdenhoso quanto ao direito internacional, em geral, e à Liga das Nações, em particular. Da mesma forma, Moravec critica o governo da Tchecoslováquia por buscar políticas idealistas, por cooperar com os países democráticos e evitar contatos com os não democráticos, e por se vincular à Liga das Nações, falhando, assim, em reconhecer que as potências democráticas ocidentais adotam tais políticas somente enquanto elas se adequam aos seus interesses geopolíticos.[52] Ele rejeita qualquer política externa baseada nas "ideias de Masaryk de humanidade, liberdade, democracia e tolerância internacional" que carecem de "realismo" e se deixam levar pela ideologia.[53] Além disso, Krejčí critica a abordagem "ideológica" da política externa feita por Havel e Klaus, que, segundo ele, desconsideram os interesses nacionais da Tchecoslováquia.

A identidade de um centro geopolítico

Os geopolíticos tchecos buscam na geografia as justificativas para a existência do Estado e de sua identidade. Eles vinculam a identidade tcheca ao Estado da Grande Morávia e não ao movimento hussita. Essa ideia é apresentada por Dvorský, que usa o conceito de bacias hidrográficas para argumentar que o território da Tchecoslováquia consiste em três dessas áreas: a bacia de Moldau-Elba, a bacia de Morava-Thaia e a bacia do Danúbio. A bacia de Morava-Thaia deu origem ao Estado da Grande Morávia, onde nasceu a nação da Tchecoslováquia no século VIII. Após a invasão húngara no século X, o território da Grande Morávia foi dividido, e o centro da nação

---

51 Dvorský, *Území československého národa*, p.63.
52 Moravec, *V úloze mouřenína*, p.36 e 53.
53 Ibid., p.61 e 268.

da Tchecoslováquia mudou-se para a bacia de Moldau-Elba, no noroeste, mais protegida pelas montanhas circundantes. O estado da Tchecoslováquia, com seu centro em Praga, no Moldau,[54] é "uma restituição do Estado da Grande Morávia da mesma forma que a atual Itália é uma restituição do Império Romano".[55]

Korčák usa os conceitos de "área tribal" (*kmenová oblast*) e "centro de ação" para aprofundar a argumentação de Dvorský. Enquanto o primeiro conceito se refere a uma área geográfica com uma longa continuidade de assentamentos humanos, em que se formou um grupo étnico distinto, o segundo se refere a uma área tribal delimitada com uma concentração especialmente alta de pessoas que emanam uma "energia geopolítica".[56] Os grandes impérios da história da Europa correspondem a esses centros de ação.

No entanto, a Europa Central, definida como a planície de aluvião do Danúbio central, nunca foi um "centro de ação" em si. Isso ocorre porque uma grande parte de seu território não combina com o restante.[57] Korčák afirma que a Planície de Alföld (a grande planície a leste do Danúbio, que contém a maior parte do atual território da Hungria) é completamente diferente das planícies europeias nas quais se localizam os centros de ação europeus. Geologicamente, ela é comparável às estepes asiáticas, que não são adequadas para uma vida sedentária baseada no cultivo da terra. Como resultado, a Planície de Alföld foi habitada por nômades que atrapalharam o progresso europeu por milênios.

A área tribal mais poderosa da Europa Central deu origem ao Grande Estado da Morávia. Este caiu após a invasão avariana[58] na Planície de Alföld, que dividiu a área tribal e é considerada por Korčák como "a maior perda geopolítica" da história da

---

54 Expressão em alemão para o rio Vltava. (N. T.)
55 Dvorský, op. cit., p.22.
56 Korčák, *Geopolitické z´zklady Československa: Jeho kmenové oblasti*, p.16-7 e 39-40.
57 Ibid., p.45-7.
58 No original, "*Avarian invasion*". (N. T.)

Tchecoslováquia.[59] Depois de 1918, a Tchecoslováquia integrou uma parte significativa da área tribal da Grande Morávia com as duas áreas tribais vizinhas (ao longo dos rios Elba e Danúbio), criando uma entidade geopolítica natural e restaurando o que havia sido destruído por Alföld um milênio antes.

Da mesma forma, Krejčí considera o Estado da Grande Morávia como a maior conquista da história tcheca: o Estado controlava rotas mercantis pan-europeias vitais e conseguia equilibrar a influência alemã por meio de contatos estreitos com o Império Bizantino.[60] A queda deste provocou vários efeitos adversos que moldaram o Estado tcheco por muitos séculos. Primeiro, o núcleo do Estado foi deslocado para noroeste da área tribal da Morávia, onde as condições haviam sido ótimas, para a Planície do Elba, a qual era mais difícil de controlar e consolidar. Segundo, os territórios tcheco e eslovaco foram divididos. Terceiro, a aliança húngaro-alemã isolou o Estado tcheco do Império Bizantino, tornando o Império Alemão o único foco da política tcheca.

Moravec deriva a centralidade do território tcheco a partir da sua localização em uma importante encruzilhada geopolítica. Três vias de pressão geopolítica se cruzam na Europa Central: uma do sul para o norte (romana), uma do norte para o sul (alemã) e uma do leste para o sudoeste (mongol, russa).[61] Ele considera Praga um centro político e militar para a Europa Central, apontando que aquele que domina a Boêmia também domina a Europa.[62] Em 1918, a Tchecoslováquia foi construída pelas potências ocidentais para servir como uma barreira contra a expansão alemã para o sudeste, atuando como guardiã, no Danúbio e no Elba, dos estreitos do Mar Negro e das bases aéreas britânicas no Oriente Médio.[63] Ela era para ser uma

---

59 Korčák, op. cit., p.101.
60 Krejčí, *Český národní zájem a geopolitika*, p.22-6.
61 Moravec, *V úloze mouřenína*, p.95.
62 Ibid., p.48.
63 Ibid., p.44.

suposta barreira estabelecida no "eixo da Eurásia", eixo este através do qual os não europeus costumavam penetrar na Europa (*Tatarský průsmyk*). Dessa forma, ele atribui à Tchecoslováquia três tarefas geopolíticas – enfrentar a pressão alemã no Ocidente, ser um posto eslavo avançado de defesa da Planície de Alföld e defender a área danubiana contra o comunismo do Oriente.[64]

A ameaça alemã

Os geopolíticos tchecos veem o conflito com a Alemanha como a questão principal da política nacional. Dvorský argumenta que a tensão tcheco-alemã é geograficamente inevitável, representando um choque entre um Estado marcado por bacias hidrográficas, cujos centros estão ao redor dos rios e suas fronteiras nas montanhas, e um Estado dorsal que ocupa as montanhas e tem suas fronteiras estabelecidas por vales. A esse respeito, ele afirma que a fronteira ocidental da Tchecoslováquia é o local de uma tensão inexorável entre a estratégia dorsal alemã (que busca traçar sua fronteira dentro da bacia Elbe-Moldau) e a estratégia assentada em bacias da Tchecoslováquia (que objetiva traçar a fronteira nas montanhas circundantes).

Korčák é ambíguo em relação a essa questão. Escrevendo no final da década de 1930, ele vê a Alemanha nazista como uma ameaça mortal para a Tchecoslováquia. Mas identifica a Alemanha com o centro de ação do Báltico, que é o mais jovem e dinâmico de todos os centros de ação europeus, sendo, portanto, uma fonte de inspiração para uma Europa mais dinâmica.[65] Nesse sentido, ele aprecia o papel histórico do então negativo Alföld, já que sua repetida interferência impediu a Europa Central de cair na armadilha ocidental

---

64 Ibid., p.77.
65 Korčák, *Geopolitické základy Československa: Jeho kmenové oblasti*, p.158.

da "afeminação da vida urbana" e do materialismo.⁶⁶ Isso torna a Europa Central "jovem" e semelhante à nova Alemanha.

Uma ambiguidade semelhante pode ser encontrada em Moravec. Por um lado, ele fala sobre a tragédia. Devido ao seu idealismo, a Tchecoslováquia não estava disposta nem era capaz de cumprir suas tarefas geopolíticas, o que a punha em desacordo com as demandas alemãs pelo espaço vital. Dessa forma, ela não foi capaz de resistir ao "sucesso da vontade alemã".⁶⁷ Por outro, ele argumenta que a experiência histórica da Tchecoslováquia ensinou-lhes que a inimizade com a Alemanha é prejudicial aos interesses nacionais. Portanto, os interesses tchecos devem sempre estar alinhados com os da Grande Alemanha.

Krejčí, por sua vez, é inequívoco. Ele identifica três orientações geopolíticas para a política externa tcheca – a alemã, a ocidental e a oriental –, e rejeita a orientação alemã, pois aponta que esta engloba uma ideologia pan-alemã e subordina a ela os interesses tchecos.⁶⁸ Em contraste, a tradição oriental é mais bem avaliada porque se baseia na grande conexão da Morávia com o Império Bizantino. Ela, eventualmente, acaba se resumindo a necessidade de buscar um aliado oriental (Rússia) contra a Alemanha. O bloco oriental, cimentado pela ideologia eslava ou pelo internacionalismo proletário, é considerado imbatível. A tradição ocidental é a segunda melhor e deve ser utilizada apenas quando a grande potência oriental for muito fraca ou quando ela se aliar à Alemanha.⁶⁹ Essa tradição também defende o equilíbrio contra a Alemanha, mas o faz procurando aliados ocidentais para além da Alemanha. Assim, ele rejeita a divisão da Tchecoslováquia, a qual, inevitavelmente, empurra a República Tcheca para a órbita alemã. Esse impulso é exacerbado por

||||||||||||
66 Ibid., p.160.
67 Moravec, *V úloze mouřenína*, p.176.
68 Krejčí, *Český národní zájem a geopolitika*, p.120.
69 Ibid., p.121.

elites políticas imprudentes que negam a orientação eslava do país, sofrem de uma russofobia e confiam nas potências ocidentais, que ou são muito fracas (França e Grã-Bretanha), ou ignoram a ameaça do domínio alemão (Estados Unidos).

Os frágeis ressurgimentos da geopolítica após 1989

O discurso político tcheco sofreu recentemente dois ressurgimentos da geopolítica: um de curta duração, relacionado à queda da Tchecoslováquia (1992-1993); e outro recente, causado pela participação tcheca no sistema norte-americano de defesa antimísseis (2006-2008). Nenhum deles tem conexão com a tradição do pensamento geopolítico tcheco já mencionada, cujo representante atual mais importante, Krejčí, permaneceu marginalizado nos discursos acadêmicos e políticos nacionais. Por outro lado, os ressurgimentos da geopolítica estão ligados à entrada de neoliberais de direita no governo tcheco (1992 e 2006) e à insegurança ontológica provocada, primeiro, pelo nascimento de um novo Estado e, segundo, por contendas entre Estados Unidos e Rússia.

A economia neoclássica que molda a visão de mundo neoliberal não é facilmente reconciliável com o determinismo geográfico da geopolítica. Portanto, esses ressurgimentos não se baseiam em nenhum raciocínio geopolítico formal e ocorrem apenas no nível prático. Isso pode explicar a fragilidade e a limitada influência do raciocínio geopolítico tcheco.

Além disso, essa geopolítica prática difere da geopolítica tcheca tradicional em dois aspectos importantes. Primeiro, o território tcheco não recebe nenhum papel especial. Pelo contrário, sua marginalidade é enfatizada. Segundo, nem a ameaça alemã ou um relacionamento com a Alemanha são salientados. Em vez disso, são enfatizadas a ameaça e a instabilidade russa na Europa Oriental e Meridional.

A queda da Tchecoslováquia

O primeiro ressurgimento ocorreu quando a crise do Estado da Tchecoslováquia se aprofundou, no início dos anos 1990, e o *mainstream* antigeopolítico moldado por Havel foi desafiado por argumentos geopolíticos. Após as eleições de 1992, os ex-dissidentes que cercavam Václav Havel foram sucedidos por economistas neoclássicos liderados por Václav Klaus, os quais estavam mais abertos ao raciocínio geopolítico do que a elite dissidente anterior. Porém, seu breve uso da geopolítica pode ser explicado pela necessidade de se diferenciar da elite anterior, a qual criticaram por negligenciar os interesses tchecos e por insistir em manter a Tchecoslováquia unida. Portanto, sua geopolítica surgiu como uma negação da antigeopolítica de Havel, fornecendo ainda uma justificativa para a divisão da Tchecoslováquia.

Em 1992-1993, os discursos do primeiro-ministro, Klaus, e do ministro das Relações Exteriores, Josef Zieleniec, frequentemente se baseavam em uma variedade de argumentos geopolíticos. Esse novo discurso se conformou em oposição à tradição antigeopolítica tcheca. Assim, Klaus não apenas criticou Havel pelo seu idealismo, mas também repreendeu Masaryk, censurando-o por se concentrar demais em uma teoria normativa sem defender o interesse nacional.[70] Mas ele não forneceu nenhuma definição geopolítica do interesse nacional. Como antes, o principal objetivo político permaneceu sendo o "retorno à Europa", significando uma transição para a democracia e com uma economia de mercado e a integração na UE e na Otan.

Embora o ministro das Relações Exteriores enxergasse a geopolítica como "o fator mais importante da formulação da política externa",[71] as declarações geopolíticas geralmente não passavam de uma questão de conveniência política. Por exemplo, elas ajudaram a

---

70 Klaus, *Masaryk a jeho obraz v dnešní české společnosti*. Speech at the conference T. G. Masaryk, idea demokracie a součansne evropanstvi.
71 Zieleniec, Rozhovor ministra zahraniči Josefa Zieleniece pro Hospodařske noviny – Dva staty, dvě diplomacie, *Česka zahraniční politika – dokumenty*, v.40, n.1.

justificar a divisão da Tchecoslováquia e a demonstrar que os tchecos pertencem ao Ocidente. Dessa forma, alegou-se que, após a divisão, a República Tcheca se reorientou para o Ocidente, perdendo contato com os espaços pós-soviéticos e danubianos, e tornando-se, assim, um Estado mais estável e mais transparente para o Ocidente.[72] Da mesma forma, nessas declarações geopolíticas, enfatizava-se, por diversas vezes, que os tchecos "fizeram parte da Europa Ocidental por mil anos, com exceção de quarenta anos",[73] o que é ocasionalmente apoiado pela alegação contestável de que o cristianismo veio de Roma, e não do Império Bizantino.[74] Assim, o discurso não se deteve em nenhuma especificidade geopolítica da Europa Central. Pelo contrário, o território tcheco não foi representado como tendo algum significado particular, exceto pelo fato de pertencer ao Ocidente. A orientação ocidental da geopolítica oficial também incluía boas relações com a Alemanha, que Klaus via como a base da existência nacional tcheca.[75]

A geopolítica oficial também teve algum apoio na academia. Bořek Hnízdo, professor de geografia política na Charles University, que apresentou as teorias geopolíticas anglo-americanas aos estudantes e pesquisadores tchecos,[76] forneceu vários argumentos geopolíticos que apoiavam a política oficial sem, todavia, integrá-los em uma teoria geopolítica formal. Dessa forma, ele argumentou que a República Tcheca está na Europa Central independentemente de como a região seja definida e que, devido à sua localização, a Europa

---

72   Id., Rozhovor Národní obrody s ministrem mezinárodních vztahů ČR Josefem Zieleniecem – Aj po rozvode si ostaneme blizki, *Československa zahraniční politika – dokumenty*, v.39, n.10; e Id., Rozhovor ministra zahraniči Josefa Zieleniece pro Hospodařske noviny, op. cit.
73   Zieleniec, Rozhovor ministra mezinárodních vztahů ČR Josefa Zieleniece v Praci, *Československa zahraniční politika – dokumenty*, v.39, n.9.
74   Klaus, Z projevu ministerskeho předsedy Vaclava Klause v Budči (26 September), *Československa zahraniční politika – dokumenty*, v.39, n.9.
75   Ibid.
76   Hnízdo, *Mezinárodní perspektivy politických regionů*.

Central deve ser incluída em qualquer esquema de integração pan-europeia.[77] De modo similar, ele argumentou que a inclinação comunista oriental da Tchecoslováquia era incomum na história tcheca e que foi a Eslováquia que atraiu as terras tchecas para o leste. Portanto, a divisão da Tchecoslováquia foi benéfica ao trazer o país para o Ocidente. A esse respeito, ele argumentou que a construção de um novo oleoduto vindo da Alemanha e as conexões com as redes rodoviárias da Europa Ocidental provavelmente facilitariam uma "transição geopolítica" da República Tcheca de um país da "Europa Oriental" para um país "Europa Ocidental".[78]

Apesar disso, a geopolítica forneceu apenas arcabouços ocasionais para o discurso oficial, sem deixar nenhum impacto permanente. Isso pode ser explicado pelo fato de que a geopolítica da nova elite não estava inserida em nenhum modo mais sistemático de pensamento geopolítico. Pelo contrário, sua teoria social preferida adveio da economia neoclássica.[79] Por várias razões, o neoliberalismo, baseado na economia neoclássica, está muito mais próximo da antigeopolítica do que da geopolítica.

Primeiro, o mundo neoliberal é o mundo dos agentes econômicos (indivíduos e empresas) que se reúnem nos mercados nos quais, graças à mão invisível, eles enriquecem. Os agentes políticos podem fornecer regulamentos úteis, mas eles geralmente perturbam a eficiência dos mercados. Em contraste, o mundo geopolítico consiste em agentes políticos (Estados) cuja conduta é determinada pela geografia e na qual suas relações são estabelecidas por meio de uma luta

|||||||||||
77 Ibid., p.85.
78 Ibid., p.96.
79 Drulák, Probably a Problem-Solving Regime, Perhaps a Rights-Based Union: European Integration in the Czech and Slovak Political Discourse, in: Sjursen (Org.), *Questioning EU Enlargement: Europe in Search of Identity*; Drulák e Königová, The Czech Republic: from Socialist Past to Socialized Future, in: Flockhart (Org.), *Socializing Democratic Norms: the Role of International Organizations for the Construction of Europe*.

de soma zero na busca por território. Segundo, os neoliberais geralmente não se preocupam com a geografia. Ela é apenas mais uma das múltiplas possíveis fontes de vantagens comparativas sem nenhum papel decisivo. Para os geopolíticos, a geografia é a única vantagem ou desvantagem que efetivamente importa. Terceiro, o herói neoliberal é um indivíduo livre e inventivo. A geopolítica lida com os territórios e as grandes coletividades por eles determinadas.

Ainda assim, uma ênfase compartilhada na competição pode fornecer um possível ponto de encontro entre a geopolítica e o neoliberalismo, e nos explicar por que os neoliberais eram mais abertos à geopolítica do que a elite anterior. No entanto, é óbvio que cada uma dessas correntes de pensamento aborda um tipo muito diferente de competição. Enquanto a geopolítica se debruça sobre um jogo de soma zero entre coletividades políticas, os neoliberais enfatizam um jogo de soma positiva entre indivíduos econômicos, o que torna frágil qualquer aliança entre a geopolítica e o neoliberalismo.

Klaus e seus colegas acreditavam na singularidade tcheca. Mas eles não derivavam essa singularidade de nenhuma categoria geopolítica (como posição geográfica ou tradição cultural). Eles a derivavam a partir daquilo que viam como o sucesso inquestionável de suas reformas em direção ao livre mercado, acreditando que elas deveriam inspirar o resto do mundo. Segundo sua perspectiva, eles não deveriam apenas orientar os países pós-comunistas em sua transformação; as economias sociais de mercado da Europa também seriam instadas a seguir o modelo tcheco e, consequentemente, desregular suas economias. Portanto, o pensamento geopolítico era bastante reduzido, enquanto a abordagem da economia neoliberal definia o senso comum do período.

A defesa antimísseis dos Estados Unidos

Após as eleições de 2006, um novo governo de direita informou ao público que a administração anterior, liderada por social-democratas, havia respondido favoravelmente a uma oferta norte-americana e iniciado consultas secretas sobre a participação tcheca no sistema norte-americano de defesa contra mísseis balísticos. Ambos os governos exploraram a possibilidade de situar um ou dois elementos desse sistema no território tcheco. Uma vez tornado público, o projeto foi recebido com opiniões públicas negativas, e os social-democratas, agora em oposição, o rejeitaram.

O projeto também acabou dividindo a coalizão governante, obtendo o apoio de parte dominante dos neoliberais de direita, mas sendo, ao mesmo tempo, criticado por seus parceiros mais novos e em início de carreira. Eventualmente, o governo apoiou o projeto sob a condição de que o sistema de defesa antimísseis se transformasse em um projeto multilateral da Otan, em vez de ser apenas uma iniciativa norte-americana com a participação adicional de alguns países. Apesar disso, em 2008, foi assinado um tratado bilateral entre os Estados Unidos e a República Tcheca que estabeleceria uma estação de radar antimísseis norte-americana na República Tcheca. Porém, no momento da assinatura, o tratado não tinha apoio suficiente no Parlamento tcheco, e sua ratificação foi repetidamente adiada. Em 2009, o novo governo Obama entendeu que os Estados Unidos não estavam mais interessados no projeto, e o tratado não ratificado se tornou história.

Embora o projeto de defesa antimísseis tenha fracassado, seu discurso é revelador. A argumentação dos neoliberais tchecos atlantistas pela participação do país no projeto do sistema de defesa antimísseis fornece uma visão interessante sobre o mais recente renascimento da geopolítica.[80] Ao contrário do ressurgimento geopolítico anterior, que ocorreu de forma pública e pôde ser documentado com referências ricas a discursos de líderes políticos, esse ressurgimento foi, em

---

80 Drulák, Qui decide la politique etrangere tcheque? Les internationalistes, les européanistes, les atlantistes ou les autonomistes?, *La Revue Internationale et Strategique*, v.61.

sua grande maioria, observável em conversas privadas e discussões extraoficiais com formuladores de políticas.

À primeira vista, os argumentos para a presença do radar norte-americano na República Tcheca não eram realmente geopolíticos. A participação tcheca no projeto de defesa antimísseis foi justificada enquanto uma contribuição do país para a melhoria das relações transatlânticas, cujos bons termos eram essenciais para a liberdade e a democracia no mundo. Além disso, o sistema de defesa antimísseis foi apresentado como puramente defensivo e sem apresentar nenhuma ameaça para qualquer outro país. Ademais, tal sistema proporcionaria segurança a uma série de outros Estados, e os europeus deveriam aproveitar a oportunidade oferecida pela disponibilidade norte-americana para pagar por ele. Por fim, essa iniciativa faria parte dos sistemas de defesa da Otan e poderia contribuir para o revigoramento dessa instituição essencial, mas em dificuldades.[81] Assim, até certo ponto, a participação tcheca poderia ter sido justificada por meio de uma narrativa antigeopolítica, e era essa lógica que vinha sendo empregada no discurso público tcheco.

A tecnologia do sistema possuía, contudo, claras implicações geográficas. Ele deveria proteger um território notadamente delimitado na parte norte da Europa contra possíveis ataques oriundos da região do Oriente Médio. Essa divisão foi baseada em considerações geopolíticas sobre qual território precisava ser protegido e qual território precisava ser contido.

Mas essa divisão geopolítica e as ameaças do Oriente Médio eram irrelevantes no pensamento dos atlantistas tchecos. Eles abraçaram um tipo muito diferente de geopolítica. Para eles, a principal justificativa na inclusão da República Tcheca no sistema de defesa antimísseis era a proteção contra a expansão russa. Uma instalação

---

81 Id., Wozu die Raketenabwehr gut ist, *Financial Times Deutschland*, disponível em: <www.ftd.de/politik/international/gastkommentar-wozu-die-raketenabwehr-gut--ist/182120.html>, acesso em: 1 dez. 2011.

militar norte-americana na República Tcheca era uma prova clara do compromisso dos Estados Unidos em defender o território tcheco, muito embora os Estados Unidos não se importassem com isso. A visão desses atlantistas sobre o mundo era sombria. Acreditavam em um renascimento das ambições imperialistas russas desde a subida de Putin, as quais não poderiam ser contidas por uma União Europeia enfraquecida ou por potências europeias apaziguadoras. A própria Otan estava se tornando cada vez menos eficiente e não podia fornecer uma garantia para a segurança tcheca. A única esperança seria um envolvimento norte-americano direto no território da República Tcheca. Nesse sentido, o propósito dos Estados Unidos com a instalação do sistema era secundário. A única questão que de fato importava era que tal sistema configurava um elemento estratégico norte-americano, cuja localização na República Tcheca aumentava o valor estratégico do território tcheco aos olhos dos Estados Unidos.

Essa visão foi raramente apresentada em público. Ainda assim, diversos indicadores nos apontaram para ela. Jan Zahradil, membro do Parlamento Europeu e um dos principais neoliberais especialistas em política externa, argumentou que a participação tcheca no sistema antimísseis era a decisão de política externa mais importante desde 1989, mais importante do que a adesão à Otan ou à UE.[82] Alexandr Vondra, vice-primeiro-ministro e o homem forte na elaboração da política externa da República Tcheca, justificou seu apoio ao projeto apontando para "a experiência histórica tcheca no espaço entre a Alemanha e a Rússia", referindo-se a uma "realidade geográfica" que "não pode ser alterada".[83] Nesse sentido, ele alertou contra o "vácuo de poder" na Europa Central, que havia causado problemas no passado. Discussões extraoficiais permitiram que políticos elaborassem melhor essas ideias. Altas autoridades argumentaram que a

---

82 Haslingerová, Samostatnou zarhanični politiku musime branit zuby nehty, *Fragmenty*, disponível em: <www.fragmenty.cz/iz00014.htm>, acesso em: 19 jun. 2008.
83 Alexandr Vondra, Parlamento da República Tcheca, 29 nov. 2007.

República Tcheca estava em uma "terra de ninguém" (apesar de ser membro da UE e da Otan) e que a Rússia estava aguardando para aproveitar a oportunidade de afirmar seus interesses no país. Portanto, a Rússia precisava ser "equilibrada" e "mantida dentro de suas fronteiras", e a instalação do radar norte-americano era vista como o ato necessário para produzir esse equilíbrio. Parecia ser um senso comum entre os formuladores de política externa da República Tcheca que "a geopolítica retornou".

Por que o ressurgimento da geopolítica foi escondido do discurso público e o que o causou? A relutância em usar mais abertamente os argumentos geopolíticos estava relacionada com o *mainstream* antigeopolítico. Por exemplo, as observações do vice-primeiro-ministro, Vondra, foram proferidas em um debate parlamentar sobre sua apresentação na Heritage Foundation, e ele foi imediatamente repreendido pelo presidente do Comitê de Relações Exteriores por abraçar "a visão da Europa do século XIX".[84] Portanto, argumentos geopolíticos não foram facilmente aceitos no discurso político tcheco, o que ajuda a explicar a natureza semioculta desse ressurgimento. Além disso, como argumentado, embora exista um terreno retórico comum entre a geopolítica e o neoliberalismo, tal interseção é bastante limitada do ponto de vista conceitual. Portanto, é difícil apresentar uma argumentação geopolítica coerente sem abandonar os princípios neoliberais.

Entre as possíveis causas do renascimento da geopolítica, três são especialmente importantes. Primeiramente, a Rússia se tornou mais assertiva sob o governo de Putin, sobretudo ao usar suas exportações de petróleo e gás como uma arma política, além da sua agressiva reação perante as negociações EUA-República Tcheca sobre o sistema de defesa antimísseis, ao prometer direcionar seus mísseis contra o radar. A nova assertividade russa deu origem a sentimentos de ansiedade ontológica na República Tcheca. Além disso, a elite atlantista

---

84 Jan Hamáček, Parlamento da República Tcheca, 29 nov. 2007.

de política externa que chegou ao poder em 2006 havia sido mais sensível à ameaça russa do que seus antecessores, e mais aberta à argumentação geopolítica.

Por fim, a retórica geopolítica foi importada, literalmente, de amigos e inimigos. Quanto aos amigos, as implicações geográficas do sistema de defesa antimísseis obviamente convidam a uma reflexão geopolítica. Em relação aos inimigos, a Rússia usou a retórica geopolítica por algum tempo. Os atlantistas tchecos acreditavam combater a percepção geopolítica russa de que os antigos países do Pacto de Varsóvia representavam uma área ainda sensível à Rússia. Eles desafiaram essa percepção aceitando a estrutura russa de raciocínio geopolítico, dentro da qual argumentavam que a fronteira da influência russa precisava ser empurrada o máximo possível para o Oriente. Eles consideraram ingênuo o desafio antigeopolítico a essa argumentação, o qual enfatizava parcerias que tornariam as fronteiras elementos cada vez menos relevantes.

O institucionalismo contestado e a geopolítica irrelevante

A geopolítica tem desempenhado um papel limitado no discurso político e acadêmico tcheco desde os anos 1990. Após os seus modestos ressurgimentos em 1992-1993 e em 2006-2008, ela desapareceu. A principal mensagem do primeiro ressurgimento foi que a República Tcheca é mais ocidental do que outros países pós-comunistas porque conseguiu sair do caos do Danúbio. Isso poderia ter sido uma boa publicidade na época, mas se tornou redundante quando a maioria dos países do Danúbio também foi convidada para a Otan e a UE. A principal mensagem do segundo reavivamento foi que um radar norte-americano era, para os tchecos, uma âncora mais importante para a segurança e a prosperidade ocidentais do que a Otan ou a UE, o que era uma declaração muito controversa para ser discutida em público.

O debate político geral foi marcado pelo conflito entre dois tipos de liberalismo: o liberalismo de direita de Václav Klaus e o liberalismo de esquerda de Václav Havel, o qual foi, em certa medida, assumido pelos social-democratas desde o final dos anos 1990. Suas perspectivas sobre a política internacional diferem em alguns aspectos importantes. Enquanto o primeiro enfatiza o papel das forças autorreguladoras do mercado em todas as atividades humanas e é cético em relação a qualquer tentativa internacional ou supranacional de regulamentação ou institucionalização, o segundo argumenta que as normas internacionais, tanto universais quanto regionais, precisam ser aprimoradas e desenvolvidas por instituições internacionais e supranacionais. Esse debate teve implicações importantes para o pensamento tcheco sobre a UE e outras instituições internacionais. Os liberais de direita tendem a vê-las como burocracias desajeitadas que, em geral, criam mais problemas do que resolvem. Os liberais de esquerda as consideram os únicos agentes legítimos de ação internacional.

Contudo, independentemente do quão contestado seja o institucionalismo internacional entre direitistas e esquerdistas, nenhum deles abraça argumentos geopolíticos. O debate se situa entre, por um lado, o lucro e, por outro, os direitos humanos e sociais. Não se atribui à geografia nenhum papel especial nessa discussão. O mesmo vale para a pesquisa e o discurso acadêmico, que se concentram em reformas, procedimentos e políticas institucionais, e não na dimensão espacial da política internacional.

Isso não é surpreendente. Uma breve revisão do pensamento geopolítico tcheco de Dvorský, Korčák, Moravec e Krejčí mostrou que esse tipo de geopolítica é especialmente difícil de conciliar com o respeito pela democracia e pelo direito internacional que constitui o pensamento político tcheco pós-1989. Nenhum dos ressurgimentos se inspirou nessa tradição antidemocrática e, portanto, não houve conflito com a democracia ou com o direito internacional. Em vez disso, eles contavam com uma geopolítica neoliberal um tanto contraditória, a qual não desenvolveu conceitos alternativos e permaneceu no nível superficial de declarações políticas ou mesmo das declarações semiprivadas.

Conclusões

A crise de identidade de política externa parece fornecer uma explicação plausível para os ressurgimentos da geopolítica. A geopolítica tcheca normalmente se afirma em tais condições de crise, e a posição da República Tcheca no mapa deve servir como um guia nesses períodos difíceis. Os geopolíticos acadêmicos enfatizam a localização única das terras tchecas e eslovacas como uma porta de entrada para a área do Danúbio, onde importantes pressões expansionistas do Ocidente e do Oriente tendem a se encontrar e colidir ao longo da história. Com base nisso, eles chamam a atenção para o Estado da Grande Morávia, que foi a primeira entidade política semelhante ao Estado moderno na região e que é tradicionalmente considerada a origem do Estado tcheco. A geopolítica tem sido, portanto, uma importante corrente implícita no imaginário de segurança tcheco, sucumbindo a breves momentos de predominância em tempos de turbulência e insegurança notórias (1918, 1938, 1992, 2007).

No entanto, em fases de estabilidade, prevalece a dimensão antigeopolítica do imaginário de segurança tcheco, enfatizando a liberdade, a responsabilidade e a agência, em detrimento de restrições deterministas de tipo geopolítico. Assim, Palacký e Masaryk enfatizam o movimento hussita medieval, interpretando-o como uma força protodemocrática que serve de inspiração para o futuro. Nejedlý usa a mesma lógica ao interpretar os hussitas como protocomunistas. Havel, que, no final do século XX, desconfiava de grandes generalizações históricas, busca algo mais imediato e considera a Revolução de Veludo como um triunfo da liberdade e da democracia sobre a tirania, o que também constitui seu legado político. Até Klaus, cujo neoliberalismo o posiciona, de certa forma, distante da geopolítica e da antigeopolítica, enfatiza a reforma econômica tcheca, considerando essa transição de uma economia centralizada para uma economia de livre mercado como sendo sem precedentes e única na história da humanidade. A força da antigeopolítica na tradição intelectual tcheca pode nos ajudar a entender por que os ressurgimentos geopolíticos tiveram uma vida tão curta nesse país.

Curiosamente, o próprio evento 1989 não trouxe quase nenhum ressurgimento geopolítico. O discurso público foi dominado pelos vencedores da Revolução de Veludo, que viram o fim da Guerra Fria não como sua própria crise, mas como a crise de seu inimigo. Dessa forma, 1989 serviu para a construção e reivindicação da sua ênfase antigeopolítica nos princípios da liberdade e da agência. Por outro lado, alguns dos perdedores da Revolução de Veludo, que, em uma certa medida, desapareceram do discurso público em 1990, se aproximaram da geopolítica, e seus argumentos chamaram atenção durante a desintegração da Tchecoslováquia, dois anos depois.

5. O TEMA QUE NÃO OUSA FALAR O SEU NOME: *GEOPOLITIK*, GEOPOLÍTICA E A POLÍTICA EXTERNA ALEMÃ DESDE A UNIFICAÇÃO

Andreas Behnke

O OBJETIVO DESTE CAPÍTULO é rastrear o surgimento de um novo imaginário de segurança no discurso de política externa da Alemanha durante os anos 1990 e determinar se ele constituiu um retorno da *Geopolitik* na elaboração da política externa alemã. O reaparecimento de termos e expressões geopolíticas nos discursos oficiais e acadêmicos da Alemanha pós-unificação indicaria o retorno da *Geopolitik*? Os críticos da política externa de Schröder/Fischer acusaram o governo de abandonar a orientação tradicional da política externa alemã que se baseava em uma "política civilizadora" (*Zivilisierungspolitik*) em favor de uma "política de poder" (*Machtpolitik*)[1] e de retornar a cálculos geopolíticos

---

1 Hellmann, "... um diesen deutschen Weg zu Ende gehen zu konnen": Die Renaissance machtpolitischer Selbstbehauptung in der zweiten Amtszeit der Regierung Schroder-Fischer, in: Egle e Zohlnhofer (Orgs.), *Ende des rot-grunen Projektes: Eine Bilanz der Regierung Schroder 2002-200*.

(dominados pelos Estados Unidos) com a participação da Alemanha na intervenção do Kosovo em 1999.[2]

As questões norteadoras deste capítulo são, portanto: em que medida a política externa dos governos pós-unificação na Alemanha mostrou um afastamento das orientações de política externa da República Federal da Alemanha antes da unificação; e até que ponto podemos discernir um novo imaginário de segurança definido em termos geopolíticos nesse novo paradigma? O capítulo argumentará que as alegações sobre o retorno da *Geopolitik* não podem ser sustentadas. Apesar da retórica do governo alemão ter se alterado durante os anos 1990, isso não produz um imaginário de segurança geopolítico coerente que se oponha diametralmente à definição de espaços políticos e institucionais veiculada pela *Bonner Republik*. A *Berliner Republik* (República Berlinense) não experimentou um renascimento do discurso tradicional alemão da *Geopolitik* na primeira metade do século XX, ou a articulação de uma versão neoclássica da geopolítica, conforme definido por Guzzini no Capítulo 2. Em vez disso, foi a existência de uma poderosa narrativa de continuidade histórica e reconhecimento para a Alemanha que tornou a *Geopolitik* irrelevante. Com o tempo, foi a insistência alemã na continuidade diante de mudanças radicais no ambiente político global que levou a tensões entre a Alemanha e seus aliados, e a uma rearticulação do imaginário de segurança alemão em resposta a essas mudanças.

Uma nota sobre metodologia

Dada a ausência de qualquer (re)articulação significativa da *Geopolitik* ou da geopolítica neoclássica, este capítulo se baseia em uma metodologia um pouco diferente da utilizada nos outros capítulos

---

2 Bittermann e Deichmann (Orgs.), *Wie Dr. Joseph Fischer lernte, die Bombe zu lieben*; Elsässer, *Nie wieder Krieg ohne uns. Das Kosovo und die neue deutsche Geopolitik*.

deste volume. O *process tracing* descrito na introdução deste livro será substituído por uma investigação sistemática do imaginário de segurança dominante que "inoculou" as elites políticas da Alemanha pós-Guerra Fria contra as tentações intelectuais da *Geopolitik*. Além disso, a análise foi estendida para além dos anos 1990 e até os anos 2000, a fim de incluir o novo discurso de política externa do governo Schröder/Fischer, que chegou ao poder em 1998. Como observado antes, vários críticos acusaram a nova administração de uma mudança em direção a uma política de poder e retorno à *Geopolitik*. Por fim, a análise é dividida em três níveis, a fim de capturar qualquer articulação da geopolítica em diferentes contextos. Mesmo na ausência de uma "cultura" geopolítica coerente em termos de política externa, discursos, artigos ou publicações de acadêmicos ou políticos podem apontar para uma contranarrativa geopolítica que deve ser investigada em termos do seu potencial crítico ou dissidente. Essas três modificações metodológicas servem ao objetivo de aumentar ao máximo nosso escopo de análise e sustentar nossa hipótese sobre a ausência de um renascimento da geopolítica na Alemanha pós-Guerra Fria.

O próprio conceito de *Geopolitik* desempenha um papel específico no discurso da política externa alemã da década de 1990. Embora a lógica da geopolítica seja reconhecida como relevante na formulação de políticas, falar em *Geopolitik* permanece problemático, se não proibido. Ainda em 2002, Karsten Voigt, então coordenador da área de cooperação germano-americana no Ministério das Relações Exteriores da Alemanha, reitera esse embargo linguístico imposto a uma característica inerente à formulação de políticas externas ao introduzir um tema, a saber, "a geopolítica [*Geopolitik*], que, desde o fim da Segunda Guerra Mundial, não seria chamada por esse nome na Alemanha".[3] A dificuldade em traduzir de maneira

---

3 Voigt, "Die deutsch-franzosischen Beziehungen und die neue *Geopolitik*" – Rede von Karsten D. Voigt, Koordinator für die Deutsch-Amerikanische Zusammenarbeit im

correta a afirmação de Voigt já ilustra o próprio problema existente no coração da imaginação geográfica alemã. Claramente, a geopolítica é relevante, mas a *Geopolitik*, seu nome em alemão, não deve ser mencionada.

Essa tensão entre, por um lado, um discurso oficial que rejeita a *Geopolitik* e, por outro, um conhecimento político que se baseia na geopolítica sugere a existência de diferentes níveis de imaginação geopolítica. Como demonstra o caso alemão, o embargo imposto ao conceito da *Geopolitik* em um nível pode, por vezes, ser questionado em outro nível como resposta a uma percebida necessidade de redefinir a estrutura espacial da política internacional e de articular uma nova estrutura para a geopolítica europeia em resposta ao fim da antiga ordem bipolar.

Podemos pensar nas espacializações de poder, interesses e identidades nacionais em termos de "imaginários de segurança". Um imaginário de segurança é definido como "uma estrutura de significados e relações sociais a partir da qual são criadas representações ou uma perspectiva sobre o mundo das relações internacionais". Por meio de tais imaginários, "a totalidade do mundo particular a uma sociedade é compreendida de um modo que é determinado a partir de elementos estabelecidos praticamente, afetivamente e mentalmente, [de forma] que um sentido articulado é imposto sobre esse imaginário".[4] Um imaginário de segurança fornece a "matéria bruta cultural" a partir da qual são formados interesses, identidades e relações entre Estados.

O conceito de "imaginário de segurança" é útil para estabelecer a natureza "construída" das identidades e interesses nacionais, e

Auswartigen Amt, im Rahmen des Deutsch-Franzosisches Seminars der Association Jean Monnet, disponível em: <www.auswaertiges-amt.de/diplo/de/Infoservice/Presse/Reden/Archiv/2002/020705-DtFrBeziehungen.html>, acesso em: 12 jan. 2005.

4 Weldes, *Constructing National Interests: the United States and the Cuban Missile Crisis*, p.10; citando Castoriadis, *The Imaginary Institution of Society*, p.145.

para estudar suas transformações discursivas em momentos de crise, como o fim da Guerra Fria. Para os propósitos deste capítulo, no entanto, ele precisa ser alterado, a fim de dar conta da peculiaridade do discurso alemão sobre a *Geopolitik*/geopolítica. Em particular, a tensão entre a rejeição oficial de qualquer referência à *Geopolitik*, o reconhecimento da relevância geral de categorias espaciais ou geopolíticas, bem como o surgimento renovado de referências explícitas a ela em partes do discurso acadêmico nas décadas de 1980 e 1990, sugere a necessidade de um esquema analítico que nos permita abordar a relevância das imaginações geopolíticas sem reduzi-las a instâncias históricas e ideológicas específicas, como no contexto alemão das décadas de 1920 e 1930, e ser analiticamente abertos a articulações mais amplas da geopolítica. Portanto, é útil recorrer a um modelo desenvolvido por Gearóid Ó Tuathail,[5] que descreve três níveis analíticos.

As premissas ontológicas sobre a política internacional e a soberania espacial dos Estados e suas consequências estão localizadas no nível básico. O nível intermediário, ou *meso*, refere-se a enraizados discursos nacionais que sustentam o discurso político e acadêmico. Aqui encontramos a *Cultura Geopolítica*, a qual contém as interpretações do Estado enquanto ator de política externa nos assuntos mundiais e a cultura comunicacional na formulação da política externa. Esse nível também abrange as *Tradições Geopolíticas*, ou seja, escolas históricas da teoria e da prática em política externa. E, finalmente, no nível fenomenal ou micro, encontramos histórias, narrativas e atos de fala específicos dos formuladores de política externa sobre identidade e segurança nacionais.

O valor analítico desse modelo para o caso alemão é que ele oferece uma estrutura teórica dentro da qual a relevância geral da geopolítica pode ser conciliada com o tabu imposto a conceitos

----

5 Ó Tuathail, Geopolitical Structures and Cultures: towards Conceptual Clarity in the Critical Study of Geopolitics, in: Tchantouridze (Org.), *Geopolitics: Global Problems and Regional Concerns*.

particulares. Como o nível básico indica, qualquer política externa e internacional é geopolítica, pois o sistema internacional é constituído como uma estrutura espacial.

No nível intermediário, podemos localizar os debates acadêmicos ou intelectuais sobre política externa e suas respectivas referências a espacializações particulares em política externa, entre elas as que se referem à tradição particular da *Geopolitik*, ou aquelas que podem ser caracterizadas mais amplamente como geopolítica neoclássica. É importante fazermos um esclarecimento conceitual neste momento: com *Geopolitik*, refiro-me à versão ou à tradição particular da geopolítica surgida na Alemanha após a Primeira Guerra Mundial, geralmente associada ao nome de Karl Haushofer. A *Geopolitik* é, portanto, uma versão específica da geopolítica, localizada no nível intermediário. Deve-se enfatizar que essa tradição é apenas uma entre várias "geografias" relevantes para a análise das políticas externas alemãs. Assim, a *Geopolitik* não passa de uma forma específica de inscrever uma ordem espacial nas contingências da política internacional, caracterizada por suposições ontológicas e epistemológicas particulares.

Por fim, no nível micro, encontramos os "Discursos Geopolíticos", ou seja, histórias, narrativas e atos de fala específicos vindos dos formuladores de política externa sobre identidade e segurança nacionais. Nesse nível ocorre a representação oficial da identidade e do espaço. Sua relação com o nível intermediário precisa ser conceituada em termos contingenciais. Em teoria, o discurso do nível intermediário pode estar em consonância com (ou contradizer o) discurso do nível micro. Dessa forma, durante a maior parte da Guerra Fria, o discurso geopolítico alemão foi definido por uma relação isomórfica entre os níveis intermediário e micro, produzindo entre eles um acordo sobre a invalidade dos conceitos e estratégias associados à *Geopolitik* tradicional.[6]

---

6 Esse consenso foi minado durante um curto espaço de tempo pelos *Historikerstreit* dos anos 1980.

A análise a seguir concentrar-se-á na relação entre o nível micro e intermediário no discurso de política externa alemã, desde a unificação até o final do governo Schröder/Fischer em 2005. O período em investigação compreende a transição da *Bonner Republik* para a *Berliner Republik* e a reformulação da política externa alemã para uma política externa com uma ênfase maior na identidade e nos interesses nacionais alemães do que antes. Essa transição foi identificada e mapeada por vários estudiosos.[7] Nosso interesse aqui é o papel da imaginação geopolítica, em geral, e da *Geopolitik*, em particular, nessa transição.

O nível intermediário I: relendo a *Geopolitik* após o fim da Guerra Fria

Com o fim da Guerra Fria e a unificação alemã, a "infeliz existência" da *Geopolitik* que a havia condenado ao silêncio e à insignificância[8] terminou. "Desde então, o papel geopolítico da Alemanha na Europa tem sido cada vez mais um tópico de debate aberto na arena política e pública".[9]

A observação de Reuber e Wolkendorfer é, em linhas gerais, correta, mas acaba por simplificar a discussão ao condensar uma década em um breve resumo. A década de 1990 testemunhou uma evolução discursiva em relação ao transcurso histórico da *Geopolitik* que merece ser analisada com mais detalhes. Começarei, portanto,

---

7 A melhor análise geral é de Hellmann, Rekonstruktion der "Hegemonie des Machtstaates Deutschland unter modernen Bedingungen"? Zwischenbilanzen nach zehn Jahren neuer deutscher Ausenpolitik, mimeo, disponível em: <www.soz.uni-frankfurt.de/hellmann/mat/hellmann-halle.pdf>, acesso em: 1 dez. 2011.
8 Reuber e Wolkersdorfer, The Transformation of Europe and the German Contribution: Critical Geopolitics and Geopolitical Representations, *Geopolitics*, v.7, n.1, p.59, nota 24.
9 Ibid., p.46.

esboçando rapidamente o debate na época da unificação alemã.¹⁰ Os proponentes da *Geopolitik* tiveram de superar o tabu a ela imposto em decorrência da sua suposta associação intelectual com a ideologia nazista. No geral, podemos discernir duas estratégias.

Uma das interpretações apresenta a *Geopolitik* como uma fonte de conhecimento universal e a-histórica. A afirmação de que é possível identificar elementos da *Geopolitik* em Platão, Aristóteles, Maquiavel e outros grandes teóricos do Estado é complementada com o argumento de que eles produzem *insights* cruciais sobre praticamente qualquer questão da política internacional contemporânea, como política ambiental, processos de transição econômica e regionalismo político.¹¹ A associação histórica da *Geopolitik* com o nazismo é, em geral, tratada de maneira curta e limitada, apontando para os "caminhos em que ela se desviou" ou definindo alguns de seus elementos, como as teorias sobre o *Lebensraum*, como "pseudocientíficas" e, portanto, não representativas da tradição como tal. Somente a partir dessa leitura deturpada foi que ela serviu à liderança do Terceiro Reich para legitimar sua agressiva política externa.¹²

Essa estratégia, então, tenta descontextualizar a *Geopolitik* e limpá-la de qualquer "contaminação" vinda da ideologia nazista. Essa universalização da *Geopolitik*, no entanto, reduz significativamente seu poder analítico. Esses argumentos "estão nos desviando, pois deslocam a relação entre a *Geopolitik* e o nosso século em favor de alguns lugares-comuns vagos, como a ideia de que: *sempre se pensou na relação entre poder e geografia*".¹³ O argumento de que

||||||||||||

10 Abordei essa questão com riqueza de detalhes em Behnke, The Politics of Geopolitik in Post-Cold War Germany, *Geopolitics*, v.11, n.3.
11 Boesler, Neue Ansätze der politischen Geographie und der Geopolitik zu Fragen der Sicherheit, in: Jorke (Org.), *Sicherheitspolitik an der Schwelle zum 21: Jahrhundert, Ausgewählte Themen – Strategien – Handlungsoptionen, Festschrift für Dieter Wellershoff*, p.75-87.
12 Brill, *Geopolitik und Geostrategie: Begrundung-Degeneration-Neuansatze*, p.5.
13 Sprengel, Geopolitik und Nationalsozialismus: Ende einer deutschen Fehlentwicklung oder fehlgeleiteter Diskurs?, in: Diekmann, Kruger e Schops (Orgs.), *Geopolitik: Grenzgange im Zeitgeist, Band 1.1: 1890 bis 1945*, p.148 (grifos do autor).

toda a política (internacional) ocorre dentro de uma estrutura espacial e que as condições geográficas há muito são consideradas relevantes na política dificilmente constitui um elemento distintivo da *Geopolitik*. As contribuições mais substanciais da *Geopolitik* estão mais intimamente ligadas ao contexto histórico do início do século XX. Recuperar, reconstruir e trazer essa tradição para a política contemporânea, portanto, requer uma estratégia retórica diferente e mais exigente: é necessário localizar o aspecto central da *Geopolitik* dentro de seu contexto histórico e, ao mesmo tempo, retirá-la desse contexto para então torná-la relevante para a política contemporânea. Por exemplo, na leitura de Frank Ebeling sobre a obra de Haushofer, a *Geopolitik* é estabelecida dentro do contexto histórico particular das enormes mudanças e transformações do início do século XX.[14] Ao mesmo tempo, a *Geopolitik* excede a lógica de sua situação histórica, na medida em que também reivindica significado contemporâneo. Mais uma vez, prossegue o argumento, encontramo-nos em uma situação de "grandes mudanças e reorganização de espaços".[15] Nesse contexto, uma "recordação" dos princípios geopolíticos ajudará a entender, controlar e orientar os desenvolvimentos políticos. "Para dizer de forma sucinta, se a reorganização dos espaços for desta vez bem-sucedida, sem mergulhar o mundo em uma ordem conflitiva desastrosa (*Gegeneinanderordnung*), não se pode prescindir da *Geopolitik*."[16] Para salvar a *Geopolitik* de sua contaminação pelo nazismo, Ebeling tenta descobrir um texto original e autoritário que possa fornecer as lições históricas relevantes para a política internacional vigente. A *Geopolitik* é definida aqui como inerentemente conservadora e cética em relação a políticas excessivamente idealistas que se pretendem ser capazes de superar as limitações do espaço;

---

14 Ebeling, *Geopolitik: Karl Haushofer und seine Raumwissenschaft 1919-1945*, p.22.
15 Ibid., p.24.
16 Ebeling, op. cit.

ela constitui, portanto, uma poderosa crítica e rejeição da política externa nazista.

Mas a tentativa de construir uma edição original e autorizada da *Geopolitik* deve finalmente falhar. Os conceitos e ideias dessa abordagem excedem o controle de um autor em particular, pois podem ser mobilizados em diferentes contextos e horizontes. Assim, na década de 1990, encontramos uma reiteração das suposições sobre a natureza orgânica das comunidades políticas e sua necessidade de um *Lebensraum*. Também podemos observar a reabilitação do conceito de *Zwischeneuropa*,[17] usado para designar o espaço político entre a Alemanha e a Rússia como provisório e, assim, mais uma vez, objeto da imaginação estratégica alemã. Esses elementos "ofensivos" ressurgem na década de 1990, contradizendo as afirmações de Ebeling sobre a natureza inerentemente conservadora dessa abordagem.[18] Além disso, até o próprio tratamento de Ebeling simpatizante em relação ao argumento de Haushofer para um *Sonderweg* (caminho especial/excepcionalismo) alemão é baseado em várias afirmações problemáticas. Na narrativa de Haushofer, a Alemanha assume uma superioridade civilizacional e cultural que a diferencia de seus vizinhos e garante seu papel como a personificação da identidade europeia. Afinal, os alemães eram "o verdadeiro povo europeu"[19] e, como tal, tinham a tarefa histórica de unir o continente. Ameaçado e hostilizado pelas potências ocidentais e pela Liga das Nações, o argumento de Haushofer incluía um "direito" de realizar essa missão por meios militares. Embora a integração da Europa devesse, idealmente, ser realizada pela simples força das ideias (alemãs), em função da realidade da política, esse processo poderia

---

17 No original, "*in-between-Europe*"; no português, o termo versa sobre uma espacialidade "no meio da Europa". (N. T.)

18 Bassin, Between Realism and the "New Right": Geopolitics in Germany in the 1990s, *Transactions of the Institute of British Geographers*, v.28, n.3, p.358-61.

19 Apud Ebeling, *Geopolitik: Karl Haushofer und seine Raumwissenschaft 1919-1945*, p.115.

muito bem incluir o uso do poder militar.[20] A Alemanha tem um *Sonderweg* (caminho especial/excepcionalismo) a seguir, um destino especial a cumprir, porque a cultura e a geografia a diferenciam do Ocidente e do Oriente.[21] E contra as alegações universalistas de autoridade e legitimidade das potências liminares, a Alemanha deve liderar a *Mitteleuropa* (Europa Central) a um futuro mais poderoso e, portanto, integrado.

Qualquer invocação atual da *Geopolitik*, portanto, evocará suposições básicas de um *Sonderweg* (caminho especial/excepcionalismo) alemão e, portanto, a possibilidade de uma orientação antiocidental e com intenções agressivas em relação ao Oriente. Mesmo se aceitarmos o argumento sobre a não identidade entre a geopolítica e a ideologia nazista, a estrutura particular desse discurso, com sua distinção constitutiva entre o Ocidente, o Oriente e a própria Alemanha, torna-se uma advertência para uma liderança política alemã que, no contexto da unificação, enfrenta um desafio particular. Enquanto para outros países o fim da Guerra Fria constituiu um período de crise ontológica em que uma nova identidade nacional e orientação política precisaram ser articuladas, para a Alemanha essa ruptura histórica impõe o desafio de demonstrar a continuidade de sua identidade e orientação política (do período da Guerra Fria).

Nível micro I: *Geopolitik* como o Outro

Para a Alemanha, o fim do conflito Leste-Oeste não produziu a mesma crise existencial verificada em outros países, cujas identidade e orientação para a política externa foram definidas pela Guerra Fria.

---

20 Ebeling, op. cit., p.117.
21 Em última análise, a *Geopolitik* parece não ser capaz de sustentar sua própria afirmação de que a geografia determina o destino político, na medida em que muitas das explicações sobre o "destino político" são bem mais derivadas de pressupostos culturais do que estritamente geográficos.

O fim da Guerra Fria significou a conclusão bem-sucedida do objetivo nacional da Alemanha, conforme estipulado no preâmbulo da constituição da Alemanha Ocidental: "Alcançar [...] a unidade e a liberdade da Alemanha". Ou na famosa máxima do ex-chanceler Willy Brandt no dia seguinte à queda do Muro de Berlim: "Agora, o que pertence junto irá crescer junto".[22] Em vez de uma crise existencial, a Alemanha enfrentou um desafio existencial na forma de demandas vindas de seus aliados e países vizinhos para, explicitamente, confirmar seu contínuo compromisso com sua identidade ocidental. O que era exigido do governo e da elite de política externa alemã não era tanto a redefinição da identidade do país, mas, sim, sua reafirmação sob circunstâncias dramaticamente novas. O desafio, portanto, era demonstrar que o fim da Guerra Fria e a recuperação da soberania total não levariam a Alemanha, mais uma vez, ao *Sonderweg* (caminho especial/excepcionalismo).

Em segundo lugar, esse desafio emanava não de um sentimento de crise existencial *dentro* da Alemanha, mas, sim, do ressurgimento de antigas preocupações históricas nos países vizinhos sobre o papel de uma Alemanha unificada na Europa. Em muitos desses países, debates públicos e políticos buscaram se reportar a experiências passadas com a Alemanha para avaliar melhor o futuro da Europa. Contra um senso interno de reivindicação histórica na Alemanha prevaleceram o ceticismo e a preocupação de seus vizinhos.

A continuada *Westbindung* (vinculação com o Ocidente) da Alemanha e sua incorporação duradoura nesta civilização ocidental tinha de ser constantemente afirmada. Como escreveu em suas memórias o ex-ministro das Relações Exteriores alemão Hans-Dietrich Genscher: "Fiquei com a impressão de que a senhora Thatcher tinha reservas contra a unificação alemã. Seus repetidos avisos contra quaisquer mudanças no *status quo* sugeriram uma aceitação relutante

---

22 Merseburger, *Willy Brandt, 1913-1992: Visionar und Realist*, p.837. No original, "*Now what belongs together will grow together*".

em relação a esses desdobramentos".[23] A França e a Grã-Bretanha estavam preocupadas com o fato de a Alemanha ter recuperado sua "liberdade de escolha – perante o Ocidente e também o Oriente".[24] Em resposta a essas preocupações, o governo alemão produziu uma narrativa sobre o significado da unificação alemã centrada em três *topoi*: política de responsabilidade (*Verantwortungspolitik*), vinculação com o Ocidente (*Westbindung*) e "uma Alemanha europeia".[25]

O último desses elementos constrói uma correspondência essencial entre a identidade alemã e a europeia. Em primeiro lugar, a divisão da Alemanha no período da Guerra Fria ficaria vinculada à divisão da Europa, e ambas só poderiam ser superadas juntas. Em segundo lugar, a correspondência entre a divisão da Europa e da Alemanha levaria à afirmação da sua identidade europeia. "Não queremos uma Europa alemã, queremos uma Alemanha europeia."[26] Os interesses nacionais europeus e alemães são idênticos.[27] "A nossa política é mais nacional, quanto mais europeia ela for. A história nos diz: somente como bons europeus podemos ser bons alemães."[28]

Há aqui uma ressonância notável com um tema central da *Geopolitik* tradicional, ou seja, a identidade dos interesses alemães e europeus. A Alemanha ainda fala "em nome da Europa", continuando "a habitual fusão entre interesses alemães e europeus" que caracterizou

||||||||||||

23 Genscher, *Erinnerungen*, p.676.
24 Thies, Perspektiven deutscher Aussenpolitik, in: Zitelmann, Weiβmann e Groβheim (Orgs.), *Westbindung: Chancen und Risiken für Deutschland*, p.524.
25 Behnke, The Politics of Geopolitik in Post-Cold War Germany, *Geopolitics*, v.11, n.3, p.412-5.
26 AA, *Ausenpolitik der Bundesrepublik Deutschland: Dokumente von 1949 bis 1994: Herausgegeben aus Anlas des 125, Jubilaums des Auswartigen Amts*, doc.238, p.710. As referências aqui apresentadas listam a origem, o número do documento e o número da página. A fonte é uma coleção de documentos pertencentes à política externa alemã de 1949 a 1994, publicada pelo Ministério das Relações Exteriores da Alemanha (*Auswärtiges Amt*) em 1995.
27 Ibid., doc.206, p.614.
28 Ibid., p.616.

sua política externa durante a Guerra Fria.[29] Essa desnacionalização da própria identidade alemã, no entanto, não estabelece uma ordem espacial específica. Enquanto a *Geopolitik* apontava que a identidade europeia apropriada estaria localizada apenas na Alemanha e em oposição às outras potências europeias, a narrativa da Guerra Fria e a narrativa sobre a identidade alemã no momento da unificação enfatizam a associação e a internalização da identidade ocidental e europeia na Alemanha. De certo modo, o "fluxo" da identidade é revertido. Enquanto a *Geopolitik* procurava criar um espaço europeu a partir da "essência" da Alemanha, a narrativa da *Bonner Republik* construiu uma Alemanha europeizada que absorveu os valores e as normas civilizacionais da Europa. E enquanto a primeira projeção da identidade justifica o excepcionalismo (*Sonderweg*) alemão (e, de fato, necessita dele), a última constrói a Alemanha como parte integrante do espaço europeu. Aqui, os conceitos oriundos da *Geopolitik* servem como pano de fundo negativo contra o qual a Alemanha agora define sua identidade, pois qualquer noção de excepcionalismo (*Sonderweg*) destrói esse relacionamento homólogo entre a Alemanha e a Europa.

O *tópos* de uma Alemanha europeia é apoiado pela invocação do segundo *tópos*, a política de responsabilidade (*Verantwortungspolitik*), em oposição à política de poder (*Machtpolitik*). A política externa alemã, de acordo com esse argumento, é responsável por toda a Europa, e não apenas pelos interesses nacionais da Alemanha. Situada no coração da Europa, a posição geográfica da Alemanha determina o curso e o objetivo de sua diplomacia. Acima de tudo, a Alemanha tem uma responsabilidade particular em relação ao futuro da Europa e à superação de sua divisão. A política de responsabilidade (*Verantwortungspolitik*) para a Europa é rotineiramente contrastada com a política de poder (*Machtpolitik*) nacional.[30] A Alemanha não

---

29 Garton Ash, Germany's Choice, *Foreign Affairs*, v.73, p.71.
30 AA, *Ausenpolitik der Bundesrepublik Deutschland: Dokumente von 1949 bis 1994, Herausgegeben aus Anlas des 125, Jubilaums des Auswartigen Amts*, doc.202, p.595;

pode perseguir seu próprio interesse nacional ou exercer seu poder sem levar em consideração as repercussões de tal política para toda a Europa. Mesmo antes do final da Guerra Fria, os dois estados alemães se uniram a uma "comunidade de responsabilidade" (*Verantwortungsgemeinschaft*) "pela paz na Europa".[31] Porém, a Alemanha enfrenta agora um medo generalizado de que a sua reunificação implicaria um retorno às antigas tradições da primeira unificação do Estado-Nação germânico.[32] A responsabilidade agora deve ser exercida como parte da Europa, e não como um agente separado.

O *tópos* final, a vinculação com o Ocidente (*Westbindung*), combina e reforça uma identidade europeizada e as políticas responsáveis de uma Alemanha unificada dentro da rede de instituições europeias e transatlânticas, como a Comunidade Europeia (CE) e a Otan. Essa rede serve como salvaguarda adicional contra qualquer excepcionalismo (*Sonderweg*) alemão e qualquer reivindicação de liderança única ou status superior. A Alemanha agora faz parte do Ocidente, ligada "em amizade e cooperando por meio de uma estreita e confiante parceria com os aliados ocidentais, os Estados Unidos, a França e a Grã-Bretanha". Esse pertencimento "foi, é e continuará sendo de significado existencial para a Alemanha".[33] A Alemanha "tornou-se um país completamente ocidental. Nossa cultura política é e continua sendo formada pelos valores ocidentais".[34] Como as nossas relações não se baseiam mais em dependências mútuas, a confiança mútua passará a ser o núcleo central dessa comunidade.[35] "As amargas lições da história" são os incentivos para tornar "irrevogável [a] firme e duradoura 'ancoragem' (*Verankerung*) da Alemanha na Aliança Atlântica e dentro da comunidade de valores dos povos

---

doc.204, p.601; doc.206, p.615; doc.216, p.654; doc.233, p.686.
31 Ibid., doc.194, p.574; cf. doc.197, p.579.
32 Ibid., doc.202, p.593-4.
33 Ibid., doc.199, p.585.
34 Ibid., doc.202, p.595.
35 Ibid., doc.202, p.598.

livres do Ocidente".[36] Quanto à Comunidade Europeia (CE), a Alemanha declara sua disposição para transferir sua soberania nacional para o nível da CE, com o objetivo de criar os Estados Unidos da Europa.[37] Quanto à Otan, a Alemanha servirá como a pedra basilar da ordem de segurança a ser criada na Europa. Em ambos os casos, a "integração" alemã nas instituições ocidentais garante que a trajetória de sua política externa esteja apontando para o futuro de uma Europa unida e estável. A Alemanha não é mais um andarilho entre o Leste e o Oeste.[38]

O início dos anos 1990, então, testemunhou um discurso oficial e dominante de política externa definido por esses três sensos comuns. Paradoxalmente, as dramáticas transformações no ambiente político da Europa foram enquadradas de maneira a enfatizar a continuidade de uma de suas potências centrais, a Alemanha. Nem a unificação, a recuperação da completa soberania, o fim da Guerra Fria, nem o surgimento de novas questões políticas de segurança na Europa e no exterior afetavam a identidade e o objetivo nacional da Alemanha. Esta ainda era a *Bonner Republik*, um Estado inflexivelmente indistinguível do Ocidente. No entanto, há uma inerente tensão embutida nesse discurso que, por um lado, reconhece as mudanças históricas na Europa, mas, por outro e ao mesmo tempo, reitera e insiste em uma identidade alemã que permanece definida pela Guerra Fria. A tensão entre uma Alemanha estável e o Ocidente também acaba se tornando problemática, já que, após o fim da Guerra Fria, o próprio Ocidente perde sua estabilidade ontológica. De fato, desde 1990/1991, uma primeira fissura apareceu entre o Ocidente e a Alemanha quando seus aliados e vizinhos decidiram usar a força militar para expulsar as tropas de Saddam Hussein do Kuwait. Nesse

---

36 Ibid., doc.206, p.611; cf. doc.206, p.614; doc.219, p.662; doc.227, p.678; doc.243, p.719; doc.244, p.722; doc.245, p.729; doc.258, p.786.
37 Ibid., doc.253, p.768.
38 Ibid., doc.206, p.611; cf. doc.202, p.595.

caso, o governo alemão se viu incapaz de contribuir com as forças do *Bundeswehr* para uma campanha militar autorizada pela ONU. Uma breve e finalmente rejeitada proposta de contribuir com forças navais para uma força-tarefa da Western European Union (WEU) no Golfo Pérsico e a decisão de não retirar soldados alemães da Otan durante uma operação de apoio à Turquia rapidamente levaram a críticas da oposição no *Bundestag*, a qual refletiu o compromisso dogmático com o discurso antigeopolítico: "Receio que este seja apenas o começo de um novo desenvolvimento. Pela primeira vez não lidamos com a defesa de nosso próprio país; em vez disso, nosso governo se envolve na *Geopolitik* via meios militares. O Partido Verde rejeita isso com um claro 'não'".[39]

Essa tensão entre um ambiente radicalmente transformador e o compromisso dogmático com uma identidade nacional e com uma política externa alemã essencialmente inalterada é captada e problematizada em uma série de intervenções no nível intermediário da geopolítica, as quais exigem uma cultura geopolítica diferente para a Alemanha. Produzidas predominantemente pela ala conservadora do espectro político alemão, essas intervenções oferecem uma crítica da política externa contemporânea, em vez de um apelo ao renascimento da *Geopolitik*. Essa crítica acaba exigindo uma reorientação "afetiva" e não espacial da política externa alemã e, portanto, tende a abordar a retórica, e não a substância da geopolítica, na formulação das políticas alemãs.

Nível intermediário II: uma nova *Geopolitik* como crítica política

Essa crítica conservadora sobre o compromisso contínuo do governo Kohl com os princípios da *Bonner Republik* se concentrou nos

---

39 Fischer, Kaum ist die Einheit da, schickt man deutsche Soldaten zur Front, Interview mit dem Fraktionssprecher der hessischen Grunen, Joschka Fischer, zum Golfkonflikt, *Frankfurter Rundschau*, p.6.

propósitos políticos e nas restrições normativas que definiram os objetivos e os meios desse governo. Os argumentos tinham como alvo a suposta *Machtvergessenheit*, ou seja, uma atitude alheia ao poder, de uma política externa alemã que continuava insistindo em "uma política de responsabilidade" e que, supostamente, continuava demonstrando uma falta de vontade de afirmar com confiança o interesse nacional alemão na política internacional. Em particular, a vinculação com o Ocidente (*Westbindung*) foi interpretada como uma negação voluntária e, afinal, contraproducente de certos fatos geopolíticos que determinam o papel que a Alemanha tem na Europa. Enquanto a Guerra Fria permitiu que a Alemanha se escondesse por trás da rígida lógica de uma ordem internacional bipolar, a quebra dessa ordem agora permite, e até exige, uma reavaliação dos custos e benefícios desse princípio central de sua política externa. Contra a idealização do *Westbindung*, seus críticos enfatizam a realidade da localização geopolítica da Alemanha na *Mittellage* (ou seja, na região central) da Europa. O Ocidente, como uma comunidade de valores, não pode mais oferecer nenhum objetivo à política externa da Alemanha; é errado acreditar que "decisões sobre política externa, de segurança e de aliança possam ser baseadas em preferências e opções societais específicas (*gesellschaftspolitische*)".[40] O compromisso ortodoxo com o Ocidente, como ponto de referência cultural e ideacional para a Alemanha, e o tabu imposto à *Geopolitik* após a Segunda Guerra Mundial devem ser entendidos como parte da estrutura peculiar da política mundial durante a Guerra Fria e do trauma em relação ao nazismo. Contudo, com o colapso dessa ordem, a Alemanha está presa em uma posição histórica "entre um 'não mais' e um 'não ainda'", entre um Ocidente, não mais idêntico a si mesmo, e um Oriente em transição. A Alemanha redescobre sua *Mittellage* (posição central).[41]

---

40 Großheim, Weißmann e Zitelmann, Einleitung: "Wir Deutschen und der Westen", in: *Westbindung: Chancen und Risiken für Deutschland*, p.14.
41 Schlögel, Deutschland: Land der Mitte, Land ohne Mitte, in: *Westbindung*, op. cit.

A força retórica por trás da rejeição do dogma "utópico e totalitário"[42] da vinculação ao Ocidente (*Westbindung*) e a afirmação de uma nação alemã recém-escolhida, capaz de definir seu interesse nacional sem a tutela das potências e instituições ocidentais, sugeririam facilmente a abertura radical de novas opções para a política externa alemã.[43] Significativamente, a revalorização positiva da noção de excepcionalismo (*Sonderweg*) passa a sugerir um caminho político para se afastar dos fortes laços com instituições e valores ocidentais e uma rejeição ao papel especial (*Sonderrolle*) da Alemanha como ponte entre o Leste e o Oeste.[44]

Todavia, apesar da crítica vigorosa à vinculação com o Ocidente (*Westbindung*) e do renovado fascínio pela posição central (*Mittellage*) da Alemanha e seu histórico excepcionalismo (*Sonderweg*), muitas das alternativas descritas pelos proponentes dessa *Geopolitik* aparentemente renovada são, de fato, notavelmente modestas e convencionais. O maior perigo concebível na análise de Ludwig Watzal, por exemplo, é a busca da "utopia de uma total integração ocidental da Alemanha em um Estado federal europeu",[45] mas, ao mesmo tempo, é repetidamente reconhecido que a "*orientação* para o Ocidente" oferece muitas chances e oportunidades para a política externa alemã.[46] Discussões mais específicas sobre questões políticas em geral exigem uma estratégia modificada, mas quase nunca indagam a estrutura

|||||||||||

42 Großheim, Weißmann e Zitelmann, op. cit., p.10.
43 Schwilk e Schacht (Orgs.), *Die Selbstbewusste Nation: "Anschwellender Bocksgesang" und weitere Beiträge zu einer deutschen Debatte*. A tradução do termo *selbstbewusst* revela uma ambiguidade interessante. Sua tradução convencional é "autoconfiante" ou "seguro de si". Uma tradução mais inclinada filosoficamente, no entanto, traduziria o termo como "autoconsciente" ou até "consciente sobre si próprio", vinculando, assim, a demanda por uma política mais assertiva à noção de uma identidade alemã distinta.
44 Bassin, The Two Faces of Contemporary Geopolitics, *Progress in Human Geography*, v.28, n.5, p.623.
45 Watzal, Der Irrweg von Maastricht, in: Zitelmann, Weißmann e Großheim (Orgs.), *Westbindung: Chancen und Risiken für Deutschland*.
46 Großheim, Weißmann e Zitelmann, Einleitung: "Wir Deutschen und der Westen", in: *Westbindung*, op. cit., p.15.

institucional em que a Alemanha se insere. Embora a integração da UE, conforme descrita no Tratado de Maastricht, seja considerada um erro (*Irrweg*), a adesão da Alemanha à UE e a lógica geral da cooperação europeia nunca são postas em dúvida.[47] No que diz respeito à Otan, Karl Feldmeyer argumenta que a Alemanha precisa deixar para trás a tutela das "quatro potências" e a dependência dos Estados Unidos. A atitude traumática em relação ao poder que levou a Alemanha a aceitar uma posição inferior dentro da Aliança deve ser superada em favor de uma formulação clara do interesse nacional alemão. Ao mesmo tempo, a estrutura de segurança europeia é inconcebível sem a Aliança, e a opção de a Alemanha deixar a Otan não é sequer contemplada.[48] Para Thies, as "novas perspectivas da política externa alemã" incluem os pilares de uma "orientação favorável à Europa e em direção ao Ocidente", e "uma estreita parceria (*Schulterschluß*) com os Estados Unidos da América".[49] A Alemanha é incentivada a articular seus próprios interesses de maneira mais assertiva, mantendo ao mesmo tempo uma atitude positiva em relação à integração europeia. Se o processo de integração europeia falhar, a Alemanha deve estar preparada para se tornar, mais uma vez, um ator no cenário mundial.[50] Em algum momento a Alemanha terá de desistir de suas reservas sobre a política de poder, mantendo-se sensível à sua própria história.

Algumas referências aos "lugares-comuns" da *Geopolitik* aparecem nesse debate. "A realidade da nova posição central (*Mittellage*) [da Alemanha] na Europa, a correlação entre geografia e política, é

---

47 Watzal, op. cit., p.477-500.
48 Feldmeyer, Die NATO und Deutschland nach dem Ende des Ost-West-Gegensatzes, in: *Westbindung*, op. cit., p.459-76; cf. Inacker, Macht und Moralitat: Uber eine neue deutsche Sicherheitspolitik, in: Schwilk e Schacht (Orgs.), *Die Selbstbewusste Nation: "Anschwellender Bocksgesang" und weitere Beitrage zu einer deutschen Debatte*, p.364-80.
49 Thies, Perspektiven deutscher Ausenpolitik, in: *Westbindung*, op. cit., p.527.
50 Ibid., p.534-5.

possível afirmar: a *Geopolitik* não pode ser contestada. Na fronteira oriental da Alemanha começa uma grande zona de crise (*Erdbebenzone*, literalmente 'zona de terremoto') que chega até Vladivostok."[51] Fora dessa zona emana o mais significativo desafio que a Alemanha e a Europa devem enfrentar: migrantes e solicitantes de asilo.

Mas, no geral, a invocação da *Geopolitik* permanece subordinada à aparente preocupação da maioria dos autores em permanecer "relevantes para a política" e delinear alternativas políticas que não excedam ou desmantelem as estruturas institucionais existentes. Dada essa orientação política e a ausência da retórica "organicista" distintiva da *Geopolitik* clássica, pode-se rotular essa crítica como uma geopolítica neoclássica fraca.[52] Ela certamente exibe conotações conservadoras e nacionalistas, e confere primazia explicativa aos fatores geográficos, sobretudo a posição central (*Mittellage*) da Alemanha,[53] mas carece da "simbiose do expansionismo e do pensamento fundamentado no pior cenário possível", que Guzzini[54] identifica como subjacente ao olhar militarista da geopolítica neoclássica, para não falar da *Geopolitik*. De fato, as implicações da crítica para o imaginário de segurança da Alemanha são limitadas. Apesar de todas as duras críticas à ortodoxia da vinculação com o Ocidente (*Westbindung*) e de suas alusões ao excepcionalismo (*Sonderweg*) alemão, esse discurso oferece, na melhor das hipóteses, uma mudança de ênfase. Uma orientação para o Ocidente (*Westorientierung*) substitui a vinculação ao Ocidente (*Westbindung*), e uma expressão assertiva do interesse nacional alemão (um fraco eco do *Sonderweg*) suplanta a suposta submissão voluntária à tutela das potências e instituições ocidentais. É apenas na porção marginal e mais radical

||||||||||
51 Thies, Perspektiven deutscher Ausenpolitik, in: Zitelmann, Weißmann e Großheim (Orgs.), *Westbindung: Chancen und Risiken für Deutschland*, p.528.
52 Capítulo 2 deste volume.
53 Großheim, Weißmann e Zitelmann, Einleitung: "Wir Deutschen und der Westen", in: *Westbindung*, op. cit., p.13.
54 Capítulo 2 deste volume.

dessa crítica que a *Geopolitik* rejeita por completo a base normativa da política externa alemã da Guerra Fria e volta às políticas expansionistas e revisionistas que defendia nas décadas de 1920 e 1930. Nessa ala radical, um projeto de reajustes territoriais no Oriente reflete um compromisso inabalável com uma noção de política de poder que se origina em noções revividas e altamente problemáticas do *Lebensraum*, do estado orgânico e da vocação histórica.[55]

Subjacentes à "neo-*Geopolitk*" dos anos 1990, existem suposições ontológicas sobre o Estado-Nação como a entidade constitutiva e privilegiada da ordem espacial na Europa. Para os defensores da neo-*Geopolitik*, existe uma dicotomia na política internacional que põe Estado, poder e racionalidade contra a integração transnacional, a desatenção em relação ao poder e o utopismo. Se há uma preocupação que eles compartilham e expressam às claras, é a suposta necessidade dos formuladores de política externa da Alemanha de renunciar à ortodoxia idealista e baseada em valores do *Westbindung* para uma afirmação realista do interesse nacional alemão. A Alemanha, aponta o argumento, deve, antes de tudo, perseguir seu próprio objetivo nacional na Europa. Sua crescente autoconfiança e "autoconsciência" levarão a uma nova percepção de que o espaço geopolítico mais adequado para a estabilidade política da democracia continua sendo o Estado-Nação.[56] A principal preocupação da neo-*Geopolitik* é, sem dúvida, a proclamação de um Estado-Nação alemão "normal" e "autoconfiante"; na medida em que ela realmente não oferece nenhuma análise empírica, a neo-*Geopolitik* se baseia e reflete esse compromisso, em última análise, metafísico com o Estado-Nação.

---

55 Cf. Bassin, Between Realism and the "New Right": Geopolitics in Germany in the 1990s, *Transactions of the Institute of British Geographers*, v.28, n.3, p.358-61.
56 Hahn, Westbindung und Interessenlage: Uber die Renaissance der Geopolitik, in: Schwilk e Schacht (Orgs.), *Die Selbstbewusste Nation: "Anschwellender Bocksgesang" und weitere Beitrage zu einer deutschen Debatte*, p.340.

Em resumo, essa neo-*Geopolitik* branda combina uma ontologia realista/estatista com um modo nacionalista de pensamento, diferenciando-o da *Geopolitik* tradicional e sua fusão de interesses e identidade europeus e alemães. Ao contrário da *Geopolitik* tradicional, a nova versão enfatiza o egoísmo dos Estados, a predominância de interesses nacionais e a contínua soberania dos Estados sobre a sua integração nas estruturas supranacionais. Contra os três lugares-comuns do discurso oficial que identificamos, ela estabelece sua própria tríade. O *Westorientierung* substitui o *Westbindung*, a política de poder desafia a noção de política de responsabilidade (*Verantwortungspolitik*), e o Estado-Nação alemão, consciente de seus próprios interesses nacionais, dissolve a ideia de uma Alemanha europeia.

A partir do momento em que o interesse e o objetivo da Alemanha são distinguidos dos da Europa e ocorrer uma clivagem em sua identidade, a Alemanha pode ser identificada como uma potência mediana (*Mittelmacht*) ou potência central (*Zentralmacht*) na Europa. Como tal, o espaço europeu não é mais uma estrutura ontológica na qual a Alemanha está inserida; ao contrário, torna-se o objeto geopolítico de seus interesses políticos, econômicos e estratégicos. O compromisso alemão com a integração europeia não é mais a expressão da identidade europeia da Alemanha; agora, ela se baseia nos benefícios econômicos e políticos que esse processo oferece aos Estados participantes.

No geral, essa versão fraca da geopolítica neoclássica apenas ecoa seu antigo antecessor ao pôr novamente a Alemanha no centro da estrutura espacial. Esse foco renovado, no entanto, não se traduz em um excepcionalismo (*Sonderweg*) para a Alemanha, conforme definido pela *Geopolitik* tradicional. A ontologia realista introduzida com a nova *Geopolitik* concentra-se, acima de tudo, na "normalização" da política alemã em termos da reafirmação dos interesses e do poder nacionais, em vez de em qualquer responsabilidade alemã pela Europa. Em outras palavras, não existe mais nada de *especial*, nada de "a-normal" na política externa da Alemanha. A neo-*Geopolitik*, de forma sucinta, equivale a uma crítica geopolítica realista em relação ao uso (percebido como) equivocado do idealismo na política externa alemã.

Os temas aqui desenvolvidos encontraram forte ressonância nos escritos de importantes acadêmicos, como historiadores e cientistas políticos alemães. Embora a disciplina acadêmica da geopolítica permaneça irrelevante em termos de apoio institucional, é dentro dos departamentos de história que uma disseminação institucionalizada desses lugares-comuns começa a emergir. Christian Hacke (Hamburgo), Gregor Schöllgen (Erlangen), Hans-Peter Schwarz (Bonn) e Michael Stürmer (Erlangen) são, sem dúvida, os indivíduos mais proeminentes entre esses estudiosos que oferecem uma crítica histórica e não explicitamente geopolítica da política externa alemã.[57] As considerações geopolíticas são apresentadas nesses trabalhos por meio de referências constantes à centralidade da Alemanha (*Mittellage*) na Europa, como um fato historicamente imutável, e à insistência na prioridade ontológica e na política do interesse e da identidade nacional alemã. Mais uma vez, a estrutura institucional da Europa, para além da relevância da Otan e da UE, nunca é negada ou rejeitada. Existe um consenso de que os problemas associados à posição central da Alemanha só podem ser resolvidos dentro de uma estrutura institucional estabelecida, a qual deve ser adaptada às novas circunstâncias históricas. Como tal, então, a Alemanha habita dois espaços: sua situação geopolítica no centro da Europa e um espaço institucional como o país mais oriental presente nas instituições ocidentais. Como resultado, ela tem um papel importante a desempenhar na integração e na estabilização dos países no Leste Europeu.[58]

---

57 Cf. Hacke, *Weltmacht wider Willen: Die Aussenpolitik der Bundesrepublik Deutschland*; Schöllgen, *Die Macht in der Mitte Europas*; Id., *Angst vor der Macht: Die Deutschen und ihre Ausenpolitik*; Schwarz, *Die Zentralmacht Europas: Deutschlands Ruckkehr auf die Weltbuhne*; e Stürmer, *Die Grenzen der Macht: Begegnung der Deutschen mit der Geschichte*.
58 Schwarz, op. cit., p.88.

No geral, as noções de *Geopolitik* desempenham apenas um papel moderado nesse debate. Apesar de provocar uma problematização aberta da vinculação da Alemanha com o Ocidente (*Westbindung*) e, portanto, de uma identidade europeia "existencial", em última análise, ela apenas apresenta um argumento sem consequências radicais imediatas. E o foco retórico em questões como "responsabilidade", "normalidade", em contraposição a uma atitude supostamente imprudente perante as relações de poder, produz, por fim, apenas um apelo a uma política externa alemã "afetivamente", em vez de "substancialmente", redefinida. Portanto, não é de surpreender que alguns dos críticos conservadores da política externa de Kohl aplaudam, a princípio, o estilo mais assertivo do governo Schröder/Fischer.

Nível micro II: em direção à geopolítica da *Berliner Republik?*

Enquanto a retórica dos críticos conservadores ficou de certa forma desconhecida na capital da Alemanha, uma voz surgiu em uma de suas províncias. Em 2 de novembro de 1993, no início da campanha eleitoral provincial para o Parlamento da Baviera, o então primeiro-ministro desta província, Edmund Stoiber, afirmou, em uma entrevista ao diário de Munique *Süddeutsche Zeitung*, que uma federação europeia não estava mais na agenda, que havia a necessidade de redescobrir uma identidade nacional alemã adequada e que os partidos conservadores CDU e CSU[59] teriam de romper com sua política externa tradicional em relação à Europa. O objetivo da UE não seria mais definido por um processo contínuo de integração e pela criação de uma identidade europeia. Em vez disso, deveria ser

---

59 Em inglês, o acrônimo CDU se refere a *Christian Democratic Union*, e CSU, a *Christian Social Union*. (N. T.)

criada uma Europa das nações, baseada na conveniência e na eficácia de suas instituições.[60]

Semelhante ao debate no nível intermediário, o argumento de Stoiber desmonta a Europa como um espaço ontológico. A Alemanha pertence à Europa, e sua participação no processo de integração da UE é, agora, uma questão de conveniência, interesse e cálculo. A "busca por uma identidade europeia" é considerada "obsoleta".[61] As tentativas alemãs de pensar a sua identidade nacional dentro da identidade europeia refletiram apenas a expectativa da nação de escapar às suas responsabilidades históricas. "Depois da unificação alemã, enfrentamos agora uma situação diferente – e precisamos voltar a ter consciência do que realmente é a identidade alemã."[62]

O argumento de Stoiber não produz uma ontologia coerente para substituir a geografia da Europa pensada durante a Guerra Fria. A afirmação sobre a natureza obsoleta de uma identidade europeia e a preferência por uma identidade nacional, na verdade regional (da Baviera), é contrariada pela proposição de que o problema do processo de integração da UE é que ele simplesmente está se desenvolvendo muito rápido. Embora a UE, como uma confederação, não deva ser mais do que a soma de seus Estados-Membros, que podem optar por deixar a UE, Stoiber prevê, ainda assim, um governo europeu com autoridade para uma política externa e de segurança conjunta. Indiscutivelmente, a intervenção de Stoiber é notável não por causa de sua coerência intelectual ou política, mas em função da primeira renúncia explícita, realizada por um político proeminente, ao imaginário de segurança da Alemanha estabelecido no período da Guerra Fria.

---

60 Stoiber, SZ Interview mit Edmund Stoiber, *Suddeutsche Zeitung*, disponível em: <web.nexis-lexis.com>.
61 FAZ, Für ein Europa der Nationen und gegen den europäischen Bundestaat, *Frankfurter Allgemeine Zeitung*, disponível em: <www.web.nexis-lexis.com>.
62 Stoiber, op. cit.

As observações de Stoiber causaram alvoroço no debate público na Alemanha, precisamente porque questionaram os compromissos oficiais básicos relativos à identidade e à localização da Alemanha na estrutura institucional do Ocidente.[63] Por fim, seus argumentos não levaram à reorientação da política externa alemã, como ele havia exigido.[64] Embora tenha aberto um espaço discursivo que permitia que alguns elementos presentes na crítica do nível intermediário aparecessem em atos e narrativas de discurso público e político, em geral as respostas a essas intervenções demonstraram um discurso firmemente estabelecido que continuou a construir uma "Alemanha europeia". Previsivelmente, para os críticos de Stoiber, esse questionamento das suposições tradicionais sobre a política externa alemã constituiu uma violação dos próprios compromissos assumidos pelo governo Kohl em 1990, sobre a identidade e o lugar da Alemanha na Europa.[65] Mais uma vez, o discurso dominante resistiu a um desafio. Mas, dentro de um ano, e em resposta a essa luta discursiva sobre a relação entre a Europa e a Alemanha, o então chefe da ala do CDU no Parlamento alemão, Wolfgang Schäuble, juntamente com Karl Lamers, especialista em política externa dessa mesma ala, lançou um documento intitulado "Reflexões sobre a política europeia".[66] Publicado em setembro de 1994, o artigo desenvolve um novo mapa geopolítico da Europa. Põe a Alemanha no "centro" dos Estados--Membros da UE, compartilhando uma atitude positiva em relação

||||||||||

63 Cf. Joffe, Kettenrasseln für Deutschland: Wie sich Bayerns Wahlkampfer Stoiber eine europaische Friedensgemeinschaft vorstellt, *Suddeutsche Zeitung*, disponível em: <www.web.nexis-lexis.com>.
64 FAZ, Das Auswartige Amt weist Stoibers Europa-Ruge zuruck, *Frankfurter Allgemeine Zeitung*, disponível em: <www.web.nexis-lexis.com>; Id., Die CDU doch für Bundestaat Europa, *Frankfurter Allgemeine Zeitung*, disponível em: <www.web.nexis--lexis.com>.
65 Id., Kohl gegen Stoiber, *Frankfurter Allgemeine Zeitung*, disponível em: <www.web.nexis-lexis.com>.
66 Schäuble e Lamers, Überlegungen zur europäischen Politik, disponível em: <www.wolfgang-schaeuble.de/positionspapiere/schaeublelamers94.pdf>.

a uma maior integração e cooperação. A "semiperiferia" é composta por Estados-Membros da UE como Itália, Espanha e Grã-Bretanha, países que, por vários motivos, não desejam se envolver totalmente nesse processo.[67] Por fim, para além da UE, reside o espaço da Europa Oriental e da Rússia, do Mediterrâneo e das relações transatlânticas com os Estados Unidos. Os problemas e questões nesse espaço definem a necessidade de integrar e fortalecer ainda mais a Política Externa e de Segurança Comum da UE. Em outras palavras, é necessário reforçar ainda mais o núcleo da UE, a fim de encontrar uma estratégia eficaz por meio da qual a Europa possa enfrentar essas questões.[68]

Embutida nesse apelo por uma maior integração está a articulação de um futuro político alternativo para a Europa, caso o processo de integração falhe. Devido à sua "localização geográfica", os autores afirmam que a Alemanha tem um forte interesse em impedir a Europa de "se afastar". Historicamente, sua *Mittellage* (posição central) dificultou, para o país, definir sua ordem política interna em termos inequívocos e instaurar uma política externa estável e equilibrada. As tentativas de superar esse dilema estabelecendo uma hegemonia alemã sobre a Europa falharam, com a "catástrofe militar, política e moral de 1945", demonstrando que a Alemanha não tinha o poder para tal empreitada, e que era necessária uma estrutura de segurança cooperativa diferente para a Europa. Portanto, a integração da Alemanha na CE/UE e na Otan proporcionou uma estabilidade política na Europa que permitiu que o país se tornasse parte do Ocidente, tanto em termos de ordem interna quanto de orientação de política externa.[69]

Além disso,

---

67 Ibid., p.6.
68 Ibid., p.8 e ss.
69 Schäuble e Lamers, Uberlegungen zur europaischen Politik, disponível em: <www.wolfgang-schaeuble.de/positionspapiere/schaeublelamers94.pdf>, p.2.

não havia alternativa para a Alemanha nesse sistema pós-guerra extraordinariamente estável e bem-sucedido, porque o conflito Leste-Oeste e a derrota total de 1945 privaram a Alemanha da opção de uma política independente em relação ao Oriente (*Ostpolitik*), ou até mesmo de uma orientação política para o Oriente (*Ostorientierung*).[70]

Há uma ambiguidade interessante nessa declaração sobre o que constitui a vinculação com o Ocidente (*Westbindung*) da Alemanha durante a Guerra Fria: por um lado, sua identidade como Estado e sociedade ocidental(izada) e, por outro, a ausência de alternativas políticas, dadas as restrições da ordem bipolar da Guerra Fria. A ambiguidade permanece no questionamento sobre se a Alemanha pertencia ao Ocidente porque *era* um país ocidental ou porque não possuía outras opções. Essa ambiguidade é ainda mais exacerbada quando os autores se voltam para o fim da Guerra Fria. Agora, a estabilidade da Europa Oriental e, consequentemente, da Europa como um todo está novamente em pauta, e com ela a identidade e a orientação da política externa da Alemanha. Quanto à possibilidade de uma estagnação no processo de integração europeu que excluiria os países a leste da Alemanha, apresenta-se uma alternativa terrível: "Sem o desenvolvimento do processo de integração da Europa (Ocidental), a Alemanha pode ser conclamada, ou provocada por suas próprias necessidades de segurança, a promover uma estabilização na Europa Oriental por conta própria e da maneira tradicional".[71]

A Alemanha, em outras palavras, mais uma vez passou a ter escolhas. Acima de tudo, o excepcionalismo (*Sonderweg*) alemão volta a erguer sua cabeça, pois a Alemanha considera a possibilidade de assumir, sozinha, a responsabilidade pela estabilidade e pela integração europeias. Aqui, a geopolítica reaparece sob um disfarce

70 Ibid.
71 Ibid., p.3.

neoclássico – incluindo o pensamento sobre o pior cenário possível e o expansionismo – de uma maneira complexa que entrelaça estipulações ontológicas com estratégia política. Integração europeia ou excepcionalismo (*Sonderweg*) são opções teoricamente equivalentes para a Alemanha, embora seja expressa uma clara preferência *política* pela integração. Sua própria identidade parece ser contextual e não essencial. A Alemanha adquiriu uma identidade ocidental por meio de sua inserção no quadro institucional da Guerra Fria; contudo, com o fim desse período histórico, novas possibilidades emergem, entre elas um retorno ao excepcionalismo (*Sonderweg*) alemão.

Assim, um *tópos* clássico da *Geopolitik* reaparece no artigo de Schäuble e Lamers. Enquanto o discurso oficial o definiu como o "outro" ontológico histórico, o excepcionalismo (*Sonderweg*) aparece como uma estratégia, ainda não necessariamente favorecida, mas, em teoria, concebível. Em outras palavras, nenhuma associação existente em relação ao Ocidente e suas instituições fornece salvaguardas automáticas contra esse tipo de ação.

Novamente, deve-se enfatizar que, durante a chancelaria de Helmut Kohl, essas teses potencialmente radicais não foram adotadas como a postura oficial da política externa alemã. Além disso, o documento de Schäuble/Lamers também precisa ser entendido como um ato de fala performativo no contexto da integração da UE, como um "alerta" para evitar uma paralisação do processo de reforma institucional da UE. A *Geopolitik* é apresentada e utilizada com tons negativos por Schäuble/Lamers, a fim de fornecer suporte para a alternativa apresentada pelos autores.

Até 1998, portanto, nenhum discurso alternativo coerente sobre a identidade alemã e seu propósito internacional emergiu, nenhum novo imaginário de segurança vinculado à *Geopolitik* articulou uma Alemanha com uma posição e subjetividade diferentes em relação a seus aliados e parceiros. Esse novo imaginário parecia surgir apenas no governo de coalizão subsequente ao de Schröder/Fischer. No entanto, exatamente de que forma essa visão de mundo (*Weltbild*) era diferente e qual o papel que a *Geopolitik* desempenhava nela rapidamente se tornaram uma questão de contestação.

O imaginário de segurança da *Berliner Republik*

Como argumentou Günter Hellmann, uma mudança retórica significativa em relação ao papel da Alemanha na política europeia e mundial surgiu com o governo Schröder/Fischer. Afirmações sobre a identidade nacional e o objetivo político da Alemanha agora estão articuladas em uma chave diferente.[72] O chanceler Schröder sinalizou tal mudança em seu primeiro discurso do governo ao Parlamento quando descreve uma Alemanha que possui a "confiança de uma nação adulta, que não precisa se sentir superior nem, todavia, inferior a outras. [É um país] que enfrenta sua história e sua responsabilidade, mas, apesar de toda a vontade de se envolver com elas de forma crítica, ainda olha para frente".[73]

Em termos de relacionamento com a Europa, essa nova confiança se traduz em uma definição da identidade europeia da Alemanha como uma questão de escolha e vontade: "Hoje somos democratas e europeus não porque precisamos, mas porque queremos de fato".[74] Claramente, Schröder ecoa nesse discurso a estrutura introduzida pela primeira vez por Stoiber e pelo artigo de Schäuble/Lamers. O relacionamento da Alemanha com a Europa agora é definido por uma orientação voluntária, uma escolha política, e não uma identidade

---

72 Hellmann, Rekonstruktion der "Hegemonie des Machtstaates Deutschland unter modernen Bedingungen"? Zwischenbilanzen nach zehn Jahren neuer deutscher Ausenpolitik, mimeo, disponível em: <www.soz.uni-frankfurt.de/hellmann/mat/hellmann-halle.pdf>, acesso em: 1 dez. 2011, p.48-79.
73 Schröder, "Weil wir Deutschlands Kraft vertrauen", Regierungserklärung des Bundeskanzlers am 10, November 1998 vor dem Deutschen Bundestag in Berlin, disponível em: <www.mediacultureonline.de/fileadmin/bibliothek/schroeder_RE_1998/schroeder_RE_1998.pdf>, acesso em: 1 dez. 2011, p.28.
74 Ibid., p.29.

ontológica. Essa aparentemente nova imagem geopolítica da República de Berlim pode ser demonstrada com uma análise do famoso discurso do então ministro das Relações Exteriores, Joschka Fischer, em maio de 2000, na Universidade Humboldt, em Berlim. Também aqui encontramos a noção de uma Europa central que impulsiona um processo de integração que não é suportado por outros, marginais, Estados-Membros da UE. Mais uma vez, está em risco a estabilidade da Europa Oriental e do Sudeste Europeu, de forma que uma UE fortalecida e ampliada era vista como o ponto central de uma ordem futura. E, crucialmente, "o alargamento [da UE] é do mais alto interesse nacional da Alemanha. O tamanho e a localização central da Alemanha (*Mittellage*) definem riscos e tentações *objetivas*, que podem ser superados pelo alargamento e aprofundamento simultâneo da UE.[75] Aqui também uma Alemanha diferente, mas familiar, aparece como uma potencialidade que deve ser contida por um processo de integração, cujas lógica e direção são definidas pela própria Alemanha. Indiscutivelmente, a lógica da *Geopolitik* assume no discurso do ministro uma profundidade ainda mais ontológica do que no artigo de Schäuble/Lamers. Neste último, define-se uma estratégia alternativa para o governo alemão, caso o processo de integração europeia não ocorra de acordo com seu desenho. Na interpretação de Fischer, a *Geopolitik* pode ser interpretada não apenas como outra opção política, mas também como uma subjacente *estrutura objetiva* que possui sua própria lógica e imperativos. Portanto, a integração europeia como projeto político tem sempre o risco de sucumbir aos imperativos objetivos da centralidade alemã. Se aceitarmos essa interpretação, o argumento de Fischer equivale a uma "chantagem" sobre os parceiros europeus da Alemanha, pois ela oferece a esses países um acordo

||||||||||||

75 Fischer, Vom Staatenbund zur Foderation: Gedanken uber die Finalitat der europaischen Integration, disponível em: <www.auswaertiges-amt.de/diplo/de/Infoservice/Presse/Reden/2000/000512-EuropaeischeIntegrationPDF.pdf>, acesso em: 3 nov. 2008, p.4 (grifo do autor).

que eles não podem, e efetivamente não devem, recusar.⁷⁶ A alternativa ao processo de integração europeia (em termos alemães) não é apenas definida como uma estratégia política diferente, mas também determinada pelas necessidades objetivas da *Geopolitik*. Mais uma vez, a Alemanha antiga, que aderiu aos imperativos ou tentações "objetivas" da *Geopolitik*, ainda serve como o "outro" ontológico contra o qual a nova Alemanha se desencadeia. Em outras palavras, Fischer continua aqui com a já conhecida apresentação negativa da *Geopolitik* com o objetivo de neutralizar sua suposta lógica.

Nesse sentido, ainda podemos observar a continuidade desse discurso sobre a identidade e o propósito alemães, tal como surgiu em 1989/1990. Ambos argumentos de Schäuble/Lamers e de Fischer estabelecem essa alternativa no presente e no futuro da política como uma potencialidade. A Alemanha antiga, que o discurso da Guerra Fria representara como um "outro" historicizado e, portanto, distante, agora se transforma em uma entidade espectral que assombra a atual política na Europa. Esse espectro exige constante contenção via fortalecimento permanente dos laços que ligam a Alemanha ao seu espaço ocidental/europeu. Como tal, sua súplica não nega nem rejeita a relevância da UE para o imaginário de segurança alemão, mas, sim, a confirma e reafirma.⁷⁷

O Afeganistão e o fim da *Geopolitik*

Os críticos da política externa da coalizão Vermelho-Verde costumam se concentrar na definição do papel e do interesse da

---

76 Sobre a questão da chantagem levantada no capítulo, ver a discussão de Schmierer (*Mein Name sei Europa: Einigung ohne Mythos und Utopie*, p.135) sobre o artigo de Schäuble/Lamers.
77 Cf. Fischer, Rede bei der Mitgliederversammlung der Deutschen Gesellschaft für Auswartige Politik, disponível em: <www.glasnost.de/db/DokZeit/99fischer.html>, acesso em: 1 dez. 2011.

Alemanha presentes nos discursos e textos produzidos pelo chanceler Schröder. Nesse nível de análise, os críticos encontram um padrão claro, que identificam como um "processo de ressocialização política do poder" (*machtpolitische Resozialisierung*) e uma mudança de uma política externa civilizacional para uma orientação baseada na política do poder.[78] Se fôssemos considerá-la enquanto uma análise válida, as consequências seriam bastante significativas em termos de construção de um imaginário de segurança diferente e do retorno da *Geopolitik*. Hellmann associa o tipo ideal da "política de poder" (*Machtpolitik*) à filosofia do Estado de Heinrich von Treitschke, abrindo, assim, portas para a reafirmação de um proeminente nacionalista adepto à *Geopolitik*.[79] O argumento de Hellmann sobre esse processo de ressocialização é baseado em uma análise sistemática do vocabulário de política externa de Schröder (e, em um segundo estudo, da elite da política externa na Alemanha) e em uma avaliação crítica sobre algumas decisões e práticas específicas da política externa alemã, que ele interpreta à luz dessa retórica e como exemplos dessa mudança.

Em relação à análise da retórica política de Schröder, há pouco a discordar. Comparado a seus antecessores, a disposição de Schröder de se referir a palavras e frases usadas anteriormente apenas na crítica conservadora à política externa da *Bonner Republik* é certamente evidente. A descrição da Alemanha como uma "grande potência na Europa" e sua posição geográfica ou centralidade e as constantes referências a "interesses nacionais", à "responsabilidade" (em termos do uso das Forças Armadas alemãs), ao "orgulho" e à "autoconfiança" criam um certo padrão que reproduz a distinção ontológica entre a

---

78 Hellmann, Der neue Zwang zur grosen Politik und die Wiederentdeckung besserer Welten, *WeltTrends*, v.13; Id., "... um diesen deutschen Weg zu Ende gehen zu konnen": Die Renaissance machtpolitischer Selbstbehauptung in der zweiten Amtszeit der Regierung Schroder-Fischer, in: Egle e Zohlnhofer (Orgs.), *Ende des rot-grunen Projektes: Eine Bilanz der Regierung Schroder 2002-200*.
79 Hellmann, "... um diesen deutschen Weg zu Ende gehen zu konnen", op. cit., p.463.

Alemanha em relação à Europa e ao Ocidente.[80] Há também a fascinante referência ao *deutschen Weg*, o "caminho alemão", uma alusão mal disfarçada ao alemão *Sonderweg*, que Schröder introduziu em seu discurso de abertura a sua campanha eleitoral federal em 2002.[81] A análise de Hellmann também é interessante para demonstrar a qualidade "errática e aleatória" das declarações de Schröder, revelando uma personalidade que lida com as complexidades da política externa e das relações internacionais por meio de respostas instintivas e irrefletidas.[82] No entanto, esse mesmo *insight* revela o seu argumento mais amplo, à medida que Hellmann funde os níveis micro e intermediário da geopolítica. A retórica não faz o discurso; as declarações pessoais (erráticas) sobre política externa vindas de um único ator, mesmo que este seja o próprio chanceler, não constituem um novo imaginário de segurança capaz de articular todo um conjunto de posições e propósitos de sujeitos. Uma análise mais ampla e sistemática do discurso da política externa alemã seria necessária para sustentar tal argumento. Essa análise ainda precisa ser conduzida; mas Hellmann, ao menos, faz alusão a ela e às avaliações "divididas" da formulação de política externa de Schröder.[83] Ainda mais interessante, Hellmann deu início a um debate sobre a política externa

---

80 Hellmann, Der neue Zwang zur grosen Politik und die Wiederentdeckung besserer Welten, *WeltTrends*, v.13; cf. Schröder, Eine Ausenpolitik des "Dritten Weges?", *Gewerkschaftliche Monatshefte*, v.50; Id., Rede von Bundeskanzler Schroder beim Weltwirtschaftsforum 2002 in New York, disponível em: <http://usa.embassy.de/gemeinsam/schroeder020102.htm>, acesso em: 3 nov. 2008; e Id., Rede von Bundeskanzler Gerhard Schroder zum Wahlauftakt am Montag, disponível em: <http://powi.uni-jena.de/wahlkampf2002/dokumente/SPD_Schroeder_Rede_WahlkampfauftaktHannover.pdf>, acesso em: 1 dez. 2011.
81 Schröder, Rede von Bundeskanzler Gerhard Schroder zum Wahlauftakt am Montag, op. cit., p.2 e 8.
82 Hellmann, op. cit., p.16-7, nota 18.
83 Ibid., p.19-20, nota 35; e Id., "... um diesen deutschen Weg zu Ende gehen zu konnen": Die Renaissance machtpolitischer Selbstbehauptung in der zweiten Amtszeit der Regierung Schroder-Fischer, in: Egle e Zohlnhofer (Orgs.), *Ende des rot-grunen Projektes: Eine Bilanz der Regierung Schroder 2002-200*, p.455-60.

alemã nas páginas do *WeltTrends*, um periódico em alemão localizado entre a academia e o discurso público, ao qual uma grande variedade de estudiosos respondeu. Se o debate resultante demonstra alguma coisa, é um desacordo geral sobre os princípios básicos da atual política externa da Alemanha.[84]

A ausência de qualquer imaginário de segurança claro já se torna evidente na primeira grande decisão de política externa do novo governo. A participação da Alemanha na campanha da Otan no Kosovo em 1999 produziu justificativas contraditórias e ambíguas, sobretudo do novo ministro das Relações Exteriores, Joschka Fischer. Crítico feroz do envio do *Bundeswehr* aos Bálcãs no início dos anos 1990, ele agora justificava a participação alemã na campanha por motivos morais e "realistas". Contra os críticos de sua própria legenda, o Partido Verde, Fischer mobilizou a experiência histórica da Alemanha e seu compromisso pessoal com dois princípios: "Guerra nunca mais" e "Auschwitz nunca mais, genocídio nunca mais".[85] Embora esses princípios tenham se reforçado mutuamente durante a Guerra Fria, a Guerra dos Bálcãs exigiu uma renegociação discursiva.[86] Para Fischer, o imperativo moral de impedir outro genocídio agora tem precedência sobre a rejeição da guerra. Somente por meio desse compromisso é possível preservar os princípios da política externa alemã. No entanto, para os membros do Conselho de Relações Exteriores da Alemanha, um público marcadamente distinto, Fischer minimiza a relevância da moral na decisão de apoiar a operação Allied Force da Otan na ex-Iugoslávia. Em suas palavras: "Os princípios morais desempenharam [...] um papel importante, mas em

---

84 Hellmann, Der neue Zwang zur grosen Politik und die Wiederentdeckung besserer Welten, *WeltTrends*, v.13.
85 Fischer, Rede des Ausenministers zum Natoeinsatz im Kosovo, disponível em: <www.mediacultureonline.de/fileadmin/bibliothek/fischerjoschka_kosovorede/fischer_kosovorede.pdf>, acesso em: 1 dez. 2011.
86 Ver Zehfuss, *Constructivism in International Relations: the Politics of Reality*, para uma análise do processo envolvido.

relação ao Kosovo, a principal preocupação era a segurança regional no Sudeste Europeu, o que tem consequências para toda a Europa".[87] E, finalmente, como Fischer revela em suas memórias sobre a decisão de apoiar a operação da Otan contra a Iugoslávia, "a Alemanha não poderia ficar de lado e arriscar uma cisão na Aliança".[88]

Westbindung, estabilidade europeia e política de responsabilidade (*Verantwortungspolitik*) moral se combinam aqui em uma explicação um tanto contraditória da política externa e de segurança alemã. Mas, juntos, eles reforçam a impressão de que o novo governo enfatizou a continuidade e a confiabilidade em detrimento da mudança ou da transformação. Embora tenha sido um momento crucial na política externa alemã, ao comprometer forças militares para operações de combate pela primeira vez desde o final da Segunda Guerra Mundial, o subjacente imaginário de segurança invocado pelos discursos e pelas práticas permanece dentro dos parâmetros tradicionais. Esses parâmetros, porém, foram incrementados com as anteriores mobilizações *out-of-area* do *Bundeswehr* e com a decisão do *Bundesverfassungsgericht*, a partir de julho de 1994, que permitiu tais mobilizações.

Uma mudança mais radical no imaginário de segurança alemão ocorre após o 11 de Setembro de 2001. O "Afeganistão" se torna o evento que ocasiona um redesenho significativo do espaço e do objetivo geopolítico da Alemanha. Como Murphy e Johnson argumentam, "os legisladores alemães viram o 11 de Setembro como uma oportunidade para lançar o jugo pós-guerra da aquiescência geopolítica".[89] Embora as noções de "jugo" e "aquiescência" possam

|||||||||||

87 Fischer, Rede bei der Mitgliederversammlung der Deutschen Gesellschaft für Auswärtige Politik, disponível em: <www.glasnost.de/db/DokZeit/99fischer.html>, acesso em: 1 dez 2011.
88 Id., *Die rot-grunen Jahre: Deutsche Ausenpolitik – vom Kosovo bis zum 11, September*, p.107.
89 Murphy e Johnson, German Geopolitics in Transition, *Eurasian Geography and Economics*, v.45, n.1, p.2.

ser exageradas, a afirmação, contudo, aponta para uma interessante mudança no imaginário geopolítico do governo alemão. Em um discurso no Fórum Econômico Mundial de 2002, em Nova York, o chanceler Schröder vincula explicitamente a participação alemã na Operação Liberdade Duradoura e a campanha militar contra o terrorismo a uma "violação" radical nas políticas externas e de segurança da Alemanha:

> Sinto que é importante expressar em um fórum internacional até que ponto rompemos com as tradições da antiga República Federal em questões de política externa e de segurança. Uma tradição muito boa, à luz dos eventos da Segunda Guerra Mundial e do fascismo na Alemanha, foi a busca de uma política externa e de segurança que excluísse o envolvimento em intervenções militares... As mudanças que ocorreram no mundo nos forçaram a repensar essa questão... Como consequência, tivemos de mudar nossa política externa e de segurança; nossos parceiros na Europa e em todo o mundo esperavam solidariedade em um sentido irrestrito e como último recurso de fato, mas também, sem restrições, a participação em intervenções militares conjuntas.
>
> Espero que isso esclareça até que ponto a mudança na política operacional se tornou [...] possível com o Kosovo, mais tarde com a Macedônia e agora com o Afeganistão no âmbito das Nações Unidas, mas também por nossa disposição de participar da Operação Liberdade Duradoura e, como tal, na ação militar empreendida contra o terrorismo. Esse foi, por assim dizer, o aspecto da [nossa] política externa e de segurança que serve de resposta e ajuste às mudanças de condições no mundo.[90]

O emergente imaginário de segurança pós-11 de Setembro apresenta um mapa geopolítico em transição e um diferente papel para

---

90 Schröder, Rede von Bundeskanzler Schroder beim Weltwirtschaftsforum 2002 in New York, disponível em: <http://usa.embassy.de/gemeinsam/schroeder020102.htm>, acesso em: 3 nov. 2008.

a Alemanha. Em relação a este último, podemos observar aquilo que os críticos chamaram de *Enttabuisierung des Militärischen*, uma "remoção de tabus" referente ao uso da força militar.[91] Nas palavras de Schröder, oferecer uma "assistência secundária", por meio de suporte e infraestrutura ou via meios financeiros em apoio aos esforços internacionais para garantir liberdade, justiça e estabilidade, não seria mais suficiente.[92] Formas mais ativas de política de segurança ganham importância.[93] A ação militar agora não é mais a exceção; torna-se parte integrante da política externa e de segurança alemã.

No que diz respeito ao mapa geopolítico, a "preferência" espacial pela Europa, que fez da mobilização militar em apoio à Missão da ONU no Timor-Leste em 1999 uma medida excepcional,[94] foi dissolvida em favor de um imaginário geopolítico global definido pela ameaça do "terrorismo internacional"[95] e o "desafio totalitário internacional".[96] A segurança alemã agora é defendida por meio de ações multilaterais e em um espaço global. Percebendo que "os riscos não emanam mais de nossos vizinhos imediatos, mas que existem

||||||||||

91 Geis, Die Zivilmacht Deutschland und die Enttabuisierung des Militarischen, *HSFK Standpunkte*, Nr. 2.
92 Schröder, Regierungserklarung des Bundeskanzlers Gerhard Schroder zur Aktuellen Lage nach Beginn der Operation gegen den internationalen Terrorismus, disponível em: <www.documentarchive.de/brd/2001/rede_schroeder__1011.html>, acesso em: 3 nov. 2008.
93 Voigt, "Die deutsch-französischen Beziehungen und die neue *Geopolitik*": Rede von Karsten D. Voigt, Koordinator für die Deutsch-Amerikanische Zusammenarbeit im Auswartigen Amt, im Rahmen des Deutsch-Franzosisches Seminars der Association Jean Monnet am 05.07.02, disponível em: <www.auswaertiges-amt.de/diplo/de/Infoservice/Presse/Reden/Archiv/2002/020705-DtFrBeziehungen.html>, acesso em: 12 jan. 2005.
94 Fischer, Rede bei der Mitgliederversammlung der Deutschen Gesellschaft für Auswärtige Politik, disponível em: <www.glasnost.de/db/DokZeit/99fischer.html>, acesso em: 1 dez. 2011.
95 Schröder, op. cit.
96 Fischer, Rede des Bundesauβenministers Joschka Fischer zur Aktuellen Lage nach Beginn der Operation gegen den internationalen Terrorismus in Afghanistan, disponível em: <www.documentarchiv.de/brd/2001/rede_fischer_1011.html>, acesso em: 1 dez. 2011.

perigos para além da Europa, que afetam direta ou indiretamente a segurança europeia",[97] a geopolítica alemã agora excede em muito os limites da *Geopolitik*.

Com relação ao tópico deste capítulo, as consequências são significativas. A alegação do ministro da Defesa, Struck, de 2002, de que a segurança da Alemanha é defendida no Hindu Kush,[98] constitui, na verdade, o fim, e não o retorno, da *Geopolitik*. Na medida em que o envio de forças do *Bundeswehr* ao Afeganistão reflete um novo imaginário de segurança, embora ainda em evolução, ele não invoca mais as três características definidoras da *Geopolitik*: a *Mittellage* (centralidade) da Alemanha, um *Sonderweg* (excepcionalismo) alemão e o foco na *Machtpolitik* (política de poder) nacional. O "Hindu Kush" pode ser visto como o "retorno da geopolítica" na política externa e de segurança alemã, levando-se em conta o retorno do espaço político como um problema a ser considerado e o surgimento de uma nova espacialização dentro da qual o papel da Alemanha se torna "globalizado" e na qual sua posição geográfica na Europa se revela irrelevante. Como parte desse desenvolvimento, o discurso civilizacional que articula uma identidade alemã em termos de centralidade, distinta do Leste e do Oeste, fica no esquecimento. De maneira semelhante, o "Hindu Kush" representa o fim de um *Sonderweg* alemão. A mobilização de forças alemãs reflete uma missão definida por um objetivo conjunto transatlântico de combater um inimigo comum. Em termos práticos, tal mobilização militar reproduz a dependência alemã em relação às forças norte-americanas para transporte aéreo e proteção, demonstrando a profunda interdependência de segurança que define a política de segurança

---

97 Voigt, op. cit.
98 Wagener, Auf dem Weg zu einer "normalen" Macht? Die Entsendung deutscher Streitkräfte in der Ära Schröder, *Trierer Arbeitspapiere zur Internationalen Politik*, v.8, p.14, nota 37.

alemã no século XXI.[99] Se pudermos identificar algum resquício observável do excepcionalismo (*Sonderweg*) alemão, ele estaria na postura da Alemanha de se concentrar em operações de *peacekeeping* e de se recusar em enviar a maior parte das forças alemães à parte mais perigosa do Afeganistão, no sul do país. No entanto, essas iniciativas representam mais uma continuidade com a política de responsabilidade (*Verantwortungspolitik*), um dos *tópos* tradicionais do discurso da política externa alemã, do que o início de uma mudança em direção a uma política de poder. Embora a retórica de Schröder supracitada sugira o abandono das noções tradicionais de política de responsabilidade (*Verantwortungspolitik*) e vinculação com o Ocidente (*Westbindung*), uma investigação mais aprofundada da política externa alemã sob o governo Schröder/Fischer revela um quadro mais complexo. O exercício do poder (militar), como demonstra o destacamento para o Afeganistão, ainda é significativamente circunscrito por esses compromissos com o poder civilizador e a necessária integração das forças e políticas alemãs nas instituições internacionais. Além disso, a crítica de Schröder e a resistência à invasão do Iraque pelos Estados Unidos em 2003 refletiram uma contínua (e popular) rejeição de meras políticas de poder e uma política caracterizada por um compromisso com a solução pacífica de conflitos, bem como um fortalecimento da ordem jurídica internacional.[100] A política de responsabilidade (*Verantwortungspolitik*) reaparece, então, ajustada ao contexto (agora) global da política externa alemã.

A mobilização do *Bundeswehr* para o Afeganistão, como parte da organização liderada pela Força Internacional de Assistência para a Segurança (International Security Assistance Force – Isaf), também

---

99 Wagener, Auf dem Weg zu einer "normalen" Macht? Die Entsendung deutscher Streitkräft in der Ära Schröder, *Trierer Arbeitspapiere zur Internationalen Politik*, v.8, p.31.
100 Risse-Kappen, Kontinuitat durch Wandel: Eine "neue" deutsche Ausenpolitik?, *Aus Politik und Zeitgeschichte*, B11.

reafirma a contínua relevância da vinculação com o Ocidente (*Westbindung*) da Alemanha. Longe de retornar a uma política de poder clássica baseada em um imaginário de segurança geopolítico definido nacionalmente, o envio de forças armadas alemãs permanece vinculado ao objetivo político e ao contexto geral de participação nas instituições ocidentais. Além disso, se a autobiografia de Fischer sobre a preocupação com a estabilidade da Otan no contexto da crise no Kosovo for confiável, encontramos mais evidências da continuidade desse *tópos* da política externa alemã, então em circunstâncias alteradas.

Isso talvez seja apenas o lugar-comum de uma "Alemanha europeia" que desapareça na formulação da política externa alemã com a mudança de poder em 1998. A "europeidade" (*european-ness*), explica Schröder, é uma questão de escolha e vontade, não mais um dado existencial. E, como alguns pesquisadores apontaram, em Schröder, a Alemanha experimentou um nível significativo de "deseuropeização" de sua política externa, passando da "vanguarda" para uma posição de "retardatária" no que diz respeito à integração na UE.[101] Os pesquisadores têm o cuidado de enfatizar que essa "nova" política não é resultado de uma decisão ou vontade unilateral por parte do governo alemão, ou mesmo do chanceler alemão. Pelo contrário, é resultado de uma interação complexa de estruturas de governança da UE, então em processo de mudança, e estruturas alemãs específicas, como o aumento do envolvimento dos *Länder* (as unidades federais alemãs) nas políticas da UE que levaram a uma reavaliação da posição alemã sobre as políticas da instituição em matéria de asilo e o compromisso contínuo com um *Bundeswehr* baseado em recrutamento, o que dificultou sobremaneira o apoio à Política Europeia de Segurança e Defesa (ESDP). Além

---

101 Hellmann et al., De-Europeanization by Default? Germany's EU Policy in Defense and Asylum, *Foreign Policy Analysis*, v.1, n.1.

disso, como Thomas Risse[102] apontou, o compromisso contínuo da Alemanha com a UE foi afirmado no seu apoio à expansão oriental da União e ao processo de reforma "constitucional" da UE. Assim, embora a identidade europeia da Alemanha possa ter se tornado uma questão de escolha, as realidades políticas "em solo" parecem sugerir que ela é a única alternativa crível.

Conclusão: o espectro da *Geopolitik*

Em outras palavras, a *Geopolitik* não experimentou um renascimento no imaginário de segurança da Alemanha pós-unificação, nem em sua versão tradicional, nem em uma neoclássica. O país em que a *Geopolitik* foi articulada e institucionalizada pela primeira vez como empreendimento científico nas décadas de 1920 e 1930 ficou sem essa tradição ao tentar encontrar uma nova identidade e um novo objetivo nacional, e até mesmo um novo imaginário de segurança, após a Guerra Fria.

Certamente, a política externa e de segurança alemã passou por mudanças desde 1990, e uma nova espacialização emergiu mais dramaticamente após os eventos de 11 de Setembro e o envio de forças alemãs para o Afeganistão. A geopolítica, no sentido de um imaginário geoespacial, era importante, como sempre foi, na política internacional. Mas a Guerra Fria também foi uma estrutura geopolítica específica, com a Alemanha, política e existencialmente, inserida no Ocidente.

A maioria dos defensores declarados da *Geopolitik* permaneceu à margem do discurso acadêmico e político, e aqueles escritores, acadêmicos ou não, que pressionaram por uma política externa alemã diferente, mais autoconsciente e mais "poderosa", apenas se referiram

---

102 Risse-Kappen, Kontinuitat durch Wandel: Eine "neue" deutsche Ausenpolitik?, *Aus Politik und Zeitgeschichte*, B11, p.26-8.

à *Geopolitik* de modo hesitante, usando alguns de seus termos centrais, mas quase sempre reconhecendo a realidade contínua das estruturas institucionais dentro das quais a Alemanha continuaria a conduzir sua política externa. Contra essa busca por uma política externa alemã "diferente", uma forte aliança de acadêmicos e intelectuais em Frankfurt, Trier e Berlim insistiu na conveniência e na necessidade permanente de uma política externa que se orientasse para um objetivo civilizacional, e não para a política de poder. Aqui, a *Geopolitik* aparece outra vez como um mero fantasma dos perigos que uma "normalização" equivocada da política externa alemã poderia produzir. Por fim, discursos e narrativas de funcionários referem-se de forma ocasional, mas de maneira completamente não sistemática, a expressões e *topoi* que fazem parte do vocabulário da *Geopolitik*. No discurso de Fischer em 2000, a lógica da *Geopolitik* surge como uma potencialidade e uma alternativa indesejada à integração europeia. No discurso da campanha eleitoral de Schröder em 2002, o *deutsche Weg*, ou seja, o jeito alemão, serve para fornecer um foco emotivo a uma lista de desafios domésticos e internacionais que a Alemanha supostamente enfrentava. A alusão ao *Sonderweg* é tão óbvia quanto irrelevante – Schröder nunca foi capaz ou esteve disposto a argumentar em favor de uma identidade e de um papel alemão na Europa semelhantes aos da *Geopolitik*.

O fracasso da *Geopolitik* nos níveis intermediário e micro da política externa alemã pode ser explicado de maneira bastante direta. Primeiro, há a contínua memória coletiva do regime nazista e os excessos da política de poder nacionalista.

Segundo, ao contrário de muitos outros Estados da Europa, a Alemanha não sofreu uma "crise existencial" com o fim da Guerra Fria. Portanto, a tentação de encontrar respostas fáceis para lidar com uma crise ontológica não aconteceu na Alemanha. Em vez disso, a *Geopolitik* definiu, naquele momento, o que deveria ser evitado, o espectro sombrio da história contra o qual a nova, porém mesma, Alemanha definiria sua identidade e seu propósito.

Com o tempo, ficou claro que o reconhecimento contínuo da Alemanha como membro de pleno direito das instituições ocidentais dependia de uma mudança no imaginário de segurança alemão. E é dentro de um contexto institucional alterado que a Alemanha precisa desenvolver seu novo imaginário de segurança. No entanto, como discutido, isso aconteceu de forma reativa, em geral no nível da intuição e não necessariamente de modo coerente. Dada essa dialética entre continuidade e mudança, a *Geopolitik* era simplesmente irrelevante.

A análise também sugere que o "Hindu Kush" é um prenúncio do "fim da geopolítica (tradicional)", um exemplo da "reterritorialização" discursiva que tenta traduzir a ameaça de um inimigo globalizado e não territorial em padrões tradicionais de pensamento da geopolítica realista. Como consequência, um inimigo complexo e "viral" se torna mais fácil de lidar a partir do uso de estratégias, táticas e meios militares tradicionais. A própria geopolítica, com a sua insistência em uma ontologia territorial, agora se torna um problema, e não uma solução heurística ou analítica – uma mudança reconhecida também pelos representantes alemães da geopolítica crítica.[103] Embora a geopolítica possa ter fornecido uma solução (temporária) para as crises de identidade existenciais em alguns Estados europeus após 1989, ela não ajuda a elucidar a mudança de identidade da política global.

---

103 Reuber e Wolkersdorfer, Macht, Politik und Raum, disponível em: <www.politische-geographie.de/Docs/PolGeoForschungsjournal.pdf>, acesso em: 1 dez. 2011, p.8-10.

6. GEOPOLÍTICA "NA TERRA DO PRÍNCIPE": UMA CHAVE MESTRA PARA A POLÍTICA DE PODER (GLOBAL)?

Elisabetta Brighi e *Fabio Petito*[1]

> *La geopolitica può servire da bussola per orientarsi nel futuro imprevedibile del mondo.*[2]

O renascimento do pensamento e da prática geopolítica na Itália desde os eventos marcantes de 1989 é, ao mesmo tempo, um assunto relativamente simples e, ainda assim, intrigante. Embora não haja dúvida de que algum tipo de ressurgimento ocorreu, seu significado e suas implicações para os debates acadêmicos mais

---

1 Gostaríamos de agradecer a Franco Mazzei, Alessandro Colombo, Rosario Sommella, Sonia Lucarelli, Christopher Hill, Michele Chiaruzzi, Pascal Vennesson, Elsa Tulmets e Marco Antonsich por seus comentários úteis e sugestões pertinentes em uma primeira versão deste capítulo. Elisabetta Brighi, gostaria de agradecer o apoio fornecido por uma bolsa de pesquisa concedida pelo Istituto Italiano di Scienze Umane durante a escrita deste capítulo. O título se refere à contribuição de Lucarelli e Menotti (Le relazioni internazionali nella terra del "Principe", *Rivista Italiana di Scienza Politica*, v.1), embora usando a expressão para uma finalidade diferente, como ficará claro a seguir. Todas as traduções foram feitas pelos autores.

2 "A geopolítica pode servir como uma bússola para nos orientarmos no futuro imprevisível do mundo." Jean, *Geopolitica del XXI secolo*, contracapa.

amplos sobre as RI na Itália – e para a política externa do país – são muito menos óbvios. Para começar, nas últimas duas décadas, a geopolítica foi invocada por seus próprios apoiadores e estudiosos de formas surpreendentemente variadas – como um discurso, uma doutrina, como um conjunto de teorias ou até mesmo enquanto uma ciência –, de modo que o próprio termo se tornou, inevitavelmente, onipresente e vago. Em segundo lugar, e ainda mais interessante, apesar de seu significado indefinido, a "abordagem geopolítica" para a política internacional conseguiu ganhar e manter um poderoso status na academia de RI e nos debates públicos italianos – tornou-se, de fato, um discurso legítimo em si mesmo e, até certo ponto, legitimador para aqueles que o praticam. No debate público, muitas vezes sem maior questionamento, a geopolítica foi elevada a um recurso vital, uma verdadeira chave mestra, ou *passe-partout*, para a compreensão dos meandros, antigos e novos, da política internacional.

Assim, testemunhou-se não apenas a proliferação de várias revistas e periódicos dedicados ao estudo e/ou à aplicação do raciocínio geopolítico para questões de política internacional, mas também a validação de alguns estudiosos e a ascensão de "especialistas", em especial do meio militar/diplomático, cuja reputação foi geralmente aumentada (ou, algumas vezes, estabelecida *ex nihilo*) graças a sua suposta experiência geopolítica. Vários "clássicos" geopolíticos também foram traduzidos pela primeira vez ou reeditados em italiano e, de maneira mais geral, nos últimos quinze anos, inúmeros trabalhos foram publicados sobre a "geopolítica de…" – com foco seja em uma região, na política externa de países específicos, seja em áreas temáticas específicas. O conjunto de toda a literatura sobre geopolítica, ou pelo menos amplamente inspirada nela, cresceu a uma taxa exponencial.[3]

---

3 Basta dizer que cerca de duzentos volumes foram publicados com a palavra "geopolítica" presente em seus títulos, no relativamente breve período dos últimos vinte anos. Considerando o tamanho, de certa forma reduzido, do mercado de publicações

Este capítulo se propõe a investigar como e por que a geopolítica atraiu tanta atenção no debate público e acadêmico na Itália desde 1989. Como será discutido, isso ocorreu devido a uma série de desenvolvimentos de longo e curto prazos que, combinados, garantiram que esse desenvolvimento se operasse. Por um lado, confrontada com o ambiente muito mais incerto do pós-bipolarismo, uma série de ansiedades havia muito esquecidas sobre o status da Itália no mundo ressurgiu, desencadeada pelas mudanças sísmicas de 1989 e pela maneira como elas foram interpretadas no debate político e intelectual. Quando questões complexas como nação, identidade e nacionalismo foram reintroduzidas no discurso público, depois de décadas de total esquecimento durante a Guerra Fria, o "terreno" na Itália estava pronto para presenciar a confluência de duas fortes linhas de pensamento materialista, o realismo e o marxismo, pensamento materialista este no qual se acreditava ter condições de fornecer pistas capazes de orientar a política externa italiana e garantir seu lugar no mundo pós-bipolar. Em outras palavras, a cena estava pronta para o retorno da geopolítica como uma solução bem-vinda para enfrentar a crise de identidade de política externa italiana. Uma série de condições facilitadoras, ou fatores processuais, como o estado particular da academia de RI na Itália e a evolução do seu sistema político interno, asseguraram, ainda que no espaço de apenas alguns anos, e apesar de sua origem duvidosa e de sua vaga agenda, que a geopolítica ressurgisse para se afirmar enquanto uma abordagem adequada, legítima e legitimadora, por meio da qual seria possível analisar a política mundial contemporânea e o lugar da Itália nela.

Para desenvolver esse argumento, o capítulo prosseguirá em duas etapas centrais. Suas duas primeiras seções examinam a história da tradição geopolítica na Itália e o conteúdo de seu atual

---

acadêmicas em RI, uma média de dez livros por ano é bastante notável. Dados do catálogo nacional de bibliotecas disponíveis no site do Ministério da Educação italiano (www.internetculturale.it).

ressurgimento. A primeira seção mostra as raízes do pensamento geopolítico italiano no primeiro segmento do século XX, suas características distintivas e sua agenda original, além de chamar nossa atenção para a maneira como os elementos dessa história ressurgiram no debate contemporâneo. A segunda seção ilustrará as principais características do renascimento da geopolítica na Itália desde 1989, analisando suas diferentes vertentes e manifestações, tanto no debate intelectual quanto na arena da formulação de políticas externas. Em particular, ele discutirá três exemplos do renascimento da geopolítica, debruçando-se sobre o sucesso de *Limes: Rivista Italiana di Geopolitica* e os escritos das duas figuras que mais contribuíram para esse renascimento, a saber, Carlo Jean e Carlo Maria Santoro. Como ilustraremos, a geopolítica veio a possuir significados muito diferentes no debate italiano;[4] contudo, essa ambiguidade não diminuiu substancialmente a popularidade do termo/abordagem – muito pelo contrário. A segunda parte do capítulo, também em duas seções, trata das razões para esse ressurgimento e o que ele nos diz a respeito do caso da Itália. A terceira seção investiga a questão de pesquisa central deste volume, a saber, que esse ressurgimento acontece no contexto de uma crise de identidade de política externa, discutindo o nexo entre história, identidade e política externa da Itália pós-1989. Nesse momento, o pensamento geopolítico passou a ter, pelo menos em certa medida, uma função revisionista ou até irredentista dentro de um imaginário de segurança em que o papel político mundial da Itália tem sido continuamente visto como precário e subvalorizado. A seção final analisa uma série de fatores processuais que permitiram que essa crise produzisse uma resposta geopolítica, a saber: uma *path dependency* materialista ideacional em relação à cultura política; o estado do debate público e acadêmico italiano sobre sua política externa; e o campo político da Itália com

---

4 Stanzione, Le parole o le cose? Adhuc sub iudice lis est, *Geotema: Organo Ufficiale dell'Associazione Geografi Italiani*, v.1.

seus embates no período pós-1989. Por fim, as conclusões servirão ao objetivo de resumir o argumento do capítulo, além de delinear a possível futura trajetória da geopolítica na política externa italiana e nos debates em torno dela.

Os precedentes geopolíticos da Itália, amnésia e despertar

Assim como na geopolítica alemã e francesa, a geopolítica italiana tem uma origem distinta, embora talvez menos célebre ou conhecida.[5] Intimamente ligada ao projeto nacionalista que culmina no *ventennio* fascista, os argumentos geopolíticos começaram a surgir na virada do século XX, no mesmo momento em que a Itália se juntou à disputa por colônias, já na última fase do imperialismo europeu. Como em muitos outros países europeus nessa época, o interesse público pela geografia aumentou significativamente, e a geografia política se fortaleceu como uma disciplina acadêmica. Os estudos geopolíticos capitalizaram esse interesse geral para se transformar em uma importante linha de pensamento nos anos seguintes à Primeira Guerra Mundial, e acabaram se tornando uma grande influência na política externa do país durante o regime de Mussolini, especialmente a partir da década de 1930.

É interessante notar que, assim como o fascismo não inventou o nacionalismo, mas se baseou em temas e tendências que haviam atravessado a era liberal tardia,[6] ele também não criou a geopolítica *ex-novo*, mas estendeu e celebrou um modo de pensar cujos princípios centrais já haviam sido estabelecidos na prática, se não

---

5 Para bons trabalhos gerais, ver Antonsich, *Geopolitica e Geografia Politica in Italia dal 1945 ad oggi*; e Atkinson, Geopolitical Imaginations in Modern Italy, in: Dodds e Atkinson (Orgs.), *Geopolitical Traditions: a Century of Geopolitical Thought*.

6 Bosworth, *Italy the Least of the Great Powers: Italian Foreign Policy before the First World War*; Chabod, *Storia della politica estera italiana dal 1870 al 1896*, p.546-8; e Salvatorelli, *Nazionalfascismo*.

totalmente sistematizados na teoria, durante esse período da era liberal.[7] Apesar da associação bastante natural entre geopolítica e fascismo, são necessários muitos elementos para substanciar uma "tese de continuidade" – o fio geopolítico claramente atravessa os dois períodos, em vez de delinear com nitidez um período a partir do outro.

Tanto em sua variante liberal tardia quanto fascista, o pensamento geopolítico veiculou essencialmente uma visão da política internacional que se apoderou sobremaneira de um entendimento realista, de fato um entendimento "ultrarrealista", das relações internacionais. Assim, por exemplo, a justificativa da expansão da Itália para a Líbia, finalmente alcançada em 1911 – uma aventura não insignificante, pois desencadeou efetivamente a cadeia de eventos que levaram à Primeira Guerra[8] –, foi dada em termos tipicamente espaciais e antagônicos. Tratava-se, mais uma vez, de "dominar o Mediterrâneo, o que significava dominar o mundo", como proclamou o nacionalista Francesco Giunta,[9] ou, como insistia o ministro das Relações Exteriores, Antonino Di San Giuliano, "participar da grande disputa entre os povos" e conseguir um há muito desejado "lugar relativo no mundo".[10]

O fascismo só veio reforçar e sistematizar tal abordagem – e, mais importante, usá-la para justificar seus projetos revisionistas. A institucionalização definitiva do pensamento geopolítico surgiu no início dos anos 1930 com o estabelecimento de uma rede de geógrafos políticos com inclinações geopolíticas radicais na Universidade de Trieste e com a publicação da primeira revista italiana de geopolítica, *Geopolitica: Rassegna Mensile di Geografia Politica, Economica, Sociale, Coloniale*, entre 1939 e 1942. Saudada publicamente por

---

7 Ver Knox, Fascism, Ideology, Foreign Policy and War, in: Lyttelton (Org.), *Liberal and Fascist Italy*; sobre Di San Giuliano e geopolítica, ver Bosworth, op. cit.; e Cerreti, San Giuliano e la non-geopolitica dei geografi, *Limes: Rivista Italiana di Geopolitica*, v.3.
8 Childs, *Italo-Turkish Diplomacy and the War over Libya, 1911-1912*.
9 Apud Rumi, *Alle origini della politica estera fascista*, p.128.
10 Apud Bosworth, op. cit., p.282.

Karl Haushofer como o "jornal-irmão" do *German Geopolitik*, a revista baseada em Trieste e financiada pelo Estado forneceu, na visão de seus fundadores, um meio de promover a consciência geopolítica (*coscienza geopolitica*) do país sobre as características agilmente mutáveis da política internacional referente ao período do entreguerras.

De acordo com as duas principais figuras do renascimento da geopolítica na década de 1930 e editores da *Geopolitica*, Giorgio Roletto e Ernesto Massi, além da geografia política, existia uma complexa e urgente tarefa de considerar como a distribuição global de poder e recursos naturais, combinada com um conjunto de fatores importantes, gerava mudança – e, especialmente, "fatores culturais, espirituais e o desejo por poder e por formar impérios".[11] Esta era a missão da geopolítica: levar em conta os elementos dinâmicos e competitivos da política internacional e ajudar um ator cada vez mais revisionista, como a Itália fascista, na articulação de sua política externa.[12]

De fato, alguém poderia argumentar que o encontro fatal entre fascismo e geopolítica girou, precisamente, em torno da questão da agência e da mudança. A peculiaridade da geopolítica italiana era que, em vez de focar no "geo-", usando conceitos estáticos ou uma espacialidade fixa, ele destacou o caráter inconstante da "política" e seus desenvolvimentos contingentes – resolvendo o debate tradicional entre a geografia "estática" e a geografia "dinâmica", em favor desta última. A ênfase na mudança e na agência está extremamente vinculada à ideologia fascista da ação e, em particular, ao dogma da liberdade de ação na política exterior. Segundo Mussolini, a ação não era apenas um "veículo de implementação de ideias, mas um bem em si",[13] portanto, na política externa, a Itália deveria "recuperar sua liberdade de ação, cuidando de seu interesse". O revisionismo radical

---

11 Roletto e Massi, Per una Geopolitica Italiana, *Geopolitica*, v.1, n.1, p.10.
12 Pagnini, La geografia politica, in: Pellegrini (Org.), *Aspetti e problemi dell geografia*, v.1.
13 Apud Moscati, Gli esordi della politica estera fascista, il periodo Contarini, Corfu, in: Torre (Org.), *La politica estera italiana dal 1914 al 1943*, p.102; cf. também Kallis, *Fascist Ideology: Territory and Expansionism in Italy and Germany, 1922-1945*, p.57.

ofereceu, assim, um excelente terreno comum no qual o fascismo e a geopolítica encontrar-se-iam.

É claro que não demorou muito para que as imagens evocadas pela escola geopolítica italiana da década de 1930 se traduzissem em práticas de política externa. Como os discursos de Mussolini deixam claro, o próprio *Duce* era um leitor perspicaz e praticante ávido das teorias geopolíticas da época.[14] Duas regiões em particular tornaram-se objetos de constante atenção geopolítica e retórica: o Mediterrâneo e os Balcãs. Quanto ao primeiro, os argumentos geográficos usados por Mussolini mudaram com o grau de expansionismo do regime: enquanto o Mediterrâneo era caracterizado como *mare nostrum*, ou mesmo simplesmente como "nosso lago", na década de 1920, ele se tornou "um caminho" para constituir um Império em meados dos anos 1930 e, finalmente, uma "prisão" da qual a Itália tinha de escapar para marchar em direção aos oceanos, em fins da década de 1930, quando a guerra se aproximava.[15] Quanto aos últimos, no caso dos Balcãs, a expansão para a Albânia foi justificada com uma fórmula remanescente da expressão mais famosa de Mackinder: "Quem detém a Boêmia, detém a bacia do Danúbio. Aquele que detém a Albânia, detém os Bálcãs".[16] Nos dois casos, os argumentos geopolíticos foram usados no processo de planejamento e na execução da expansão e da agressão militar – a invasão da Etiópia em 1935, a da Albânia em 1939 e, por fim, a da Grécia em 1940, com a Segunda Guerra Mundial já em andamento.

Assim como a guerra veio a marcar o fim dramático do experimento fascista na Itália, também sinalizou a súbita perda de popularidade da geopolítica entre as elites e o público em geral. Inevitavelmente manchada por suas contaminações fascistas, a

---

14 Por exemplo, Mussolini, *Scritti e discorsi di Benito Mussolini*, p.61.
15 Cagnetta, Mare Nostrum, un mito geopolitica da Pompeo a Mussolini, *Limes: Rivista Italiana di Geopolitica*, v.2, p.257.
16 Apud Lowe e Marzari, *Italian Foreign Policy, 1870-1940*, p.326.

geopolítica foi sumariamente condenada a um esquecimento que duraria quase meio século. De fato, a *morte della patria* que se seguiu ao armistício de 8 de setembro de 1943[17] significou não apenas a morte da nação – e a origem de um tabu duradouro em torno dos próprios termos "nação" e "interesse nacional"[18] –, mas também, por extensão, a morte da geopolítica. No debate público e acadêmico, uma verdadeira amnésia logo se instalou. Mesmo as poucas exceções à regra (por exemplo, a publicação da *Hérodote-Italia* entre 1978 e 1984) tiveram vida curta e passaram relativamente despercebidas.

Dado o longo interregno de esquecimento quase total durante a Guerra Fria, é, sem dúvida, surpreendente que apenas alguns anos tenham sido suficientes para trazer a geopolítica vigorosamente de volta à moda depois de 1989. No entanto, a magnitude das mudanças que se seguiram à queda do Muro de Berlim não foi pouco dramática para a Itália e justificou, assim, muitas transformações.[19] O fim do bipolarismo levou a um colapso abrupto da autoconcepção da Itália e de seu "claro" papel internacional: perdendo seus principais quadros de referência nacionais e internacionais, como analisaremos a seguir, o imaginário de segurança italiano, consolidado durante a Guerra Fria, foi profundamente questionado, e o país se viu em um estado de insegurança ontológica e ansiedade.

Nesse cenário, o interesse pela geopolítica ressurgiu de súbito. De modo crucial, a esse ressurgimento também despontou em paralelo outro grande tema no debate público, a saber, a questão da Itália como *nação*, com seus interesses e sua identidade. Não por acaso, as duas questões foram, com frequência, mencionadas em conjunto

---

17 Galli della Loggia, *La morte della patria*; e Id., *L'identità nazionale*.
18 Id., *La morte della patria*.
19 Cf. Andreatta e Hill (Struggling to Change: the Italian State and the New Order, in: Wallace e Niblett [Orgs.], *Rethinking the European Order: West European Responses 1989-1997*) e Guzzini (The "Long Night of the First Republic": Years of Clientelistic Implosion in Italy, *Review of International Political Economy*, v.2, n.1) para o debate sobre a origem dessas mudanças.

pelos principais protagonistas desse debate para justificar uma discussão; na verdade, para justificar uma grande reconsideração dos interesses nacionais da Itália. Dedicou-se uma vasta quantidade de publicações ao lançamento de um debate sobre o papel da Itália nas relações internacionais contemporâneas, bem como sobre a sua capacidade de projetar seus interesses no exterior de forma unitária e coerente. Várias dessas publicações foram financiadas por meio de um grande programa de pesquisa lançado por Carlo Jean, então presidente do mais importante instituto militar de pesquisas italianas (Centro Alti Studi Difesa, CASD),[20] enquanto outros eram trabalhos individuais de figuras conhecidas na área da diplomacia ou de historiadores militares.[21] A lógica desse repentino renascimento do interesse por esses temas foi apropriadamente capturada por Ernesto Galli della Loggia, um dos historiadores mais proeminentes e vocais sobre essas mesmas questões: "O fim da bipolarismo permite que todos sejam eles mesmos. Ele traz a Itália de volta à sua responsabilidade autônoma, uma vez que o sistema internacional que a manteve de pé se desfez. Agora temos de decidir quem queremos ser".[22]

O encontro da geopolítica e a temática da "nação" ("interesses nacionais", "identidade nacional") não só se tornaram naturais, como também se reforçam mutuamente. Por um lado, foram precisamente as políticas internacionais mais fluidas e dinâmicas do pós-Guerra Fria que permitiram, ou pareciam comandar, uma reavaliação dos interesses nacionais da Itália. Isso, por sua vez, produziu o ressurgimento de ansiedades recorrentes sobre o "status" do país no mundo, bem como sua identidade como nação. Por outro lado, a reavaliação do lugar da Itália no mundo naturalmente

---

20 Por exemplo, CeMiSS, *Il Sistema Italia: gli interessi nazionali nel nuovo scenario internazionale*; e Corsico, *Interessi nazionali e identità italiana*.
21 Por exemplo, Ilari, *Inventarsi una patria: esiste l'identità nazionale?*; e Incisa di Camerana, *La vittoria dell'Italia nella terza guerra mondiale*.
22 Caracciolo e Orfei (Orgs.), Tavola rotonda: alla ricerca dell'interesse nazionale, *Limes: Rivista Italiana di Geopolitica*, v.1.

passou a envolver o uso da geopolítica como um meio discursivo/ prático para imaginar e lidar com esse novo momento político. Assim como no período do entreguerras, em um mundo pós-bipolar em que fatores culturais e "espirituais" voltaram a ser proeminentes após décadas de "exílio", a geopolítica tornou a lançar seu feitiço sobre intelectuais e formuladores de políticas, e a apresentar-se como o kit de ferramentas mais imediatamente à sua disposição.

Mil flores desabrocham: o renascimento da geopolítica na Itália pós-1989

No debate público do início e de meados da década de 1990, a necessidade de lidar com o "interesse nacional" da Itália se transformou em uma fixação, e a geopolítica se tornou, talvez, a palavra da moda mais importante nesse debate. O repentino ressurgimento do interesse pela geopolítica invadiu progressivamente jornais, resenhas, mercado de livros e a própria academia. Somente em meados dos anos 1990, o ressurgimento da geopolítica começou a perder um pouco do seu ímpeto, em parte como resposta a mudanças no contexto político, doméstico e internacional, e em parte por causa da maneira pouco natural com que grande parte dele foi levado adiante no início da década – envolvendo apenas uma pequena parcela da elite intelectual e, normalmente, deixando de atrair a atenção do público médio em geral. É difícil não concordar com o aviso do ex--ministro da Defesa Beniamino Andreatta: "A Itália tem interesses porque é um ator importante na arena internacional, *e não o contrário*. De outro modo, correríamos o risco de criar interesses artificiais e efêmeros, como se fossem feitos em laboratório, não estando eles em sintonia com o país e, portanto, sendo percebidos dessa forma".[23]

---
23 Andreatta em Corsico, *Interessi nazionali e identità italiana*, p.137 (grifos do autor).

Mas, antes de tentar discutir mais a fundo a questão de onde essa discussão nos leva ao momento atual e o que ela nos diz sobre o caso da Itália, sua política externa e o campo de produção de especialistas em política externa, é importante fornecer informações mais detalhadas sobre o renascimento da geopolítica na Itália pós-muro de Berlim e, em particular, analisar três de suas várias manifestações.

Limes e co.: o nascimento de uma "moda" geopolítica

Um relato do ressurgimento da escrita geopolítica na Itália não poderia começar senão pelo reconhecimento do lugar central de *Limes: Review of Geopolitics* nesse processo. Em sua primeira edição, publicada em março de 1993, a revista rapidamente conseguiu atrair vários intelectuais de alto nível, de diversas origens, todos preocupados em retomar o debate sobre o caráter mutável da política internacional pós-bipolar e o lugar da Itália nela. Sob o comando editorial do jornalista de esquerda Lucio Caracciolo e do professor expoente do *Hérodote* Michel Korinmann, e sob a égide do pai da geopolítica francesa pós-guerra, Yves Lacoste, a revista forneceu um fórum para historiadores, cientistas políticos, diplomatas e jornalistas de renome – com a missão ambiciosa, leia um de seus anúncios, de fazer com que os leitores "entendam o mundo como ele é".[24]

Ao cumprir essa missão, a revista recebeu apoio não apenas da área acadêmica e dos intelectuais públicos, mas também do Ministério das Relações Exteriores e do mundo dos negócios. Em relação ao primeiro, em particular, o ex-secretário geral Bruno Bottai desempenhou um papel fundamental para a revista – da mesma forma como seu pai, o ministro fascista da Educação Nacional, Giuseppe Bottai, também tivera atuação importante para o sucesso da revista *Geopolitica* no final da década de 1930, como muitos comentaristas

---

24 Atkinson, Geopolitical Imaginations in Modern Italy, in: Dodds e Atkinson (Orgs.), *Geopolitical Traditions: a Century of Geopolitical Thought*, p.108-9.

apontam. De maneira mais geral, o mundo da diplomacia italiana estava bastante próximo do veículo desde sua origem. Os ex-embaixadores Sergio Romano e Luigi Vittorio Ferraris foram colaboradores regulares, especialmente em seus primeiros anos, enquanto hoje muitos diplomatas em serviço têm suas opiniões periodicamente publicadas, sob pseudônimo, nas páginas da publicação. Quanto ao mundo dos negócios, *Limes* era um produto editorial muito bem-sucedido para ser ignorado por grandes empresas públicas como *Finmeccanica*, *Alitalia*, *Enel* e *Telecom*, que financiaram a revista comprando espaços publicitários.[25]

Se essa é a anatomia de *Limes*, devemos ainda nos aprofundar em seu conteúdo e estilo editorial, pois é nesse ponto que fica claro que tipo de escola geopolítica a revista promove. Definida como "pragmática", "concreta", "realista" e "a-teórica" por seu próprio editor,[26] a geopolítica de *Limes* pretende ser, acima de tudo, um "modo de raciocínio" capaz de dar conta da genuinamente global e cada vez mais fluida natureza das relações internacionais pós-bipolares, ao combinar uma consideração aprofundada de uma espacialidade em evolução e da territorialidade das políticas internacionais pós-Muro de Berlim com uma apreciação de elementos tão diversos quanto o nacionalismo, a cultura, a identidade e a etnia, o poder e a economia global. A verdadeira vocação da geopolítica *à la Limes*, no entanto, não é meramente descritiva. Não basta entender o mundo, e como a teorização é considerada além de suas atribuições, o que resta é a importante tarefa de auxiliar a prática política. A geopolítica para *Limes* é, antes de tudo, uma *Realgeopolitik* a serviço dos tomadores de decisão.[27] O propósito explícito do debate sobre os interesses nacionais e a política externa da Itália é ajudar os tomadores de decisão

---

25 Antonsich, Santoro, i nomi e i numi della geopolitica, *Limes: Rivista Italiana di Geopolitica*, v.1.
26 Ver especialmente Caracciolo e Korinmann, Editoriale, *Limes: Rivista Italiana di Geopolitica*, v.1.
27 Para esse termo, ver Antonsich, op. cit.

a identificarem o que são e onde esses interesses estão para agir de acordo. *Limes* executou essa tarefa muitas vezes com zelo e, outras, com declarações surpreendentemente otimistas.[28]

Claro que a abordagem da revista gerou algumas críticas, em especial de dois pontos de vista diferentes. Por um lado, a crítica vinda daqueles que conferiam grande importância para considerações teóricas. Assim, por exemplo, Carlo Maria Santoro lamentou a falta de um "fio condutor" e de uma firme ancoragem nas categorias analíticas das vertentes mais tradicionais da geopolítica,[29] enquanto Marco Cesa reiterou a crítica de muitos realistas que condenaram a geopolítica como um "pseudociência" na eterna oscilação entre descrição e prescrição.[30] Por outro, estavam aqueles que lamentavam a influência política do projeto em que *Limes* embarcou: a redescoberta dos "interesses nacionais" da Itália não poderia deixar de levar a um crescente nacionalismo, o que o discurso e a prática da geopolítica justificariam como normal.[31]

Seja como for, a prova do enorme sucesso da *Limes* não se limita à sua média de vendas[32] e ao lugar invejável que adquiriu no mercado – o periódico é seguramente uma das principais publicações, se não *a* publicação de referência, sobre questões de política externa e relações internacionais –, abarcando também a contagiante "moda geopolítica" que lançou. Assim, várias revistas e jornais acadêmicos (como, por exemplo, *Eurásia* e *Imperi*) tentaram capitalizar esse clima e adotaram uma abordagem geopolítica semelhante à de *Limes*, mas nenhum que correspondesse ao seu sucesso até agora.

---

28 Ver, por exemplo, Caracciolo e Korinmann, *Italy and the Balkans*.
29 Santoro, L'ambiguita di Limes e la vera geopolitica: elogio della teoria, *Limes: Rivista Italiana di Geopolitica*, v.4.
30 Cesa, Geopolitica e realismo, *Quaderni di Scienza Politica*, v.4.
31 Bonanate, Qualche argomento contro l'interesse nazionale, *Limes: Rivista Italiana di Geopolitica*, v.2.
32 Atualmente, as vendas são de cerca de 30 mil por edição (comunicação oral com o editorial da *Limes* em 18 jun. 2010).

Além das revistas, a geopolítica se espalhou para o mundo da comunicação, mídias de massa e até para fóruns institucionais, como as universidades. Dessa forma, agora é uma prática comum que as transmissões de televisão em casos de crise internacional entrevistem "especialistas" em geopolítica ou geoestratégia – algumas vezes, bem conhecidos e respeitados, outras, autoproclamados como conhecidos e respeitados. Ainda mais interessante, a geopolítica entrou no mundo dos currículos de graduação e pós-graduação. A prestigiada Universidade de Roma "La Sapienza", por exemplo, agora oferece um mestrado em geopolítica e segurança global,[33] enquanto os cursos de geopolítica e geoestratégia são oferecidos como opções no nível de graduação em não poucas universidades.

A popularidade da geopolítica que *Limes* lançou é ainda mais evidente na proliferação de livros publicados dedicados ao assunto ou, mais amplamente, alegando adotar uma "abordagem geopolítica" para aspectos específicos de assuntos internacionais. Primeiro, desde o início dos anos 1990, vários livros se debruçaram a examinar as mudanças geopolíticas de regiões como os Balcãs,[34] o Oriente Médio[35] e o Extremo Oriente da Ásia.[36] Segundo, a geopolítica tem sido usada para dar sentido à política externa de atores específicos, como os Estados Unidos,[37] ou à política doméstica de outros, como a crise da Primeira República na Itália.[38] Terceiro, os escritos recentes da "escola francesa" de geopolítica, e especialmente de Yves Lacoste,

---

33 Ver: <http://w3.uniroma1.it/scpol/stpagina.asp?id=249>.
34 Antonsich et al., *Geopolitica della crisi: Balcani, Caucaso e Asia centrale nel nuovo scenario internazionale*; e Jean e Favaretto (Orgs.), *Geopolitica dei Balcani orientali e centralita delle reti infrastrutturali*.
35 Anzera e Marniga, *Geopolitica dell'acqua: gli scenari internazionali e il caso del Medio Oriente*.
36 Mazzei, Invarianti e proiezioni geopolitiche della Cina, in: Lanciotti (Org.), *Conoscere la Cina*.
37 Polanski, *L'impero che non c'e: Geopolitica degli Statu Uniti d'America*.
38 Por exemplo, Caracciolo, *Terra incognite: le radici geopolitiche della crisi italiana*; e De Michelis, *La lunga ombra di Yalta: la specificita della politica italiana, conversazione con Francesco Kostner*.

Philippe Moreau-Defarges e Pascal Lorot, foram prontamente traduzidos para o italiano por editores, sem dúvida ansiosos por explorar o estado geral de paixão pela geopolítica no mercado italiano,[39] assim como houve um claro aumento na taxa de traduções das contribuições de acadêmicos das relações internacionais norte-americanos com tendências "realistas-com-geopolítica", como Mearsheimer, Brzezinsky, Kissinger, Luttwak.[40] Quarto e último, não apenas os clássicos foram traduzidos pela primeira vez em forma de livro, como passou a haver um número considerável de contribuições vindas de periódicos ou monografias discutindo em detalhes o legado de autores específicos, como Nicholas Spykman e, mais recentemente, Halford Mackinder.[41]

Desnecessário apontar que o grau de autoconsciência sobre o que a geopolítica é ou sobre a natureza específica da abordagem geopolítica escolhida varia muito entre as publicações. Se algumas contribuições são bem claras sobre a distinção de sua abordagem, outras simplesmente tratam a geopolítica como uma forma de "realismo com geografia"; outras, ainda, consideram isso apenas como sinônimo de assuntos internacionais. Mas as duas figuras que com maior lucidez – embora não sejam inteiramente não ambíguas – contribuíram para o renascimento acadêmico da análise geopolítica na Itália depois de 1989 são, sem dúvida, Carlo Jean e Carlo Maria Santoro. Como os dois publicaram, de forma isolada, cerca de dez livros sobre o assunto e porque suas pesquisas foram (respectivamente) bastante lidas e particularmente únicas, vale a pena examinar suas principais afirmações em detalhes. Juntamente com

||||||||||||
39 Por exemplo, Claval, *Geopolitica e geostrategia: pensiero politico, spazio, territorio*; Lorot, *Storia della geopolitica*; e Moreau Defarges, *Introduzione alla geopolitica*.
40 Por exemplo, Brzezinski, *La grande scacchiera*; Kissinger, *L'arte della diplomazia*, p.2004; Luttwak, *Strategia: la logica della guerra e della pace*, 2.ed.; e Mearsheimer, *La logica di potenza: l'America, le guerre, il controllo del mondo*.
41 Por exemplo, Dossena, *Hitler & Churchill: Mackinder e la sua scuola – Alle radici della geopolitica*.

discussões mais populares, bem exemplificadas pelo fenômeno de *Limes*, isso fornece uma boa visão do que a geopolítica passou a significar para a Itália pós-1989.

A geopolítica maquiavélica, parcialmente crítica (e totalmente realista) de Carlo Jean

Carlo Jean é um general que ocupou posições de destaque no Exército da Itália e no *establishment* político local como conselheiro militar. Mas é mais conhecido pelo grande público italiano por seus livros sobre geopolítica contemporânea, os quais são provavelmente os mais lidos em relações internacionais escritos por um italiano. Juntamente com a revista *Limes*, Jean representa a outra associação imediata que, provavelmente, surgirá na mente do italiano médio quando questionado sobre o renascimento da geopolítica em seu próprio país. De fato, ninguém na Itália escreveu (e publicou reimpressões) tanto quanto Jean sobre geopolítica nos últimos quinze anos.[42] Mas o que é geopolítica para Jean?

Em sua principal contribuição teórica para a geopolítica,[43] Jean reconhece que a geopolítica não desfruta de uma definição comumente aceita ou de um status acadêmico claro.[44] Enquanto em um trabalho anterior ele havia aderido à distinção tradicional entre uma concepção "restrita" e "ampliada" da geopolítica[45] – a primeira referente à escola alemã de Munique associada à política externa nazista, e a segunda a uma forma de geografia política aplicada que estuda as restrições e influências da geografia na política, em particular na política externa –, em seu mais recente e completo livro sobre o tema, argumenta de maneira mais assertiva que a única classificação

---

42 Jean, Geopolitica, *Enciclopedia delle Scienze Sociali*, v.II; Id., Geopolitica; Id., *Manuale di geopolitica* (ed. rev. de *Geopolitica*); e Id., *Geopolitica del XXI secolo*.
43 Jean, *Geopolitica*.
44 Jean, *Manuale di geopolitica*, p.7.
45 Jean, Geopolitica, *Enciclopedia delle Scienze Sociali*, v.II, p.275.

significativa aplicável à geopolítica reside nas diferentes escolas sobre o tema, cujas particularidades podem ser atribuídas à situação específica de seus respectivos Estados. É por isso que, ele acrescenta, "embora não faça sentido falar de uma geopolítica marxista, social-católica ou liberal, é realmente correto falar de uma geopolítica alemã, russa, americana, francesa ou italiana".[46]

Para Jean, de fato, a geopolítica, não é ciência – enquanto que, ao contrário, a geografia política, sim –, mas "um sistema de raciocínio" (*sistema di ragionamento*) que se baseia em diferentes disciplinas acadêmicas, como geografia, história, economia e outras ciências sociais, a fim de identificar os interesses nacionais de um Estado em particular e sugerir estratégias apropriadas de política externa.[47] Segundo Jean, três momentos podem ser distinguidos na elaboração de uma hipótese geopolítica: a análise, o mais objetiva possível, da situação internacional; a definição dos interesses; e, por fim, "a ação de comunicação e propaganda para obter o consenso internacional e interno necessário para a ação".[48]

É importante notar que a abordagem propriamente dita da geopolítica para a análise das relações internacionais (a ser usada no primeiro estágio de elaboração de uma hipótese geopolítica) é assumidamente inspirada em uma forma de realismo político[49] que, no entanto, leva em consideração também os aspectos geográficos, históricos, econômicos, culturais, sociais e políticos. De acordo com Jean, a prevalência tradicional dada à dimensão geográfica deve ser reduzida em favor de uma abordagem multidisciplinar mais equilibrada e eclética, que dê atenção a fatores como o retorno da cultura e de políticas identitárias às relações internacionais, bem como o papel da força militar (geoestratégia), a competição

||||||||||
46 Jean, *Manuale di geopolitica*, p.9.
47 Ibid., p.25.
48 Ibid., p.12.
49 Ibid., p.24.

pelos mercados mundiais (geoeconomia) e o crescente papel da informação ligada à tecnologia (geoinformação). A natureza geopolítica da abordagem analítica de Jean, portanto, não advém efetivamente de uma proposição teórica clara: parece ser, em essência, uma forma atualizada de realismo num viés eclético e, às vezes, sincrético à realidade internacional do mundo contemporâneo globalizado e pós-bipolar.

Entretanto, existe outro significado, possivelmente mais importante, no qual a abordagem de Jean é de fato "geopolítica". Isso se refere à "função política" do discurso geopolítico, a qual Jean reconhece de pronto. Porque a geopolítica de Jean nunca é neutra; ela é, essencialmente, uma "geografia do príncipe", uma geografia "voluntarista" destinada a identificar o interesse nacional de um Estado e suas estratégias de política externa. Essa função é central para qualquer discurso e teorização geopolítica. Ainda mais interessante, Jean argumenta que o papel central do teórico geopolítico é o de "conselheiro do príncipe". Isso explica, *inter alia*, por que as análises geopolíticas têm sido, muitas vezes, reduzidas a abordagens com tons determinísticos e quasi-científicos, tradicionalmente na forma de grandes generalizações geográficas (metageografia) ou generalizações históricas (meta-história). Simplificando, se o objetivo é convencer o "príncipe" (ou a opinião pública) a aceitar uma estratégia de política externa proposta, ecoando, assim, a estratégia clássica de Morgenthau, o argumento determinista/científico é, sem dúvida, o mais útil, dada a sua força e coerência.

Nesse sentido, o ponto é que, de acordo com Jean, a geopolítica como dispositivo/discurso mobilizador se tornou, em certa medida, ainda mais relevante nas sociedades atuais. As representações geopolíticas/geográficas têm, efetivamente, a capacidade de cristalizar uma posição política em algo semelhante a um slogan e, portanto, manipular as percepções do público e, possivelmente, construir um consenso. Ou, em outras palavras, como Jean continua em um jargão inconfundivelmente militar, hoje as representações geopolíticas "têm um conteúdo propagandístico considerável, de natureza informativa e 'des-informativa'".⁵⁰

Não é de surpreender, portanto, que, na edição revisada de sua *Geopolitica* (2003), Jean tenha um flerte artificial e inesperado com o argumento desconstrucionista apresentado pelas recentes abordagens geopolíticas "críticas", focado em revelar a política oculta do conhecimento geopolítico, produzida por estadistas e intelectuais voltados para questões do ato de governar.⁵¹ Embora concordando com a inevitabilidade do nexo poder/conhecimento, e até mesmo elogiando o "novo humanismo" dessa abordagem, Jean, é claro, não pode subscrever à dimensão normativa ("crítica") dessa geopolítica.⁵² Mas Jean apoia totalmente a opinião de Gearóid Ó Tuathail de que o principal desafio da geopolítica crítica nas relações internacionais contemporâneas é problematizar como o espaço global é incessantemente reimaginado e reinscrito pelos centros de poder e de autoridade – sobretudo os Estados Unidos.⁵³

Dadas todas essas premissas teóricas, o que se torna interessante é examinar brevemente a política e a prática da geopolítica de Jean. Isso pode ser feito facilmente, analisando seu livro *Geopolitica del XXI secolo* (2004), no qual fica claro que ele se reporta a uma opinião pública mais ampla, não apenas à academia. Sem hesitar, e com uma certa aura de autoridade adquirida, conforme anunciado na sinopse da capa, Jean pretende apresentar ao leitor a "geopolítica (agora sem qualquer qualificação adicional como um tipo de abordagem 'científica') enquanto uma bússola para navegar pelo futuro

---

50 Jean, *Manuale di geopolitica* (ed. rev. de *Geopolitica*), p.9-10.
51 Ó Tuathail, Thinking Critically about Geopolitics, in: Ó Tuathail, Dalby e Routledge (Orgs.), *The Geopolitics Reader*.
52 Na leitura de Jean, seu *éthos* crítico não passa do produto de engenhoso idealismo pós-moderno, em busca de uma política para além do Estado (Jean, *Manuale di geopolitica*, p.117-9).
53 Ó Tuathail, *Critical Geopolitics: the Politics of Writing Global Space*.

imprevisível do mundo".⁵⁴ Em vez de alguma sofisticação teórica ou estruturas analíticas ricas, Jean claramente prefere, aqui, pôr em ação o poder propagandístico das representações geopolíticas com o objetivo de influenciar o debate político na Itália sobre os cenários geopolíticos pós-11 de Setembro e a necessária resposta da política externa italiana.

Nunca articulando por inteiro e de modo explícito sua análise (e, portanto, finalmente em contradição com suas próprias e autodeclaradas simpatias críticas/reflexivas), Jean, na *Geopolitica del XXI secolo*, tece os fios de um argumento geopolítico destinado a apoiar um curso particular da política externa italiana, cujas linhas podem ser sintetizadas da seguinte forma:

(1) fortalecer uma política externa italiana pró-Atlântica e eurocética;
(2) enfatizar a necessidade de um renovado bilateralismo contra o multilateralismo tradicional da política externa italiana;
(3) identificar a entrada da Itália no *directoire* europeu desejado por França, Alemanha e Reino Unido como prioridade; da mesma forma, evitar a marginalização da Europa Mediterrânea em uma zona-tampão, feita para proteger a Europa Central e do Norte do arco de instabilidade do Oriente Médio estendido, fortalecendo o relacionamento bilateral com os Estados Unidos e abrindo a União Europeia à Turquia e à Rússia.⁵⁵

Sua intenção é clara: sugerir implicitamente uma "grande estratégia" (*sic*) italiana para lidar com a conjuntura internacional pós-11 de Setembro, o que é, até certo ponto, natural, uma vez que Jean tem sido um dos protagonistas mais vocais do debate sobre os "interesses

---

54 Jean, *Geopolitica del XXI secolo*, contracapa.
55 Ibid., p.95.

nacionais" da Itália, como vimos anteriormente, e sem dúvida o mais resoluto em lamentar a falta de estratégia – grande ou não – para a política externa do país. Seu engajamento, porém, agora está mais próximo daquele do "propagandista em ação", o qual, em vez de *argumentar* sobre um curso específico da política externa italiana – o que ele fez em diferentes contextos –, tenta, sobretudo, conquistar "corações e mentes" dos seus leitores. Para fazer isso, Jean se volta para a geopolítica e a usa como um discurso/dispositivo mobilizador – promovendo slogans atraentes e fazendo colocações sem fundamento, muitas vezes apresentadas como verdades cristalinas. Portanto, por exemplo, a visão bem conhecida de Jean de que os Estados Unidos são absolutamente fundamentais para a proteção de uma ordem internacional estável, e que a Europa é incapaz de realizá-la, é posta na surpreendentemente vaga, mas convincente, afirmação de que "a Europa precisa de um xerife global para defender a globalização".[56] Além disso, também aprendemos que o sucesso da estratégia de política externa de Bush no Iraque é necessário para evitar "um choque de civilização",[57] por se tratar, continua Jean, de uma ameaça real e objetiva à comunidade política ocidental. Embora não seja explicitamente articulado, este último ponto não pode deixar de ser interpretado como uma poderosa estratégia retórica para realmente defender a presença dos contingentes italianos no Iraque.

Mesmo ignorando a natureza problemática das avaliações mais empíricas de Jean, a imagem que emerge é bastante complexa e ambígua. A geopolítica de Jean se apoia fortemente no realismo, ainda que seja fluida o suficiente para pôr o autor na posição muito estimada de "conselheiro do príncipe". Mas é precisamente ao desempenhar esse papel que Jean acaba em propaganda e, intencionalmente, ignora a lição daqueles a quem denomina de "pós-modernistas", ou seja, de que por trás de todo esboço geopolítico, e em especial por

---

56 Jean, *Geopolitica del XXI secolo*, p.106.
57 Ibid., p.62.

trás daqueles que reivindicam um status objetivo, sempre há um desenho político que deva ser submetido ao escrutínio do "príncipe" e, é preciso acrescentar, do público.

Carlo Maria Santoro: o último teórico geopolítico clássico

Por mais de dez anos, Carlo Maria Santoro ensinou na Faculdade de Ciência Política da Universidade de Milão. Ao possuir uma das únicas cinco cadeiras para as RI no sistema universitário italiano, ele foi um dos principais atores do processo a que Luigi Bonanate se referiu, no início da década de 1990, como a fase pioneira ainda inacabada da disciplina (geopolítica) na Itália.[58] Santoro iniciou sua carreira como diplomata e, depois, combinou seu engajamento acadêmico com uma atividade prolífica como jornalista e consultor do Ministério da Defesa por mais de vinte anos. Nos anos 1990, lecionou nos dois principais institutos de pesquisa militar italianos e, no final de sua carreira, foi subsecretário do Ministério da Defesa do governo Dini.

Em resposta a uma insatisfação com a teoria das RI da segunda metade do século XX, bem como com a prevalência, na era "globalizada" pós-1989, de abordagens liberais e universalistas, Santoro desenvolveu uma peculiar abordagem teórica para as relações internacionais. Segundo o autor, essas teorias ignoraram fundamentalmente o papel do "espaço" na política internacional, e isso significa primariamente o papel das *diferenças* territoriais, temporais e culturais.[59] Fortemente influenciado pelo pensamento de figuras conservadoras como Carl Schmitt, Julius Evola, René Guénon, bem como pelos clássicos geopolíticos, Santoro buscou um novo paradigma de

---

58 Bonanate, *Studi Internazionali*; e Lucarelli e Menotti, Le relazioni internazionali nella terra del "Principe", *Rivista Italiana di scienza Politica*, v.1.
59 Santoro, Relazioni internazionali, *Enciclopedia delle Scienze Sociali*, v.7.

RI capaz de recuperar as *forces profondes*, ou seja, "os direitos da geografia, da história e da cultura".[60]

Dado que o fim da Guerra Fria reforçou o paradigma liberal, com sua ênfase na globalização, no universalismo e em uma concepção linear da história, o argumento de Santoro é que as RI exigem, *a fortiori*, uma nova abordagem realista e cíclica capaz de, acima de tudo, pôr em primeiro plano a dimensão espacial da política internacional. Somente essa abordagem pode revelar a teoria liberal-universalista e apresentá-la pelo que ela efetivamente é, ou seja, a ideologia vencedora de um projeto "imperial" norte-americano, que visa reconstruir o sistema internacional de acordo com um modelo inspirado pelas instituições e pela democracia; um modelo econômico, tecnológico e militarmente superior; um modelo, em essência, baseado em formas indiretas de controle, e não em conquista, e centrado, sobretudo, nos oceanos.[61] É o que Santoro chama de "modelo oceânico" do século XXI ou, em uma palavra, *Oceania*: "Um sistema de comunicação e controle entre os três oceanos [como] a solução ideal de deslocalização e desterritorialização para uma potência marítima global".[62]

Em vez de geopolítica, Santoro prediz a necessidade de uma "geoteoria". É verdade que, partindo dessa tradição do pensamento geopolítico clássico, que se estende de Mackinder e Haushofer a Mahan e Spykman,[63] a "geoteoria" de Santoro é baseada em uma estrutura interpretativa que gira em torno de três grupos de "metáforas": mar e terra; Eurásia e Oceania; Ocidente e Oriente. Para ser justo, nunca nos dizem, com um grau razoável de precisão analítica,

---

60 Id., *Occidente: geoteoria dell'Europa*, p.23. Santoro pode ter trazido a ênfase nas *forces profondes* diretamente do trabalho de Pierre Renouvin e Jean-Baptiste Duroselle, da primeira escola francesa (histórica) de RI, e da escola dos *Annales* ou, o que é mais provável, indiretamente através dos trabalhos de Raymond Aron como o seu *Paix et guerre entre les nation*.
61 Santoro, 1999 e 2000.
62 Santoro, *Occidente*, op. cit., p.149.
63 Ibid., p.50.

o que essas "metáforas" realmente significam nessa geoteoria. No entanto, duas premissas básicas emergem de maneira bastante clara. Por um lado, a suposição é que a história das relações internacionais pode ser resumida na oposição mais essencial entre mar e terra, ou seja, potências marítimas insulares e potências terrestres continentais. Por outro, que a oposição entre Ocidente e Oriente é histórica e culturalmente válida. Na economia da geoteoria de Santoro, essas duas afirmações parecem funcionar como dois principais *arcana* da política internacional – duas chaves macrointerpretativas ou leis ocultas das relações internacionais reveladas nos padrões empíricos da história do mundo.

Esse quadro geopolítico/geoteórico original também foi aplicado por Santoro a questões mais empíricas, como a da política externa italiana e de sua história desde a unificação do país em 1861. *La politica estera di una media potenza* (1991) não só é um dos textos mais lidos de Santoro, como também um dos trabalhos mais amplos e convincentes já escritos sobre o assunto. Nesse livro, Santoro analisa a política externa italiana com a ajuda, mais uma vez, de seu emparelhamento conceitual favorito, que é o mar e a terra, para "descobrir" as "estruturas" básicas da política externa italiana. Sua principal descoberta, obviamente, é que fatores geográficos, como o próprio posicionamento da Itália entre a Europa e o Mediterrâneo, oferecem a chave para as várias oscilações diplomáticas do país, o que Rinaldo Petrignani chama de "política de pêndulo"[64] da Itália – entre a Alemanha e a França no século XIX, entre a Tríplice Aliança e a Entente depois, e entre a Europa e os Estados Unidos mais recentemente. Segundo Santoro, o posicionamento peninsular ambíguo e "anfíbio" do país se reflete de forma natural na orientação dupla e, às vezes, contraditória de sua política externa. Além disso, as proverbiais fraqueza e volatilidade da política externa do país não podem

---

64 Petrignani, *Neutralita e alleanza: le scelte di politica estera dell'Italia dopo l'Unita*, p.37.

ser de fato imputáveis a figuras individuais – a ponto de o fascismo, argumenta Santoro, mudar apenas o estilo, e não a substância, da política externa italiana[65] – ou à cultura política do país. Em vez disso, precisam ser entendidas como um produto "estrutural" de sua marginalidade e vulnerabilidade geográficas.

Seja na forma de sua "geoteoria", seja em suas declarações mais empíricas sobre a política externa italiana, Santoro parece confiar corajosamente na geopolítica para descobrir os pontos essenciais, quase arquimedianos, dos quais uma teorização do assunto se torna não apenas possível, mas natural e objetiva. Essa fascinação com uma "pureza" teórica, essa busca quase esotérica pela *arcana* secreta das relações internacionais, enfim revelada nas metáforas, diferencia claramente Santoro de outros estudiosos geopolíticos contemporâneos – Jean *in primis* – e oferece ainda outra face do renascimento da geopolítica na Itália pós-1989, aquela, talvez, do último "teórico geopolítico clássico".

Geopolítica como a nova ortodoxia? Algumas hipóteses

Como o capítulo mostrou, a popularidade dos argumentos geopolíticos no debate público italiano de RI foi tal que, parafraseando Martin Wight, "somos todos geopolíticos agora, e o [próprio] termo, nesse sentido, não precisa de argumento". No entanto, depois de questionar o que é considerado por geopolítica nesse debate, é hora de investigarmos mais detalhadamente por que a análise geopolítica emergiu (mais uma vez) como um discurso ortodoxo, legítimo e legitimador em torno de questões de política externa, e o que isso diz sobre o caso da Itália.

É claro que várias hipóteses são possíveis. Primeiramente, sem dúvida, há um argumento a ser discutido em relação ao renascimento

---

65 Santoro, *La politica estera di una media potenza: l'Italia dall'Unità ad oggi*, p.159.

concomitante de argumentos geopolíticos e ao ressurgimento de uma série de perguntas relacionadas à ideia de "nação" na Itália pós-1989, em especial no tocante à "identidade nacional" e a "interesses nacionais". Como mencionado ao longo do capítulo, esse desenvolvimento paralelo não pode ser considerado coincidente. O fato de que os tabus que se originaram após a Segunda Guerra Mundial foram quebrados de uma só vez em apenas alguns anos é bastante significativo para ser ignorado.

Indiscutivelmente, e não de maneira diferente de outros países, o gradual despertar da Itália no ambiente pós-Guerra Fria provocou uma complexa crise de identidade na política externa e uma reavaliação contínua não só do "lugar relativo [da Itália] no mundo", tanto em sentido estratégico quanto diplomático, mas também de sua identidade e seus interesses *enquanto uma nação*. A maior fluidez do sistema internacional pós-1989 permitiu uma maior liberdade na orientação e reorientação da política externa, bem como uma maior propensão a fazer "grandes perguntas" relacionadas à natureza e à direção de sua política externa. Além disso, devido à sua história particular, essas são questões especialmente complexas para a Itália. Em particular, a natureza incompleta do processo de construção da nação do século XIX não só determinou uma clara vulnerabilidade a experimentos autoritários no passado, como também mergulha o país em fases cíclicas de insegurança e questionamento sobre sua identidade e, ainda mais significativamente, sobre seu "status".

Mas, seja como for, não há nada nesse argumento capaz de explicar por que essa reavaliação foi realizada especificamente por meio de noções geopolíticas bastante instáveis. De fato, um pouco contra a maré, a geopolítica italiana pós-1989 não foi usada, exceto em algumas ocasiões, como uma ferramenta para garantir a identidade nacional, como tem sido o caso em muitos outros países. Poucas e bastante impopulares foram as tentativas de enquadrar a questão da identidade nacional como uma relação de "eu"/"outro"; em sua maior parte, tal identidade nacional foi investigada em termos inclusivos e bastante abertos.[66]

Por que a geopolítica, então? Um papel facilitador, sem dúvida, foi desempenhado pela tradição materialista bastante forte na história intelectual da Itália, ainda muito presente no debate público. Como mencionado anteriormente neste capítulo, a geopolítica tem sido, muitas vezes, entendida como uma forma de realismo atualizado, ou *Real*-geo-*politik* – uma abordagem que, sem surpresa, se mantém popular na terra de Maquiavel. Ainda mais interessante, a geopolítica italiana pós-1989 foi resultado da confluência não de uma, mas de duas vertentes das tradições materialistas – realismo e marxismo. A *Limes* personifica, com clareza, uma combinação bastante "transversal" de tradições intelectuais, com colaboradores pós-comunistas de esquerda lado a lado com figuras do espectro político da direita, com origens conservadoras e militares.

Contudo, para encontrar a única razão mais importante pela qual a geopolítica foi elevada à chave mestra, ou *passe-partout*, das relações internacionais na Itália pós-1989, é preciso procurar em outro lugar, em particular nas duas funções que a geopolítica tem desempenhado com mais frequência na história da política externa italiana. Primeiramente, a função de *socializar* o país no sistema internacional e fornecer um modo de pensamento sintético e poderoso para analisar o lugar do país no mundo. Nesse sentido (e somente nele), a intenção da *Geopolitica* da década de 1930 de aprimorar a *coscienza geografica* do país é surpreendentemente semelhante à "missão" da *Limes* de "entender o mundo como ele é de fato". Hoje, exatamente como no passado, a geopolítica mantém seu charme como uma ferramenta analítica supostamente poderosa, capaz de desvendar a

---

66 A única grande exceção é, obviamente, a posição de um ator político, a Lega Nord, que usou de forma explícita a dúbia noção geopolítica de "Padania" para afirmar uma específica identidade comum ao Norte do país (e conectando isso ao resto da Europa continental), ao mesmo tempo que o separava do Sul da Itália e, ainda mais, da Europa.

arcana, as leis "secretas" e "ocultas" das relações internacionais – um campo suficientemente remoto e misterioso e, ao mesmo tempo, terrivelmente crítico para a autodefinição do país.

Segundo, e talvez mais importante, não por acaso o tipo de geopolítica que ressurgiu no ambiente pós-1989 é, sobretudo, um de natureza "voluntarista" ou, nas palavras icônicas de Jean, a "geografia do príncipe". Essa versão da geopolítica está especialmente preocupada com ação e mudança, permitindo, e de fato contemplando, um certo revisionismo na política externa. Embora o revisionismo, decerto, não tenha sido uma das principais características da política externa da Itália durante a Guerra Fria – ainda que houvesse nesse período fases revisionistas, basta mencionar o caso de Giovanni Gronchi –, é surpreendente que, assim como antes de 1945, nacionalismo, geopolítica e revisionismo formaram três aspectos do mesmo fenômeno; depois de 1989, todos esses três termos voltaram de súbito, embora, naturalmente, de modo muito mais sutil. Mas como a Itália poderia ser considerada um "poder insatisfeito"? A que se destina o revisionismo da Itália? O ponto central dessas indagações são as questões de "status" e "prestígio". O medo da marginalização, a ansiedade em relação ao status do país na política mundial, a apreensão de fazê-lo na "primeira divisão" das potências são preocupações bastante tradicionais da política externa italiana, manifestando-se mais uma vez hoje e clamando por um aparato discursivo e um imaginário de segurança capazes de conceber estratégias para aprimorar e garantir o papel do país na política mundial – é nesse momento que a geopolítica desempenha um papel.

De fato, muitos estudiosos identificaram essas preocupações e desejos e essa forma de nacionalismo como a dimensão mais importante da política externa da Itália desde a sua unificação em 1861.[67]

---

67 Bosworth, *Italy and the Wider World, 1860-1960*; Santoro, *La politica estera di una media potenza: l'Italia dall'Unita ad oggi*; e Vigezzi, *L'Italia unita e le sfide della politica estera*.

Naturalmente, na história da política externa italiana, essas preocupações surgiram em ondas. Tais preocupações movimentaram o período liberal até a Primeira Guerra, convulsionaram o *ventennio* fascista durante todo o seu período, apenas para diminuir parcialmente depois de 1945, durante as décadas da Guerra Fria, graças à estabilização da identidade italiana e à singular "situação por aluguel"[68] proporcionadas pela adesão ao Ocidente e a suas instituições, a UE e a Otan. O gradual despertar da Itália na era pós-Guerra Fria foi indiscutivelmente marcado pelo retorno de algumas dessas apreensões que, todavia, constituíram o imaginário de segurança italiano desde a sua entrada no jogo do poder europeu na segunda parte do século XIX.

Essa crise de identidade e as ansiedades sobre o "nosso lugar relativo no mundo" – como em 1913 o então ministro das Relações Exteriores da Itália, Antonino di San Giuliano, usaria tal expressão diante da Câmara dos Deputados em Roma[69] –, combinadas com o desejo geral de "ter mais importância", tornaram o imaginário de segurança italiano particularmente vulnerável a 1989, e a geopolítica, uma ferramenta útil para ser mobilizada de imediato. Confrontada com um ambiente menos certo, a Itália esforça-se por renegociar seu papel e sua identidade na política mundial, assim como ocorreu na primeira metade do século XX, antes das "certezas da Cortina de Ferro" da Guerra Fria fazerem adormecer a neurose italiana.

No entanto, se essa análise puder ser considerada uma explicação mais adequada do motivo pelo qual os argumentos geopolíticos voltaram à Itália, não se deve exagerar os elementos de continuidade dessa linha de argumentação e afirmar sua "inevitabilidade". Afinal, a reafirmação da geopolítica no debate italiano sobre política

---

68 No original, "*situation rent*", ou seja, o status alcançado (ou alugado, se traduzirmos literalmente) pela Itália ao ter se vinculado ao Ocidente e a suas instituições. (N. T.)

69 Bosworth, *Italy the Least of the Great Powers: Italian Foreign Policy before the First World War*, p.282.

externa foi facilitada de maneira crucial por vários fatores relacionados ao contexto político particular do início dos anos 1990, bem como ao estado peculiar do campo da expertise em política externa na Itália.

Da teoria à prática? Fatores contextuais no ressurgimento da geopolítica italiana

A ascensão do pensamento geopolítico no início da década de 1990 foi em muito beneficiada por vários fatores contextuais e institucionais importantes. Três deles se destacam e serão analisados em detalhes a seguir: dois referem-se ao contexto político e aos desafios dos anos 1990, e como isso evoluiu, tanto nacional quanto internacionalmente, enquanto o terceiro diz respeito ao estado do campo em que a expertise em política externa e relações internacionais é produzida na Itália. Esses fatores não apenas mediaram o processo de afirmação da geopolítica no debate político italiano, como também influenciaram o grau com que essas ideias se desenvolveram na prática da política externa italiana.

Não é preciso dizer que as relações internacionais da década de 1990 foram o primeiro grande catalisador para o retorno da geopolítica na Itália. As preocupações do país com as crises que ocorreram nos Balcãs no início da década, por exemplo, combinaram claramente um componente político e um geográfico. A instabilidade que começou a caracterizar o arco de países que se estende do Norte da África à Ásia Central e ao Golfo teve repercussões notórias para um país vizinho como a Itália, em termos de número crescente de migrantes, maior exposição ao tráfico internacional ilícito e uma sensação mais geral de insegurança em suas fronteiras. Todos esses elementos se mesclaram objetivamente a novos aspectos políticos e geográficos, tornando a geopolítica, talvez, um candidato fácil para um *revival*.

No entanto, um papel ainda maior como condição a permitir o ressurgimento da geopolítica foi desempenhado pela transformação do contexto doméstico da Itália nos últimos vinte anos. Em particular, a afirmação de novos atores políticos foi fundamental para estabelecer uma forma branda, porém inconfundível, de discurso neonacionalista na arena política e para legitimar a geopolítica como parte desse discurso. Para que as ideias geopolíticas estabelecessem uma hegemonia sobre o campo político, em outras palavras, era essencial que os atores desse mesmo campo interessados em capitalizar seus argumentos, como, por exemplo, a centro-direita, emergissem e logo se tornassem dominantes. Argumentos antes disponíveis, mas politicamente marginais no debate público, foram então utilizados no nível do discurso político – mas também como justificativa para uma "nova" prática de política externa.

Para começar, o intervalo de tempo que vai do final da Guerra Fria até aproximadamente 1995 foi de grande fluidez na situação política doméstica da Itália, com todos os principais partidos sofrendo, na melhor das hipóteses, transformações estruturais ou, na pior, um colapso completo. Foi precisamente nesse momento, sob a liderança de Gianni De Michelis (1989-1992), que a Itália lançou uma série de iniciativas bastante duradouras, mas significativas, como a *Pentagonale*/Iniciativa da Europa Central (em maio de 1990), a Conferência sobre Segurança e Cooperação no Mediterrâneo (CSCM, acrônimo em inglês, em setembro de 1990), bem como a proposta, bastante surpreendente, de um assento europeu no Conselho de Segurança da ONU (em setembro de 1990). Destes, os dois primeiros foram claramente expressos e justificados em termos brandos, mas inconfundivelmente geopolíticos, pelo próprio De Michelis.[70] É preciso

---

70 Ver, especialmente, De Michelis, *La lunga ombra di Yalta: la specificita della politica italiana, conversazione con Francesco Kostner*; para uma crítica, ver Ferraris, Dal Tevere al Danubio: L'Italia riscopre la geopolitica a tavolino, *Limes: Rivista Italiana di Geopolitica*, v.1-2.

acrescentar que a figura de De Michelis foi fundamental para estimular um certo discurso sobre os "interesses nacionais" e a geopolítica da Itália. De fato, ele antecipou, e em parte pelo menos inspirou, o que viria a acontecer nos anos seguintes – como demonstram suas inúmeras contribuições em *Limes* e *Affari Esteri* no início dos anos 1990.

Uma política externa menos inventiva e mais musculosa foi levada adiante por Antonio Martino (1994-1995), para a nova coalizão de centro-direita liderada por Berlusconi. Talvez tenha sido o momento em que o debate público sobre os "interesses nacionais" e o renascimento da geopolítica alcançaram seu clímax. E foi nesse contexto, por exemplo, que a questão das fronteiras nacionais tornou-se, mais uma vez, controversa, com o partido de direita Alleanza Nazionale (AN) fazendo campanha pela reformulação do Tratado de Osimo, que havia decidido a fronteira oriental da Itália. Juntamente com a malfadada demanda de fazer parte do então "Grupo de Contato" da Bósnia, essa talvez tenha sido a manifestação mais visível de como as visões mais clamorosas, e até extremas, avançadas em fóruns como o da *Limes*, poderiam se traduzir, sem problematizações, em práticas de política externa.[71]

Após a vitória eleitoral de 1995, a coalizão de centro-esquerda no governo seguiu uma política externa certamente menos inspirada na retórica dos "interesses nacionais", ainda que, às vezes, tal política externa não tenha sido necessariamente menos assertiva.[72] Em especial no governo Prodi, claramente a ênfase não era tanto nas oportunidades de expandir a influência do país nas regiões, mas em provar que era um "bom cidadão" da comunidade internacional, participando ativamente de fóruns multilaterais como a UE e a ONU e contribuindo para a paz, a estabilidade e a ordem.[73]

---

71 Ver Romano, Rinegoziamo le basi americane, *Limes: Rivista Italiana di Geopolitica*, v.4.
72 Foi sob o governo de Dini que Santoro foi chamado para o cargo de subsecretário de Defesa, mantendo-se nele até a queda do governo, em maio de 1996.
73 As inclinações mais "realistas" da política externa de D'Alema, manifestadas em particular no caso da intervenção no Kosovo, seriam talvez uma desviante nessa

Por fim, desde a vitória da centro-direita em 2001, a política externa italiana experimentou novamente uma reversão, desta vez voltando às tendências musculares do início dos anos 1990, embora adaptadas a um contexto internacional diferente – com as ideias geopolíticas, mais uma vez, fornecendo uma fonte de inspiração. É evidente que os três princípios centrais de política externa do segundo governo de Berlusconi – o atlanticismo, o neonacionalismo e o euroceticismo – correspondem à estratégia apresentada, como visto, por um dos mais ativos analistas italianos de geopolítica, Carlo Jean, em seus últimos trabalhos.[74]

Entretanto, uma análise das condições facilitadoras para o renascimento da geopolítica não estaria completa sem mencionar o terceiro conjunto de fatores contextuais que auxiliaram de modo crucial o sucesso da geopolítica. Isso tem a ver, por um lado, com as características particulares do processo italiano de política externa e, por outro, com a situação da sua "comunidade epistêmica" que fornece expertise em política externa.

Em geral dominado por um aparato bastante burocrático e cada vez mais centralizado nas mãos da "díade executiva" – o presidente do Conselho e o ministro das Relações Exteriores –, o processo de política externa na Itália tem sido deliberado tradicionalmente à margem do escrutínio parlamentar, com poucos debates sobre a agenda política, exceto em tempos de crise internacional.[75] A

---

abordagem. Basta reiterar aqui, no entanto, que as premissas de política externa "realistas" costumam ser transversais a grupos políticos específicos e realmente apresentam um paradigma básico de política externa.

74 Para uma avaliação mais detalhada sobre esse "novo caminho" de Berlusconi, ver Brighi, One Man Alone? A Longue Duree Approach to Italy's Foreign Policy under Berlusconi, *Government and Opposition*, v.41, n.2.

75 Os estudos sobre o processo de política externa italiana são notoriamente escassos e a maioria deles é escrita em italiano por ex-funcionários (ver, por exemplo, Serra, *La diplomazia in Italia*; e Id., *Professione: ambasciatore d'Italia*). As notáveis exceções em inglês não são, infelizmente, atualizadas, mas ainda valem a pena leitura (Kogan, *La politica estera italiana*; Sassoon, The Making of Italian Foreign Policy, in: Wallace e Paterson (Orgs.), *Foreign Policy-Making in Western Europe: a Comparative Approach*).

cultura diplomática bastante conservadora do Ministério das Relações Exteriores, a *Farnesina*, significou, tradicionalmente, uma extraordinária impermeabilidade a instâncias progressistas bem pouco reformistas, ao mesmo tempo que permitia uma excepcional (se não embaraçosa, às vezes) proximidade com o mundo dos negócios e das finanças[76] e um alto grau de interpenetração com o Ministério da Defesa e as instituições militares. O trabalho de discutir questões de política externa e elaborar estratégias para esse campo é, em sua maior parte, mantido internamente (um trabalho que pertence, sobretudo, à *Unità di Analisi e Programmazione*, parte da Secretaria-Geral), e conta com poucos *think-tanks* externos, em que o mais importante deles é, obviamente, o Istituto Affari Internazionali (IAI), financiado pelo Ministério, em Roma.[77]

O ressurgimento do interesse público nos assuntos internacionais, que acompanhou o fim da Guerra Fria, instaurou uma pressão cada vez maior pela busca de participação no processo de política externa e em seu aparelhamento, o que, no entanto, até agora não conseguiu determinar mudanças substantivas. Em suma, a Itália continua sendo um país em que a política externa ainda é percebida não apenas como um assunto distante e complicado, mas como um domínio em que, de modo geral, apenas os "especialistas" têm a palavra – e essa categoria, em geral, limita-se a incluir diplomatas e muito poucos analistas de RI (de preferência norte-americanos).

Se essas são as características gerais do próprio processo de política externa, um processo longe de ser pluralista em termos de ideias

---

76 Ver Fossati, *Economia e politica estera in Italia: l'evoluzione negli anni Novanta*; e, para um exemplo na prática, ver Dini, *Fra Casa Bianca e Botteghe Oscure: fatti e retroscena di una stagione alla Farnesina*.

77 Para um estudo geral dos *think-tanks* de RI na Itália, ver Lucarelli e Menotti, *Studi internazionali: i luoghi del sapere in Italia*; para uma abordagem interessante, embora breve, sobre a comunidade epistêmica da política externa da Itália, ver Andreatta e Hill, Struggling to Change: the Italian State and the New Order, in: Wallace e Niblett (Orgs.), *Rethinking the European Order: West European Responses 1989-1997*, p.258-62.

ou de atores, a situação atual do campo de produção de especialistas em política externa também deve ser investigada, na medida em que fornece a última condição propícia ao renascimento da geopolítica na Itália. Em suma, a magnitude específica desse ressurgimento dependia das características peculiares do campo de expertise em política externa na Itália – se ele tivesse sido maior, mais pluralista e aberto; se houvesse uma oferta de paradigmas políticos alternativos; se a comunidade epistêmica em torno de questões de política externa fosse mais articulada; e, finalmente, se a disciplina de RI tivesse um status acadêmico mais forte, tanto em termos quantitativos quanto qualitativos, a geopolítica teria encontrado maiores desafios no caminho de seu renascimento. Em um ambiente intelectual e cultural diferente, ela não teria emergido para fornecer uma perspectiva automática por meio da qual intelectuais italianos e formuladores de política olham para as relações internacionais.

Afinal, no mundo anglófono, a geopolítica representa o estágio incipiente, quase pré-histórico, das RI como ciência social; portanto, seu renascimento não é surpreendente em um caso como o da Itália, no qual as RI continuam fortemente subdesenvolvidas. Mais importante ainda, o sucesso de empreitadas como a *Limes* teve, de fato, o efeito perverso de isolar ainda mais o mundo acadêmico de RI, tanto na arena da formulação de políticas quanto na dos debates públicos, tornando ainda mais ampla a lacuna já existente entre teoria e prática. Com seus mapas e argumentos abrangentes, a *Limes* deu a muitos diplomatas e formuladores de política a falsa impressão de dominar completamente a política internacional a um custo intelectual muito baixo (ou seja, sem necessidade de se envolver com argumentos teóricos complexos). Sem dúvida, a geopolítica tornou ainda mais difícil o preenchimento dessa lacuna entre teoria e prática no futuro.[78]

----

78 Somos gratos a Sonia Lucarelli por esse insight.

Mas outra interpretação também é possível no que diz respeito às tradições culturais mais amplas que dominam os debates políticos entre os intelectuais. Em vista da atenção especial que alguns círculos de intelectuais italianos (particularmente à esquerda) sempre deram aos debates políticos e culturais que acontecem na França, não é exagero supor uma influência direta do seu entendimento e do renascimento francês da *géopolitique* – como uma abordagem com um status de disciplina autônoma, paralela às RI, e, sobretudo, ligada ao estudo da geografia, das doutrinas militares e como uma expertise de área – sobre a *Limes* e os outros principais protagonistas do debate geopolítico na Itália. Foi precisamente a convergência inesperada dos dois grupos de eleitores mais poderosos e tradicionalmente opostos – o dos intelectuais "progressistas" e o dos especialistas "conservadores" em política externa (diplomatas e militares) – que fizeram com que os discursos geopolíticos da Itália no pós-Guerra Fria fossem tão extraordinariamente bem-sucedidos e legítimos. Essa junção forneceu, portanto, uma condição adicional para o notável ressurgimento da geopolítica.

Conclusões

Talvez não seja completamente surpreendente que o fim da Guerra Fria tenha trazido um renascimento do pensamento geopolítico na Itália. Jean e Santoro concordariam que o fim da Guerra Fria, destruindo as divisões bem definidas e as representações geopolíticas do confronto bipolar, foi, antes de tudo, uma verdadeira "catástrofe espacial"[79] e, como consequência, abriu o caminho para a reabertura da "luta pelo espaço". No entanto, suas versões neoclássicas da geopolítica, juntamente com a discussão mais popular, bem

---

79 Colombo, *La componente sicurezza/rischio negli scacchieri geopolitici Sud ed Est: Le opzioni del Modello di Difesa italiano.*

exemplificada pelo fenômeno da *Limes*, apontam para uma história nacional mais limitada: o ressurgimento do discurso nacional sobre o interesse nacional (e seus corolários geopolíticos) se deu no contexto de uma dupla crise; por um lado, uma crise de identidade de política externa e do imaginário de segurança após o fim do confronto bipolar Leste-Oeste e, por outro, uma crise da política doméstica, e em particular das duas culturas políticas universalistas rivais que dominavam a política italiana desde a Segunda Guerra Mundial.

Seja como for, o objetivo deste capítulo foi avançar algumas reflexões sobre a natureza e as causas do renascimento do pensamento e da prática geopolítica na Itália pós-1989. Como foi argumentado, os temas geopolíticos ressurgiram em uma variedade de publicações, assim como, de maneira mais geral, no debate público sobre política externa e relações internacionais. A surpreendente convergência de setores intelectuais progressistas e conservadores em torno da "aliança geopolítica profana", mais claramente incorporada pela *Limes*, sancionou, afinal, a afirmação da geopolítica como uma espécie de nova ortodoxia no debate italiano – como um termo de referência universal e moderno, embora esse mesmo termo tenha geralmente significados ambíguos. Isso, por sua vez, contribuiu em parte para a prática de política externa, seguindo uma trajetória que o capítulo tentou traçar. Mais importante, o apelo dos argumentos geopolíticos no debate italiano precisa ser entendido no contexto de uma profunda crise de identidade da política externa pós-1989 e, ainda, em relação tanto ao passado histórico da política externa italiana quanto ao estado atual do campo de produção de conhecimento em política externa, e ao campo de acadêmicos de RI em termos gerais. As afirmações rudimentares, porém convincentes, típicas dos escritos geopolíticos, bem como suas reivindicações essencialistas de puro conhecimento de "forças profundas" nas relações internacionais, são todos argumentos para os quais a Itália provou ser, de maneira inevitável, ainda particularmente vulnerável.

7. O "DOGMA GEOPOLÍTICO" DA TURQUIA

Pinar Bilgin

UM PRIMEIRO OLHAR PARA O CASO da Turquia nos revela que se trata de um exemplo "ideal" para afirmar a hipótese "testada" neste volume: que um ressurgimento do pensamento geopolítico ocorre nos contextos em que uma crise de identidade na política externa coincide com uma predisposição existente para um pensamento materialista de política externa, com o envolvimento ativo de importantes atores fluentes na linguagem geopolítica e com o emprego, por esses atores, do discurso geopolítico na busca de uma agenda conservadora. Um segundo olhar, no entanto, exige uma qualificação dessa hipótese. O discurso geopolítico foi empregado na Turquia por uma série de atores na busca de agendas que são conservadoras/radicais, mas de formas diferentes – tanto que o mesmo conjunto de noções e imagens motivado pelo pensamento geopolítico clássico foi invocado para justificar agendas políticas diametralmente opostas. Por exemplo, na era pós-Guerra Fria, enquanto uma coalizão de atores "eurocéticos" adotou a geopolítica para defender que a Turquia permanecesse fora da integração europeia, aqueles que desejavam defender a sua entrada na Europa empregaram o mesmo discurso. Dessa forma, argumento que essas questões podem ser compreendidas como uma função da centralidade histórica que linguagem e suposições geopolíticas possuem no imaginário de segurança da Turquia – as quais serão, a partir deste momento, nomeadas como o "dogma da geopolítica".

O capítulo começa apresentando as principais características do "dogma da geopolítica" da Turquia, na tentativa de destacar a relação mutuamente constitutiva entre imaginário de segurança, identidade (de política externa) e (re)produção do pensamento geopolítico. Embora possa parecer contraintuitivo começar o capítulo com a expressão "dogma da geopolítica", escolhi fazê-lo para enfatizar minha constatação de que o "renascimento" do pensamento geopolítico pós-1989 na Turquia é mais uma questão de quantidade e menos de qualidade. Em outras palavras, referências a concepções e linguagens geopolíticas sempre foram centrais no imaginário de segurança da Turquia. O fim da Guerra Fria apenas reforçou uma já existente propensão a invocar a geopolítica para justificar uma série de escolhas políticas – conservadoras e radicais.

Nesse sentido, o capítulo se inicia com o "dogma da geopolítica" não porque foi dessa forma que minha pesquisa começou, mas porque o rastreamento das mudanças nos discursos práticos, formais e populares de inúmeros atores na Turquia me levou a essa expressão – por exemplo, a onipresença histórica de concepções e linguagens geopolíticas no discurso de política externa da Turquia. A seguir, descrevo as principais características desse dogma e enfatizo sua centralidade histórica no imaginário de segurança da Turquia. Na sequência, o capítulo mostra que o período pós-1989 na Turquia testemunhou uma proliferação de publicações e *think-tanks* que buscavam fornecer uma "perspectiva geopolítica". Embora não houvesse nada muito novo em termos de ideias (afinal, o general Suat İlhan, o principal geopolítico da Turquia desde a década de 1960, e o professor Ahmet Davutoğlu, ministro de Relações Exteriores e autor do best-seller *Geopolitical Sensitivity*, abordam o mesmo conjunto de ideias, mesmo sendo provenientes de contextos profissionais e ideológicos diferentes), a novidade era a disseminação generalizada dessas ideias. Na terceira parte do capítulo, localizo esse renascimento quantitativo no pensamento geopolítico turco acerca da política internacional – a saber, a crise pós-1989 na já frágil identidade "ocidental" da Turquia.[1] O argumento encerra, então, seu círculo na quarta seção, na qual destaco a dimensão da política doméstica ao trazer a centralidade e a persistência de suposições e linguagens geopolíticas no discurso de política externa da Turquia – a saber, o papel das Forças Armadas, o estado das relações internacionais como campo acadêmico, e o projeto de localização da Turquia no "Ocidente". A quinta e última seção ilustra esse complexo de elementos inter e intranacionais com referência aos debates pós-1989 sobre a adesão da Turquia à integração europeia, na qual a natureza versátil, mas indeterminada, da geopolítica como discurso é ressaltada a partir da identificação de uma miríade de atores que se valem da geopolítica na luta pela localização da Turquia no "Ocidente" (leia-se: UE) ou em outros lugares, com implicações radicalmente diferentes para a política doméstica do país. Dessa forma, o capítulo tem implicações para além do caso da Turquia, pois, ao mesmo tempo que enfatiza a versatilidade da geopolítica como discurso para cimentar e "corrigir" a identidade (de política externa), também sublinha a fragilidade de tal "conserto", ao contrário do caráter de determinância apresentado pelos geopolíticos.

O "dogma geopolítico" da Turquia (identificando uma "disposição materialista preexistente no pensamento de política externa")

Ao explicar a (pre)disposição dos atores da Turquia em relação à geopolítica, ofereço o conceito de "dogma da geopolítica" definido

---

1 Isso não sugere que a identidade de política externa não seja precária em outros lugares.

como uma estrutura de suposições bem estabelecidas em que a geografia orienta as ações que devem ser realizadas e por que elas fazem sentido. Diferente de uma alegação geopolítica individual, a qual provavelmente desfruta de alguma autoridade justificada pela qualidade ostensivamente "científica" e/ou "dada por Deus"/"natural" da geopolítica (como na geopolítica clássica), o "dogma da geopolítica" é uma estrutura de reivindicações geopolíticas, cujas partes constituintes se apoiam de maneira tautológica, impossibilitando, assim, a verificação da verdade/falsidade de declarações que emergem dessa mesma estrutura.[2]

Ao identificar as principais características do dogma da geopolítica da Turquia, utilizo a geopolítica formal moldada pelos dois de seus principais geopolíticos: o general (aposentado) Suat İlhan e o professor Ahmet Davutoğlu, apontando para a intertextualidade entre modos formais, práticos e populares de discurso.

O general Suat İlhan é um conhecido intelectual, além de um prolífico autor, tendo publicado cerca de vinte livros,[3] incluindo uma série de estudos sobre vários aspectos da geopolítica da Turquia.[4] O professor Ahmet Davutoğlu, por sua vez, é o autor do best-seller de não ficção *Stratejik Derinlik* [Profundidade estratégica], de 2001.[5] Suas ideias merecem atenção não apenas por causa de sua

---

2   Dada a atual divisão da Turquia entre os chamados "secularistas" e "islâmicos", é difícil subestimar o apelo e a autoridade do dogma sobre aqueles que favoreçem justificativas "científicas" e/ou "divinas" para seus argumentos.
3   Ver İlhan, *Jeopolitikten Taktiğe*; Id., *Jeopolitik Duyarlılık*; Id., *Dunya Yeniden Kuruluyor: Jeopolitik ve Jeokultur Tartışmaları*; Id., *Avrupa Birliğine Neden Hayır: Jeopolitik Yaklaşım*; Id., *Avrupa Birliğine Neden Hayır-2*; e Id., *Türkiye'nin Zorlaşan Konumu: Uygarlıklar Savaşı-Küreselleşme-Petrol*.
4   Existe também uma distinta tradição otomana/turca. Por exemplo, as crônicas do historiador otomano Naima, do século XVII, estão repletas da metáfora de "Estado como um organismo". Ver Thomas e Itzkowitz, *A Study of Naima*.
5   O livro de Davutoğlu passou por várias impressões de uma maneira incomum para uma publicação de natureza acadêmica e foi elogiado pela mídia turca (ver, por exemplo, Akyol, Stratejik Derinlik, *Milliyet*; Kömürcü, Bu İsme Dikkat; Ahmet Davutoğlu, *Akşam*; e Yılmaz, Derin bir Kitap, *Zaman*). Até o momento em que este

aparente popularidade, mas também porque ele teve acesso ao "ouvido do príncipe" durante o mandato do AKP (Adalet ve Kalkınma Partisi, Partido da Justiça e Desenvolvimento) desde novembro de 2002. Davutoğlu foi nomeado embaixador sem pasta pelo governo do AKP e atuou como conselheiro do primeiro-ministro e do ministro das Relações Exteriores de 2002 a 2009. Em 2009, foi nomeado ministro das Relações Exteriores.

A primeira característica do dogma da geopolítica na Turquia é o entendimento extraído da geopolítica clássica de que elementos geográficos são fatos "naturais" e "constantes" que estão "lá fora" esperando para ser "descobertos" pelo geopolítico, e que a política dirigida por "fatos" da geografia são uma forma de mitigar o idealismo, a ideologia e a vontade humana. A adoção de uma abordagem irrefletida da geografia ajuda a estabelecer a geopolítica como uma "visão neutra" que oferece uma perspectiva "científica" e "objetiva" dos assuntos mundiais. Uma vez que a geopolítica é estabelecida como uma "perspectiva privilegiada", visões alternativas são consequentemente marginalizadas, pois passam a ser consideradas como "não científicas", "idealistas", "políticas" ou "ideológicas". De fato, o general İlhan considera a geografia como o único componente "constante" da geopolítica (outros componentes são as dimensões humana e temporal).[6] A análise geopolítica é uma "busca pela verdade", ele escreve; é uma maneira de olhar para o mundo sem ser contaminado por ambições pessoais ou políticas, ou tendências culturais.[7] Por

---

capítulo foi escrito, o livro estava em sua 29ª impressão. A maioria dos que compram o livro é formada, provavelmente, por estudantes universitários aos quais sua leitura integra a bibliografia necessária em seus cursos de política externa da Turquia – o que também necessita de explicações. O fato de uma obra de natureza polêmica ser atribuída a estudantes universitários enquanto leitura obrigatória em cursos sobre a política externa da Turquia diz menos sobre a recepção do livro do que sobre o estado das relações internacionais na Turquia (ver adiante).

6 İlhan, *Jeopolitik Duyarlılık*.
7 Ver também Davutoğlu, *Stratejik Derinlik: Türkiye'nin Uluslararası Konumu*; Olcaytu, Türkiye'nin Jeostratejisi, *Atatürkcü Düşünce*, v.3, n.25; e Sezgin e Yılmaz, *Jeopolitik*.

conseguinte, İlhan retrata a geopolítica como "o único ramo do conhecimento que poderia descobrir e ajudar a estabelecer" essas "realidades", que ele vê como "os meios e fins das ameaças à segurança".[8]

A segunda característica do dogma da geopolítica na Turquia é a natureza axiomática de visões amplamente defendidas sobre o primado da geografia como um fator que molda a política mundial. Como o conhecimento geográfico é retratado enquanto uma "visão neutra", as recomendações políticas justificadas com referência à geopolítica são retratadas como "*fait accomplis* da geografia".[9] A "geopolítica é a política moldada pela geografia", aponta o general İlhan, e "as sensibilidades dos países são determinadas por fatores geográficos".[10] O professor Davutoğlu também afirma: as estratégias devem estar enraizadas nas "realidades geopolíticas, geoculturais e geoeconômicas".[11] Como tal, o caráter essencialmente político da formulação de políticas é negado; reivindicações geopolíticas são oferecidas no lugar de resultados políticos – políticas *geo*politicamente corretas, por assim dizer.

A terceira característica do dogma da geopolítica é a suposição de que a localização geográfica da Turquia é, de alguma forma, única e possui mais poder de determinar as políticas turcas do que as políticas de outros países em relação às suas respectivas posições geográficas. Considera-se que o "extradeterminismo" da geografia na Turquia deriva de seu caráter "único", uma vez que ela é um Estado "central" que "constitui a fechadura da ilha mundial composta por três continentes. Ela é o cadeado e a chave dessa fechadura. Liga o Mediterrâneo e o Mar Negro... Reúne e separa os Balcãs, o Cáucaso e o Oriente Médio".[12]

||||||||||||
8 İlhan, op. cit., p.5 e 30.
9 Ibid., p.55.
10 Ibid., p.3 e x.
11 Davutoğlu, op. cit., p.58.
12 İlhan, *Avrupa Birliğine Neden Hayır: Jeopolitik Yaklaşım*, p.34.

İlhan assume que a geografia turca possui um determinismo a mais sobre as suas políticas externa e doméstica ao afirmar que apenas "Estados-Nação unitários [e] fortes" podem sobreviver na localização geográfica em que se encontra a Turquia.[13] Nesse sentido, é desnecessário salientar que İlhan entende a força do Estado em termos exclusivamente militares, e não no sentido do fortalecimento de normas e práticas democráticas e das relações Estado-sociedade.

O argumento de que a Turquia deveria se tornar um "Estado forte" repousa em uma versão transformada da metáfora do "Estado como um organismo", extraída da geopolítica clássica.[14] Enquanto os geopolíticos clássicos ressaltaram a determinância da geografia sobre as "necessidades" e os "interesses" de um país na arena internacional (como no caso do *Lebensraum*), a versão transformada encontrada no trabalho de İlhan sublinha o determinismo da geografia sobre a estrutura do Estado e a formulação de políticas domésticas (isto é, relações intranacionais).[15]

A versão modificada da metáfora "Estados como um organismo" é invocada tanto no livro *National Security* [*Segurança nacional*] utilizado no ensino médio (veja a seguir) quanto no best-seller de ficção *Metal Fırtına* [*Metal Storm*, em inglês, e *Tempestade de metal*, em português], de 2005.[16] O romance conta a história de uma

||||||||||||

13 İlhan, *Avrupa Birliğine Neden Hayır: Jeopolitik Yaklaşım*, p.36. Ver também Işık, Stratejik Konumu Nedeniyle Türkiye Kuvvetli Olmak Zorundadır, *Güncel Konular*, v.8.
14 Ver Bilgin, "Only Strong States Can Survive in Turkey's Geography": the Uses of "Geopolitical Truths" in Turkey, *Political Geography*, v.26.
15 Para uma discussão sobre o contexto da América do Sul, ver Hepple, Metaphor, Geopolitical Discourse and the Military in South America, in: Barnes e Duncan (Orgs.), *Writing Words: Discourse, Text and Metaphor in the Representation of Landscape*.
16 O título do romance, *Metal Storm*, evoca um paralelo com a expressão *Desert Storm* (tempestade no deserto), uma guerra de coalizão liderada pelos Estados Unidos contra o Iraque (1991). O *Metal Fırtına* gerou surpresa nos observadores atentos da Turquia, não apenas por causa do ultraje da sua trama, mas também por suas vendas recordes. No momento da redação deste artigo, o *Metal Fırtına* está em sua sexta impressão, com 50 mil cópias publicadas em cada impressão. Embora esse número possa não parecer tão alto para uma população de mais de 70 milhões de habitantes,

invasão imaginária da Turquia pelos Estados Unidos no ano de 2007. A trama começa com o colapso das defesas turcas contra as forças invasoras norte-americanas. O fracasso militar é representado como consequência de um fracasso político, em que este último é visto como fruto da ação de políticos que negligenciaram as exigências da geografia turca, a qual "demanda" um "Estado forte", entendido de forma bastante restrita, como mencionado.[17]

A quarta característica do dogma da geopolítica é a prevalência de representações que pintam a Turquia cercada por "inimigos" e ocupando uma localização geográfica que é motivo de "inveja" tanto de amigos quanto de inimigos. İlhan escreve: "A Turquia ocupa uma posição muito importante de acordo com a teoria do *heartland* [de Mackinder] e a teoria do *rimland* [de Spykman] [...]. Não importa qual teoria você adote em sua análise, a Turquia é um daqueles países que exigem prioridade tanto no nível regional quanto no nível global".[18] De maneira semelhante, no final de *Metal Fırtına*, a decisão das grandes potências de formar uma coalizão liderada pela Rússia e pressionar os Estados Unidos, já em apuros, a se retirarem da Turquia é explicada novamente via alegações geopolíticas: "Essas

|||||||||||

considerando que a população turca não tem um apelo muito forte para a leitura, a importância desse registro de vendas por dois autores (até então) praticamente desconhecidos não pode ser subestimada.

17 Para análises sobre a geopolítica popular na Turquia, ver Yanık, Those Crazy Turks That Got Caught in the "Metal Storm": Nationalism in Turkey's Best Seller Lists, *RSCAS Working Paper*, disponível em: <http://hdl.handle.net/1814/8002>, acesso em: 22 maio 2008; e Id., Valles of the Wolves-Iraq: Anti-geopolitics, *Alla Turca, Middle East Journal of Culture and Communication*, v.2, n.1.

18 İlhan, *Jeopolitik Duyarlılık*, p.61. Ver também Doğanay, Türkiye'nin Coğrafi Konumu ve Bundan Kaynaklanan Dış Tehditler, *Türk Dunyası Araştırmaları*, v.10, n.58; Gürkan, Türkiye'nin Jeopolitik Onemi ve Bundan Kaynaklanan Tehditlerin Genel Değerlendirilmesi, *İstanbul Universitesi Ataturk İlkeleri ve İnkılap Tarihi Enstitusu Yıllığı*, v.2; Id., Türkiye'nin Jeostratejik ve Jeopolitik Onemi, in: *Türkiye'nin Savunması*; Harp Akademileri Komutanlığı, Türkiye'nin Jeopolitik Durumu üzerine bir inceleme, *Silahlı Kuvvetler Dergisi*, v.83, n.210; Işık, Stratejik Konumu Nedeniyle Türkiye Kuvvetli Olmak Zorundadır, *Güncel Konular*, v.8; e Ü. Özdağ, *Türk Tarihinin ve Geleceğinin Jeopolitik Cerceve*.

terras têm um significado estratégico", observa o primeiro-ministro fictício da Turquia, "nenhum país poderoso quer que outro [país] se apodere desses territórios todos para si".[19] Como tal, outros Estados são retratados (no discurso geopolítico formal e popular da Turquia) como possuindo "intenções" e "objetivos" maliciosos, enquanto a Turquia responde inocentemente a essas ações.[20]

Após identificar as principais características do "dogma da geopolítica", o restante desta seção destaca sua centralidade no imaginário de segurança da Turquia.[21] Uma maneira de realizar tal objetivo é olhar para os clássicos da política externa turca, que invariavelmente começam com discussões sobre o primado (se não a determinância) da geografia.[22] Um livro mais recente e amplamente utilizado sobre a política externa da Turquia é o de Baskın Oran (2005). O momento de reflexão singular existente neste livro (de dois volumes) sobre o primado das alegações geopolíticas no discurso de política externa da Turquia é ilustrado em um cartum político (reproduzido na Figura 7.1).

Outra maneira de destacar a centralidade do dogma da geopolítica no imaginário de segurança turco é apontar os casos em que reivindicações geopolíticas são utilizadas para responder aos desafios direcionados aos vários argumentos que emergem desse imaginário. A seguir, recorrerei a este último e focarei nos debates de política externa do pós-Guerra Fria.

---

19 Uçar e Turna, *Metal Fırtına*, p.160.
20 Esse retrato das relações internacionais turcas não apenas torna invisível a agência dos formuladores de política da Turquia, mas também a de seus colegas na esfera global. Se a Turquia é um Estado "central", as políticas de outros países também devem ser consideradas como exigências de uma política determinada pela geografia.
21 Ver também Bilgin, Türkiye-AB İlişkilerinde Güvenlik Kültürünün Rolü, in: Karadeli (Org.), *Turkey and Europe in the Post-Cold War Era*.
22 Ver Gönlübol et al., *Olaylarla Türk Dış Politikası*, 7.ed.; e Sander, Türk Dış Politikasında Sürekliliğin Nedenleri, *Siyasal Bilgiler Fakültesi Dergisi*, v.XXXVII, n.3-4.

FIGURA 7.1. CARTUM POLÍTICO DE BEHIÇ AK DEMONSTRANDO A "GEOPOLÍTICA COMO SENSO COMUM" NA TURQUIA. REPRODUZIDO COM A GENTIL PERMISSÃO DO ARTISTA.

Homem: "A Alemanha tem invernos rigorosos. Eles têm de planejar com antecedência. Isso resultou no avanço alemão em questões de desenvolvimento e planejamento"; "Os ingleses têm um país pequeno, viajaram para outras terras. Como resultado, eles avançaram no setor marítimo e científico"; "Em Israel, água e terras são escassas; eles desenvolveram novas técnicas de irrigação"; "Os Estados Unidos estão longe da Europa. Para poder monitorar a distância, avançaram nas tecnologias da informação".
Menino: "Mas então o que nós desenvolvemos?"
Homem: "Nada. Pois somos um país de imenso significado geopolítico".

Um componente significativo do imaginário de segurança da Turquia tem sido a resposta dos líderes republicanos para a pergunta sobre identidade: "Quem somos?"[23] "Ocidentais" foi a resposta que os fundadores da República ofereceram.[24] Durante o período do entreguerras, eles tentaram inscrever a "ocidentalidade" da Turquia em termos de "raça" e "idioma" – acessando, assim, teorias predominantes de identidade.[25] Mais tarde, durante a Guerra Fria, a postura

||||||||||||

23 Weldes, *Constructing National Interests: the United States and the Cuban Missile Crisis.*
24 Bilgin, Securing Turkey through Western-oriented Foreign Policy, *New Perspectives on Turkey* (special issue on Turkish foreign policy), v.40.
25 Ver Aytürk, Turkish Linguists against the West: the Origins of Linguistic Nationalism in Ataturk's Turkey, *Middle Eastern Studies*, v.40, n.6; e Göksu-Özdoğan,

ideológica do anticomunismo e a adesão à Otan serviram como marcadores da identidade "ocidental" da Turquia.[26] A localização geográfica turca significava que sua posição ideológica importava ainda mais. Durante anos a Turquia assumiu um papel fundamental na coreografia de defesa da Otan contra o expansionismo soviético. No período pós-Guerra Fria, os desafios para o "ocidentalismo" da Turquia foram cada vez mais enfrentados inscrevendo-os no "espaço". Por exemplo, em resposta a Valéry Giscard d'Estaing, que declarou que "a capital da Turquia não está na Europa, 95% da sua população [vive] fora da Europa e [que] ela não [é] um país europeu",[27] vários atores têm apontado as contribuições da Turquia durante a Guerra Fria para a segurança na Europa e o que ela tem a oferecer para avançar a Política Europeia de Segurança e Defesa (ESDP, [acrônimo no original]). Desnecessário dizer que ambas as qualidades são consideradas uma função da localização geográfica da Turquia e de suas implicações para a política.[28] A suposição é de que, se não a cultura, a religião, a ideologia ou a civilização, a geopolítica garante à Turquia um lugar no "Ocidente" e/ou na "Europa".[29]

O que torna o discurso geopolítico particularmente poderoso na Turquia também tem a ver com a sua "ocidentalidade". Os geopolíticos da Turquia tratam como uma "verdade atemporal" a proeminência que o geopolítico britânico Halford Mackinder atribui à geografia turca. Embora a Turquia não esteja localizada no

||||||||||||
'Turan'dan 'Bozkurt'a Tek Parti Döneminde Türkçülük (1931-1946).
26 Yılmaz e Bilgin, Constructing Turkey's "Western" Identity During the Cold War: Discourses of the "Intellectuals of Statecraft", *International Journal*, v.61, n.1.
27 Turkey Entry "Would Destroy EU", *BBC News*, disponível em: <http://news.bbc.co.uk/2/hi/europe/2420697.stm>, acesso em: 15 maio 2008.
28 Ver, por exemplo, Bir, Turkey's Role in the New World Order, *Strategic Forum*, v.135, disponível em: <www.ndu.edu/inss/strforum/forum135.html>, acesso em: 19 nov. 2001; e Turquia, Ministério da Defesa, *White Paper*, disponível em: <www.msb.gov.tr>, acesso em: 9 jun. 2005.
29 Bilgin, A Return to "Civilisational Geopolitics" in the Mediterranean? Changing Geopolitical Images of the European Union and Turkey in the Post-Cold War Era, *Geopolitics*, v.9, n.2.

heartland, de acordo com os escritos de Mackinder, de alguma forma ela surge nos escritos dos geopolíticos da Turquia como um "Estado central".[30] A Turquia é um "Estado central", vários autores asseguram aos seus leitores, não porque nós, como turcos, gostaríamos de pensar assim, mas porque geopolíticos ocidentais de renome mundial, como Mackinder, afirmam isso. Embora os geopolíticos turcos iniciem seus estudos com uma visão geral das ideias e dos ideais vindos de geopolíticos "ocidentais", a substância do que dizem os cânones da geopolítica clássica é, de algum modo, considerada menos importante quando comparada a quais referências superficiais a eles têm permissão de ser mencionadas pelos autores turcos.

A relação entre o dogma da geopolítica e a metáfora de Sèvres, outro componente do imaginário de segurança da Turquia, ilustra ainda mais sua centralidade.[31] O Tratado de Sèvres[32] marcou uma tentativa dos aliados de dividir o Império Otomano após a Primeira Guerra Mundial. O tratado incluía cláusulas que permitiam a divisão da maioria dos territórios do Império entre Grã-Bretanha, França, Itália e Grécia. Ele também reconheceu o direito de autodeterminação para as populações armênia e curda, tornando o Império

---

30 Ver, por exemplo, Doğanay, Türkiye'nin Coğrafi Konumu ve Bundan Kaynaklanan Dış Tehditler, *Türk Dunyası Araştırmaları*, v.10, n.58; Hacısalihoğlu, Jeopolitik Doğarken, *Jeopolitik*, v.1, n.1; Harp Akademileri Komutanlığı, Türkiye'nin Jeopolitik Durumu üzerine bir inceleme, *Silahlı Kuvvetler Dergisi*, v.83, n.210; Ü. Özdağ, *Türk Tarihinin ve Geleceğinin Jeopolitik Cercevesi*; Türsan, Jeopolitik ve Jeostratejinin Işığı Altında Türkiye'nin Stratejik Değeri-II, *Belgelerle Türk Tarihi Dergisi*, v.41; e Uzun, Türkiye'nin Artan Jeopolitik Onemi, *Silahlı Kuvvetler Dergisi*, v.100, n.279.
31 A metáfora de Sèvres tem uma relação bastante paradoxal com a reivindicação dos atores da Turquia em relação a uma identidade ocidental. Enquanto ser "ocidental" requer uma identificação com outros atores ocidentais, o efeito que a metáfora de Sèvres parece ter na psique de muitos se mostra sintomático do fracasso em confiar nesses mesmos atores. No entanto, esse paradoxo é explicado por meio do recurso à geopolítica: uma vez que é a geografia que guia a política mundial, nem a Turquia, nem outros atores estatais podem resistir a *faits accomplis* (fatos consumados) da geografia. Os avanços "ocidentais" do passado sobre a Turquia são, portanto, entendidos como exigências políticas determinadas pela geografia.
32 Tratado de Sèvres, 1920.

uma sombra daquilo que tinha sido sua conformação anterior. Na Turquia atual, a metáfora de Sèvres é frequentemente evocada para lembrar o público dos efeitos destrutivos do tratado, reforçando, assim, o trauma. No romance *Metal Fırtına*, por exemplo, uma fase da operação militar dos Estados Unidos (em que os territórios da Turquia são divididos entre uma empresa de mineração norte-americana, a Igreja Ortodoxa grega e a Armênia) é apelidada de "Operação Sèvres", em uma óbvia referência ao tratado.

Para que não seja questionada a relevância contínua da metáfora de Sèvres como um guia para a política externa da Turquia, a atemporalidade das "conspirações ocidentais" também está inscrita no espaço. Considere o livro didático do curso do ensino médio *Milli Güvenlik Bilgisi* [Segurança nacional]. Esse curso, obrigatório para todos os alunos do ensino médio, faz parte do currículo desde 1926. Anteriormente, era chamado de "Serviço militar", refletindo seu objetivo pós-Guerra da Independência de gerar conscientização sobre as "virtudes do serviço militar". Com o tempo, o título e o conteúdo do curso foram alterados. A versão mais recente[33] dedica um número significativo de páginas às relações internacionais da Turquia.[34] O que é interessante para os propósitos deste capítulo é que as relações internacionais da Turquia são representadas enquanto uma função da sua geografia. As primeiras frases do livro têm a seguinte redação: "A República Turca, devido à sua posição geopolítica, sofreu manobras [políticas] de potências externas. Os jovens turcos precisam estar preparados para enfrentar tais manobras".[35]

No restante do livro, as estratégias estabelecidas por "potências externas" são discutidas em detalhes, tendo como recurso alegações geopolíticas, mencionadas como verdades absolutas, enquanto a política externa da Turquia é representada como mera resposta

---

33 *Lise Milli Güvenlik Bilgisi*.
34 Altınay, *The Myth of the Military-Nation: Militarism, Gender, and Education in Turkey*.
35 *Lise Milli Güvenlik Bilgisi*, p.7.

ao comportamento agressivo de outros atores; apagando, assim, a agência dos formuladores de política da Turquia e representando-os como meros escravos das exigências da geografia.

O significado do livro *Milli Güvenlik Bilgisi* não deve ser subestimado não só por ser uma leitura obrigatória para todos os alunos do ensino médio, mas também porque, como Ayşe Gül Altınay[36] ressaltou, é o único curso no currículo do ensino médio que inteira os alunos sobre assuntos atuais. Não são apenas questões de substância, mas também questões de forma que o livro didático *Milli Güvenlik Bilgisi* divulga, na medida em que a única linguagem que os alunos secundaristas aprendem a usar para compreender as relações internacionais é a da geopolítica, ensinada por oficiais militares, seguindo um livro também escrito por militares. Jovens que não têm acesso ao ensino médio são expostos a essa linguagem durante o serviço militar obrigatório, como parte de seminários sobre as relações internacionais da Turquia, formulados a partir de termos geopolíticos. Embora seja difícil saber até que ponto o material do curso é transferido para a vida desses indivíduos após a escola e/ou serviço militar, pode-se supor que, pelo fato de o curso versar sobre assuntos atuais, ele se torne mais interessante para os estudantes/recrutas em comparação com outros cursos que possuam menos relevância palpável para a "realidade" existente "lá fora".

Até agora, o capítulo identificou as principais características do dogma geopolítico da Turquia e destacou sua centralidade no imaginário de segurança do país. A próxima seção fará uma exposição sobre a onipresença de apelos a alegações geopolíticas – com pretensão de verdade absoluta – na Turquia pós-Guerra Fria, por meio da qual o dogma e o imaginário de segurança foram reproduzidos.

|||||||||||

36 Altınay, Militarizm, İnsan Hakları ve Milli Guvenlik Dersi, disponível em: <www.bianet.org>, acesso em: 11 abr. 2005.

A onipresença no pós-Guerra Fria de alegações geopolíticas com pretensão de verdade (um "ressurgimento ou não?")

Nos últimos anos, observadores próximos da Turquia testemunharam uma proliferação de publicações, editoriais e *think-tanks* que argumentam fornecer uma perspectiva "privilegiada" da política mundial em virtude de sua "perspectiva geopolítica". Há, por exemplo, a revista *Jeopolitik* [Geopolítica, 2003ff.] e os dois periódicos internos do Asam, *Avrasya Dosyası* [O Dossiê Eurasiano, 1994-] e *Stratejik Analiz* [Análise Estratégica, 2000ff.]. Todos os três são periódicos que publicam artigos sobre política mundial, em geral, e sobre as relações internacionais da Turquia, em particular. Publicados regularmente, eles são amplamente distribuídos em livrarias e bancas de jornal de todo o país. Há também o *Strateji* [Estratégia, 2004ff.], o suplemento semanal do diário de centro-esquerda *Cumhuriyet*, publicado em cooperação com um *think-tank* de financiamento privado, o Tusam (Centro para o Estudo de Estratégias de Segurança Nacional, estabelecido em 2004), que é especializado em pesquisas sobre "estratégias de segurança nacional".[37] Embora seja difícil saber o perfil de leitores dessas novas publicações, o próprio fato de terem saído com interrupção mínima pode ser considerado indicativo de interesse no tipo de "perspectiva geopolítica" que elas pretendem fornecer.[38]

|||||||||||

37 Os leitores de *Cumhuriyet* não são fortes, mas leais; há anos, ele é o jornal da elite estatal da Turquia e de outros portadores de uma concepção mais estatista da política. Para o Tusam, consulte <www.tusam.net>.

38 Os exemplos anteriores tendiam a ter vida curta. As únicas exceções são aquelas publicadas por universidades com financiamento público (como o Anuário Turco de Relações Internacionais, mais orientado para a academia, publicado desde 1960 pela Faculdade de Ciência Política da Universidade de Ancara) e *think-tanks* com financiamento público (como o periódico voltado para formulações de política, *Foreign Policy*, publicado desde 1974 pelo Foreign Policy Institute de Ancara). Ambos são periódicos especializados que dificilmente conseguem ser (em termos físicos e/ou intelectuais) acessíveis àqueles que estão fora do campo. Há também a nova revista acadêmica com financiamento privado, *Uluslararası İlişkiler* [Relações Internacionais].

Entre os novos *think-tanks* da Turquia, o agora extinto Asam é o que vem à mente – nem sempre pelas razões corretas: a maneira ousada pela qual o Asam pressionou por uma política externa mais militarista levou alguns a dizerem que "o centro tem muitos tanques (*tanks*) e pensamentos (*thinking*) não tão inovadores assim",[39] em uma alusão ao termo *think-tank*. Asam significa Avrasya Stratejik Araştırmalar Merkezi (Centro Eurasiano de Estudos Estratégicos). Foi criado em 1999 como o primeiro *think-tank* de capital privado da Turquia, especializado em questões de estratégia e segurança. Durante a década em que esteve em funcionamento, o Asam alegou não apenas fornecer uma "perspectiva geopolítica" privilegiada sobre as relações internacionais, como também procurou criar ativamente um espaço intelectual em que a "consciência geopolítica" dos cidadãos pudesse florescer – para citar o site do centro.[40]

Ao longo dos anos, o Asam publicou várias monografias e volumes editados sobre "geopolítica", incluindo a tradução turca de um volume editado por Colin Gray,[41] talvez o representante contemporâneo mais proeminente da tradição da geopolítica clássica, e as obras do coronel Muzaffer Özdağ.[42] O falecido coronel Özdağ, além de ser o pai do presidente do Asam, o professor Ümit Özdağ, é conhecido como um autor prolífico e uma figura proeminente na direita ultranacionalista da Turquia.[43] Quando o coronel Özdağ começou

|||||||||||

O sucesso desta última alerta contra extrapolarmos grandes interpretações a partir da longevidade de jornais e revistas geopolíticas.
39 No original, "*the centre has a lot of tanks and not-so-considerable novel thinking*". (N. T.)
40 Ver a declaração de missão do Asam em: <www.avsam.org.tr/misyon.asp>, acesso em: 26 maio 2006.
41 Gray (Org.), *Jeopolitik, Strateji ve Coğrafya*.
42 Após a morte de Özdağ, em 2002, o Asam publicou uma coletânea com suas obras, em quatro volumes. Ver M. Özdağ, *Türk Tarihinin ve Geleceğinin Jeopolitik Cercevesi*. Ver também Özdağ, *Türk Dünyası ve Doğu Türkistan Jeopolitiği Üzerine*; e Id., *Türkiye ve Türk Dünyası Jeopolitiği Üzerine*.
43 O coronel Özdağ ganhou destaque como um oficial militar de baixo escalão ao participar do golpe militar de 1960. Quando surgiram divergências entre os golpistas, ele foi um dos primeiros forçados a se aposentar mais cedo. Özdağ tornou-se uma

a expor suas opiniões sobre o nacionalismo turco e a necessidade de se aproximar dos irmãos da Ásia Central, as relações internacionais ainda viviam o contexto da Guerra Fria, e exibir tais ideias não era isento de perigos; aqueles que ousaram expor sua opinião arriscavam ser marcados como uma ameaça à segurança nacional.[44] A geopolítica provou ser uma saída segura para as ideias do coronel Özdağ; afinal, não foi ele, mas a "ciência" da geopolítica que fez essas recomendações. Pode-se argumentar que foi na geopolítica que Özdağ encontrou uma audiência mais ampla para suas visões potencialmente desestabilizadoras, conseguindo alcançar uma audiência para além do seu círculo eleitoral tradicional (ultranacionalista). Suas ideias foram ao ar mais de uma vez após a dissolução da União Soviética, quando o Asam reimprimiu seus trabalhos coletados.

Outro geopolítico proeminente cujos trabalhos alcançaram um público mais amplo nos últimos anos é o general (aposentado) Suat İlhan, que, como já mencionado, não é um general aposentado comum; é também um prolífico autor e comentarista público. Durante 1967-1969, ele montou e ministrou o primeiro curso de geopolítica na Academia Militar. Suas anotações de aula foram publicadas posteriormente em forma de livro[45] e, desde então, têm sido usadas como material de ensino na Academia Militar e na Academia de Segurança Nacional.[46] Seu clássico *Jeopolitik Duyarlılık* [Sensibilidade geopolítica] foi publicado em 1989 pela Sociedade Histórica

||||||||||

figura central na direita nacionalista turca até se aposentar de uma atuação ativa na política, em 1971.
44 A natureza da ameaça foi entendida como irredentismo étnico em casa e ira soviética em resposta ao expansionismo percebido por parte da Turquia. Essas percepções de ameaças, por sua vez, estão enraizadas no trauma da Primeira Guerra Mundial, segundo o qual o aventurismo "pan-turco" por parte de alguns estadistas otomanos levou a perdas desastrosas na frente russa.
45 İlhan, *Jeopolitikten Taktiğe*; e Id., *Jeopolitik Duyarlılık*.
46 A Academia de Segurança Nacional foi criada após o golpe militar de 1960 para fornecer treinamento em serviço a funcionários públicos de alto nível e representantes da mídia.

Turca, entidade com financiamento estatal, mas logo depois caiu no esquecimento, salvo por sua utilização nas instituições supracitadas. Foi fazendo parte dos debates pós-Guerra Fria sobre a adesão da Turquia à integração europeia que İlhan e sua "perspectiva geopolítica" ganharam uma nova vida. Seu livro de 2000, *Why "No" to the European Union: the Geopolitical Perspective*, foi amplamente distribuído e lido. O volume II do mesmo livro foi lançado em 2002. Em 2003, *Jeopolitik Duyarlılık* foi reimpresso, agora por uma editora comercial.[47]

Em seus primeiros trabalhos, repletos de referências à geopolítica clássica, o general İlhan havia reivindicado a adoção da geopolítica como guia para moldar as políticas interna e externa da Turquia. Para enfatizar como a geopolítica descreve o mundo "com precisão", İlhan se referiu ao caso da Alemanha e sua busca por colônias entre o final do século XIX e o início do XX. No entanto, de uma maneira tipicamente pouco reflexiva, ele não observou que, se a geopolítica é capaz de descrever "com precisão" esses desenvolvimentos, tal fenômeno ocorre porque a geopolítica – como o realismo durante a Guerra Fria – "ajudou a *construir* parte dessa realidade".[48] Em suas publicações posteriores, İlhan se concentrou mais em questões específicas de política externa, como a possibilidade de adesão da Turquia à UE, sobre a qual ele se posiciona de modo fortemente contrário. Não obstante sua convicção de que a "UE não deixará a Turquia entrar" ("por causa de sua identidade muçulmana", ponto em que ele converge com Samuel P. Huntington), İlhan deixa aberta a possibilidade de que a Turquia possa se tornar um membro de pleno direito da UE, mas apenas como parte de uma "conspiração ocidental" projetada para retirar alguns de

---

47 Ötüken, que é bem conhecido por suas tendências ultranacionalistas, reimprimiu outros trabalhos anteriores de İlhan.
48 Booth, Critical Explorations, in: *Critical Security Studies and World Politics*, p.5 (grifo do autor).

seus territórios e/ou torná-la indefesa.⁴⁹ Nesse cenário, a condicionalidade da UE é retratada como parte de uma conspiração projetada para enfraquecer as Forças Armadas da Turquia e, portanto, tornar indefesa a conformação unitária secular da República – mais um exemplo dos geopolíticos da Turquia que evocam a metáfora de Sèvres para justificar seu ceticismo em relação à adesão da Turquia à integração europeia.⁵⁰

Outro geopolítico que pediu a modificação da orientação quase exclusivamente ocidental da Turquia foi o professor Ahmet Davutoğlu, atualmente ministro das Relações Exteriores. Em seu best-seller de 2001, *Stratejik Derinlik*, Davutoğlu sustentou que as políticas externas da Turquia durante a Guerra Fria "negaram" ao país sua "esfera de influência natural" e sua "profundidade estratégica". Isso porque, ele argumenta, as políticas supracitadas foram projetadas para aproveitar ao máximo a localização geográfica da Turquia com o objetivo de ajudar na elaboração de políticas euro-atlânticas – isto é, dissuadir o "expansionismo soviético" –, enquanto os interesses da própria Turquia exigem explorar sua "profundidade estratégica" – ou seja, a abertura a antigas terras otomanas, bem como a outras áreas onde vivem povos muçulmanos e turcos. A solução para os problemas de política externa da Turquia, segundo Davutoğlu, pode ser encontrada em uma "nova teoria estratégica" que ajudaria os formuladores de política a aproveitarem as oportunidades oferecidas pelo "vácuo geopolítico e geoeconômico" pós-Guerra Fria na zona turca de "profundidade estratégica".⁵¹

Para recapitular, embora tenha ocorrido na era pós-Guerra Fria uma proliferação de publicações e meios de comunicação oferecendo uma clara perspectiva geopolítica, não há a construção de um

---

49 Ver İlhan, *Avrupa Birliğine Neden Hayır: Jeopolitik Yaklaşım*, p.40-2.
50 Ver Bilgin, Turkey's Changing Security Discourses: the Challenge of Globalization, *European Journal of Political Research*, v.44.
51 Davutoğlu, *Stratejik Derinlik: Tükiye'nin Uluslararası Konumu*, p.71 e 115.

pensamento realmente novo que justifique denominá-lo de um "renascimento da geopolítica". Dos 101 livros de relações internacionais (em turco) de 1989 a 2005, 34 deles têm "geopolítica" no título ou entre suas palavras-chave.[52] Uma porcentagem pouco inferior a 34% não é insignificante. No entanto, ir além do título e das palavras-chave desses livros revela que o discurso da geopolítica é usado para regurgitar ideias e fórmulas desenvolvidas em períodos anteriores. O que há de novo, então, é a onipresença do pensamento geopolítico, graças à ampla disponibilidade de escritos sobre política externa já vinculados a uma tradição materialista.

O que também é novo na era pós-Guerra Fria é o recurso feito por inúmeros atores a reivindicações geopolíticas para sustentar uma agenda eurocética, mais conhecida como "eurasianismo". No contexto da Turquia, o "eurasianismo" serve como um termo genérico, em que sua própria ambiguidade parece ter permitido a formação de coalizões entre atores improváveis (veja a seguir). O general İlhan, o coronel Özdağ e o professor Davutoğlu, apesar das diferenças de ênfase (İlhan e Özdağ em geografia e identidade nacional, e Davutoğlu em identidade e geografia muçulmana), compartilham a convicção de que a Turquia deve se mover para o Leste se quiser cumprir seu "destino" de se tornar uma grande potência. O que permitiu, por sua vez, que essas coalizões fossem formadas e justificadas na Turquia é o dogma da geopolítica e o imaginário de segurança do qual ela faz parte; ambos foram (re)produzidos na (e por meio da) "insegurança ontológica" turca no pós-Guerra Fria. É sobre esse componente que o capítulo se debruça na próxima seção.

---

52 Esse número é fruto de uma pesquisa no banco de dados da Biblioteca Nacional de Ancara, que é uma biblioteca de depósitos.

A crise de identidade de política externa na Turquia no pós-Guerra Fria

Até 1989, a prevalência da "geopolítica ideológica"[53] como o "roteiro organizador e o drama definidor" da política mundial[54] significou que, em virtude da postura anticomunista adotada, foi atribuída à Turquia o papel de um Estado "ocidental". Enquanto os Estados Unidos, na ausência do "inimigo" soviético, experimentaram um "amplo sentimento de incerteza sobre como organizar a política mundial",[55] para a Turquia a crise lançava uma sombra sobre a sua altamente apreciada identidade "ocidental". Muitos na Turquia pensavam, até então, que seu país havia conseguido se localizar firmemente no "Ocidente" devido ao papel que assumiu nas instituições ocidentais, em geral, e na Otan, em particular. De fato, a adesão à Otan foi vista por muitos na Turquia como responsável não apenas por acabar com as ansiedades causadas pelas demandas soviéticas do pós-guerra,[56] mas também por trazer a Turquia para o sistema de segurança ocidental, reconhecida enquanto um Estado de fato pertencente ao Ocidente.[57] Com o tempo, a adesão à integração europeia veio a ser vista como o próximo passo lógico nesse caminho de ocidentalização – praticamente como se juntar à "Otan econômica", como apontou, com ironia, um observador externo.

Os primeiros sinais de fragilidade dessa identidade "ocidental" da Turquia ocorreram durante a década de 1980, quando as relações Turquia-Comunidade Europeia (CE) se estremeceram após o

---

53 Agnew, *Geopolitics: Re-visioning World Politics*.
54 Ó Tuathail, *Critical Geopolitics: the Politics of Writing Global Space*, p.225.
55 Agnew, *Geopolitics: Re-visioning World Politics*, p.119.
56 Após a Segunda Guerra Mundial, a União Soviética fez demandas em relação às províncias orientais da Turquia e requisitou controle conjunto dos canais hidrográficos estratégicos dos Estreitos.
57 Yılmaz e Bilgin, Constructing Turkey's "Western" Identity During the Cold War: Discourses of the 'Intellectuals of Statecraft', *International Journal*, v.61, n.1.

golpe de Estado de 1980 e a promulgação da Constituição de 1982, a qual a CE considerou precária em termos de liberdades e direitos políticos. O "não" da CE, em 1989, ao pedido de adesão plena da Turquia e as solicitações de alguns de seus membros por um "acordo especial" (ou seja, menos do que a adesão plena) já haviam sinalizado a crescente lacuna entre a localização preferida da Turquia (no "Oeste"/"Europa") e a localização que lhe estava sendo atribuída (no "Oriente Médio" ou no "Mediterrâneo"). A decisão de acolher alguns países do antigo bloco "oriental" na UE, enquanto a Turquia "ocidental" estava esperando pela adesão, em conjunto com a aproximação da UE, em meados da década de 1990, em relação à Turquia no âmbito da parceria euro-mediterrânea, foi particularmente preocupante para alguns; ela era invariavelmente vista como um sinal de que a Turquia estava sendo localizada no "não Ocidente" e/ou "fora da Europa".[58] O site do Ministério das Relações Exteriores da Turquia expressou esse sentimento de rejeição e traição pós-1989: "Tendo desempenhado um papel ativo no fim do bloco soviético, era natural que a Turquia almejasse sua inclusão na nova arquitetura europeia, a qual ela ajudou a construir" (Relações entre a Turquia e a União Europeia).

De modo apressado, muitos na Turquia falharam em refletir sobre suas próprias deficiências (como os problemas domésticos turcos que se espraiavam para a "Europa", perturbando ainda mais esse já conturbado relacionamento) ou em apreciar a transformação pela qual a UE começou a passar desde 1989.[59]

Durante esse período, a Turquia também teve problemas em seu relacionamento com os Estados Unidos. Logo após a Guerra Fria,

||||||||||||
58 Bilgin, A Return to "Civilisational Geopolitics" in the Mediterranean? Changing Geopolitical Images of the European Union and Turkey in the post-Cold War Era, *Geopolitics*, v.9, n.2.
59 Para uma discussão sobre esse ponto, ver Bilgin, Turkey and the EU: Yesterday's Answers to Tomorrow's Security Problems?, in: Herd e Huru (Orgs.), *EU Civilian Crisis Management*.

sucessivas administrações norte-americanas haviam se tornado menos receptivas aos limites dos esforços de democratização na Turquia e ao seu histórico não tão promissor nos direitos humanos. Juntamente com o fim dos subsídios promovidos pelos Estados Unidos, após 1993, e o declínio da ajuda econômica, também norte-americana, após 1994 (que passou a vir com condicionalidades a ela atreladas), pouco espaço de manobra foi deixado para os formuladores de política da Turquia que estavam desesperadamente em busca de um aliado "ocidental" que reafirmasse sem reservas o "ocidentalismo" da Turquia.[60]

Foi nesse clima que surgiram debates acalorados na Turquia sobre a identidade e o papel do país na política mundial pós-1989. O que é significativo para os propósitos deste capítulo é que os participantes desses debates articularam seus pontos de vista por meio da geopolítica. Durante os anos 1990, foi largamente argumentado que a Turquia havia feito grandes contribuições para garantir segurança à Europa durante a Guerra Fria e que, provavelmente, contribuiria ainda mais na era subsequente em virtude de sua localização geográfica "significativa". Considere as palavras de Hikmet Sami Türk, (então ministro da Defesa da Turquia), afirmando que:

> O destino geográfico pôs a Turquia no epicentro de um "Triângulo das Bermudas" de volatilidade e incerteza pós-Guerra Fria, com os Bálcãs, o Cáucaso e o Oriente Médio nos circundando. Em vez de nos isolarmos dos conflitos prementes à nossa porta, a Turquia decidiu assumir um papel central na promoção de paz, estabilidade e cooperação regional, contribuindo com os esforços vitais para acabar com o sofrimento e o conflito humanos.[61]

---

60 Essa dinâmica nas relações Turquia-EUA mudou desde a crise econômica de 2001 na Turquia e os ataques de 11 de Setembro.
61 Türk, Turkish Defence Policy, discurso proferido no Washington Institute for Near East Policy, disponível em: <www.washingtoninstitute.org>, acesso em: 19 nov. 2001.

O ponto é que, nos últimos anos, vários atores evocaram reivindicações geopolíticas em um contexto caracterizado pela ambivalência da UE em relação à adesão da Turquia e por políticas menos flexíveis dos Estados Unidos, o que mobilizou inúmeros atores a lembrarem os aliados "ocidentais" do "significado geopolítico" da Turquia, para o caso de terem se esquecido na euforia do pós-Guerra Fria.

Existe uma ressalva: talvez não se deva dar tanta importância a essa ênfase estabelecida pelos atores da Turquia na geografia de seu país. A suposição amplamente compartilhada na Turquia é a de que, durante a Guerra Fria, foi a contribuição turca para a segurança na Europa (entendida como função de sua geografia e capacidade militar) que ajudou a localizar o país no "Ocidente". Não seria apenas "natural" que seus atores enfatizassem o que consideram a maior fonte de força da Turquia? Afinal, os atores da UE fazem observações semelhantes ao empregar noções análogas na tentativa de convencer os céticos da UE sobre as virtudes da adesão da Turquia.[62] Ou seja, talvez haja pouco a ser explicado aqui: se você tem uma localização geográfica significativa (Mackinder diz isso, então deve ser verdade!), você tenta extrair disso o máximo possível.

Um problema com essa linha de raciocínio é que ela não explica as contradições no discurso geopolítico da Turquia como, por exemplo, as ideias ambivalentes que apresentam a geografia como a maior fonte de força e, ao mesmo tempo, de fraqueza do país, e a geopolítica como aquela que aproxima do mesmo modo que o afasta da Europa/Eurásia.[63] Algumas análises sensíveis à agência política e ao contexto socioeconômico exporiam tais contradições como

---

62 Ver por exemplo, "The Impact Assessment Report of October 2004" e "Recommendation of the European Commission on Turkey's Progress towards Accession", disponíveis em: <www.europa.eu.int>.

63 Tais contradições não são exclusivas da Turquia. Ver Ó Tuathail, Theorizing Geopolitical Reasoning: the Case of the United States' Response to the War in Bosnia, *Political Geography*, v.21.

consequências (não intencionais) de jogos ("agrupados")[64] sendo disputados por múltiplos atores no âmbito internacional e intranacional.[65] Outro problema, mais significativo para os propósitos deste capítulo, é que esse raciocínio deixa sem resposta a seguinte pergunta: "Por que a geopolítica, e não outro conjunto de noções e teorias sobre como o mundo funciona?" Na seção a seguir, o capítulo sustenta que, se a geopolítica passou a ocupar um lugar central no imaginário de segurança da Turquia, isso deve ser considerado como um resultado não intencional de dois principais fatores: a saber, o enraizamento militar no seu próprio papel central na política turca e a maneira como o campo das relações internacionais evoluiu na Turquia.

Por que a geopolítica (mas não outra explicação materialista sobre como o mundo funciona)?

A geopolítica como discurso e campo de estudo foi introduzida na Turquia pela primeira vez durante a Segunda Guerra Mundial em uma série de artigos publicados nos principais jornais que pediam o desenvolvimento do campo no país.[66] Quando a guerra chegou ao fim, o estudo e o discurso da geopolítica se tornaram estigmatizados no "Ocidente" por causa de seus vínculos com o expansionismo

||||||||||

64 Putnam, Diplomacy and Domestic Politics: the Logic of Two-level Games, *International Organization*, v.42, n.3. No original, "*nested*".
65 Bilgin, "Only Strong States Can Survive in Turkey's Geography": the Uses of "Geopolitical Truths" in Turkey, *Political Geography*, v.26.
66 Eren, *Jeopolitik Tarihine Toplu bir Bakış*; Sezgin e Yılmaz, *Jeopolitik*; ver também Fahri [Fındıkoğlu], Jeopolitik, in: *Jeopolitik: İlmi Antoloji Denemesi*. É provável que oficiais do Exército otomano tenham sido expostos ao pensamento geopolítico clássico durante seu treinamento. Muitos dos líderes fundadores da Turquia que haviam servido no Exército otomano tinham antecedentes militares. Mas seus discursos públicos não evocaram a geopolítica clássica ao justificar a política externa (ou doméstica). Ver Bilgin, "Only Strong States Can Survive in Turkey's Geography": the Uses of "Geopolitical Truths" in Turkey, *Political Geography*, v.26.

nazista. No entanto, na Turquia, havia pouco ou nenhum sinal de tal estigma associado à geopolítica. Longe disso, os aspirantes a geopolíticos no país apresentaram esse campo como uma "ciência" que foi estudada nas instituições de ensino superior "ocidentais" e usada para moldar as políticas do pós-guerra no Ocidente e em outros lugares.[67] A implicação desses escritos é que tanto a orientação "ocidental" da Turquia quanto seus interesses de política externa exigiam obter domínio sobre essa nova "ciência".[68]

Embora a geopolítica não tenha sido evitada na Turquia como ocorreu no Ocidente, o interesse em noções e teorias geopolíticas permaneceu, todavia, confinado ao âmbito militar até o final da década de 1960. Após a Segunda Guerra Mundial, a Academia Militar (e a Academia de Segurança Nacional, após 1960) introduziu uma série de palestras sobre geopolítica em seu currículo.[69] A maioria dos textos que foram publicados nesse período é composta por versões escritas das palestras proferidas nessas duas instituições militares por professores das principais universidades turcas.[70]

A atração dos militares pela geopolítica não é "única" na Turquia. Em outras partes do mundo, como na América do Sul, onde os militares têm um histórico de intervenções políticas, a geopolítica emergiu como um reduto dos atores militares e forneceu "uma base mais conceitual e detalhada para uma ambiciosa visão político-militar e

---

67 Ver, por exemplo, Eren, op. cit.; İlhan, Jeopolitik ve Tarih İlişkileri, *Belleten*, v.XLIX, n.195; Öngör, Siyasi Coğrafya ve Jeopolitik, *Siyasal Bilgiler Fakültesi Dergisi*, v.18; Osmanağaoğlu, *Geopolitik: Devlet İdaresinde, Dış Siyasette Coğrafyanın Rolu*; Sezgin e Yılmaz, op. cit.; e Turfan, *Geopolitik: Geopolitikle İlgili Ana Konular*.
68 As ressalvas de autores ocidentais em relação à "contaminação" causada pelos laços estreitos entre a geopolítica clássica e o expansionismo nazista não foram totalmente desconsideradas pelos geopolíticos da Turquia. Porém, isso não os impediu de fazer referências explícitas e aprovadoras às ideias de geopolíticos alemães como Haushofer e Ratzel. Ver, por exemplo, Eren, op. cit.; İlhan, *Jeopolitik Duyarlılık*; Öngör, op. cit.; Sezgin e Yılmaz, op. cit.; Turfan, op. cit.
69 İlhan, *Jeopolitik Duyarlılık*, p.12.
70 Ver, por exemplo, Bilge, Jeopolitik, *Kara Kuvvetleri Dergisi*, v.2, n.5; Eren, op. cit.; e Turfan, op. cit.

teoria do Estado".⁷¹ Se os textos anteriormente mencionados tivessem ficado confinados às instituições e aos meios militares, o interesse destes pela geopolítica pudesse, talvez, ser comparado a uma típica burocracia militar que busca aprimorar sua compreensão e controle sobre o espaço para cumprir seu dever de defender o Estado. No entanto, as Forças Armadas na Turquia não pararam por aí. Elas desempenharam um papel ativo na introdução da geopolítica ao público civil, disseminando a ideia da geopolítica como uma "perspectiva privilegiada" e apresentando-se como os desfrutadores de um conhecimento incomparável sobre essa perspectiva. De fato, em escritos formais de oficiais militares que vieram a público após o golpe de Estado de 1960 (o primeiro), a geopolítica é posta como uma "visão de lugar nenhum" que "mostra o caminho" quando os civis fracassam por causa de seus "ideais e ideologias".⁷² Foi fundamental para a popularização dessas ideias e pressuposições o curso de ensino médio, já mencionado, sobre "segurança nacional", projetado e ministrado por oficiais militares, o serviço militar obrigatório para a população masculina acima de 18 anos de idade e a Academia de Segurança Nacional.

Isso não quer dizer que os militares sejam os únicos responsáveis pelo surgimento do dogma da geopolítica ou por sua centralidade no imaginário de segurança da Turquia. A geopolítica tem suas próprias atrações; o campo das relações internacionais na Turquia, suas próprias fraquezas (veja a seguir). Na verdade, a questão é que o papel dos militares nesse processo não pode ser negado, pois, na

---

71 Hepple, Metaphor, Geopolitical Discourse and the Military in South America, in: Barnes e Duncan (Orgs.), *Writing Words: Discourse, Text and Metaphor in the Representation of Landscape*, p.139. Ver também Dodds, Geopolitics and the Geographical Imagination of Argentina, in: Dodds e Atkinson (Orgs.), *Geopolitical Traditions: a Century of Geopolitical Thought*.
72 Ver Harp Akademileri Komutanlığı, Türkiye'nin Jeopolitik Durumu üzerine bir inceleme, *Silahlı Kuvvetler Dergisi*, v.83, n.210. İlhan, *Jeopolitikten Taktiğe*, p.iii-iv, faz um argumento semelhante no rescaldo imediato de mais uma intervenção militar em 1971.

era pós-Segunda Guerra Mundial, eles utilizaram o discurso geopolítico para justificar suas intervenções (1960, 1971, 1980, 1997) e suas incursões na esfera política durante os tempos do "domínio civil".[73] Assim, apontar para a agência dos militares é importante para responder à pergunta "por que a geopolítica, mas não outra alternativa?".

Talvez exista uma explicação muito direta para isso. O apelo da geopolítica pode ser simplesmente o apelo da geopolítica. A geopolítica clássica oferece uma explicação clara e aparentemente parcimoniosa da política mundial, sendo ela ostensivamente desprovida de "política". É um relato do mundo dirigido pela geografia, que, por sua vez, é considerada "dada por Deus"/"natural" e, portanto, "não contaminada" por ideais e ideologias. Como pode alguém não ser atraído por ela? Especialmente se explicações alternativas de como o mundo funciona (em outras palavras, a teoria das relações internacionais) são consideradas muito complicadas, insuficientes ou mesmo irrelevantes.

Isso me leva à segunda explicação sobre por que relatos alternativos da política mundial foram frágeis, e essa explicação tem a ver com a maneira como o campo das relações internacionais se desenvolveu na Turquia. Durante anos, as relações internacionais foram consideradas no país como um programa vocacional para a formação de burocratas de alto nível para o Estado. Como o exame de admissão das instituições governamentais (em particular, o Ministério das Relações Exteriores) enfatizou o conhecimento de áreas como direito e história, o currículo dos departamentos de relações internacionais foi estruturado em torno desses assuntos.[74] Consequentemente, o treinamento conceitual e a reflexão nunca estiveram em pé

---

73 Bilgin, "Only Strong States Can Survive in Turkey's Geography": the Uses of "Geopolitical Truths" in Turkey, *Political Geography*, v.26.
74 Ataöv, Symposium on the Teaching of International Politics in Turkey, *Milletlerarası Munasebetler Türk Yıllığı*, v.2; Eralp, Giriş, in: *Devlet, Sistem Ve Kimlik: Uluslararası İlişkilerde Temel Yaklaşımlar*, p.8-9.

de igualdade com o direito e a história no estudo das relações internacionais na Turquia.[75]

A terceira explicação relacionada tem a ver com os livros didáticos "tradicionais" (e os conceitos e teorias introduzidos por esses livros) usados para o ensino de relações internacionais nas universidades. Como em outros contextos não ocidentais, o valor instrutivo desses livros didáticos permanece bastante limitado para o contexto da Turquia. Afinal, o país faz parte do mundo em desenvolvimento sobre o qual as teorias "tradicionais" das relações internacionais têm muito pouco a dizer.[76] Quando leem os cânones da disciplina, os alunos, em geral, não reconhecem seu próprio mundo. No entanto, na ausência de reflexão sobre a adequação desses livros, conceitos e teorias importadas ao contexto da Turquia, as relações/teorias internacionais continuaram sendo um curso que precisa ser estudado, mas não necessariamente internalizado. Na ausência de ferramentas conceituais adequadas para dar sentido ao vasto domínio da política mundial, o apelo a conceitos geograficamente deterministas na política mundial para mentes treinadas na história não deve ser subestimado. De fato, discursos práticos, populares e formais de vários atores sugerem que, atualmente, existe muito pouco espaço fora da geopolítica no discurso de política externa da Turquia.[77] Dessa forma, o capítulo propõe um qualificador para a hipótese deste volume em relação ao uso do discurso geopolítico por

---

75 Ver Bilgin, The State of IR in Turkey, *BISA News*; e Bilgin e Tanrısever, A Telling Story of IR in the Periphery: Telling Turkey about the World, Telling the World about Turkey, *Journal of International Relations and Development*, v.12, n.2.

76 Ver Bilgin, Thinking Past "Western" IR?, *Third World Quarterly*, v.29, n.1; Holsti, International Theory and War in the Third World, in: Job (Org.), *The Insecurity Dilemma: National Security of Third World States*; e Tickner, Hearing Latin American Voices in International Relations Studies, *International Studies Perspectives*, v.4, n.4.

77 Para uma análise do discurso popular, ver Yanık, Those Crazy Turks That Got Caught in the "Metal Storm": Nationalism in Turkey's Best Seller Lists, *RSCAS Working Paper*, disponível em: <http://hdl.handle.net/1814/8002>, acesso em: 22 maio 2008; e Id., Valles of the Wolves-Iraq: Anti-geopolitics, *Alla Turca, Middle East Journal of Culture and Communication*, v.2, n.1.

atores conservadores, pois, na Turquia, não foi apenas em apoio a uma agenda "conservadora" que o discurso geopolítico foi utilizado. Em vez disso, atores com inúmeras agendas políticas se valeram da geopolítica para defender sua causa.

O ponto aqui não é o mesmo de Sidaway et al.,[78] que destacaram que as agendas dos atores conservadores frequentemente pedem mudanças radicais nas políticas externas ou domésticas de seus governos na tentativa de "preservar" certas coisas. O ponto é que, no caso da Turquia, os atores que procuram preservar/alterar diferentes aspectos das políticas externa e doméstica adotaram o mesmo discurso. Em outras palavras, na Turquia não é o caso de apenas os atores conservadores explorarem o discurso geopolítico; todos os atores o fizeram. Embora isso tenha a ver com a preexistência do "dogma da geopolítica", a razão pela qual ele se tornou um "dogma" requer uma explicação. O motivo, argumentei, tem a ver com a fragilidade da "identidade" ocidental da Turquia e com uma geopolítica que permitiu localizar o país firmemente no "Ocidente". Embora o estabelecimento da característica turca de ser "ocidental" tenha sido a pedra angular da sua segurança nas arenas internacional e doméstica[79] ao longo da era republicana (desde 1923), foi durante a Guerra Fria que a Turquia conseguiu se localizar firmemente no "Ocidente": em virtude de seu posicionamento contra o bloco soviético (o "Oriente") junto com os Estados Unidos. O fim da Guerra Fria provou a fragilidade da identidade "ocidental" turca e do discurso geopolítico como solução. Pois, após a dissolução da União Soviética (ou seja, o "Oriente" contra o qual a Turquia se situara no "Ocidente"), a reivindicação da Turquia por uma identidade "ocidental" recebeu um golpe decisivo. Também importante para provocar essa crise foi a transformação da Comunidade Europeia na União Europeia e a redefinição

---

78 Sidaway et al., Translating Political Geographies, *Political Geography*, v.23, n.8.
79 Bilgin, Securing Turkey through "Western-oriented" Foreign Policy, *New Perspectives on Turkey* (special issue on Turkish foreign policy).

dessa identidade europeia em termos cada vez mais normativos. Durante a década de 1990, quando os atores da UE desafiaram a identidade "ocidental" da Turquia devido ao seu fracasso na adoção de práticas democráticas e na observância dos direitos humanos, e as sucessivas administrações dos Estados Unidos se mostraram relutantes em oferecer apoio à Turquia com base em motivos puramente geopolíticos, sua "insegurança ontológica" atingiu um elevado patamar.[80] Durante esse período, os atores favoráveis e contrários à permanência no processo de adesão à UE evocaram noções geopolíticas ao apresentar seus argumentos – por isso, um ressurgimento quantitativo. A razão pela qual o renascimento não foi também qualitativo está relacionada à preexistência do "dogma da geopolítica" e à sua centralidade no imaginário de segurança. Essa centralidade foi reproduzida em resposta à crise pós-Guerra Fria na identidade (de política externa) da Turquia. A seção a seguir procurará ilustrar esse ponto com referência aos debates sobre a adesão da Turquia à integração europeia.

Atores múltiplos, diferentes agendas, utilizando a geopolítica

Cada vez mais, desde a decisão da UE, em 1999, de reconhecer sua candidatura, a Turquia vem avançando no sentido de atender às condicionalidades da UE. Na mesma época, os eurocéticos na Turquia começaram a evocar crescentemente a geopolítica ao articular suas preocupações com as potenciais implicações das condicionalidades impostas pela UE.[81] No entanto, dado o compromisso dos fundadores republicanos da Turquia com uma orientação para

||||||||||
80 Id., A Return to "Civilisational Geopolitics" in the Mediterranean? Changing Geopolitical Images of the European Union and Turkey in the post-Cold War Era, *Geopolitics*, v.9, n.2.
81 Ver Bilgin, Turkey's Changing Security Discourses: the Challenge of Globalization, *European Journal of Political Research*, v.44.

o Ocidente, defender que a Turquia se afaste do Ocidente/Europa não é um argumento politicamente correto a ser adotado. Dito isso, os eurocéticos turcos parecem ter encontrado uma solução criativa para propor a chamada "opção da Eurásia" (veja a seguir). O próprio uso do termo "Eurásia" já é, em parte, metade da solução. Ele denota manter a orientação "europeia" da República e abraçar a dimensão "asiática", ao mesmo tempo que elimina a condicionalidade da UE. A centralidade da condicionalidade imposta pela UE com a noção de "europeidade" parece escapar aos proponentes do eurasianismo. O que permitiu aos eurocéticos da Turquia reviver o eurasianismo, que seria considerado impensável durante a Guerra Fria por medo de um "pan-turquismo" doméstico e no exterior, é a reinserção, pós-Guerra Fria, do imaginário de segurança da Turquia com o dogma da geopolítica, este, então, ocupando um lugar central. Como será mostrado, cada vez mais, desde 1999, os eurocéticos recorreram à geopolítica para deslegitimar a adesão da Turquia à integração europeia, apresentando a Eurásia como a alternativa *geo*politicamente correta.[82] Dito isso, a preexistência do eurasianismo como recurso no imaginário de segurança turco tem suas raízes no pensamento pan--turco, o qual sofreu um golpe devastador com a Primeira Guerra Mundial e foi marginalizado na Turquia republicana, salvo nos elementos ultranacionalistas da sociedade (veja anteriormente a discussão sobre o coronel Özdağ).

Já em 1989, o general İlhan havia começado a evocar a revitalização da dimensão eurasiana da política externa da Turquia.[83] A dimensão oriental, que o general İlhan chamou de "missão", compreendia liderar as "nações despojadas do Oriente". Embora İlhan não considerasse o contexto, à época, oportuno para a Turquia

---

82 Esse é um exemplo revelador de que o artigo principal da edição especial sobre as relações UE-Turquia do *Avrasya Dosyası* é o artigo de Erol, Türkiye'nin AB Sürecinde Avrasya Politikası: Nicin ve Nasıl Bir İşbirliği?
83 Ver também İlhan, *Türkiye'nin ve Türk Dunyasının Jeopolitiği*; e Id., *Türklerin Jeopolitiği ve Avrasyacılık*.

cumprir sua "missão", ele estava convencido de que, um dia, os turcos "encontrariam a força necessária para cumprir essa missão que lhes é conferida pela geografia e pela cultura".[84] Mais recentemente, o general İlhan utilizou-se da geopolítica para deslegitimar a opção de adesão à UE, justificando a adequação de sua alternativa preferida. Considere a seguinte citação, na qual o general İlhan apresenta os "ganhos geopolíticos" da UE com a adesão da Turquia:

> [a adesão] aprimora seus horizontes e sua esfera de influência para incluir o Cáucaso, o Oriente Médio e a Ásia Central; obtém a oportunidade de aprimorar e reforçar as vantagens criadas pelo tratado de União Aduaneira [...]; prepara o terreno para a resolução da disputa turco-grega a favor da Grécia [...]; abre caminho para retirar territórios turcos por meio dos esforços [de atender] os "direitos das minorias"; e gera esperança para a resolução da "Questão Oriental" ao distrair a Turquia.[85]

As implicações disso, segundo İlhan, é que o que a UE ganha, a Turquia perde. Como o que está em jogo é muito importante, afirma İlhan, a decisão não pode ser deixada apenas para os políticos. Isso não se limita a uma escolha política, afirma ele, pois é a geopolítica que "decide" o que a Turquia deve fazer: permanecer fora da UE. Nenhuma das duas opções são meras escolhas políticas, de acordo com İlhan, mas, sim, *faits accomplis* da posição geográfica da Turquia.[86] O professor Ümit Özdağ concorda: "Nem voltar à geopolítica asiática, nem ingressar na Europa poderia ser o objetivo dos turcos [...]. O que poderia e deveria acontecer é seguir uma estratégia de consolidação [turca] na Eurásia. A Turquia [...] deveria iniciar a luta para ressuscitar a civilização da Eurásia".[87]

|||||||||||
84 Id., *Jeopolitik Duyarlılık*, p.xii e 58.
85 İlhan, *Avrupa Birliğine Neden Hayır: Jeopolitik Yaklaşım*, p.22.
86 Ibid., p.40-2.
87 U. Özdağ, *Türk Dunyası Jeopolitiği, Cilt I-IV*, p.8.

Segundo Özdağ, é isso que a geopolítica orienta à Turquia fazer. Ela também diz à Turquia sobre como fazê-lo: formando uma coalizão com a Rússia (e talvez o Irã). Como articulado pelo então secretário-geral do Conselho de Segurança Nacional, general Tuncer Kılınç, a opção eurasiana sinaliza que o país encerre seus esforços em aderir à integração europeia e se volte para o Irã e a Rússia em busca de novos aliados.[88]

Após a intervenção do general Kılınç nos debates sobre as relações Turquia-UE, os eurocéticos na Turquia tornaram-se ainda mais vocais ao propor o eurasianismo como a opção mais afinada com as "realidades geopolíticas" da Turquia. Há, no entanto, muito pouco consenso sobre onde localizar a "Eurásia", e menos ainda sobre um projeto político coerente. O que parece permitir que os eurasianistas ajam em conjunto é o seu ceticismo em relação à adesão da Turquia à integração europeia.[89] Nesse sentido, a proliferação de publicações e *think-tanks* especializados em geopolítica deve ser entendida não só como uma condição que permitiu apelos crescentes à geopolítica na Turquia, mas também como uma consequência dos eurocéticos turcos que buscam fazer uso da certeza epistemológica oferecida pelo dogma da geopolítica, sobretudo em um momento de

---

88 Ver Torbakov, Eurasian Idea Could Bring Together Erstwhile Enemies Turkey and Russia, *Eurasia Insight*, disponível em: <https://eurasianet.org/eurasian-idea-could-bring-together-ertswhile-enemies-turkey-and-russia>, acesso em: 5 maio 2005.
89 Na década passada, formaram-se coalizões entre vários atores em busca da agenda da Eurásia. Por exemplo, a editora Küre, que traduziu o eurasianista russo Alexander Dugin (2003) para o turco, também publicou o livro de Davutoğlu. A editora Ötüken, que reimprimiu os livros de İlhan, é bem conhecida por suas inclinações ultranacionalistas. O proprietário da Avrasya TV [TV da Eurásia] patrocina diariamente o suplemento de centro-esquerda *Cumhuriyet*, o *Strateji*. Por fim, muitas das publicações identificadas possuem artigos críticos sobre a adesão da Turquia à integração europeia e são favoráveis ao "eurasianismo", que é apresentado como um projeto alternativo mais sintonizado com a geopolítica da Turquia (Davutoğlu, *Stratejik Derinlik: Türkiye'nin Uluslararası Konumu*) se não for "requisitado" por ela (ver, por exemplo: İlhan, *Avrupa Birliğine Neden Hayır: Jeopolitik Yaklaşım*; Id., *Avrupa Birliğine Neden Hayır-2*; e U. Özdağ, *Türk Tarihinin ve Geleceğinin Jeopolitik Cercevesi*).

"insegurança ontológica". É por meio do recurso a argumentos justificados pelo dogma da geopolítica que as formulações de políticas externa e de segurança são suprimidas, e as práticas políticas, retratadas como meras respostas à *geo*política da Turquia. Em síntese, a difusão no pós-Guerra Fria do discurso geopolítico na Turquia não é apenas um produto da estrutura de recursos culturais disponíveis na existência do "dogma da geopolítica": também ajudou a reproduzir esse mesmo dogma e consolidar sua centralidade no imaginário de segurança da Turquia.

Conclusão

A difusão de imagens e noções geopolíticas nos discursos práticos, formais e populares de uma infinidade de atores na Turquia atual (como encapsulado no desenho animado da Figura 7.1) não pode ser superenfatizada. Com a dissolução do bloco oriental, contra o qual a Turquia reafirmou sua "ocidentalidade", um marcador significativo da identidade "ocidental" da Turquia também desapareceu. Juntamente com os altos e baixos das relações Turquia-UE, o período pós-1989 foi caracterizado por um sentimento de "insegurança ontológica" e por conversas aparentemente incessantes sobre identidade, localização, papel e políticas da Turquia. Os participantes dessas conversas invariavelmente defenderam sua posição por meio da utilização de imagens e noções geopolíticas. De fato, dada a atual divisão na Turquia entre os chamados "secularistas" e "islâmicos", é difícil ignorar o apelo e a autoridade do dogma sobre aqueles que favorecem a qualidade ostensivamente "científica" e/ou "dada por Deus"/"natural" da geopolítica clássica.

Apontar o impacto da dinâmica "externa" como tal não deve ser entendido como o estabelecimento de relações diretas de causa e efeito entre os desenvolvimentos mencionados e o recurso de vários atores à geopolítica. Principalmente porque tal explicação deixaria sem resposta a pergunta: "Por que a geopolítica, mas não outro conjunto de noções e teorias sobre como o mundo funciona?" Como este capítulo aponta, isso ocorreu porque a geopolítica estava pronta e disponível como um recurso no "imaginário de segurança" turco. Na Turquia, como em alguns outros contextos considerados neste volume, o pensamento geopolítico parece ter oferecido a vários atores um certo grau de "certeza epistemológica" em sua situação de "ansiedade ontológica" pós-Guerra Fria. Mas o caso da Turquia mostra que a própria presença de uma tradição materialista no pensamento de política externa, a fluência dos atores na linguagem geopolítica e seu vigor na formação de debates políticos podem ser tomados *tanto* como ponto de partida para analisar a (re)produção do pensamento geopolítico *quanto* como consequência desse processo. Pois é por meio dessa (re)produção do pensamento geopolítico que atores fluentes na geopolítica foram socializados no uso dessa linguagem para justificar suas (às vezes conflitantes) posições nos debates sobre política externa.

Dessa forma, o capítulo propôs um qualificador para a hipótese deste volume em relação ao uso do discurso geopolítico, sobretudo por atores conservadores. Na Turquia, os usos da geopolítica desafiam as simples classificações de conservadores *versus* radicais, ou pró *versus* anti-*status quo*. Para uma infinidade de atores políticos, os apelos aos "fatos" da geopolítica ajudaram na luta pelo poder político e pela legitimidade necessários para moldar os processos políticos nos âmbitos doméstico e internacional. Por exemplo, em 2001, o primeiro-ministro e chefe do Demokratik Sol Parti (DSP, Partido Democrático de Esquerda), Bülent Ecevit, apelou à geopolítica ao tentar justificar o cumprimento limitado da Turquia aos critérios de adesão da UE estabelecidos no "Programa Nacional" (programa este que foi preparado para definir os passos reformistas que o governo de coalizão liderado por Ecevit tomaria). O que o "Programa Nacional" prometeu já era "ousado" demais para um país que ocupa a localização geográfica da Turquia, argumentou Ecevit; dada a sua "sensibilidade" geopolítica, a Turquia só pôde atender parcialmente aos apelos da UE por uma maior democratização e a reinstituição da autoridade civil sobre as Forças Armadas.⁹⁰ Para os políticos e a burocracia, a geopolítica ajuda a despolitizar o que são essencialmente processos políticos. Ao evocar suposições sobre "o que a geografia orienta a Turquia fazer", torna-se possível eliminar questões do campo do debate político e apresentar as políticas existentes como *faits accomplis* da geografia – como na criminalização da objeção consciente e da objeção dos cidadãos a essa criminalização.⁹¹ Para os militares na Turquia, a geopolítica ajuda a retratar como "normal" a centralidade do papel que desempenham na formação de processos políticos, (re)produzindo, assim, uma cultura militarista. De fato, é em parte seu autoproclamado conhecimento sobre a geopolítica que permite aos militares desfrutar de uma "perspectiva privilegiada" na formulação de política. Quando os atores militares intervêm nos debates atuais, usam, muitas vezes, a geopolítica como uma "visão de lugar nenhum" que "mostra o caminho". A conotação é: os civis "fracassam" por causa de seus "ideais e ideologias", enquanto os militares são guiados pelos preceitos da "ciência da geopolítica". Para os jornalistas que desejam ser lidos como "sérios e conhecedores do mundo"⁹² e "intelectuais de Estado" que apresentam relatos ostensivamente científicos das relações internacionais da Turquia, referências a imagens e noções geopolíticas são úteis para melhorar a autoridade do que "dizem". A principal questão é que o caso da Turquia nos aponta como as implicações dos usos da geopolítica desafiam categorizações simplistas.

|||||||||||
90 Ecevit, Prime Minister Ecevit's Address to Republican Peoples' Party Group, disponível em: <www.belgenet.com/2001/be_210301.html>, acesso em: 5 maio 2005.
91 Em 2005-2006, uma famosa romancista turca foi julgada por criticar a criminalização da objeção de consciência em seu artigo semanal em uma revista. A romancista, Perihan Mağden, foi considerada "inocente", mas as leis que permitem que indivíduos sejam levados a tribunal por cometer esses "crimes" perduram.
92 Ó Tuathail, *Critical Geopolitics: the Politics of Writing Global Space*, p.260.

Frente à pergunta "por que geopolítica?", o capítulo ofereceu uma resposta de acordo com as relações internacionais da Turquia (entendidas como uma busca por afirmar sua "ocidentalidade"), suas relações intranacionais (ou seja, as lutas pelo poder doméstico) e as suas relações internacionais (o campo acadêmico). Como suporte para esta conclusão, o capítulo sublinhou como a geopolítica prática, popular e formal faz uso da legitimidade derivada do "ocidentalismo" da geopolítica clássica para justificar argumentos sobre suspeitas de conspirações "ocidentais" contra a Turquia – argumentos que, muitas vezes, contradizem a própria essência dos trabalhos citados pelo autor/palestrante. A ironia existente na confiança turca em autores "ocidentais" para estabelecer a atemporalidade das conspirações contra a Turquia e a impossibilidade de confiar nas intenções também dos ocidentais (como na metáfora de Sèvres) parece escapar a muitos indivíduos.

8. HUNTINGTONISMO BANAL: GEOPOLÍTICA CIVILIZACIONAL NA ESTÔNIA[1]

Merje Kuus

Introdução: um pequeno roteiro

Em agosto de 2003, um mês antes do referendo popular sobre a adesão à União Europeia (UE), seis artistas e intelectuais estonianos amplamente respeitados publicaram um artigo conjunto no maior jornal do país pedindo aos eleitores que votassem "sim" no referendo. O argumento deles se inicia da seguinte maneira:

> Quando um dos cientistas políticos mais conhecidos do mundo, Samuel Huntington, publicou a teoria do "choque de civilizações" no início dos anos 1990, tocou a alma dos estonianos. Segundo Huntington, a fronteira da civilização

----

1 Uma análise mais longa e detalhada do caso da Estônia e seu contexto internacional mais amplo apareceu em Merje Kuus, *Geopolitics Reframed: Security and Identity in Europe's Eastern Enlargement*, em seu capítulo 3, "Civilizational Geopolitics". O argumento é retrabalhado aqui com a permissão da editora Palgrave. A pesquisa foi financiada por uma Bolsa de Pesquisa do Conselho de Pesquisa em Ciências Humanas e Sociais do Canadá. Agradeço a Stefano Guzzini, pelo feedback construtivo, e a Michelle Drenker, pela assistência editorial.

europeia corre exatamente ao longo do Rio Narva [entre a Estônia e a Rússia]. Os estonianos se asseguraram sobre a existência dessa fronteira por cinquenta anos e se comprometeram a mantê-la por 5 mil anos [...]. Para muitos, aquele pequeno mapa em preto e branco [no livro de Huntington] era uma confirmação simbólica de que o Rio Narva é a fronteira entre o cristianismo ocidental e a ortodoxia, entre o alfabeto latino e o cirílico, entre o direito romano e a ilegalidade russa, entre a democracia e a autocracia, não apenas para nós, mas para toda a humanidade. E é assim que sempre será.[2]

A proclamação é instrutiva sobre a narrativa civilizacional e geopolítica que permeou os debates políticos na Estônia por grande parte do período pós-Guerra Fria, especialmente na longa década entre a independência (em 1991) e a adesão à UE (em 2004). É difícil superestimar a influência dessa narrativa nas lutas políticas desse período; ela está entre as principais bases conceituais de discursos políticos, análises políticas e pesquisas acadêmicas sobre assuntos estrangeiros e domésticos. Essa narrativa agrupa geopolítica e cultura, lançando a geopolítica em termos de identidades essenciais e enquadrando a cultura como uma questão geopolítica.

Este capítulo utiliza a Estônia como exemplo para destacar os mecanismos e efeitos da narrativa civilizacional da geopolítica. Investiga como a tese de Huntington sobre o conflito civilizacional se tornou influente na Estônia e como ela funciona nos debates políticos do país. Primeiro, separarei a estrutura civilizacional das políticas externa e de segurança da Estônia e, depois, detalharei uma estrutura semelhante para a questão da cidadania e dos direitos das minorias. Por meio deste estudo de caso, objetivo evidenciar a produção de um tipo particular de geopolítica – que opera principalmente com reivindicações culturais e não com os argumentos tradicionais sobre

---

2 Luik et al., Eestlaseks jääda saab vaid eurooplasena, *Postimees*.

a política de poder entre os Estados. Essa geopolítica culturalista é bem diferente da *Realpolitik* clássica que constituiu a compreensão dominante da geopolítica no século XX. De fato, ela sinaliza ter pouco a ver com a geopolítica, tradicionalmente entendida como os "fatores geográficos que estão por trás das decisões políticas".[3] Pelo contrário, essa geopolítica culturalista parece libertar-se das questões sobre territórios e recursos comuns à dinâmica da geopolítica interestatal. Nela, a política externa não se refere mais à simples geopolítica dos interesses materiais; trata-se de identidades culturais e valores universais. No entanto, como mostrarei no caso da Estônia, a geopolítica civilizacional se apoia fortemente em afirmações geográficas e geopolíticas sobre a localização geopolítica do país em uma suposta linha de fratura civilizacional.[4] Embora a retórica política dominante não necessariamente se refira a uma ameaça externa direta, ela evoca uma insegurança que resulta da localização da Estônia em uma região "geotectonicamente ativa". Resta, então, uma narrativa previsível sobre "legados históricos", "inseguranças existenciais" e a necessidade de ações urgentes para as quais não há alternativa. Essa narrativa oferece uma reiteração genérica de "ameaças à segurança" ou da "memória geopolítica", com poucas explicações sobre como esses termos são dotados de significados específicos no cotidiano das práticas políticas. Em contrapartida, este capítulo se concentra precisamente na questão de como os conceitos funcionam

||||||||||||
3 McColl, A Geographical Model for International Behaviour, in: Kliot e Waterman (Orgs.), *Pluralism and Political Geography*, p.33; ver também Dodds e Atkinson (Orgs.), *Geopolitical Traditions: a Century of Geopolitical Thought*.
4 O Ocidente, aqui, se refere aos principais Estados da América do Norte e da Europa Ocidental; a Europa do Centro-Leste refere-se aos países pós-socialistas do antigo bloco soviético; e a Europa Oriental, ao discurso da Europa Oriental. Utilizo maiúscula em todas as palavras, pois elas se referem tanto a lugares (na parte leste ou oeste da Europa, por exemplo) quanto a discursos sobre esses mesmos lugares. A Europa Oriental ou Central, aqui, não se referem especificamente a lugares, mas a projetos políticos e intelectuais. Assim, diferenciar entre Europa Oriental, Ocidental e Central contribui para não essencializar as diferenças entre as diversas partes da Europa, mas reconhece suas diferentes posições de poder nos discursos de segurança europeu.

nos debates políticos: como canalizam a discussão e produzem efeitos específicos.

Embora empiricamente preocupado com a Estônia, este capítulo não trata da Estônia *per se*. Nos anos 1990, pelo menos, o discurso civilizacional da geopolítica é operacional nos novos Estados-Membros da UE e da Otan. Na medida em que eles ainda precisam solidificar suas credenciais europeias, uma reformulação culturalista da geopolítica ainda é atrativa para eles. Em última análise, é essa reformulação, ou seja, os processos pelos quais a geopolítica é aglutinada à cultura, o meu foco neste capítulo.[5] Esse processo talvez tenha atingido o ponto mais alto nos anos 1990, mas suas suposições facilitadoras também estão bem enraizadas na década atual. Embora os elementos do caso da Estônia não sejam diretamente transferíveis para outros Estados, eles evidenciam um clima político em que a geopolítica adquire significados culturalistas peculiares. Por outro lado, embora minhas reivindicações transcendam o contexto específico da Estônia, esse contexto é fundamental para o meu argumento. Ao mostrar como a tese civilizacional funciona em debates políticos vinculados a um contexto particular, o capítulo oferece uma investigação empírica profunda sobre a resiliência e o apelo da tese de Huntington. Ao considerar com seriedade o quão útil é o uso dessa tese civilizacional no cotidiano, o capítulo contribui para a volumosa crítica em relação a ela.[6]

Conceitualmente, o capítulo investiga a geopolítica como um processo político em disputa. Ele parte de uma literatura substantiva, frequentemente rotulada como geopolítica crítica, que se concentra na elaboração de um script espacial da política mundial. Dessa forma, parto da posição de que o conhecimento geográfico é uma tecnologia de poder que não apenas descreve, mas também produz,

---

5 Ver Kuus, *Geopolitics Reframed: Security and Identity in Europe's Eastern Enlargement*, para uma análise da Europa Central como um todo.

6 Ver Gusterson, *People of the Bomb: Portraits of America's Nuclear Complex.*

espaços políticos.⁷ As reivindicações geográficas apresentam as localidades como localidades particulares que, dessa maneira, também devem ser tratadas de modo particular. Por outro lado, toda política também é geopolítica, pois envolve necessariamente suposições geográficas sobre territórios e fronteiras, ao utilizar expressões como "dentro" e "fora", "centro" e "margem", "núcleo" e "periferia". Até reivindicações sobre "escapar" da geografia e da geopolítica são também geopolíticas, pois assumem que existe uma configuração geográfica específica de poder, da qual é necessário escapar.

A Estônia oferece exemplos particularmente interessantes sobre o roteiro geográfico da política, na medida em que esse país, diferentemente dos grandes Estados europeus como Alemanha, Rússia ou Grã-Bretanha, não possui uma forte tradição geopolítica. Embora a geopolítica tenha sido um tema acadêmico presente nos anos de entreguerras,⁸ não havia uma literatura geopolítica propriamente dita entre as décadas de 1940 e 1990, quando a Estônia foi ocupada pela União Soviética. A Estônia não era um Estado soberano – assunto este tradicional na geopolítica –, e a própria geopolítica estava manchada por sua associação ao regime nazista. Entretanto, ao mesmo tempo, e talvez em parte por causa da ocupação soviética, as reivindicações geopolíticas sobre a "verdadeira" posição cultural da Estônia no Ocidente permaneceram centrais às narrativas populares sobre a identidade da Estônia.⁹ Essas reivindicações serviram de base intelectual para desafiar o domínio soviético. Em parte como resultado desse uso corrente e "não governamental/estatista", a geopolítica teve na Estônia um cunho de senso comum particularmente popular ao longo dos anos 1990; e, ainda hoje, não funciona em conjunto com a linguagem do interesse estatal. Ela evoca, antes, uma

||||||||||||
7 Ó Tuathail, *Critical Geopolitics: the Politics of Writing Global Space*, p.7.
8 Cf. Kant, *Eesti geopoliiitilisest ja geoökonoomilisest asendist, eriti Venemaa suhtes*; e Id., Baltoskandia: eriti Eesti majandusgeograafia, *Loeng*.
9 Berg e Oras, Writing Post-Soviet Estonia on to the World Map, *Political Geography*, v.19, n.5.

identidade cultural em que as fronteiras com as quais se preocupa não são as fronteiras dos Estados, mas as das culturas. Argumentarei, assim, que isso torna a geopolítica civilizacional mais, e não menos, eficaz. Ela cria um quadro de suposições diárias, até banais, que em geral permanecem em segundo plano, mas que podem, com grande rapidez, ser ativadas e operacionalizadas politicamente. Como o nacionalismo banal de Michael Billig, esse huntingtonismo banal funciona como um conjunto de hábitos ideológicos que permitem ações práticas enquanto permanecem analiticamente invisíveis.[10]

Em termos metodológicos, o capítulo se utiliza de discursos políticos públicos feitos na Estônia. Concentro-me, dessa forma, em argumentos que prevalecem nos principais debates públicos: argumentos avançados por jornais nacionais, por acadêmicos de destaque, bem como por funcionários eleitos e nomeados pertencentes ao alto escalão. Minha preocupação não é com todo o espectro das declarações geopolíticas – dos ultranacionalistas até os (raros) intelectuais dissidentes –, mas, sim, com aquelas afirmações que se tornaram senso comum, corriqueiras e banais.[11] Embora traga neste capítulo exemplos de discursos, análises acadêmicas e artigos de jornal, meu objeto de análise se esquiva do que é dito, preferindo focar no conjunto de suposições que permitem declarações específicas e as tornam legíveis e legítimas. O objetivo das muitas citações diretas usadas ao longo do capítulo não é revelar os pensamentos do orador – não posso inferir e não estou interessado em pensamentos particulares. As citações são usadas para ilustrar as suposições não dignas de nota que as sustentam. Mostro que a narrativa civilizacional da geopolítica não surgiu – ao contrário do que a citação de abertura do capítulo

||||||||||||
10 Billig, *Banal Nationalism*.
11 De acordo com meu foco no cotidiano e não no extraordinário, excluo o início dos anos 1990 da minha análise. Os debates políticos nesse período foram virulentamente antirrussos, em parte por causa da coalizão de direita que se encontrava à época no poder, e, por isso, tais debates não são representativos das reivindicações mais moderadas que dominaram a esfera pública desde meados da década de 1990.

nos aponta – naturalmente da alma dos estonianos. Pelo contrário, ela foi transformada em uma história do senso comum por meio de um controlado processo de repetição nos debates públicos.

Fronteiras culturais

A noção de que a Estônia é um "Ocidente [culturalmente] raptado" – para evocar a famosa caracterização de Kundera sobre a Europa Central – antecede o restabelecimento da independência do país em 1991.[12] Em toda a ocupação soviética, a Estônia e os outros Estados bálticos foram considerados, nos dois lados da Cortina de Ferro, "o Oeste soviético". Nas palavras de Peeter Vihalemm, importante filósofo e sociólogo, a Estônia esteve por quase cinquenta anos "incorporada ao mundo oriental, dentro do Império Soviético, influenciada pela cultura bizantina".[13] No entanto, esse argumento não foi articulado em termos de política externa, já que a Estônia não era um país independente que pudesse então buscar uma política exterior. Por consequência, os argumentos civilizacionais permaneceram no campo da cultura e da identidade, articulados pelas elites culturais e não pelos intelectuais da política governamental. Após a sua independência em 1991, o retorno à Europa e ao Ocidente tornou-se imediatamente o tema central do discurso político da Estônia. Esse retorno é amplamente concebido em termos culturais, como um processo impulsionado por uma identidade coletiva.[14] Como Marju Lauristin e Peeter Vihalemm apontam, o "desejo de ser aceita novamente pelo Ocidente e de ser reconhecida como parte integrante da cultura ocidental é uma força motriz mais substancial

---

12 Kundera, The Tragedy of Central Europe, *The New York Review of Books*.
13 Vihalemm, Changing National Spaces in the Baltic Area, in: Lauristin et al. (Orgs.), *Return to the Western World: Cultural and Political Perspectives on the Estonian Post--Communist Transition*.
14 Lauristin et al., op. cit.

no desenvolvimento [da Estônia] do que a mera motivação econômica ou política jamais poderia ser".[15]

O conceito de geopolítica desempenha um papel complicado na narrativa do "retorno ao Ocidente". Por um lado, a "geopolítica" é vista em termos da tradicional política de poder entre as grandes potências. As tragédias do século XX são atribuídas ao pensamento "geopolítico" e, nesse sentido, o retorno da Estônia ao Ocidente seria um meio de, afinal, pôr fim a esses jogos de poder. Seguindo, então, essa linha de raciocínio, a Estônia não estaria agindo geopoliticamente, mas, sim, escapando da geopolítica. Por outro lado, o retorno da Estônia à Europa é expresso em termos geopolíticos para conceder a esse movimento um ar de inevitabilidade. A geopolítica é bastante útil enquanto ferramenta retórica e conceitual, justamente por suas conotações de permanência, estabilidade e racionalidade. A geografia, como aponta Nicholas Spykman, "não discute, apenas é".

O retorno à narrativa do "Ocidente" é, em certa medida, necessariamente civilizacional, pois implica que a Estônia retorna à Europa a partir de um lugar que não é "ocidental". Porém, a intensidade de um tom civilizacional mais explícito variou ao longo do tempo. De fato, foi somente na segunda metade dos anos 1990 que esse tom se tornou dominante nos debates políticos, ainda que até meados daquela década a concepção da Estônia como uma porta de entrada entre a Europa e a Rússia tenha sido considerável. Vários intelectuais enfatizaram o potencial da Estônia de lucrar com esse tráfego vinculado à Rússia, tanto em virtude de sua localização e infraestrutura de transporte quanto do conhecimento dos estonianos sobre a Rússia.[16] Embora a adoção de uma neutralidade militar semelhante àquela realizada pela Finlândia ou pela Suécia nunca tenha sido uma

---

15 Ibid., p.29.
16 Eesti Tulevikuuringute Instituut, *Eesti Tulevikustsenaariumid*.

visão dominante na Estônia, ela era discutida como uma opção.[17] Em meados da década de 1990, os cenários prospectivos desenvolvidos por um grupo interdisciplinar de especialistas também enfatizaram esse aspecto da Estônia enquanto um país na passagem entre a Rússia e a Europa. Dos quatro cenários, rotulados como "Big Bang", "Finlândia do Sul", "Porta de Entrada" e "Cordão Sanitário"[18], apenas o último postulou uma exclusiva orientação ocidental. No entanto, esse cenário teve como premissa o agravamento das relações entre o Ocidente e a Rússia e nem sequer considera a identidade da Estônia. Nos círculos acadêmicos e humanistas, as noções de *Baltoscandia*, desenvolvidas no entreguerras, eram vistas como uma estrutura espacial útil para a Estônia. Esse conceito (*Baltoscandia*) postula que o local cultural apropriado para a Estônia é o espaço do Mar Báltico, juntamente com a Finlândia e a Suécia. *Baltoscandia* não é um conceito sobre a política das grandes potências; é, na verdade, um conceito que sintetiza fatores geoeconômicos, culturais e até ecológicos dentro de uma estrutura regional.

Nesse espaço conceitual relativamente fluido e de vertigem geopolítica do início e de meados dos anos 1990, em que a identidade e a localização geopolítica da Estônia estavam sendo repensadas e reescritas, a tese de Huntington ofereceu clareza. Lançada em um artigo da *Foreign Affairs* em 1993 e como um livro em 1996, a tese de Huntington forneceu uma inquestionável prescrição oriunda dos mais altos escalões da academia ocidental.[19] Ela pôs a esfera da identidade

---

17 Haab, Estonia, in: Mouritzen (Org.), *Bordering Russia: Theory and Prospects for Europe's Baltic Rim*; Vares, Estonia and Russia: Interethnic Relations and Regional Security, in: Knudsen (Org.), *Stability and Security in the Baltic Sea Region: Russian, Nordic and European Aspects*.
18 No original, "*Big Bang*", "*Southern Finland*", "*Gateway*" e "*Cordon Sanitaire*". (N. T.)
19 Ver Gusterson, The Seven Deadly Sins of Samuel Huntington, in: Besteman e Gusterson (Orgs.), *Why America's Top Pundits Are Wrong: Anthropologists Talk Back*, para uma crítica recente.

em termos científicos e, assim, a cristalizou em uma poderosa ferramenta para os argumentos geopolíticos.

A tese de Huntington ganhou destaque, sobretudo, após a publicação de um volume sobre as transformações pós-socialistas da Estônia, editado pelos cientistas sociais mais proeminentes do país. O livro, curiosamente intitulado *Return to the Western World*, conceitua tais transformações principalmente em termos de cultura e identidade. Recebeu uma favorável publicidade e estabeleceu a tese civilizacional de Huntington como um texto canônico na Estônia. Em 1999, o *The Clash of Civilizations and the Remaking of the World Order*, de Huntington, foi traduzido para o estoniano, e a sua tradução apresenta um prefácio escrito pelo ex-ministro das Relações Exteriores da Estônia, Toomas Hendrik Ilves. Nessa ocasião, Huntington visitou a Estônia e participou de uma conferência com o então primeiro-ministro da Estônia, Mart Laar, e Ilves. Nessa mesma toada, os principais jornais da Estônia forneceram ampla publicidade para sua tese. O *Sirp*, jornal semanal da elite intelectual do país, publicou a apresentação proferida por Huntington na supracitada conferência. O *Eesti Päevaleht*,[20] um dos dois principais jornais diários da Estônia, dedicou duas páginas completas ao argumento de Huntington. Isso incluía um mapa das civilizações e uma conversa entre Huntington e o ministro das Relações Exteriores, Ilves. Além disso, a parte dos comentários foi fornecida por Märt Kivine, assessor de Ilves.

Na virada da década, a tese civilizacional havia se tornado então um postulado aceito nos círculos acadêmicos e políticos. Ela foi considerada tanto como parte de um senso comum (e, desse modo, autoevidente) quanto como algo rigorosamente científico.[21] Marika Kirch, uma proeminente socióloga, discute o choque de civilizações

---

20 Eesti Päevaleht, disponível em: <www.epl.ee>, acesso em: 16 jan. 2001.
21 Saar, Tsivilisatsioonide kokkupõrke teooria retseptsioonist Eestis, *Akadeemia*, v.10, n.7.

enquanto um fenômeno claramente visível a olhos nus (embora já em 1994):

> Caso alguém suponha, com hesitação, que a fronteira civilizacional entre a Estônia e a Rússia é anacrônica ou insignificante, basta ficar na ponte sobre o Rio Narva [...] e testemunhar cuidadosamente o "explícito confronto civilizacional" entre duas culturas: no lado estoniano, há uma histórica fortaleza construída pelos suecos, dinamarqueses e alemães, conforme as tradições culturais da Europa Ocidental; do outro lado [em Ivangorod], uma primitiva fortaleza, expoente das tradições culturais eslavo-ortodoxas.[22]

Reconhecendo que Huntington é menos popular no Ocidente do que na Estônia, Kirch enfatiza o caráter de senso comum da tese civilizacional (dez anos depois, em 2003).

> Em Harvard, é compreensível que Huntington seja considerado um pouco estranho, porque na sociedade multicultural norte-americana sua tese parece pouco convincente. No contexto estoniano, o oposto é verdadeiro. O restabelecimento da independência da Estônia destacou ainda mais a existência e o significado de uma fronteira civilizacional na linha Narva-Piirissaare [no Leste da Estônia].[23]

No final dos anos 1990, o huntingtonismo – para utilizar um termo de Timothy Garton Ash[24] – tornou-se quase inquestionável na Estônia. Para além de argumentos explicitamente geopolíticos, questões políticas eram discutidas de forma rotineira em termos

---

22 Kirch, *Changing Identities in Estonia: Sociological Facts and Commentaries*, p.12.
23 Id., Eesti Identiteet ja Euroopa liit, in: Tamm e Väljataga (Orgs.), *Mõtteline Euroopa: valik esseid Euroopa Liidust*, p.156.
24 Garton Ash, Germany's Choice, *Foreign Affairs*, v.73.

geopolíticos, como uma escolha entre o Ocidente e a Rússia.²⁵ Ao conclamar, por exemplo, os eleitores a apoiarem as forças políticas de centro-direita nas eleições gerais de 1999, o presidente da Estônia, Lennart Meri, afirmou que as opções do país eram tão claras quanto "uma equação matemática". "De um lado a Europa, do outro a Rússia", ainda nas palavras do então presidente. "Estamos na fronteira e, portanto, apenas um pequeno empurrão é necessário para nos fazer cair de um lado ou nos alçar para o outro."²⁶ A declaração pró-União Europeia no início deste capítulo, a qual menciona Huntington, aponta o quanto o seu nome possuía reconhecimento popular. No início dos anos 2000, sua tese foi ensinada como parte do currículo de história do ensino médio, e o lugar descrito por Kirch – a vista do Rio Narva com fortalezas em ambas as margens – é usada como ilustração dessa linha civilizacional.²⁷ Hvostov, um proeminente colunista, observa com propriedade que o choque de civilizações não é efetivamente discutido na Estônia. "Hoje em dia", ele afirma, "o tema em voga é sobre como sair desse choque entre duas civilizações."²⁸

Uma nuance importante em toda essa história é que a popularidade de Huntington na Estônia dos anos 1990 (e também depois desse período) foi criada por intelectuais políticos locais. Sua tese não seria tão influente na Estônia (e na Europa Central em geral) se não fosse promovida ativamente por indivíduos influentes da região. Em contrapartida, ser citado nessas interpretações sobre as supostas falhas civilizacionais elevou bastante o perfil da tese

---

25 Ver Katus, Rahvastiku areng, in: Oja (Org.), *Eesti 21: sajandil: arengustrateegiad, visioonid, valikud.*
26 Feldman, European Integration and the Discourse of National Identity in Estonia, *National Identities*, v.3, n.1.
27 Berg, Local Resistance, National Identity and Global Swings in Post-Soviet Estonia, *Europe-Asia Studies*, v.54, n.1.
28 Hvostov, Soometumise saladus, *EPL*, disponível em: <www.epl.ee>, acesso em: 19 jan. 2000. Ele está entre as vozes mais críticas em análises sobre a política externa da Estônia e, ainda assim, também apoia explicitamente a teoria de Huntington.

de Huntington no próprio Ocidente. Nesse sentido, é justamente a observação feita por Havel, de que "os conflitos culturais estão aumentando e são mais perigosos hoje do que em qualquer outro momento da história", que Huntington cita para consubstanciar suas afirmações.[29] Huntington situa explicitamente seu argumento no contexto das proclamações europeias. Ele afirma que a tese civilizacional oferece a resposta para as questões sobre as fronteiras europeias, resposta esta que vários intelectuais e líderes políticos europeus apoiaram às claras.[30] Por outro lado, os argumentos da Estônia (e, mais amplamente, da Europa Central) sobre fronteiras civilizacionais foram grandemente fortalecidos e legitimados devido à posição de Huntington no centro do *establishment* da segurança ocidental. Huntington ofereceu um arcabouço com explicações fáceis para os intelectuais de política externa da Estônia: eles não precisavam mais convencer seus colegas ocidentais sobre a existência de conflitos civilizacionais; poderiam simplesmente se referir a Huntington.[31] No Ocidente, argumentos sobre o medo "natural" da Europa Central em relação à Rússia é, muitas vezes, aceito como autêntico, em parte porque políticos, intelectuais, jornalistas e pesquisadores dessa região apresentam tal argumento ao Ocidente de forma repetitiva. Para captar a proeminência do conceito do choque de civilizações na Europa Central, é necessário considerar sua influência nos círculos governamentais, acadêmicos e de inteligência do Ocidente, *assim como* o seu desenvolvimento nos altos escalões na Europa Central. É por meio dessa influência combinada e dessa legitimidade mutuamente emprestada entre os intelectuais de governo ocidentais e locais que a noção do choque de civilizações alcançou proporções míticas na Estônia do pós-Guerra Fria.

||||||||||||

29 Huntington, *The Clash of Civilizations and the Remaking of the World Order*, p.160.
30 Ibid., p.158.
31 Ver Kuus, *Geopolitics Reframed: Security and Identity in Europe's Eastern Enlargement*, cap.6.

Ameaças culturais

Dentro da narrativa civilizacional, diferenças culturais são tanto irredutíveis quanto inerentemente ameaçadoras. Segundo Huntington,[32] "é humano odiar", e o ódio ocorre cada vez mais ao longo de linhas culturais. Em suas palavras: "Nos conflitos ideológicos e de classe, a questão principal foi 'de que lado você está?', e as pessoas podiam escolher e de fato escolheram lados e também mudaram de lado. Em conflitos entre civilizações, a pergunta é 'o que você é?'. Isso é um dado que não pode ser alterado".[33] O que é ameaçador nessa estrutura não é a ação, mas a identidade. A ameaça emana não do que as pessoas fazem, mas de quem elas são.

Na Estônia, então, a narrativa civilizacional articula não apenas o que a Estônia é, mas também o que ela não é. Assim como a localiza inequivocamente no Ocidente, também a define como fundamentalmente diferente da Rússia, diferente do "outro" lado dessa suposta falha civilizacional. Essa narrativa funciona não apenas para reafirmar a identidade ocidental da Estônia, mas também para negar qualquer possibilidade de ambiguidade ou hibridismo. Sobre a Estônia, Rein Ruutsoo, um importante acadêmico e intelectual, enfatizou em sua introdução à edição especial do *Nationalities Papers*, de 1995, que, apesar de sua localização fronteiriça, o país não está em "uma fronteira no significado clássico do termo". Isso ocorre por "pertencer, histórica e integralmente, à esfera da chamada civilização alemão-luterana".[34] A Estônia é apresentada como um país "puramente" ocidental, sem características nativamente "orientais". A ambiguidade é, então, exorcizada. Como o presidente Lennart

---

32 Huntington, op. cit., p.130.
33 Id., The Clash of Civilizations?, *Foreign Affairs*, v.72, n.3, p.25.
34 Ruutsoo, Introduction: Estonia on the Border of Two Civilizations, *Nationalities Papers*, v.23, n.1, p.13-5.

Meri postulou em seu discurso no Dia da Independência em 1994: "Nossa fronteira é a fronteira dos valores europeus".[35]

Além disso, a narrativa civilizacional enquadra o diferente – qualquer característica "ortodoxa", "bizantina", "russa", "oriental" ou "asiática" – como ameaçador. Assim, as diferenças culturais entre a Estônia e a Rússia se tornam um problema de segurança. Em particular no início dos anos 1990, a segurança constituiu a metanarrativa dos debates políticos.[36] Jüri Luik, ministro das Relações Exteriores da Estônia na época, disse em 1994 que:

> Nós nos encontramos na linha de frente [...] da crescente crise no Leste. Ao mesmo tempo, estamos na fronteira do pensamento democrático e de livre mercado predominante entre os nossos vizinhos mais próximos, com os quais compartilhamos o mesmo litoral. Alguns caracterizariam nossa posição como entre o diabo e o profundo mar azul.[37]

A Rússia está presente nessas reivindicações, não em virtude das políticas do Estado russo, mas pela identidade e pela cultura russa – pelas características em si do que é ser russo. Esse traço é tratado como essencialmente imutável: ou seja, como uma potência que pode fingir um certo ocidentalismo e até mesmo enganar os ocidentais, mas à qual os valores ocidentais são, em última análise, estranhos. Rein Taagepera, um respeitado e conhecido acadêmico, contrasta

---

35 Lagerspetz, Postsocialism as a Return: Notes on a Discursive Strategy, *East European Politics and Societies*, v.13, n.2, p.19. Na narrativa dominante da identidade estoniana, é a nação étnica, em vez de simplesmente o Estado, o alvo principal dos argumentos geopolíticos. O Estado estoniano novamente independente retira sua legitimidade da nação estoniana, que antecede o próprio Estado e que continuou existindo durante a ocupação soviética. A tese civilizacional de Huntington permite argumentar não com base nas fronteiras políticas contemporâneas, mas evocando fronteiras culturais supostamente muito mais antigas.

36 Ruutsoo, Discursive Conflict and Estonian Post-Communist Nation-Building, in: Lauristin e Heidmets (Orgs.), *The Challenge of the Russian Minority: Emerging Multicultural Democracy in Estonia*, p.38.

37 Smith, *Estonia: Independence and European Integration*, p.147.

explicitamente as características europeias da Estônia com a maneira não europeia da Rússia: "Sempre que a Rússia ou a Sérvia consideram adotar caminhos ocidentais, devem abandonar partes de si mesmas. Por outro lado, quando a Estônia ou seus vizinhos do Báltico (Letônia e Lituânia) adotam caminhos ocidentais, eles só precisam recuperar partes de si mesmos".[38] Enn Soosaar, um proeminente colunista, simplesmente afirmou, em 2003, que: "A Rússia é a Rússia e ponto".[39] Comentaristas de política externa, com frequência, advertem contra a "emotividade" (*heldida*) nas relações com a Rússia, uma vez que "políticos ou analistas [russos] aparentemente inteligentes e democráticos podem, de modo inesperado, expressar posições estranhamente oriundas de pensamentos antiquados".[40] "Portanto, as políticas da Estônia devem basear-se em um entendimento claro de que a ameaça russa não é uma questão de discurso diplomático, mas, sim, um fato verídico em um mundo cruel."[41] Mesmo após a adesão da Estônia à UE e à Otan, políticos e comentaristas estonianos argumentaram que o país deveria tentar "corrigir" a política da UE em relação à Rússia, de modo a torná-la mais "realista" e com base em uma melhor compreensão sobre as tendências russas.

Nesse quadro que apresenta a Rússia enquanto uma ameaça onipresente, as associações à UE e, especialmente, à Otan são vistas como as únicas garantias de segurança da Estônia contra a ameaça russa. Durante todo o processo de adesão à UE, os comentaristas pró-UE argumentaram que os aspectos indesejáveis da participação na União Europeia, como o processo burocrático de tomada de decisões e a perda da soberania nacional, deveriam ser deixados de lado

---

38 Taagepera, Europa into Estonia, Estonia into Europa, *Global Estonian*.
39 Soosaar, Venemaa on Venemaaa on Venemaa, *Eesti Ekspress*. No original, "*Russia is Russia is Russia*".
40 Kaldre, Milline kolmas tee?, *Postimees*. Os numerosos artigos escritos por Marko Mihkelson e Mart Helme, ambos proeminentes comentadores sobre o assunto, oferecem exemplos similares.
41 Gräzin, Julgeolek ja elujaamine koigepealt, *Postimees*.

diante da ameaça russa. A afirmação com a qual iniciamos este capítulo põe o seguinte: "Se os estonianos querem ser dignos de sua história, temos de acreditar e dizer com tanta firmeza quanto Martin Luther: nós estamos deste lado da fronteira da Europa e não podemos estar em nenhum outro lugar diferente".[42] A adesão à Otan é, seguindo o supracitado argumento, mais desejável do que a adesão à UE, na medida em que ela oferece o principal motivo da Estônia para a integração – ou seja, segurança – sem impor restrições à soberania estoniana.[43] Como a Rússia é construída como uma ameaça não apenas à Estônia, mas também a toda a Europa, a Estônia é apresentada tanto como a guardiã de sua própria identidade e segurança, como da identidade e segurança europeia.[44]

A figura da ameaça russa não é, entretanto, monolítica. Nos anos 1990, ela mudou consideravelmente conforme o objeto de segurança nacional foi sendo reformulado, passando de uma leitura exclusiva, em termos do confronto com a Rússia, para uma ótica inclusiva, a partir do alinhamento com o Ocidente. Declarações sobre uma imediata ameaça militar russa, base da retórica governamental do início até meados da década de 1990 – quando as tropas russas ainda estavam estacionadas em território estoniano –, praticamente desapareceram dos principais debates políticos no final desse período. A partir dali, a Estônia não seria "empurrada" para o Ocidente devido a uma ameaça de invasão, mas estaria sendo atraída pelo compartilhamento de valores comuns. O ministro das Relações Exteriores declarou, em uma comissão do Parlamento Europeu em 1997, que "a Estônia não quer se juntar à Otan da Guerra Fria. Tanto em termos de localização quanto na conformação de seu espírito, a Estônia

---

42 Luik et al., Eestlaseks jääda saab vaid eurooplasena, *Postimees*.
43 Ver Kuus, *Geopolitics Reframed: Security and Identity in Europe's Eastern Enlargement*, para uma discussão mais aprofundada.
44 Luik, conferência final sobre um pacto de estabilidade na Europa, Ministério das Relações Exteriores, disponível em: <www.vm.ee/eng/pressreleases/speeches/1995/9503221sp.html>, acesso em: 5 maio 1999.

faz parte da nova Europa e nós nos sentimos no direito de participar de forma construtiva na formação do novo arranjo de defesa europeu".[45] A busca da Estônia pela sua participação na Otan também não é apresentada por meio de uma lógica militar, mas, sim, cultural. Nas palavras do (ex-)ministro das Relações Exteriores Ilves, a participação na Otan codificaria "valores comuns – paz, liberdade, democracia e bem-estar – que a Estônia preza acima de tudo".[46] Enquanto a Política de Defesa Nacional afirmou, em 1996, que as principais fontes de ameaça à Estônia são as "ambições imperiais agressivas e [a] instabilidade política e/ou militar", Ilves, um ano depois, enfatizou que "a Estônia não identifica nenhuma ameaça específica à segurança regional". De fato, o Conceito de Segurança Nacional, de 2000, aponta que a Estônia não verificou nenhuma ameaça militar contra si vinda de outro Estado. O documento articula as preocupações de segurança da Estônia em termos de riscos, não de ameaças, listando "possíveis instabilidades e desdobramentos políticos incontroláveis na arena internacional, e também crises internacionais" como os principais riscos de segurança para a Estônia.[47] No que diz respeito às relações entre a Estônia e a Rússia, os funcionários do governo apontam uma constante melhoria.

A retórica de segurança do governo mudou tanto a ponto de gerar um receio na população de que o governo estava simplesmente imitando os países ocidentais e negligenciando as inseguranças existenciais da Estônia. Nos debates parlamentares sobre o Conceito de Segurança Nacional, no início dos anos 2000, vários membros do

---

45 Ilves, *Eesti Tulevikustsenaariumid*. Essa concepção cultural da segurança corresponde à reconceitualização da Otan em termos culturais e civilizacionais. Ver Williams e Neumann, From Alliance to Security Community: NATO, Russia, and the Power of Identity, *Millennium: Journal of International Studies*, v.29, n.2; e Kuus, Cosmopolitan Militarism? Spaces of NATO Expansion, *Environment and Planning A*, v.41.
46 Ilves, Address to Riigikogu, disponível em: <www.vm.ee/eng/pressreleases/speeches/1996/9612min.html>, acesso em: 2 jun. 1999.
47 Estônia, Ministério das Relações Exteriores, *National Security Concept of the Republic of Estonia*.

Parlamento, tanto da situação quanto da oposição, pressionaram o ministro das Relações Exteriores, Ilves, sobre a existência de uma definição vaga e "branda" em segurança. Contudo, tanto o Conceito quanto o Ministério receberam elogios por ter realizado um excelente trabalho na produção de um documento que agradava ao Ocidente. Em 2003, o Conceito de Segurança Nacional foi novamente revisado, e a noção de uma defesa territorial baseada na mobilização militar, retirada (em favor de uma força armada menor e mais flexível). A mudança provocou críticas de vários especialistas em defesa e resultou em um debate mais amplo e, às vezes, difícil sobre se a política de segurança da Estônia estaria considerando de forma adequada a instável situação geopolítica do país.[48] Questionava-se, portanto, se a Estônia poderia ou não se afastar do conceito de defesa territorial. Segundo a posição oficial do governo, dada a ausência de uma ameaça direta, e devido às obrigações dos membros da Otan perante a segurança do bloco, a defesa territorial não era mais um elemento prioritário. Os contra-argumentos, por sua vez, ressaltavam que, em vista de seu "vizinho imprevisível", a Estônia deveria manter o princípio da defesa territorial.

Esses exemplos ilustram como a questão da segurança foi articulada não por meio de imagens de um exército invasor, mas via noções mais opacas, como a existência de uma "zona cinzenta", de um "vizinho imprevisível" ou a importância da "geopolítica". No entanto, isso não dissolveu nem atenuou a figura da ameaça. Enquanto as referências a uma ameaça militar diminuíram durante a segunda metade da década de 1990, as referências à "segurança" aumentaram no mesmo

---

48 A Otan recomendou que a Estônia desenvolvesse Forças Armadas mais móveis e profissionais. Na Estônia, tal recomendação foi encarada como pressão para abandonar o princípio da defesa total. Para o presente argumento, o ponto aqui é que a defesa territorial é extremamente importante na Estônia, apesar da ênfase retórica na possível inexistência de uma ameaça externa. Esse fator aponta a ambivalência sobre o que é segurança e como ela deve ser alcançada.

período.[49] Em paralelo a essa atenuação da retórica de segurança, o propósito de aderir à Otan ficou mais arraigado nos debates políticos. De meados ao final daquela década, essa neutralidade passou a ser encarada como uma perigosa política, a qual tornaria esses países mais vulneráveis (possivelmente a uma agressão).[50] O elemento central dos argumentos pró-UE advogava que "um não à UE é um sim para a Rússia". Nas palavras de Jüri Luik, um político proeminente e embaixador da Estônia em Washington na época, afirmou: "Se rejeitarmos a UE, iremos paulatinamente, mas com certeza, em direção à Rússia".[51]

A existência da categoria "ameaça estrangeira" não perdeu, portanto, sua utilidade política. O próprio primeiro-ministro, Siim Kallas, antes do referendo sobre a adesão à UE, usou a ideia de ameaça estrangeira como principal argumento. Se o referendo fracassasse, afirmou Kallas,[52] a Estônia se posicionaria "perigosamente perto" da Rússia com seu discernível "desejo de restaurar o império da era Stálin". Mais tarde, ainda naquele ano, o ministro da Justiça, Ken-Marti Vaher, enfatizou que "a tão temida ameaça do Oriente não desapareceu".[53] Assim, a justificativa para respaldar a ação norte-americana no Iraque, ação esta não apoiada por mais da metade da população, foi a existência da ameaça russa. O primeiro-ministro, Kallas, insinuou a presença do espectro de "Stálin Junior" chegando

---

49 Noreen, Verbal Politics of Estonian Policy-Makers: Reframing Security and Identity, in: Eriksson (Org.), *Threat Politics: New Perspectives on Security, Risk and Crisis Management*.
50 Haab, op. cit., p.118. Haab aponta isso no contexto de todos os Estados bálticos. Tais mudanças não são endógenas à Estônia. Em meados dos anos 1990, o governo Clinton também começou a defender a adesão do Báltico à Otan. A questão importante neste capítulo não é o que "causou" as buscas pela adesão à Otan, mas como essas ações são justificadas e legitimadas em debates públicos.
51 City Paper, EU Referendum News, disponível em: <www.balticsww.com/EU:BalticsSayYes.html>, acesso em: 18 dez. 2003.
52 Kallas, Peame motlema 85 aastat ette!, *Postimees*, disponível em: <www.postimees.ee>, acesso em: 16 mar. 2003.
53 Eesti Päevaleht, 2003.

ao poder na Rússia e implicou que a oposição à guerra do Iraque era semelhante a "curvar-se" perante a Rússia ou a União Soviética.[54] Mart Helme, ex-embaixador na Rússia e um reconhecido comentarista para assuntos externos na época, sustentava que a Estônia deveria apoiar os Estados Unidos porque os "exaltadamente patrióticos norte-americanos" oferecem à Estônia melhor proteção do que os "burocratas [europeus] cheios de uma esperteza *à la* Bruxelas".[55]

Ainda assim, podemos nos questionar: esses exemplos ilustram apenas visões vindas da elite ou evidenciam um clima popular mais amplo? Sim e não, seria a resposta. Pesquisas de opinião apontam que a maioria dos estonianos étnicos considera a Rússia uma potencial ameaça à Estônia, e cerca da metade compartilha dessa perspectiva no que tange aos falantes de russo na Estônia. Ao mesmo tempo, a maioria dos estonianos não considera que o país esteja sob uma ameaça iminente, e muitos acolhem o que Anatol Lieven[56] chama (no contexto da Letônia) de "atitude flexível" em relação aos falantes de russo. A russofobia foi criticada nos jornais nacionais do país tanto por estonianos quanto por não estonianos; além disso, há um pequeno movimento de contracultura que zomba da retórica russofóbica oficial: por exemplo, as seções de humor do semanário *Eesti Ekspress*.[57] Além disso, os círculos empresariais têm sido, nos bastidores, bastante ativos para melhorar as relações bilaterais com a Rússia. Tal fato não surpreende, considerando que cerca de 10% do PIB da Estônia estava relacionado ao trânsito de bens via Rússia (no

---

54 Kallas, Kelle poolt on Eesti?, *Postimees*, disponível em: <www.postmees.ee>, acesso em: 16 mar. 2003.
55 Helme, Eesti teevalik Euroopa ja USA veskikivide vahel, *Eesti Paevaleht*, disponível em: <www.epl.ee>, acesso em: 12 out. 2002.
56 Lieven, *The Baltic Revolution: Estonia, Latvia and Lithuania and the Path to Independence*.
57 Por exemplo, Eesti Ekspress, Eestimaa aastal 2050: õnnelik riik, disponível em: <www.ekspress.ee>, acesso em: 19 nov. 2000.

início dos anos 2000).⁵⁸ Como um empresário anônimo disse ao criticar a atitude inflexível da Estônia nas relações com a Rússia: "Se alguém quer uma perna forte, não precisa cortar a outra para conseguir isso".⁵⁹ As improdutivas relações com a Rússia foram uma das críticas mais consistentes em relação ao ministro das Relações Exteriores, Ilves. Quando Kristiina Ojuland, do pró-mercado Partido Reformista, se tornou ministra das Relações Exteriores no início de 2003, houve consideráveis conversas sobre relações mais positivas com a Rússia. Ainda assim, a mudança para uma política externa "revisitada" em relação à Rússia é altamente controversa. Ojuland foi descrita como ingênua e inconsistente, e sua política externa, acusada de carecer de vigor e energia.

Esses apelos por uma política mais flexível perante a Rússia não resultaram em nenhum questionamento mais consistente quanto ao enquadramento civilizacional das políticas públicas na Estônia. A esfera pública – incluindo a mídia nacional, os escritos acadêmicos e as proclamações políticas públicas – é dominada por argumentos *à la* Huntington. Existem críticas a determinadas declarações ou a políticas específicas, mas não às concepções preestabelecidas nas quais essas declarações e ações se apoiam. A ameaça nem sempre está presente, mas ela está, a todo momento, disponível para ser acionada, principalmente por não existir iniciativas públicas que desafiem a sua veracidade. Tiit Vähi, que serviu como primeiro-ministro duas vezes na década de 1990, comentou em 2001 que a ameaça russa é uma importante fonte de progresso na Estônia e que justamente esse medo levaria o país à adesão à UE, "embora haja melhores razões para ingressar na *eurounion* do que o medo".⁶⁰ Jaan Kaplinski, um ilustre poeta e intelectual público, esteve praticamente

---

58 Neivelt, Unustatud Venemaa, *EPL*, disponível em: <www.epl.ee/artikkel. php?ID=219467&P=1>, acesso em: 13 nov. 2002.
59 Bronstein, Idapoliiitika on tundeline teema, *Postimees*.
60 Vähi, Kaks suur hirmu, mis viivad Eesti elu edasi, *Eesti Paevaleht*.

sozinho em suas reflexões críticas sobre os discursos de segurança e identidade da Estônia. Ele afirmou, em 1998, que o debate político do país tornou-se uma "monomania", em que toda política é reduzida a questões de segurança – definida em termos culturais – e toda segurança é reduzida à entrada da Estônia na UE e na Otan. Nessa "monomania", a cultura tornou-se "um slogan para a política de segurança" e "a ignição a puxar o motor [da Estônia] em direção à UE e à Otan".[61] Kaplinski observa ainda que, há 5 mil anos, "não havia estonianos, eslavos ou espírito europeu. Não havia cristianismo ou fé ortodoxa, alfabeto latino ou cirílico ou ilegalidade russa".[62] A reação do público ao ceticismo de Kaplinski sobre a abordagem civilizacional da política estoniana foi majoritariamente negativa. Mihkel Mutt, um importante escritor, evoca explicitamente a geopolítica ao apontar que artigos como os de Kaplinski levam o debate público a uma zona cinzenta.[63]

Etnicidade civilizacional?

Definir segurança em termos de identidade estabelece indivíduos como portadores da geopolítica. Dentro dessa definição, o ocidentalismo da Estônia é determinado pela identidade e pelo comportamento individual de estonianos (étnicos). Laurstin e Vihalemm, por exemplo, usam o individualismo como um indicador do grau de "ocidentalidade" dos estonianos étnicos.[64] Entre os estonianos étnicos,

||||||||||
61 Kaplinski, Kultuur ja kuldpuur, *Sõnumileht*, disponível em: <www.sl.ee>, acesso em: 3 jan. 1999.
62 Id., Euroopa piir ja piirivalvurid, *Eesti Ekspress*, disponível em: <www.ekspress.ee>, acesso em: 19 dez. 2003.
63 Mutt, Repliik: kaks rumalat pörsakest väntavad filme, *Sirp*.
64 Eles comparam as atitudes e padrões de comportamento dos suecos, estonianos e russos que vivem na Estônia. Por meio desses critérios, apontam que os estonianos são menos "ocidentais" do que os suecos.

eles argumentam, é difícil encontrar características não ocidentais.⁶⁵ Entre os russos, no entanto, tais traços ocidentais não são tão fortes. A narrativa civilizacional, portanto, opera também em outras escalas diferentes daquelas vinculadas ao Estado e à nação. Ela leva a geopolítica ao nível dos indivíduos e penetra os debates políticos também a partir de uma série de questões domésticas, incluindo imigração, cidadania, direitos das minorias e educação. Kaido Jaanson,⁶⁶ um reconhecido acadêmico, enfatiza, em sua apresentação ao Conselho Acadêmico do presidente, que seria um absurdo definir segurança nacional em termos de relações entre Estados sem considerar a demografia e a educação.

Os efeitos domésticos dessa narrativa civilizacional são discerníveis principalmente nas discussões sobre os direitos e sobre a cidadania das minorias.⁶⁷ Cerca de um terço da população da Estônia não é etnicamente estoniana; é, sobretudo, formada por russos, ucranianos e bielo-russos. Na linguagem cotidiana, são comumente rotulados como não estonianos ou como falantes de russo, pois a maioria adotou o russo como primeira língua. Dentro de uma estrutura de segurança baseada na identidade, eles são portadores de uma cultura

---

65 Vihalemm e Lauristin, Cultural Adjustment to the Changing Societal Environment: the Case of Russians in Estonia, in: Lauristin et al. (Orgs.), *Return to the Western World: Cultural and Political Perspectives on the Estonian Post-Communist Transition.*
66 Jaanson, EL ja Eesti rahvuslik identiteet, Prof. Kaido Jaansoni peaettekande teesid akadeemilisel nõukogul.
67 A situação da população de língua russa na Estônia (assim como na Letônia) recebeu extensa cobertura da mídia e atenção acadêmica. Para visões gerais e mais abrangentes sobre a situação dos direitos das minorias na Estônia dos anos 1990, ver Feldman, Culture, State, and Security in Europe: the Case of Citizenship and Integration Policy in Estonia, *American Ethnologist*, v.32, n.4; Jurado, Complying with European Standards of Minority Rights Education: Estonia's Relations with the European Union OSCE and Council of Europe, *Journal of Baltic Studies*, v.34, n.3; e Kolstø, *National Integration and Violent Conflict in post-Soviet Societies*. Em termos legais, a maioria dos falantes de russo não fazia parte da categoria de "minoria nacional", já que não eram considerados cidadãos estonianos. Utilizo o termo minoria porque os falantes de russo constituem *de facto* uma minoria étnica na Estônia.

não ocidental que, inevitavelmente, enfraquece o caráter europeu e ocidental da Estônia.

As fronteiras desse suposto conflito civilizacional não estão apenas entre a Estônia e a Rússia, mas se apresentam também dentro da própria Estônia, entre as populações de língua estoniana e russa do país. Sobre a identidade estoniana, Jaanson[68] argumenta que a era soviética deixou na Estônia "uma comunidade cujos membros se originam de uma civilização ou até mesmo de civilizações estrangeiras. Nesse sentido, a Estônia se tornou mais distante da civilização europeia do que em qualquer outro período desde o século XIII". Jüri Saar, professor de psicologia da Academia de Defesa do Estado, vincula diretamente essa presença russa à ideia de ameaça, afirmando que:

> o conflito civilizacional existe como uma realidade para todas essas pessoas que ainda precisam se adaptar a novos valores e normas. Penso que seria extremamente raso e simplista falar da Estônia como um território com dois povos que falam línguas diferentes, mas cujos antecedentes civilizacionais são tanto irrelevantes como impossíveis de distinguir.[69]

Comportamentos individuais considerados não suficientemente ocidentais acabam se tornando potencialmente ameaçadores. Em especial no início dos anos 1990, a população não estoniana da Estônia era, muitas vezes, representada como uma "quinta-coluna", ou seja, um grupo que a Rússia poderia usar para desestabilizar o país.[70] Em seu "relatório intermediário" sobre o retorno da Estônia

---

68 Jaanson, Eestlase identititeet 20: Sajandil, in: Tamm e Väljataga (Orgs.), *Mötteline Euroopa: valik esseid Euroopa Liidust*, p.134.
69 Saar, Tsivilisatsioonide kokkupõrke teooria retseptsioonist Eestis, *Akadeemia*, v.10, n.7.
70 Raudsepp, Rahvusküsimus ajakirjanduse peeglis, in: Heidmets (Org.), *Relations between Turkey and the European Union*, p.113-34, disponível em: <www.mfa.gov.tr/grupa/ad/adab/relations.html>, acesso em: 26 mar. 2001.

ao Ocidente a partir de 1997, Enn Soosaar,[71] um importante intelectual, escreve que:

> Não devemos esquecer que existem hoje, na Estônia, indivíduos e grupos de interesse que apoiariam a integração do país com o Oriente, e mesmo que tais grupos e indivíduos sejam uma clara minoria, eles podem se tornar operantes (possivelmente em razão de uma influência externa). Eles não precisam realizar tal apoio de modo explícito. Basta, por exemplo, se apresentarem como aqueles que procuram por uma "terceira via". Se a integração da Estônia com o Ocidente for prejudicada, seremos dragados, mais cedo ou mais tarde, [...] para a CEI ou outra associação similar.

A integração étnica torna-se, assim, uma ameaça em potencial à Estônia, já que ela aumentaria o papel de indivíduos pró-Rússia na sociedade estoniana. A metáfora da "quinta-coluna" surge facilmente sempre que as opiniões dos falantes de russo diferem das opiniões dos estonianos – em questões como a adesão à Otan ou a ação da Otan no Kosovo em 1999. Essas diferenças são explicadas não em termos de opinião política, mas, sim, de identidade cultural.[72] A análise de Klara Hallik sobre as plataformas partidárias da década de 1990 na Estônia mostra forte orientação para uma autodefesa étnica entre todos os partidos da Estônia. A presença de falantes de russo é vista na Estônia como uma ameaça existencial para a nação.

---

71 Soosaar, Eesti tee Euroopasse: vahekokkuvõte 1997, in: Tamm e Väljataga (Orgs.), *Mõtteline Euroopa: valik esseid Euroopa Liidust*, p.37.

72 Haab (Estonia, in: Mouritzen [Org.], *Bordering Russia: Theory and Prospects for Europe's Baltic Rim*) destaca que, em 1995, o Ministério da Defesa elaborou um plano para estabelecer um serviço alternativo aos residentes permanentes considerados como não cidadãos estonianos – a maioria deles falantes de russo – para treiná--los para operações de resgate e fornecer-lhes cursos para aprender a língua estoniana. A proposta foi paralisada no Parlamento, pois vários parlamentares acreditaram que tal iniciativa poderia, potencialmente, contribuir para a formação de uma "quinta--coluna" com expertise e treinamento. Ver também Taagepera, Endise tsiviilgarnisoni integratsioon, *Postimees*, disponível em: <www.postimees.ee/leht/98/09/21/arvamus.htm>, acesso em: 21 mar. 2000.

Evocando Huntington, Mart Nutt, parlamentar e um dos principais autores da legislação para cidadãos e estrangeiros da Estônia, chama de "fato inexorável" que um russo considere um sérvio como irmão, mas julgue sempre um estoniano como um estrangeiro. "O sangue é mais espesso que a água", continua Nutt, "e isso vale também para os russos que, segundo alguns sociólogos, foram integrados."[73]

Nesse quadro apresentado ao longo do capítulo, a etnia e a identidade étnica tornam-se parte integrante da política de segurança. O documento "Integração da sociedade da Estônia 2000-2007", principal arcabouço para uma política pública de integração étnica, de fato parte da premissa de que existem duas sociedades distintas na Estônia – a estoniana e a não estoniana – e que isso "pode se tornar perigoso tanto do ponto de vista social quanto em relação à política de segurança".[74] Nesse sentido, a questão principal não está vinculada à política do Estado russo, mas a uma dada identidade de indivíduos russos.[75] Da mesma forma que nas relações interestatais, a narrativa civilizacional apresenta uma imagem com identidades imutáveis que existem há mil anos "e sempre existirão", para citar a carta dos intelectuais estonianos apresentada no início deste capítulo.

|||||||||||

73 Nutt, Tsivilisatsioonide kokkupõrge?, *Eesti Paevaleht*, disponível em: <www.epl.ee>, acesso em: 14 jan. 2000.
74 Estônia, Ministério de Relações Étnicas, *State Programme Integration in Estonian Society 2000-2007*, p.17.
75 As referências ao sangue remontam a concepções biológicas da identidade. Kiin, uma proeminente jornalista e secretária de imprensa do grupo Pro Patria no Parlamento, afirma que os estonianos são europeus, entre outras justificativas, porque alemães tiveram filhos com mulheres estonianas por séculos (Kiin, Eesti-pildist maailmas, *Eesti Ekspress*). Como espelho desse argumento, outro importante político estoniano postulou, em 1989, que, pelo fato de as mulheres russas terem sido, por séculos, estupradas por homens mongóis, o povo russo era indomável e selvagem e, além disso, tendiam a se espalhar por todo território que encontrassem (Neumann, *Uses of the Other: the "East" in European Identity Formation*, p.107). Declarações como as de Made tornaram-se raras na política cotidiana já na segunda metade dos anos 1990, mas Neumann relata que um diplomata lituano afirmou que tais declarações faziam parte da "sabedoria popular" nos Estados bálticos (Neumann, op. cit.).

Assim como na política externa, esse enquadramento civilizacional dos componentes étnicos não são estáticos. Ao longo dos anos 1990, as palavras-chave nos debates sobre os direitos das minorias mudaram de "descolonização" e "purificação", utilizados no início daquela década, para "integração" e "multiculturalismo" já no final do mesmo período.[76] Durante as negociações de adesão da Estônia à UE, sucessivos governos realizaram uma série de mudanças políticas para facilitar a integração dos falantes de russo na sociedade estoniana – os quais contabilizavam cerca de dois terços do total de não cidadãos da Estônia na época. Desde o final dos anos 1990, a Estônia está em total conformidade com as normas legais europeias para questões de cidadania e de proteção dos direitos das minorias. Várias missões de monitoramento, bem como relatórios da Comunidade Europeia ao longo das negociações de adesão, não encontraram nenhuma violação sistemática aos direitos das minorias na Estônia.

Os elementos apontados não significam que a maioria dos estonianos tenha uma fobia em relação aos russos. De fato, uma "russofobia" explícita não tem mais a mesma força política que possuía no início da década de 1990. Muitos estonianos étnicos estão ficando cada vez mais cansados dessa "situação ética" e de suas autoconcepções arcaicas.[77] No entanto, em paralelo a uma certa abertura das narrativas identitárias da Estônia em direção a concepções mais inclusivas sobre o que significa ser estoniano, o imaginário territorial a respeito de uma pátria cultural, que se localiza enquanto o mais avançado ponto oriental da civilização ocidental, se tornou normalizado e ainda mais enraizado na vida política da Estônia. Essa inscrição de diferenças civilizacionais e de alteridade

---

76 Lauristin e Heidmets (Orgs.), *The Challenge of the Russian Minority: Emerging Multicultural Democracy in Estonia*.
77 Lieven, *The Baltic Revolution: Estonia, Latvia and Lithuania and the Path to Independence*, p.304.

normalizou o etnocentrismo na Estônia. Maaris Raudsepp[78] observa que, na segunda metade da década de 1990, membros da sociedade estoniana, anteriormente considerados legítimos (embora muitas vezes malquistos) foram transformados em sujeitos inferiores. Embora as caracterizações mais negativas dos falantes de russo tenham diminuído nos anos 1990, termos como *alien* (estrangeiro) tornaram-se mais comuns e aceitos.[79] Ademais, ainda que no início da década os falantes de russo tenham reagido com indignação a essas caracterizações, na reta final daqueles anos elas se tornaram parte de terminologia comum. Na atmosfera em que os "apropriadamente" ocidentais – ou seja, os estonianos étnicos – têm mais legitimidade para falar, os debates públicos são estruturados contra os não estonianos antes mesmo que algo seja dito. O projeto estatal de integração étnica não enfraquece o conceito de diferenças civilizacionais; ao contrário, tem como premissa a presunção da clara existência de tais diferenças. Nesse sentido, tal projeto procura administrar esse suposto antagonismo civilizatório, deixando intacto o seu próprio conceito.

Conclusão

Para além das questões políticas mais específicas discutidas, este capítulo destaca as maneiras pelas quais a geopolítica, na Estônia pós-soviética, foi reformulada de um entendimento político para uma avaliação cultural. Estabelecer em primeiro plano as premissas de Huntington nos debates políticos na Estônia não significa,

---

78 Raudsepp, Rahvusküsimus ajakirjanduse peeglis, in: Heidmets (Org.), *Relations between Turkey and the European Union*, disponível em: <www.mfa.gov.tr/grupa/ad/adab/relations.html>, acesso em: 26 mar. 2001.

79 Noreen, Verbal Politics of Estonian Policy-Makers: Reframing Security and Identity, in: Eriksson (Org.), *Threat Politics: New Perspectives on Security, Risk and Crisis Management*.

necessariamente, produzir um forte sentimento antirrusso entre as elites ou entre a população. As relações entre a Estônia e a Rússia melhoraram desde o início dos anos 1990. Além disso, as relações étnicas são pacíficas e, segundo pesquisas de opinião, uma maioria as caracteriza como positivas.[80] O multiculturalismo é agora a visão oficial da sociedade estoniana.[81] Muitos dos indivíduos citados neste capítulo são liberais de renome que desejam ver as minorias de língua russa integradas em uma sociedade multicultural. Seus esforços não são para marginalizar os falantes de russo, mas, sim, para descrever a situação política e cultural da Estônia de modo a contribuir para melhorá-la. Muitas das declarações citadas no capítulo não pretendem conjugar mapas geopolíticos ou registrar ameaças. São concebidas como descrições da "real" situação na Estônia e funcionam como tal nos debates políticos do país.

Minha preocupação neste capítulo não foi com o que é dito (sobre geopolítica), mas com o que torna isso possível. Os exemplos citados se qualificam não porque todos os indivíduos necessariamente concordam com eles, mas porque são amplamente considerados e fazem parte do senso comum; eles não produzem nenhuma reação específica e podem ser proferidos de modo irrefletido. Huntington é importante não apenas porque sua teoria corresponde às concepções históricas que a Estônia possui da Rússia e do Ocidente – embora essa dinâmica tenha peso. Huntington se tornou uma figura-chave porque sua teoria é extremamente útil para vários projetos políticos. Ela ressoa nos debates internos e, mais importante ainda, no Ocidente. Dessa forma, trata-se de uma eficaz ferramenta de marketing, em que uma série de indivíduos com orientações políticas diferentes se utilizam da narrativa civilizacional porque ela contribui para os seus objetivos políticos específicos. Esse movimento translada a

---

80 Ver Heidmets, *Vene küsimus ja Eesti valikud*.
81 Lauristin e Heidmets, *The Challenge of the Russian Minority: Emerging Multicultural Democracy in Estonia*.

geopolítica do domínio do explícito debate intelectual e político para o nível do senso comum, e mascara seu arcabouço teórico e a trajetória intelectual de seus argumentos. Ficamos com uma narrativa de senso comum que "se chafurda naquilo que é evidente", como diria Roland Barthes.[82] Essa narrativa não indica ser geopolítica, teórica e até intelectual; parece descrever apenas algo tão profundamente pessoal e, também, determinante como identidade cultural. Traz uma aparente clareza e um sentimento de desfecho para pessoas, lugares e eventos. A geopolítica aparece como uma exibição harmoniosa das essências.

O efeito dessa geopolítica civilizacional tem sido a de tornar a figura da ameaça mais flexível. Embora a ameaça seja concebida em termos culturais bastante vagos, as linhas entre o "nos sentirmos ameaçados" e "aqueles que nos ameaçam" são mantidas e, em alguns casos, se tornam ainda mais arraigadas. A junção entre segurança e identidade tornou a política de segurança indiscutível. A geopolítica é, ao mesmo tempo, banalizada – levada ao nível da "mera" cultura e, assim, fundamentalizada – e lançada em termos de essências "que não podem ser alteradas", para citar Huntington. A política é deslocada para uma estrutura binária na qual não ser suficientemente estoniano ou pró-estoniano é igual ao apoio à Rússia.

Em um sentido geral, a narrativa civilizacional funciona porque satisfaz os requisitos da inimizade: os modos pelos quais a alteridade ainda é uma parte necessária da construção da identidade. A alteridade não ensaia apenas as imagens negativas do que "nós" temermos e do que "nós" não somos; ela produz também identidade e interesses. Produz uma sociedade doméstica que o Estado pode reivindicar proteger. Como grande parte da política da Estônia e da Europa Central girou em torno dos esforços de construção de nações e Estados, as ameaças externas desempenharam um papel importante, se

---

82 Barthes, *Mythologies*, p.150.

não essencial. Suas funções produtivas ainda estão em vigor. A geopolítica civilizacional serve para consolidar as identidades europeia e nacional desses Estados a serem protegidas, para reificar a Rússia como essencialmente não europeia e para enquadrar questões políticas complexas em torno de medidas emergenciais que devem estar acima ou além do debate político normal.

A principal mudança na década de 1990, portanto, não foi a quantidade no uso de pensamentos geopolíticos, mas as funções políticas específicas atribuídas a esses pensamentos. As reivindicações geopolíticas foram normalizadas e banalizadas. Argumentos que ainda carregavam, em meados daqueles anos, conotações de interesse ou crença foram apresentados como senso comum até o final da década. O raciocínio circular no qual são explicadas a geopolítica, em termos identitários, e a identidade, em termos geopolíticos, é tão bem ensaiado e corriqueiro que não requer mais evidências ou provoca reações. As complexidades históricas e políticas são traduzidas de modo essencializado, como algo que brota, sem problemas, da história. Ao mesmo tempo, a geopolítica civilizacional não é uma estrutura imutável, mas, sim, uma ferramenta flexível. Dentro dela, surge uma concepção que apresenta os russos como outros e como um risco à segurança. Se a segurança da Estônia é concebida na perspectiva de uma linha de fratura civilizacional, qualquer manifestação da civilização ortodoxa só pode ser concebida como um problema. Assim, tal lógica é percebida como um lugar comum, sem ser digna de qualquer nota. Afinal, ela é ensinada até para crianças em idade escolar. O significado da narrativa civilizacional não reside no que ela explicitamente prescreve, mas naquilo que ela implicitamente promove.

9. RÚSSIA: A GEOPOLÍTICA VINDA DO *HEARTLAND*

Alexander Astrov e *Natalia Morozova*

EM 2005, EM SEU DISCURSO ANUAL à Assembleia Federal, o então presidente russo, Vladimir Putin, definiu a dissolução da União Soviética como "a maior catástrofe geopolítica do século". Qual melhor evidência pode ser dada para o renascimento da geopolítica na Rússia pós-soviética?

Embora quase nenhuma referência à tradição geopolítica possa ser encontrada no imaginário de segurança russo ou soviético antes de 1991, a década de 1990 testemunhou uma virada surpreendente tanto na política quanto na academia. Sob ataque, o líder dos Comunistas Russos referiu-se a Mackinder em sua tentativa de reorganizar o partido segundo linhas patrióticas nacionais.[1] Do outro lado do espectro político, o presidente do Comitê de Geopolítica da Duma, um democrata liberal, representando o lado rival mais contundente aos comunistas, escolheu Haushofer como referência.[2] Uma

---

[1] Bassin e Aksenov, Mackinder and the Heartland Theory in Post-Soviet Geopolitical Discourse, *Geopolitics*, v.11, n.1, p.102-5.
[2] Mitrofanov, *Shagi Novoi Geopolitiki*, p.220-2.

Academia para Problemáticas Geopolíticas foi estabelecida, sobretudo por ex-militares, fazendo proliferar ativamente a visão desse grupo.[3] Os cursos universitários dedicados ao assunto se espalharam por todo o país; as primeiras traduções em russo de importantes textos geopolíticos foram disponibilizadas ao público, e vários livros didáticos, monografias e artigos especializados, publicados.[4] Agora, até o presidente entrou nesse embate.

No entanto, existem também algumas contraevidências. O restante do discurso de Putin em 2005 teve muito pouco, ou quase nada, a ver com geopolítica ou política externa. Também não há referências à geopolítica em seu discurso posterior em Munique, construído de uma maneira mais direta e realista. O Comitê de Geopolítica fora dissolvido havia muito tempo. Ainda popular na academia, a geopolítica não goza mais da posição privilegiada que pareceu ocupar ao longo dos anos 1990. As analogias históricas usadas no debate sobre a guerra de 2008 na Geórgia, por exemplo, foram centradas em fatores ideológicos e burocráticos, e não em fatores deterministas baseados no espaço geográfico.[5] Talvez, mais significativamente, levando-se em conta que no discurso de 2005 a leitura geopolítica é apresentada como um antídoto para os debates ideológicos acalorados, desde então é difícil encontrar debates ideológicos significativos de qualquer tipo, exceto nas discussões sobre história.

No geral, há uma impressão de que o discurso de 2005, com sua ousada referência geopolítica, marcou um certo divisor de águas na história da Rússia pós-1991. Até a maneira como a referência geopolítica estava situada no texto acabou por encerrar o período anterior, enquanto o restante do discurso e o segundo mandato de Putin em geral estavam mais orientados para o futuro, um futuro no qual

---

3   Ivashov, *Rossiia ili Moskoviia? Geopoliticheskoe Izmerenie Natsional'noi Bezopasnosti Rossii*; e Nartov, *Geopolitika*.
4   Bassin e Aksenov, op. cit., p.100.
5   Zatulin, Pochemu nam nado segodnja priznat' nezavisimost' Abhazii i Juzhnoi Osetii, *Izvestia*.

a geopolítica não deveria desempenhar um papel significativo, pelo menos no que diz respeito ao imaginário de segurança russo.

Como devemos entender o caso russo, tendo em vista que a principal tese deste livro é de que um renascimento geopolítico é mais bem compreendido no contexto de uma "crise ontológica" para a qual o determinismo espacial intrínseco à geopolítica forneceria uma solução rápida e fácil? Este capítulo apresenta uma qualificação a essa hipótese principal. Embora pareça razoável argumentar que a geopolítica foi mobilizada para dar conta de uma crise de identidade (e não apenas uma crise de identidade de política externa) nos anos 1990, em última análise, o imaginário de segurança foi recomposto sem muito recurso a um determinismo geopolítico. Em vez disso, outras linhagens de identidade foram mobilizadas, e outras compreensões políticas, fixadas.[6]

Portanto, um renascimento geopolítico de fato ocorreu, mas de tal forma que não afetou significativamente o redefinido imaginário de segurança da Rússia. Embora desencadeado como uma solução fácil, tal renascimento acabou falhando em tornar o imaginário de segurança geopolítico. Como isso é possível? A resposta pode ser encontrada em uma das abordagens de Jutta Weldes[7] sobre a Crise dos Mísseis em Cuba, na qual ela complementa sua tese principal – a saber, que a maneira como os Estados leem certos eventos enquanto crises é condicionada pelo seu imaginário de segurança – com o argumento de que o modo no qual os Estados imaginam sua segurança é condicionado por suas experiências de crise: "A construção de crises [...] ocorre em conjunto com a construção e reconstrução da identidade do Estado". Ou, parafraseando um conhecido aforismo, os Estados constroem crises e as crises constroem os Estados.

---

6   Morozov, *Rossija i Drugie: Identichnost' i Granitsy Politicheskogo* Soobschestva; e Prozorov, *The Ethics of Postcommunism: History and Social Praxis in Russia*.
7   Weldes, The Cultural Production of Crises: U.S. Identity and Missiles in Cuba, in: Weldes et al. (Orgs.), *Cultures of Insecurity: States, Communities and the Production of Danger*, p.57.

A importância desse argumento consiste na suposição de que os imaginários de segurança dos Estados predispõem as autoridades estatais a representar certos eventos perturbadores enquanto crises, porque as crises, por sua vez, reforçam não apenas o imaginário de segurança, mas também a identidade do Estado ao desencadear a lógica da diferença/alteridade constitutiva de qualquer identidade.[8] A relação mutuamente constitutiva entre crises e identidade do Estado não precisa resultar no reforço do imaginário de segurança existente. Na medida em que os imaginários de segurança não são fixos, mas seletivos, a comunidade de especialistas em política externa sempre pode enfatizar um conjunto de fatores já presentes no "seu" imaginário de segurança às custas de outros fatores. Assim, se uma tradição geopolítica já está presente no imaginário de segurança de um determinado Estado, mesmo que de forma inativa ou ostracizada, seu despertar ou reabilitação não são, a princípio, impossíveis e decerto significariam uma mudança no imaginário de segurança.

Ainda assim, enquanto a relação mutuamente constitutiva entre identidade de Estado e crises não exclui a possibilidade de mudança no imaginário de segurança, ela apresenta problemas para a explicação da mudança quando isso acontece, por assim dizer, *ex nihilo*. Esse parece ser o caso da Rússia, em que a maioria dos adeptos da tradição geopolítica nunca se cansou de enfatizar as verdades eternas e o caráter de *novidade* da geopolítica para a formulação da política externa russa.

Certamente, existem outros defensores mais sensíveis da geopolítica, que tentam resolver o problema da origem da Rússia apresentando (ou representando) a tradição geopolítica como uma tradição própria do país, em geral vinculando-a a alguma tradição marginal,

---

8 Nesse sentido, representar o passado da Europa como o Outro da Europa, por exemplo, não é menos uma construção social da crise do que uma hipotética transformação da atual "cultura de segurança" da UE para uma cultura hobbesiana.

abortiva ou reprimida no passado "nativo" do país.⁹ Essas tradições passadas não precisam se identificar diretamente com a geopolítica. A tarefa de construir todos os vínculos e afinidades necessários está nas representações posteriores. No entanto, esses vínculos e afinidades ainda precisam ser construídos a partir de recursos discursivos disponíveis, uma vez que as ideias, de fato, conforme destacado na Parte I deste livro, não flutuam livremente. Mas onde esses recursos podem ser encontrados senão no imaginário de segurança?

Mais uma vez, o argumento de Weldes nos fornece uma possível resposta. Antes de iniciar qualquer análise da construção social de uma crise, certos temas discursivos centrais à identidade de uma determinada comunidade devem ser identificados. Em Weldes, esses temas já estão presentes no imaginário de segurança, mas isso não precisa necessariamente ser o caso.¹⁰

Como os imaginários de segurança são estruturas de significado estáveis, os mesmos temas também podem existir fora do imaginário de segurança, pois o que importa, para usar a linguagem waltziana, não é apenas a identidade das unidades (temas), mas também uma possível diferença na sua organização (a maneira como esses temas são tecidos em uma história coerente). No entanto, ocasionalmente, é possível que a mera semelhança dos temas possa desencadear um processo por meio do qual o círculo da constituição mútua entre identidade do Estado e crises seja rompido. Uma dada tradição (enquanto arranjo específico de um determinado conjunto

|||||||||||
9 Morozova, Geopolitics, Eurasianism and Russian Foreign Policy under Putin, *Geopolitics*, v.14.
10 Por exemplo, as pessoas estavam sempre morrendo, dando à luz ou lutando contra doenças físicas e mentais. Essas práticas invariavelmente moldaram a identidade de uma determinada comunidade. Porém, até o surgimento da biopolítica, independentemente de quando se date ou defina essa ocorrência histórica, elas eram de pouco interesse para o Estado. Da mesma forma ocorre com certos temas discursivos que podem muito bem existir (todos ou alguns deles) fora do imaginário de segurança, na medida em que este é definido pela relação segurança-Estado, conforme definido neste livro.

de temas) localizada fora de um imaginário de segurança é empregada exclusivamente com o objetivo de representar um conjunto de eventos como uma crise, enquanto que a tarefa de corrigir tal crise é assumida por outra tradição, já incluída no imaginário de segurança. Imagine a indignação de George Kennan com a apropriação de sua análise das "fontes de conduta soviética" pelos formuladores de política dos Estados Unidos. Mesmo aceitando suas conclusões (o uso da "contenção"), eles desconsideraram algumas de suas premissas analíticas, em particular a ideia de que a "conduta soviética", em vez de ser redutível a uma única característica (ideologia), tinha diversas "fontes" e, portanto, exigia modos diversificados de contenção. A longo prazo, a diferença na representação do outro importava, mas as crises raramente são sobre o longo prazo: elas exigem ações urgentes, as quais, muitas vezes, precisam se contentar com menos do que uma compreensão completa da situação. E, assim, foi adotada a "contenção", com Kennan como seu "pai".

De forma semelhante, em nossa análise, um renascimento da geopolítica na Rússia de fato aconteceu e teve sucesso no que diz respeito à construção de uma crise. Mas a geopolítica não era mais necessária para solucionar a crise então construída, sobretudo porque a específica diferenciação/alteridade incorporada na construção geopolítica da crise permitiu a reativação de um imaginário de segurança mais familiar. Portanto, a "catástrofe geopolítica" funcionou como um diagnóstico da situação anterior, mas o pensamento geopolítico não forneceu nenhum remédio futuro para a situação russa.[11]

Este capítulo refaz as diferentes tentativas de transformar a geopolítica de uma inspiração que enquadrou o entendimento sobre a crise na identidade da política externa russa, de um lado, para uma solução real para essa crise, de outro – um empreendimento que acabou falhando. Começamos identificando quatro temas nos debates

---

11 Isso é o que costumavam dizer sobre Metternich: "Muitos na Europa admiravam seus diagnósticos, poucos concordariam com seus remédios [soluções]".

russos pós-1991: ideologia, modernização, singularidade da Rússia e possíveis fundamentos objetivos para a afirmação dessa singularidade. A geopolítica, de início utilizada para abordar o primeiro e o último desses temas, falhou em fornecer uma estrutura estável de significado capaz de abordar os quatro temas. Como resultado, a tradição do eurasianismo foi evocada, abordando os mesmos quatro temas de maneira diferente. No entanto, essa tradição foi marcada por tensões e incoerências próprias. Para resolvê-las, várias interpretações da geopolítica foram enxertadas no eurasianismo original.

Dessas interpretações, focamos em duas: as de Aleksandr Dugin e Vadim Tsymburskii. Essa escolha é justificada pelas seguintes considerações. A primeira é que uma dessas versões, a de Dugin, é, de longe, a mais influente e a mais analisada por observadores externos. Dugin se destaca como, provavelmente, o único representante da oposição "patriótica" russa, cujo vocabulário fez incursões bem-sucedidas no discurso oficial e obteve apoio de elites políticas e militares. Assim, se em 1994 Dugin tentava criar uma frente única de vários grupos extremistas em Moscou, em 1998 ele foi nomeado consultor oficial do então presidente da Duma. Em 2000, seu *Foundations of Geopolitics* foi reeditado quatro vezes. Ele foi convidado a lecionar na Academia do Estado-Maior e no Instituto de Pesquisa Estratégica. Dugin é amplamente considerado na academia ocidental como a "voz" da geopolítica russa contemporânea. Ele também é frequentemente definido como um "revolucionário conservador" ou um "fascista", um expoente da nova direita europeia ou um autodenominado evangelista de Haushofer.

A segunda consideração é que a radical diferença entre o tratamento geopolítico de Dugin e de Tsymburskii sobre o eurasianismo enfatiza a distinção entre os dois tipos de "crise" construídos por meio de tais tratamentos. Ao contrário de muitos outros críticos de Dugin, tanto na Rússia quanto no exterior, Tsymburskii levou o seu oponente a sério, nunca tentando acusá-lo de crimes por associação (com o nazismo alemão ou com a extrema direita nacionalista da Rússia), buscando, de modo oposto, analisar teoricamente essas associações sugeridas. Esse trabalho analítico nunca foi meramente reativo; ele permaneceu fundamentado na versão original de geopolítica avançada por Tsymburskii. Embora Tsymburskii tenha obtido muito menos apoio dos formuladores de política quando comparado a Dugin, ele continuou a atrair atenção e apreciação acadêmicas. Por fim, quando falamos do endosso que os formuladores de política da Rússia deram à construção geopolítica da crise realizada por Dugin, tal construção mostra muito pouca dependência dos fatores espaciais materialistas; porém, como argumentaremos, ela contém em si o elemento de determinismo que permite sua identificação com a geopolítica neoclássica. Esse determinismo, ou essencialismo, em grande parte cultural, fornece o elo entre a construção explicitamente geopolítica da crise ontológica da década de 1990 e as políticas atuais – não mais signitivamente geopolíticas – depois empregadas para a solução dessa crise.

A crise ontológica dos anos 1990

Não surpreende que, como um dos protagonistas da história da Guerra Fria, a Rússia tenha sido afetada por seu desfecho abrupto. A extensão da crise resultante talvez seja mais bem apreciada quando vista à luz do subsequente fracasso das elites políticas russas em se apoiarem em qualquer imaginário de segurança prontamente disponível. De fato, a crise envolveu um questionamento radical sobre a validade das visões tradicionais soviética e russa do mundo e o lugar do país nele. Obviamente, isso não quer dizer que nenhum imaginário de segurança estivesse disponível. Isso equivaleria à falta de qualquer identidade de política externa. Nenhuma crise é tão grave. Ainda assim, de um modo característico ao início dos anos 1990 na Rússia, a maioria das estruturas de significado disponíveis foi ferozmente contestada.

De início, a geopolítica foi evocada como uma potencial solução particularmente atraente devido à sua suposta neutralidade e, portanto, à "objetividade" em meio ao acalorado debate ideológico. Logo ficou claro, no entanto, que ambos os lados, liberais e "patriotas", estavam interessados em apelar para a geopolítica de maneira objetivista. Todavia, precisamente por causa da debilidade ideológica de tal geopolítica objetivista, ela não poderia desempenhar a função que lhe foi atribuída. Ambos os polos do debate trouxeram soluções e recursos adicionais para reforçar suas versões da geopolítica. No caso dos "patriotas", isso assumiu a forma do eurasianismo. Mas essa tradição intelectual já possuía, historicamente, importantes tensões próprias que precisavam ser abordadas antes que pudessem ser postas a serviço da geopolítica.

Uma Guerra Fria interna: liberais vs. "patriotas"

Para começar com a reação mais óbvia das elites de política externa à dissolução da União Soviética, é certamente verdade, como muitos argumentaram, que elas, com frequência, procuraram recorrer ao que sempre pareceu ser uma solução preferida para crises de identidade, ou seja, o recurso ao status de "grande potência" da Rússia.[12] Havia, contudo, problemas pós-Guerra Fria especificamente associados a essa estratégia. Sem dúvida, as ambições russas em garantir uma posição de grande potência tiveram seus oponentes ao longo da história; mas, como demonstra a famosa objeção de Joseph Conrad à participação da Rússia no clube das grandes potências, até a Segunda Guerra Mundial, era a filiação da Rússia, e não necessariamente a própria legitimidade do clube, que havia sido questionada. Mais tarde, a Guerra Fria teve sua contribuição no debate sobre polaridade, com a própria noção de "polo" pressupondo alguma

---

12 Hopf, *Social Construction of International Politics: Identities and Foreign Policies, Moscow, 1955 and 1999.*

classificação entre Estados formalmente iguais em status. Agora, uma das partes importantes que constituíam o roteiro pós-Guerra Fria – o qual se desdobrava rapidamente – desafiava qualquer classificação e levava a uma polarização muito mais estrita e abertamente normativa da sociedade internacional, separada entre Estados "normais" e Estados "párias".[13]

Sensíveis a essa pressão, as novas elites liberais da política externa russa tentaram apresentar uma série de variações sobre o tema da "grande potência normal".[14] A combinação problemática dos dois adjetivos, entretanto, revelou a ambiguidade da posição liberal nas próprias elites da política externa russa. Enquanto a demanda por "grandeza" veio claramente do discurso interno, o entendimento liberal de "normalidade" foi percebido como originário do Ocidente. Essa noção de "normalidade" estava longe de ser universalmente compartilhada no âmbito interno, e – o mais importante – ao associar "normalidade" à democracia e à modernização econômica, subordinou a política externa à doméstica, a qual, por sua vez, foi concebida em termos abertamente ideológicos.[15] Isso não era novidade para o antigo quadro de especialistas em política externa do período soviético, acostumado a receber ordens do Politburo, mas para os vários recém-chegados serviu como uma indicação de que, muito longe de terminar, a Guerra Fria tinha sido projetada na política doméstica russa.

||||||||||||

13 Simpson, *Great Powers and Outlaw States: Unequal Sovereigns in the International Legal Order*.
14 Crow, Russia Asserts Its Strategic Agenda, *RFE/RL Research Report*, v.2; Kozyrev, A Transformed Russia in a New World, *International Affairs (Moscow)*, v.38, p.85; e Valdez, The Near Abroad, the West, and National Identity in Russian Foreign Policy, in: Dawisha e Daweesha (Orgs.), *The Making of Foreign Policy in Russia and the States of Eurasia*, p.94.
15 Malcolm et al., *Internal Factors in Russian Foreign Policy*, p.4; e Tuminez, Russian Nationalism and the National Interest in Russian Foreign Policy, in: Wallander (Org.), *The Sources of Russian Foreign Policy After the Cold War*, p.49.

Não surpreende que, apesar da grande diversidade (e muitas vezes incoerência) do discurso de oposição da Rússia no início dos anos 1990, um de seus principais temas tenha sido o da primazia da política externa. Democratização, modernização e todos os outros entendimentos possíveis da transição pós-comunista foram apresentados como ideologias que legitimavam uma política com vistas a diminuir a importância global da Rússia, forçando-a a seguir regras formuladas alhures. Consequentemente, a liberdade da Rússia de estabelecer suas próprias regras e decidir por si mesma era vista como uma alternativa necessária e uma tarefa primordial de toda a sua política; uma visão lançada tanto contra os liberais pós-soviéticos quanto contra a liderança soviética que eles substituíram. Ambos foram apresentados como subordinando os interesses nacionais vitais da Rússia a dogmas ideológicos. E é aqui que a geopolítica sinaliza, em um primeiro momento, entrar no discurso de oposição, oferecendo uma chave de compreensão para esses interesses nacionais vitais.

O problema dessa apropriação inicial da geopolítica pela oposição era que ela dificilmente diferia da versão já adotada pelos liberais no poder. Assim, quando Andrei Kozyrev, por exemplo, evocou a geopolítica, ele também o fez para sinalizar a aversão da nova política externa russa à ideologia e ao messianismo e a preferência russa pela busca pragmática dos interesses nacionais.[16] Essa "dificuldade" revela toda a extensão da "crise ontológica" pós-1991 na Rússia, que não consistia simplesmente na existência de duas posições opostas sobre a natureza dos interesses nacionais e sobre a política externa, mas que se assentava, sobretudo, na ausência de qualquer conjunto de critérios externos ao próprio debate aos quais os proponentes dessas posições pudessem se valer para conformar seus argumentos nesse enfrentamento de ideias.

16 Valdez, op. cit.

Nem o imaginário de segurança tradicional da Rússia, nem o imaginário de segurança soviético forneceram soluções rápidas para algum desses campos. Quando, por exemplo, em 1992, um dos grupos "patrióticos" centrais para o renascimento da geopolítica emitiu uma declaração sobre o conflito na Bósnia, ele apelou tanto para a solidariedade pan-eslava quanto para a ideia de uma renovada Santa Aliança entre a Rússia e Europa Central (principalmente a Alemanha). Para a Rússia pré-revolucionária, no entanto, essas duas alianças eram contraditórias e não complementares. E quando, como apontaram os observadores mais perspicazes, a Rússia tentou jogar ao mesmo tempo tanto as cartas eslavas quanto as cartas germânicas, "mantendo os lobos não inteiramente alimentados e as ovelhas não de todo seguras", isso resultou na Guerra da Crimeia[17] – não é o tipo de imaginário de segurança que se pode confiar de modo não problemático . Isso sem mencionar o fato de que tanto o pan-eslavismo quanto a Santa Aliança, como codinomes da política externa russa, se baseavam em elaboradas fundações ideológicas, algo de que a Rússia pós-1991 não apenas carecia, mas de que procurava ativamente se afastar, pelo menos com a ajuda da geopolítica.

Essa aversão à ideologia por si só tornou problemático qualquer recurso direto ao imaginário de segurança soviético. Dificilmente alguém na Rússia dos anos 1990 buscou qualquer renovação do confronto ideológico com o Ocidente, seja na fase da "contenção", imediata no pós-Segunda Guerra Mundial, seja no momento da "segunda Guerra Fria", inspirada por Reagan. Mas também não havia práticas discursivas da era da *détente* que pudessem ser facilmente reativadas sob essas novas condições. Na medida em que a *détente* era compreendida como uma troca entre a assistência ocidental à modernização soviética e a descontaminação ideológica da política mundial, a Rússia pós-soviética, ao que parecia, queria essas

|||||||||||
17 Tsymburskii, *Ostrov Rossija: Geopoliticheskie i Khronopiliticheskie Raboty, 1993-2006*, p.471.

duas coisas de uma só vez, esperando que elas fossem ofertadas pelo Ocidente, mas com muito pouco a oferecer em troca na elaboração de um "vínculo" pragmático. Ao longo dos anos 1990, o único recurso que a Rússia tentou utilizar, de maneira mais ou menos consistente, foi a ameaça (não tão plausível assim) de abandonar sua transição democrática; e foi apenas no discurso de Putin em Munique, em 2007, que uma retórica semelhante à *détente* foi usada em sua forma conceitualmente clara.[18] Contudo, mesmo os partidários mais leais de Putin não puderam deixar de notar que a fraqueza do discurso de Munique não residia tanto no radicalismo de sua retórica, mas, sim, no baixo desenvolvimento de critérios para uma política do novo mundo, o mundo pós-americano.[19]

Essa crítica também pode ser aplicada ao recurso inicial da Rússia à geopolítica. Em vez de oferecer qualquer solução, a retórica da geopolítica ensejou, pelo menos, mais dois debates: um (meta)teórico, sobre os possíveis fundamentos de objetividade da geopolítica, e um (meta)prático, sobre o caráter da identidade russa, utilizada enquanto justificativa para a singularidade civilizacional da Rússia e, portanto, para as suas reivindicações de "liberdade", da maneira como esta foi entendida pelos defensores da primazia da doutrina da política externa. Em outras palavras, para servir de solução na contestação liberal/"patriótica" em andamento, a própria geopolítica exigia algumas correções que, ao afastá-la explicitamente de sua neutralidade e objetividade iniciais, poderiam sustentar as reivindicações geopolíticas com algum elemento distintamente "russo". Os liberais

---

18 O "discurso de Munique" de Putin tem sido frequentemente apresentado como uma declaração de uma nova "Guerra Fria". Essa denominação, porém, ignora um dos pontos centrais desse discurso, claramente enfatizado por Putin: "Como é bem conhecido, esta organização [OSCE] foi criada para examinar todos – enfatizo isso –, todos os aspectos da segurança: militar, política, econômica, humanitária *e, principalmente, as relações entre essas esferas*" (grifos dos autores). Somente após essa alusão às "relações" (entre as esferas) é que Putin lança seu ataque à unipolaridade ocidental por interromper o equilíbrio entre essas mesmas várias esferas.
19 Pavlovsky, Konsensus Ischet Stolitsu, *Russkii Zhurnal*.

já haviam articulado esse acréscimo com o seu argumento em relação à "normalidade", entendida como a necessidade, de longa data, de mais modernização da Rússia. A oposição ofereceu tal acréscimo na forma do eurasianismo.

Por mais atraente que fosse, devido às suas origens "nativas" e à semelhança com o problema a que se destinava solucionar – ou seja, sobre o lugar da Rússia em um mundo em rápida transformação –, o eurasianismo em sua forma original tinha dificuldades teóricas próprias e, novamente, dificuldades bastante semelhantes àquelas que, agora, era convocado para resolver. Apontamos isso principalmente por meio da análise do livro *Europe and Mankind*, de Nikolai Trubetzkoy, o primeiro texto explicitamente eurasiano escrito como uma resposta à crise da dissolução do Império Russo.[20]

O impasse do eurasianismo: ideocracia e política

Se a "ansiedade ontológica" experimentada pelos formuladores de política da Rússia e pela oposição depois de 1991 girava em torno de quatro temas principais – modernização, pressão ideológica universalista vinda do Ocidente, necessidade de se opor ou de pelo menos neutralizar essa pressão por meio de um apelo a alguns critérios objetivos e, por último, mas não menos importante, a questão da singularidade civilizacional da Rússia –, então a intervenção de Trubetzkoy fornece o melhor ponto de partida para rastrear o processo pelo qual esses quatro temas formaram a espinha dorsal de um discurso geopolítico mais robusto. Esse é o melhor ponto de partida porque, embora os temas possam ser endêmicos do discurso político russo desde pelo menos as primeiras reações às reformas de Pedro, o Grande, Trubetzkoy os reorganiza de uma maneira genuinamente original. Nesse sentido, seu trabalho é, efetivamente,

---

20 Trubetzkoy, *The Legacy of Genghis Khan*, p.1-64.

a origem da linha distinta do pensamento político russo conhecido como eurasianismo. Talvez a característica mais radical de *Europe and Mankind*, escrito quando a Rússia foi abandonada por seus antigos aliados europeus, é que Trubetzkoy, de sua parte, também "abandona" a Europa. Para começar, ele nega qualquer conteúdo político significativo nas relações entre os Estados europeus. Embora subdivididos legalmente, eles formam uma entidade política única impulsionada pelo "chauvinismo pan-europeu": uma combinação de interesse próprio e missão civilizatória. A única alternativa viável à "Europa" e à "humanidade" universalista e eurocêntrica seria uma entidade intermediária, semelhante à Europa em sua diversidade cultural intrínseca, mas diferente no que lhe une politicamente. Enquanto os meios intermediários convencionais do Ocidente eram geralmente procurados no terreno do direito internacional e das práticas diplomáticas consuetudinárias, o nacionalismo pan-eurasiano alternativo de Trubetzkoy estava enraizado em dois níveis diferentes, territorial e metafísico, ignorando, de modo deliberado, qualquer estrutura legalista. De fato, estava muito mais próximo da geopolítica de Mackinder, lida sob uma forte influência de Hegel.[21]

Nessa perspectiva, podemos compreender que Mackinder alegava que um certo tipo de história havia chegado ao fim. Essa história foi impulsionada pela tensão entre dois processos intimamente ligados: exploração geográfica e colonização imperial. Quando esses dois processos envolveram o mundo inteiro, a história terminou. Mas uma nova tensão e, portanto, uma nova história e uma nova política vêm à tona. Os impérios acabam se tornando diferentes em seus tipos. A primeira distinção é geográfica, entre as potências marítimas e continentais, e a segunda, ideológica, enraizada nas diversas tradições religiosas. A geopolítica, como um novo conflito que impulsiona esse

---

21 Para o hegelianismo de Trubetzkoy, ver Anatoly Liberman, "N. S. Trubetzkoy and His Works on History and Politics" (Trubetzkoy, *The Legacy of Genghis Khan*, p.295-390).

novo tipo de história, não é irredutível unicamente à geografia ou à ideologia: consiste na interação entre ambas com as principais linhas de conflito localizadas nos limites dos impérios continentais. A resposta eurasiana à dimensão geográfica da tese de Mackinder foi liderada pelo geógrafo-economista Petr Savitskii, que cunhou um oximoro, "continente-oceano", para descrever o lugar singular da Rússia na economia global.[22] O ataque geral à teologia e à metafísica ocidental foi liderado por Georgii Florovskii, que tentou revelar o que ele acreditava ser o núcleo judaico e, portanto, profundamente legalista da filosofia e da política ocidentais.[23] Nenhum desses dois temas era genuinamente novo. Durante a segunda metade do século XIX, os eslavófilos criticaram o racionalismo ocidental com base em argumentos espirituais, enquanto cientistas como Danilevskii tentaram fornecer uma resposta naturalista às aspirações universalistas do Ocidente.[24] A singularidade do eurasianismo consistia não apenas em sua tentativa de reunir essas duas, antes desconectadas, linhas de pensamento crítico, mas, principalmente – e é aqui que reside a contribuição de Trubetzkoy –, em sua revisão radical da história da construção do Estado russo.

Todas as conceituações anteriores da identidade do Estado russo giravam em torno da cadeia de principados que se estendiam do Báltico ao Mar Negro. A questão, que os eslavófilos e os pró-ocidentais escolheram responder de maneira diferente, foi o futuro desse núcleo do Estado russo estaria no Oriente ou no Ocidente. Contudo, em ambos os relatos, pelo menos até a Guerra Russo-Japonesa de 1905, o Oriente era percebido como um objeto, politicamente passivo, da expansão russa. Assim, até mesmo os eslavófilos atribuíram algum significado especial aos encontros políticos da Rússia com o

---

22 Vinkovetsky (Org. e trad.), *Exodus to the East: Forebodings and Events, an Affirmation of the Eurasians*, p.95-113.
23 Ibid., p.30-40.
24 Vinkovetsky, *Exodus to the East: Forebodings and Events, an Affirmation of the Eurasians*, p.116-55.

Ocidente, muitas vezes dramatizados em uma espécie de relacionamento de amor e ódio.

Na avaliação de Trubetzkoy, a denominada Kievan Rus' constituía uma entidade comercial politicamente inviável que, no tempo devido, se tornou presa fácil para o conquistador mais implacável do mundo, Genghis Khan, que trouxe com ele um novo tipo de ordem política, baseada em um código nômade de honra, dever e autoridade absoluta. No entanto, essa autoridade era completamente prática e não sustentada por nenhuma ideologia capaz de transcender o poder de sua personalidade. Embora fascinadas com as virtudes políticas dos tártaros, as elites cristãs russas não podiam aceitar a submissão. O reavivamento religioso formou a espinha dorsal de sua resistência, enquanto que a duradoura autoridade transmitida ao poder soberano pela Ortodoxia apelou à nobreza tártara em busca de arranjos institucionais mais estáveis. Como resultado, uma nova entidade gradualmente se formou em torno de dois pilares: a Igreja russa e o legado político de Genghis Khan. Essa unidade política idealmente autárquica era de todo multicultural, mas não exigia elaboradas estruturas legais ou burocráticas. A Igreja cuidou dos costumes do povo e os representou no diálogo contínuo com o Estado absolutista, que, por sua vez, proporcionou às pessoas um poder benigno, principalmente sobre o espaço natural compartilhado e sobre o "elemento não ortodoxo".

Infelizmente, esse poder também era urgentemente necessário em outros lugares. Para poder responder à crescente pressão do Ocidente, o Estado russo precisou aprender os truques tecnológicos de seu novo rival. Fatalmente, de acordo com Trubetzkoy, a tecnologia veio à tona e se tornou um fim em si mesma. As virtudes nômades de Genghis Khan foram abandonadas, dando lugar à servidão burocrática não criativa. A Igreja foi reformada e subjugada também ao Estado. Assim, contrariamente ao mito eurocêntrico de que a servilidade da Igreja russa era o legado de Bizâncio, o encontro deste com o Ocidente latino foi responsável pela destruição da síntese perfeita entre a Ortodoxia e o legado de Genghis Khan. Os choques da Primeira Guerra Mundial e da Revolução se seguiram a esse evento. Os subsequentes avanços soviéticos para o Oriente, juntamente com as reformas que levaram a uma presença mais forte das minorias nacionais asiáticas na vida política e cultural soviética, criaram uma nova situação: "Parece que, mais uma vez, como se fosse há 700 anos, em toda a Rússia é possível sentir o cheiro de esterco queimado, suor de cavalo, pelos de camelo – os odores do campo nômade. E pairando sobre a Rússia está a sombra do grande Genghis Khan, unificador da Eurásia".[25]

Então, temos aqui todos os quatro temas identificados nos debates pós-1991 entrelaçados em uma única história. A modernização (agora lida como proeza tecnológica/burocrática) e a ideologia (como "chauvinismo pan-europeu") são apresentadas como influências ocidentais corruptoras, de modo que nenhum *trade-off* significativo ou "elos" entre as duas podem ser encontrados, ou deveriam ser buscados. Em vez disso, historicamente, a singularidade civilizacional russa, bem como a verdadeira fonte de seu poder político, está na síntese "turaniana": uma combinação de virtudes políticas asiáticas e da ideocracia ortodoxa, literalmente entendida como um conjunto de ideias capazes de aglutinar condutas tradicionais com poder político duradouro. Finalmente, a reconstrução stalinista do local original da síntese turaniana na forma da União Soviética sugeriu havia mais nesse local do que uma mera contingência histórica. Agora, a tarefa era descobrir as regularidades subjacentes à continuidade da identidade político-territorial russa; e é aqui que o eurasianismo original se depara com um impasse.

Já no nível da geografia, o eurasianismo permanecia indeciso quanto ao delineamento exato da Eurásia. Tanto Savitskii quanto Trubetzkoy equiparam a Eurásia à Rússia em uma fórmula programática

---

25 Trubetzkoy, *The Legacy of Genghis Khan*, p.224-5.

Rússia-Eurásia. Todavia, a Rússia-Eurásia, definida como "nem Europa, nem Ásia" ou "ambas Europa e Ásia", se referia, ao mesmo tempo, a duas entidades diferentes. Por um lado, designava um continente imaginário, a ser encontrado não em algum mapa, mas apenas na imaginação política russa. Esse continente era considerado um centro em meio à turbulência do movimento anticolonial, movimento este que os eurasianos claramente previram. Por outro, a Rússia-Eurásia referia-se a todo o Velho Mundo. O compromisso teórico de Trubetzkoy de construir a identidade política russa "a partir do Oriente", juntamente com a construção *de facto* de Stálin da identidade soviética por meio da oposição ao Ocidente e da incorporação de territórios orientais, claramente privilegiou a primeira opção. No entanto, até Trubetzkoy teve de admitir que qualquer projeto genuinamente ortodoxo estaria deslocado ao se assentar enquanto uma base ideocrática para a nova entidade política emergente. Por consequência, em vez de celebrar a nova síntese turaniana, o eurasianismo foi forçado a escolher entre a ideocracia ortodoxa, como o poder unificador e legitimador das ideias, e a força absoluta do regime stalinista.

De novo, é tentador ver essa escolha como endêmica à história política russa; e, novamente, é importante enfatizar a originalidade da formulação eurasiana dessa história. Assim, quando, após as revoltas europeias de 1848, o diplomata e poeta russo Fyodor Tjutchev proclamou que restavam apenas duas forças na Europa, a Rússia tradicionalista e a Revolução, um dos principais indivíduos pró-Ocidente na Rússia, Petr Chaadaev, foi rápido em destacar aquelas lamentáveis virtudes tradicionais da Rússia então demolidas por Pedro, o Grande, e salientar, ao mesmo tempo, que estabelecer a Rússia como um pilar da ordem europeia envolvia ou uma ingênua autocontradição, ou uma hipocrisia.[26] Pois a posição da Rússia na Europa se devia ao poder violentamente investido nela por Pedro, o Grande.

26 Chaadaev, *Polnoe sobranie sochinenii*, v.II, p.212-4.

Tjutchev estava mesmo aberto a essas críticas, como usualmente estavam também os eslavófilos, porque nunca questionou o lugar da Rússia na ordem europeia, preferindo questionar algumas configurações específicas dessa mesma ordem. Os eurasianos se julgavam imunes a essa crítica pois não consideravam o poder petrino/europeu[27] como sendo um poder adequado. Para eles, Pedro era um diletante, o imperador dos artesãos, que, em sua fascinação por inúmeros projetos de engenharia, negligenciou seu único dever – governar. De fato, o homem científico *versus* a política de poder.[28]

Contudo, diante da necessidade (e da impossibilidade) de estabelecer a continuidade entre a síntese turaniana e as práticas stalinistas de construção do Estado, o eurasianismo se dividiu em várias linhas diferentes. Os pragmáticos, interessados principalmente na viabilidade da nova entidade política russa, abandonaram qualquer pretensão ideocrática e se aliaram aos novos governantes soviéticos. Os fundamentalistas ideocráticos acusaram Savitskii e Trubetzkoy de comprometer o núcleo ortodoxo do eurasianismo por causa de seu fascínio pelo Oriente. Os geopolíticos da persuasão continental viram qualquer tentativa de enxertar a Ortodoxia na geopolítica como uma frivolidade teórica injustificada. Por fim, o próprio Trubetzkoy, que não estava disposto a adotar nem a ideologia comunista, nem a ideologia nazista, parecia ter chegado à conclusão de que a questão da identidade geopolítica da Rússia exigia repensar previamente a identidade russa *tout court*. Em 1925, ele escreveu para Savitskii:

> Estou simplesmente aterrorizado com o que está acontecendo conosco. Sinto que nos metemos num pântano que, a cada novo passo, [nos]

---

27 "Petrino" se refere a Pedro, o Grande. (N. T.)
28 Essa leitura de Pedro, o Grande é fortemente avançada por Marina Tsvetaeva (*The Demesne of the Swans*, p.135), por exemplo, a qual, em um dado momento, esteve próxima do movimento eurasiano.

consome cada vez mais profundamente. Sobre o que estamos escrevendo um para o outro? Sobre o que estamos conversando? No que estamos pensando? – Somente política. Temos de chamar as coisas pelo seu nome verdadeiro – estamos fazendo politicagem, vivendo sob o signo da primazia da política. Isso é a morte. Vamos relembrar o que Nós somos. Nós – é uma maneira peculiar de perceber o mundo. E a partir dessa percepção peculiar, um modo peculiar de contemplar o mundo pode crescer. E a partir desse modo de contemplação, por acaso, algumas declarações políticas podem ser derivadas. Mas apenas por acaso!²⁹

Para um dos comentaristas mais atentos do pós-1991, Vadim Tsymburskii, essa declaração significou não apenas o fracasso do projeto político especificamente eurasiano, mas o caráter problemático do próprio fundamento do eurasianismo enquanto uma tentativa de sintetizar as dimensões política e ideocrática da identidade da Rússia via uma consideração geográfica. Afinal, a ênfase do eurasianismo na geografia pretendia explicar e justificar a síntese da política e da ideocracia, mas acabou sendo uma oposição entre os dois. Desde então, o resto da história do eurasianismo, incluindo seu renascimento pós-1991, se desenrolou à sombra do poder, a despeito de todo o discurso sobre o "bem comum ortodoxo-muçulmano-budista", e, ao mesmo tempo, sinalizou "o fracasso civilizacional da Rússia, o resultado de seu deslocamento em direção a uma reduzida singularidade espiritual e estilística".³⁰

A geopolítica e o nexo ideocracia/política

Para o próprio Tsymburskii, esse "fracasso civilizacional" é o que define como "crise" a situação da Rússia pós-1991. Dessa forma, para

---

29 Urkhanova, Evrasiitsy i Vostok: Pragmatika Ljubvi?, p.28-9.
30 Tsymburskii, Dve Evrasii: omonimia kak kljuch k ideologii rannego evrasiistva, *Acta Eurasica*, v.1-2, p.28.

ele, assim como para Trubetzkoy, essa situação deve ser discutida e, se possível, resolvida no nível da identidade civilizacional da Rússia. Nesse nível, a Rússia não pode abandonar sua busca por um "bem" comum aos vários povos que habitam o país, mas esse bem comum não pode mais ser associado à Ortodoxia. Portanto, as duas perguntas que definem o imaginário de segurança da Rússia (ou de qualquer outro Estado) – "O que fazer com a Rússia? O que fazer com o mundo?" – estão necessariamente unidas a uma terceira,"talvez tão importante quanto: O que fazer com o cristianismo?".[31] A resposta de Tsymburskii é um "projeto geopolítico secular" no qual os dois polos do impasse eurasiano original – poder estatal e ideocracia ortodoxa – são redefinidos como "geoestratégia" e "geopolítica", respectivamente.

Rússia-Eurásia vs. Rússia insular

Se a teorização eurasiana original gira em torno da identidade do território russo no período pré-petrino e da União Soviética quando esta surgiu no período do entreguerras, Tsymburskii começa com a quase perfeita congruência entre as fronteiras do Estado russo na véspera da ascensão de Pedro ao poder e as fronteiras do Estado conformadas após a dissolução da União Soviética. O eurasianismo definiu de modo ambíguo esse espaço como Rússia-Eurásia e tentou, sem êxito, explicar sua recorrência a partir da descoberta de regularidades geográficas e econômicas. Tsymburskii, por outro lado, desde o início fundamenta essa recorrência na experiência contingente e violenta de conquistar e habitar um espaço específico, semelhante ao *Landnahme* (apropriação de terras) schmittiano.[32]

Aqui, a "descoberta da Sibéria" do século XVII se destaca como um importante evento constitutivo da identidade. A incorporação

---

31 Id., ZAO Rossija, *Russkii Zhurnal*.
32 Tsymburskii, Ostrov Rossiia (Perspektivy Rossiiskoi Geopolitiki), *Polis*, v.5, p.6-23.

dessa região em uma única planície "etno-civilizacional" transformou a Rússia em uma "ilha" gigantesca e internamente homogênea dentro do continente. Protegida de qualquer invasão do Oriente por vastas terras e protegida da dependência política ou econômica direta do Ocidente, por meio de um cinturão de "territórios de fluxo" marginalizados da Europa Oriental, a Rússia se afirmou como um baluarte politicamente consolidado contra os levantes hegemônicos que estavam ocasionando revoluções e guerras em todo o resto do continente, transformando-o em uma colcha de retalhos baseada no moderno sistema de Estados. Esse "esplêndido isolamento", que precedeu as tentativas de Pedro, o Grande, de integrar a Rússia na Europa, assume para Tsymburskii a forma de uma "Rússia insular" que sobreviveu a todas as vicissitudes da(s) fase(s) imperial(ais) da história russa e compõe o núcleo estável de sua identidade civilizacional.

Assim, em vez de ser uma "catástrofe geopolítica", a dissolução da União Soviética significa o "retorno" da Rússia à sua identidade insular. Agora, a Rússia tem de abandonar qualquer tentativa de incorporar o Cáucaso e a Ásia Central ao seu corpo geopolítico. Historicamente, essas tentativas não eram uma expressão da missão unificadora da Rússia, como argumentariam os adeptos do eurasianismo, mas, sim, o desejo da Rússia de "sequestrar" a Europa e sua incapacidade de fazê-lo. Ao imitar as práticas imperiais europeias na Ásia Central, incorporando em seu corpo político partes da Europa Oriental ou, finalmente, tentando ocidentalizar-se, a Rússia buscava com persistência, de uma maneira ou de outra, tornar "sua" a Europa. E sempre falhava em fazer isso. Agora, tinha a chance de retomar sua genuína e autêntica existência política, fundamentada em um evento histórico contingente, mas verdadeiramente fundacional.

Essa base ecoa às claras a compreensão de Carl Schmitt sobre a ordem política, constituída por um evento histórico de conquista de território que, embora localizado fora da lei formal ou de qualquer regularidade, dá sentido à legalidade e à regularidade como tais.³³ Porém, em várias entrevistas, Tsymburskii repetidamente se distancia de Schmitt, argumentando que, como civilização, a Rússia não pode, como os Estados-Nação schmittianos, interpretar suas relações com o mundo com base apenas na distinção explicitamente política entre amigo/inimigo, sem alguma concepção do bem comum. No entanto, nem esse bem comum, nem as regularidades analíticas procuradas pelos eurasianos em seus estudos de geografia podem ser derivados do próprio evento constitutivo. É aqui que a geopolítica, em sua versão *mainstream*, falha, aparecendo como um "*páthos* de vastos espaços", oferecendo talvez consolações utópicas, mas não uma orientação real para ação ou mesmo um fundamento para uma análise significativa.³⁴ Assim, Tsymburskii descarta Ratzel, por exemplo, "com seus esquemas de controle territorial e poder", como um mero "geoestrategista".³⁵

Dessa maneira, Tsymburskii rejeita não só as versões objetivistas iniciais do renascimento da geopolítica na Rússia, mas a própria possibilidade de ter quaisquer fundamentos objetivos para debates políticos ou pesquisas políticas. Talvez a geopolítica, supostamente neutra e objetivista, possa ser posta em recursos retóricos significativos, mas apenas se apoiada pelos "esquemas de controle e poder". Mas esses esquemas não são suficientes para abordar o que Tsymburskii, aqui seguindo efetivamente os eurasianos, vê como a verdadeira crise enfrentada pela Rússia: a crise de sua singularidade civilizacional. Para articular e, sobretudo, corrigir esse tipo de crise, é preciso primeiro ajustar o significado da geopolítica.

IIIIIIIIIII

33 Schmitt, *The Nomos of the Earth in the International Law of Jus Publicum Europaeum*, p.73.
34 Tsymburskii, ZAO Rossija, *Russkii Zhurnal*.
35 Id., Halford Mackinder: Trilogiya Hartlenda i Prizvanie Geopolitika, *Russkii Arkhipelag*.

Geopolítica e geoestratégia

Para executar as tarefas entendidas por Tsymburskii como centrais para a Rússia pós-1991, a geopolítica deveria fornecer respostas para duas perguntas: como articular um bem comum após o colapso da ideologia soviética e sem recorrer à ideologia ortodoxa? Como vincular esse bem comum ao histórico evento constitutivo da conquista de territórios que trouxe a Rússia insular à sua existência? Responder ambas as perguntas redefinirá a dissolução da União Soviética como uma oportunidade e não como uma crise. Desde que as respostas deixem espaço suficiente para a singularidade civilizacional da Rússia ao não equiparar o bem comum do país à "normalidade" liberal globalizada, elas transcenderão a confrontação ideológica dos anos 1990.

Tsymburskii começa com a ideia do bem comum, relacionando-o com os debates então acalorados sobre os "interesses nacionais". Ele descarta de imediato qualquer equiparação dos "interesses nacionais" com as aspirações de qualquer grupo étnico em particular. Como para Tsymburskii os pré-requisitos para a própria existência de uma comunidade são a sua singularidade e a sua liberdade de ação global, o "interesse nacional" é nada menos do que o interesse na segurança e no enobrecimento dessa singularidade e dessa liberdade. Na prática, "interesses nacionais" são articulados por meio de decisões soberanas que nunca são perfeitamente racionais ou sujeitas a análises objetivistas. Contudo, esse decisionismo soberano sempre contém uma ameaça do totalitarismo que deve ser mantido sob controle. A solução ocidental tradicional para isso é uma divisão de poderes no âmbito doméstico ou, mais geralmente, uma distinção entre Estado e sociedade. Mas, enquanto os Estados ocidentais e "suas" sociedades civis, conformadas por associações de detentores de propriedades privadas, aprenderam a manter seus respectivos interesses mais ou menos em sincronia, na Rússia pós-comunista as reformas foram dirigidas pelos representantes de uma "sociedade civil antinacional", identificando seus interesses não com o Estado russo ou com algum pacto entre o Estado e a sociedade, mas com a economia global, buscando, assim, uma "existência política privada" fora de qualquer comunidade específica.[36] É aqui que a geopolítica propriamente dita deve entrar, de modo a deter o conflito irresolúvel entre um Estado potencialmente absolutista e a "sociedade civil antinacional", por meio da "arte de sobrepor necessidades sociais de curto e médio prazos a paisagens físico-geográficas milenares".[37] Um exemplo perfeito dessa arte pode ser encontrado em Mackinder, a quem Tsymburskii compara explicitamente com Homero:

> O primeiro geopolítico está diante de nós como criador de projetos épicos "revestidos" na geografia e deixando sua marca na imaginação de várias gerações de políticos e especialistas, para não mencionar as Plêiades de antigos contadores de histórias até os epígonos contemporâneos no nível de Brzezinski.[38]

Abordado dessa maneira, um genuíno modo de pensamento geopolítico pode ser redescoberto nos tratados e documentos políticos pré-revolucionários russos que, embora nunca mencionem a palavra "geopolítica", permitem imaginar uma tradição de pensamento geopolítico distintamente russa, de forma alguma limitada ou centrada no eurasianismo.

Essa geopolítica é montada com a mesma dualidade que o complexo sociedade-Estado. Seu componente genuinamente político exige um pensamento amplo e ousado, cujo único objetivo é imaginar uma comunidade. Assim, Mackinder, por exemplo, não apenas falhou em prever qualquer um dos cataclismos do século XX, como,

||||||||||||
36 Tsymburskii, Vtoroje Dyhanije Leviafanov, *Polis*, v.1.
37 Id., Geopolitika kak Mirovidenie i Rod Zanyatii, *Polis*, v.4, p.20.
38 Id., Halford Mackinder: Trilogiya Hartlenda i Prizvanie Geopolitika, *Russkii Arkhipelag*.

segundo Tsymburskii, muitas vezes recusou-se, de forma astuciosa, a prestar atenção aos desenvolvimentos estratégicos que se desenrolavam diante de seus olhos. Isso não foi por causa de sua miopia estratégica, mas por sua capacidade de sustentar uma visão incomumente longa da história, focada com exclusividade na identidade britânica. No entanto, precisamente porque essas grandes visões, embora essenciais para a existência de uma determinada comunidade, não podem ser trocadas entre Estados, elas precisam ser "revestidas" de uma geografia e de recursos materiais a ela associados, para que os geoestrategistas possam substituir os políticos e falar a língua do controle e do poder territorial, a língua com que os leviatãs de Vestfália falam uns com os outros.

Em outras palavras, o bem comum só pode ser articulado nos debates políticos domésticos em andamento. Esses debates controlam o poder potencialmente absoluto do Estado. Ao mesmo tempo, as aspirações potencialmente universalistas de alguns participantes influentes nesses debates devem ser contidas por meio de sua quase literal redução a "paisagens físico-geográficas milenares". Esta última ação liga o bem comum articulado publicamente ao evento constitutivo da conquista de territórios e, portanto, aos fundamentos da identidade de uma determinada comunidade.

Assim, a política não pode ser mensurada e lida de nenhuma forma direta a partir do mapa, nem diferentes leituras geopolíticas podem ser diretamente comparadas entre si. A política só pode ser sobreposta à geografia a partir de um gesto soberano. É aqui que o eurasianismo clássico se enfraquece, entrando em um impasse, incapaz de reconciliar o poder explícito da União Soviética stalinista com o universalismo da ortodoxia russa, ou de escolher entre esses dois. Em vez de oferecer qualquer solução definitiva para esse problema, Tsymburskii insiste na distinção entre geoestratégia e geopolítica, como um reflexo da dualidade básica da vida política. Ao falar a linguagem da geoestratégia, ele é principalmente pragmático, cauteloso, apoiado no senso comum, e até mesmo "científico". Sua geopolítica, no entanto, não oferece suportes sólidos para decisões políticas, exigindo, ao contrário, as decisões políticas como um pré-requisito para ter uma estratégia de qualquer tipo. A interação entre geopolítica e geoestratégia, liberdade e necessidade, nunca pode ser totalmente resolvida, muito menos eliminada, sem que se abandone por completo o terreno da política.

De certa forma, esse abandono da política é descrito na história de Trubetzkoy como resultado do encontro do poder centralizado da Rússia com o Ocidente avançado em termos de tecnologia, que interrompeu a síntese ortodoxa/turaniana alcançada historicamente. Na análise de Tsymburskii, a história se repete em um nível ainda mais profundo quando o Estado, em vez de conter as aspirações globais dos detentores de propriedade locais, se junta ao espetáculo globalizado da modernização então em andamento. Se durante o governo Yeltsin qualquer articulação dos "interesses nacionais" da Rússia na esfera pública foi dificultada pelo temperamento "antinacional" da nascente sociedade civil russa, o mandato de Putin foi marcado pela aniquilação de qualquer esfera pública genuína em prol de uma utilização oligárquica eficaz dos recursos da Rússia, com a ideia de "Grande Rússia" e a própria população do país sendo utilizadas da mesma maneira tecnocrática que o gás ou o petróleo.[39]

Portanto, a (re)definição de crise feita por Tsymburskii, já articulada durante a presidência de Putin, parece tão desesperada quanto a de Trubetzkoy:

> A Rússia, temporariamente ou para sempre, perdeu a capacidade de escolher seu próprio futuro. Agora, nosso destino geocultural não é mais definido por nós mesmos [...]. Essa lamentável condição estava longe de ser inevitável. [Até recentemente] nós tínhamos o nosso próprio Futuro o qual nós mesmos poderíamos construir. Abandonamos esse futuro na esperança

---

39 Tsymburskii, ZAO Rossija, *Russkii Zhurnal*.

de chegar à "mesa dos ricos e poderosos". Nossa única esperança agora é uma afortunada mudança nos eventos, de modo que em cinco ou seis anos a "Rússia insular" pelo menos preserve sua soberania interna, sem mencionar a perspectiva de recuperar sua subjetividade geocultural.[40]

O que importa, no entanto, é que essa interpretação da crise é claramente diferente da de Trubetzkoy e da interpretação liberal/patriótica da década de 1990, embora seja construída a partir dos mesmos temas discursivos: ideologia, objetividade, singularidade civilizacional e modernização. Ao reorganizar esses temas de maneira diferente, Tsymburskii chega a uma visão em que a crise está associada não tanto a algum desses quatro temas, mas à ruptura do equilíbrio entre eles; um equilíbrio que só pode ser alcançado "geopoliticamente". Essa leitura, por sua vez, só poderia ser possível por meio de uma interpretação prévia da "geopolítica", para que ela possa servir aqui tanto como solução ideal da crise assim interpretada quanto como ferramenta teórica para sua construção em primeiro lugar.

Por fim, Tsymburskii apela para uma agradável decisão soberana: primeiro, a aceitação do caráter "civilizacional" da crise ontológica dos anos 1990 e, em seguida, uma resolução para superar essa crise, restaurando a identidade civilizacional da Rússia. Um verniz claramente "*geo*político" é dado a essa decisão, outra vez, de uma maneira dupla: primeiro, vinculando a singularidade civilizacional com a conquista de territórios, e segundo, estabelecendo as paisagens geográficas como solucionadoras dos debates públicos potencialmente destrutivos que, paradoxalmente, são o único meio de alcançar uma decisão.

Ainda assim, mesmo essas paisagens, sem falar na continuidade entre elas, e o evento da conquista de territórios devem ser imaginados, deixando, de modo deliberado, a construção geral de Tsymburskii altamente indeterminada, o que talvez explique a falta de

---

40 Tsymburskii, Eto Tvoi Poslednii Geokulturnyi Vybor, Rossija?, *Polis*.

interesse dos políticos russos nessas proposições, os quais, ao que parece, procuravam soluções mais sólidas e, de certa forma, as encontraram em Dugin.

Metafísica e o nexo ideocracia/política

É razoável esperar que um tipo diferente de geopolítica produza uma compreensão diferente da crise; e é isso que acontece com o "neoeurasianismo" de Dugin. Ao contrário de Tsymburskii, a versão da geopolítica de Dugin supria exatamente o que os "patriotas" na Rússia exigiam: uma identidade cultural essencialista, fundamental, compacta e fechada para a Rússia e, portanto, uma saída para a ansiedade ontológica que os "patriotas" vivenciavam naquele momento.[41] Ainda assim, o essencialismo subjacente nos trabalhos de Dugin está longe de ser algo imediatamente óbvio, enquanto que a síntese idiossincrática pela qual ele constrói a identidade russa não é nem um pouco direta. É importante ressaltar que, no que diz respeito ao renascimento da geopolítica, a Rússia de Dugin não se opõe mais ao resto do Velho Mundo como no eurasianismo original, mas constitui uma parte privilegiada do todo eurasiano. Esse todo, por sua vez, é, ao mesmo tempo, construído com a "geopolítica neoclássica" e contra a "geopolítica neoclássica", a qual "ousa [então] falar o seu nome".

Política e metafísica

De um certo modo, Dugin inicia sua argumentação com uma leitura do impasse eurasiano que é bastante semelhante à leitura de Tsymburskii. Ele também reconhece a ambiguidade da posição da Rússia-Eurásia em todo o continente eurasiano e a tensão não

---
41 Laruelle, *Russian Eurasianism: an Ideology of an Empire*.

resolvida entre a ideocracia ortodoxa e o poder do Estado. A julgar pela cronologia de suas publicações, ele também aceita a posição de Trubetzkoy e de Tsymburskii de que a questão da identidade russa *tout court* precisa ser abordada antes de sua articulação com a geopolítica. Contudo, enquanto Tsymburskii prossegue com a secularização do projeto eurasiano original, Dugin radicaliza seu componente religioso ao mover a discussão para o nível da metafísica, ao mesmo tempo que mantém a ambição eurasiana inicial de contar a história da Rússia "a partir do Oriente". A tarefa agora é contar essa história de maneira a eliminar todas as oposições e incoerências previamente identificadas.

Portanto, se em Trubetzkoy as virtudes políticas de Genghis Khan são trazidas do Oriente, mas se chocam com os ideais transcendentais da Ortodoxia sintetizados posteriormente, Dugin apresenta Genghis Khan como já possuidor de uma autoridade divina, que também é perfeitamente consoante com a Ortodoxia. As duas origens são complementares, e não conflitantes. Mas essa complementaridade só é visível a partir de um nível metafísico. A visão de Dugin sobre a Ortodoxia é inspirada em René Guénon, "corrigindo-a" em um aspecto importante. Enquanto Guénon descarta por completo o cristianismo em favor das religiões mais metafisicamente maduras do Oriente, Dugin afirma a singularidade da Ortodoxia dentro do cristianismo, argumentando que ela contém em si todas as ideias metafísicas do "tradicionalismo" de Guénon.[42]

A metafísica aqui representa o modo mais elevado, original e abrangente de raciocinar e de ser. Todas as vicissitudes do devir estão sempre presentes na metafísica e podem, necessariamente, ser atribuídas a uma única fonte. Embora pretenda descartar a metafísica, a ciência inevitavelmente recorre aos fundamentos éticos nela expressos para garantir que todos os elementos ontológicos "permaneçam"

---

42 Dugin, *Absoljutnaja Rodina*.

juntos. Assim, a metafísica estabelece uma fonte universal de ética ao denunciar a dimensão temporal dos eventos e o significado ético do desenvolvimento linear e progressivo. Em vez disso, "dentro da perspectiva metafísica, a história da humanidade adquire lógica, um ponto de referência, um senso de direção quando um valor transcendental transforma o caos da vida e, sozinho, se torna a medida de ordenamento dos seres humanos e dos objetos".[43] Em outras palavras, a metafísica fornece o bem comum exigido pelo eurasianismo. Esse bem comum, no entanto, não é igualmente visível a partir de todas as tradições terrenas; e isso traz o tema da singularidade russa com base em sua experiência ortodoxa.

A tão necessária dimensão transcendental, refletida no plano da religião, torna o cristianismo ortodoxo único. Se, em contraste tanto com a perspectiva "irremediavelmente mecânica" e não divina da criação apresentada pelo judaísmo quanto com a visão helênica "otimisticamente natural" e divina do mundo da matéria, o cristianismo postula a divindade da transformação não divina do homem à luz da graça de Deus e sua unificação com o absoluto, a Ortodoxia torna, então, essa experiência imediatamente política.[44] Segundo a Igreja Oriental, os seres humanos podem superar seu status inferior e participar da dimensão transcendental apenas por meio da completa imersão na esfera política, por meio da existência política coletiva, de modo que a realização do reino de Deus exija um ato de vontade de todo o povo, um empreendimento, assim, coletivo, um movimento de nação por inteiro liderado pela autoridade do imperador, o qual, por si só, atua como mediador entre o secular e o divino, garantindo o que Dugin chama de "a realidade coletiva da salvação".[45] A política agora está longe de ser secundária no processo de contemplar a singularidade russa, como o é em Trubetzkoy,

---

43 Dugin, *Absoljutnaja Rodina*, p.15.
44 Ibid., p.266.
45 Ibid., p.498-500.

mas se torna uma experiência com a qual a Rússia garante seu distinto lugar no mundo.

Finalmente, a origem da identidade política da Rússia não precisa mais ser fundamentada em um evento histórico contingente, como em Tsymburskii, e, portanto, permanecer em constante necessidade de reimaginação geopolítica. Tendo analisado associações semânticas, mitologias e lendas dos povos indo-europeus da Rússia atual, Dugin apresenta a "Rússia Continente" como um conceito carregado de valor que significa nada menos que a identificação de um centro do universo, um berço da humanidade, uma projeção do céu na terra, uma Terra Santa dos antepassados. A Sibéria e os Urais do Norte eram o coração de uma protocivilização antiga criada pelos (historicamente) mais proeminentes antepassados dos sumérios, que, além de sua singular dinâmica de migração, possuíam um legado cultural comum. É justamente essa combinação de características culturais e étnicas supostamente comuns em conjunto com o desenvolvimento histórico único que encontra sua máxima expressão política no Grande Império Eurasiano sob o domínio de Genghis Khan.[46] Posteriormente, os tártaros, os bashkirs, os yakuts e os buryats percebiam os russos não como colonizadores, mas como sucessores de Genghis Khan, cumprindo sua sagrada missão de construção de impérios; e vice-versa, seu influxo após a formação da União Soviética não é mais vista como minando as fundações ortodoxas do eurasianismo.

Dessa maneira, ao contar a história da Rússia desde o Oriente (metafísico), Dugin aborda os temas da ideologia, a singularidade da Rússia e os fundamentos objetivos para essa afirmação; ao mesmo tempo, elimina duas das oposições que atormentavam o eurasianismo original: a oposição entre a ideocracia ortodoxa e o poder de Estado e a oposição entre a Ortodoxia e os povos não ortodoxos da Rússia. No entanto, nessa fase, não há nada especificamente

---

46 Dugin, *Absoljutnaja Rodina*, p.638-9.

geopolítico em seu projeto. A geopolítica é utilizada no quarto tema, a modernização, e a última tensão eurasiana: entre a Rússia-Eurásia e o resto do Velho Mundo. E Dugin não utiliza nenhuma geopolítica, mas a *Geopolitik* de Haushofer. Por quê? Haushofer estava preparado para ver na Rússia um "outro" não confrontante, até mesmo um aliado, desde que fossem excluídos aqueles nômades da estepe que Trubetzkoy retratou de forma ambígua como, ao mesmo tempo, constitutivos e ameaçadores da identidade russo-eurasiana. Embora conceda a Haushofer o significado original da Eurásia como denotando todo o continente, Dugin apresenta a Rússia do mito turaniano como um verdadeiro – espiritual e metafísico – *heartland* desse mesmo continente, eliminando, assim, a tensão remanescente do projeto eurasiano. Enquanto toda a Eurásia é construída nos termos de Haushofer, a Rússia, agora como parte integrante dessa Eurásia, é construída em uma perspectiva contrária à de Haushofer, utilizando os termos de Trubetzkoy.[47] A síntese do eurasianismo e da *Geopolitik* é assim prometida nos dois níveis inicialmente opostos: ideocracia (agora metafísica) e política (agora geopolítica). Ela denota a anunciação russa de uma mensagem espiritual comum a toda a Eurásia em conjunto com os recursos estratégicos russos necessários ao projeto antiatlantista de Haushofer para restaurar a Eurásia à sua posição anunciada no mundo. A modernização não representa mais um problema para a singularidade da Rússia, desde que ela seja realizada pela razão correta, a de expulsar da Europa o demônio do atlantismo.

Neoeurasianismo e a produção da crise

Obviamente, isso redefine, mais uma vez, a crise experimentada pela oposição "patriótica" russa ao longo dos anos 1990. Essa crise, a

---

47 Tsymburskii, *Ostrov Rossija: Geopoliticheskie i Khronopiliticheskie Raboty, 1993-2006*, p.464-74.

partir da perspectiva do neoeurasianismo, não tem mais nada a ver com a modernização como tal, como apontou Trubetzkoy, ou com o caráter problemático das relações entre o Estado russo e "sua" sociedade civil que, nas condições da globalização, geraria uma perda, pela Rússia, de sua singularidade civilizacional, como em Tsymburskii. Na verdade, a crise tem muito pouco a ver com a Rússia. Ela é externalizada na forma de uma ameaça familiar ao imaginário russo, a ameaça do atlantismo, que agora pode ser identificado como tal sem que se recorra à ideologia marxista ou ao confronto nuclear. Por consequência, um imaginário de segurança familiar à época da Guerra Fria pode ser reativado sob essas novas condições; incluindo uma visão de si mesma da Rússia não como uma recipiendária de regras externas em um processo passivo de transição, mas como uma promotora ativa de uma mensagem com validade global; ou seja, novamente uma grande potência, cuja grandeza não depende mais da natureza ou da qualidade de seu regime doméstico.[48]

Curiosamente, esse padrão foi registrado por Viatcheslav Morozov em seu estudo sobre o discurso de política externa da Rússia pós-1991, o qual é rotulado de "modernização reacionária".[49] Nessa perspectiva, a Rússia também se mostra ávida para se aliar à Europa, principalmente no que tange aos propósitos de modernização, mas insiste na distinção entre a "verdadeira Europa" da, digamos, Santa Aliança, e da "falsa Europa", muitas vezes identificada com o "americanismo". Essa prática discursiva, estável o suficiente para ser definida como parte do imaginário de segurança da Rússia, se enquadra no antigo padrão identificado por Tsymburskii como o "sequestro da Europa". O próprio Tsymburskii lê a construção de Dugin como mais um exemplo da familiar estratégia da oposição

---

48 Neumann, Russia as a Great Power, 1815-2007, *Journal of International Relations and Development*, v.11, n.2, p.128-51.
49 Morozov, *Rossija i Drugie: Identichnost' i Granitsy Politicheskogo Soobschestva*, p.449-577.

"patriótica" russa, desenvolvida ao longo da história: "Encontrar na própria história euro-atlântica alguma tradição sombria e marginalizada e associar a ela o destino da Rússia, insistindo que, por meio da reconstrução dessa tradição, a Rússia dos Grandes Espaços ressurgirá, unida [então] à 'sua' Europa".[50]

No entanto, a geopolítica dificilmente desempenha algum papel na avaliação de Morozov. Na verdade, ele argumenta, as fronteiras são a parte menos estável das construções discursivas russas. A quase obsessão das elites de política externa da Rússia por uma identidade estável e independente resulta, continuamente, na produção de deslocamentos discursivos, "simplesmente" porque uma identidade como tal nunca pode ser construída. Esses deslocamentos são então securitizados em ameaças externas, das quais o americanismo é a mais comum. Mas, precisamente porque as fronteiras entre o interno e o externo precisam ser redesenhadas de forma contínua, a pequena Estônia ou a Geórgia, o terrorismo islâmico ou uma "quinta-coluna" liberal russa, podem – e ocasionalmente de fato o fazem – deslocar, sem dificuldade, os Estados Unidos de sua posição constitutiva da noção de uma "falsa Europa".

Então, se o eurasianismo de Dugin se enquadra no padrão discursivo de "sequestro da Europa", quão "geopolítico" é realmente o seu projeto? Afinal, se a única tarefa da *Geopolitik* de Haushofer no projeto de Dugin é eliminar a oposição entre a Rússia e o resto da Eurásia, oposição esta introduzida por Trubetzkoy, então isso decerto poderia ser feito por outros meios. Ou, mais especificamente no contexto deste livro, quais elementos da "geopolítica neoclássica", identificados no Capítulo 2, são essenciais para o neoeurasianismo de Dugin, de modo que, no caso dele, possamos falar de um genuíno renascimento da geopolítica?

50 Tsymburskii, *Ostrov Rossija: Geopoliticheskie i Khronopiliticheskie Raboty, 1993-2006*, p.472.

De qualquer forma, a geopolítica se distingue de outras tradições similares, sobretudo do realismo, por seu determinismo, que, no caso de Ratzel, é fornecido explicitamente por procedimentos científicos. Os procedimentos podem até, em princípio, diferir, mas, como Andreas Behnke aponta em sua análise sobre Haushofer, a "*Geopolitik* não é sobre onde um país se encontra no mapa, mas [sobre] onde ele se coloca no mapa".[51] Em outras palavras, antes de um estudo científico, ou qualquer outro estudo analítico, sobre a relação entre população, geografia e recursos naturais possa ser iniciado, uma "localização" discursiva do Estado no mapa precisa acontecer, sempre por meio de alguma forma de diferenciação do "eu" em relação ao "outro", como apresentado em Weldes, e muitas vezes na forma da distinção amigo/inimigo, como em Schmitt.

Dugin está claramente ciente disso e move sua investigação para o plano da metafísica, sobretudo porque é lá que ele busca superar as limitações da ciência. Mas ele também o faz para evitar a contingência constitutiva schmittiana adotada por Tsymburskii e, assim, essencializar a "localização" apresentada. Esses dois movimentos são mesmo compatíveis?

Isso depende da metafísica empregada. Uma maneira de examinar a metafísica de Dugin é analisando sua discussão sobre símbolos. Os fenômenos que servem como símbolos apontam para uma uniformidade desejada, semelhante ao bem comum eurasiano, o qual é a origem/essência desses fenômenos.[52] Eles também conferem uma ideia de transcendência, semelhante à "realidade coletiva da salvação" de Dugin, que, dada a topografia multicamada de sua metafísica, exige um movimento escatológico contínuo.[53] Mas essas são as características de uma tradição metafísica na qual símbolos, frequentemente mitologizados nas histórias sobre a origem de algo,

||||||||||
51 Behnke, The Politics of Geopolitik in Post-Cold War Germany, *Geopolitics*, v.11, n.3.
52 Dugin, *Absoljutnaja Rodina*, p.75-85.
53 Ibid., p.135-51.

"apontam para uma origem ontológica das coisas: eles são, por assim dizer, os pontos translúcidos, diluídos, no tecido do mundo, através dos quais sua causa invisível brilha adiante, [assim] como para os estoicos o fogo cósmico brilhava através das fendas no céu, as quais chamamos de estrelas".[54] Da mesma forma, na versão de Dugin do eurasianismo, as várias imagens da Rússia servem exatamente como símbolos desse tipo: símbolos da verdadeira essência do continente, originários ou preservados no corpo político da Rússia. Não a Rússia como aparece para os praticantes e os confusos teóricos, mas a verdadeira Rússia do mito eurasiano.

Entretanto, o que essa tradição da metafísica também pressupõe, contrariamente à interpretação de Dugin sobre a oposição entre metafísica e ciência, é uma visão da realidade "genuína", da realidade das "essências", como causadora ou produtora do domínio das aparências, postulando assim, desde o início e no cerne de toda investigação e prática, a relação de causalidade (científica) e/ou produção (tecnocrática):

> Essa ideia de formulação, ou produção, pode ser vista como permeando todos os níveis da metafísica: diz-se que o "Bom", em Platão, "faz" o universo; o intelecto, em Aristóteles, "faz" todas as coisas conhecidas, produz inteligibilidades; a filosofia cristã se levanta e cai com a ideia da criação; a crítica transcendental de Kant começa com o deslumbramento sobre como a razão pode "produzir", *a priori*, sínteses; o espírito do mundo de Hegel é a própria noção de fecundidade.[55]

Nesse sentido, os diversos críticos dessa tradição metafísica frequentemente se opõem a uma visão que interpreta a relação entre teoria e prática, aparência e realidade, linguagem e Ser, como

---

54 Schürmann, The Ontological Difference and Political Philosophy, *Philosophy and Phenomenological Research*, v.40, p.106.
55 Ibid., p.110-1.

uma relação do "simbólico" reunindo-se; enfatizando que, diferentemente das declarações que pretendem ser puramente descritivas, nos símbolos sempre há uma segunda camada de significado que requer interpretação. A interpretação, por sua vez, demanda não um exercício de pura razão, mas participação na prática: "A menos que alguém mergulhe nas águas, salte pelas chamas e etc., os efeitos iniciáticos, rejuvenescedores, purificadores e ligados a esses símbolos não serão compreendidos".[56] Uma metáfora para esse modo de relacionar a parte e o todo pode ser encontrada na compreensão da Grécia antiga de "símbolo", não como um substantivo, mas como um verbo – *symballein*. Na verdade, ele é sempre ordenado em direção à unicidade. Essa unicidade, porém, não é produzida teleologicamente, mas (re)encenada pela união, que é o que *symballein* simboliza. Assim, duas metades de uma cerâmica quebrada no momento de uma transação comercial, uma vez reunidas, serviam como prova de um acordo honrado.

A visão de Tsymburskii de um todo euro-asiático e euro-atlântico e a relação da Rússia com isso está mais próxima da última visão apresentada. O todo não é dado *a priori*, nem praticamente assegurado de uma vez por todas. É um conjunto dinâmico e polarizado de relações em que civilizações distintas se apoiam por meio de suas interações, mesmo quando tais interações são conflitantes. O ritmo pulsante dessa interação é o que dá forma não apenas ao espaço compartilhado, mas também ao momento compartilhado – isto é, à história – da ordem global. De fato, Tsymburskii contempla a possibilidade de abandonar por completo a geopolítica para o estudo da "cronopolítica", em que a singularidade da identidade russa seria estabelecida não por sua territorialidade, mas por sua temporalidade, impensável fora da história euro-atlântica.[57]

---

56 Ibid., p.99.
57 Tsymburskii, *Ostrov Rossija: Geopoliticheskie i Khronopiliticheskie Raboty, 1993-2006*, p.472.

Comparada à perspectiva de Tsymburskii, a versão da geopolítica de Dugin, fundamentada em sua versão da metafísica, é muito mais determinística, embora seu determinismo seja pouco materialista e esteja localizado mais no nível de "colocar" a Rússia no mapa, por meio da metafísica, do que de "encontrá-la" nele. Esse determinismo, por sua vez, dá mais substância à autoidentificação de Dugin com a tradição da geopolítica, mesmo que a identidade em questão seja deslocada para o nível da metafísica. Portanto, nesse sentido, por mais idiossincrática que seja a construção de Dugin, e por mais tênue que ela esteja relacionada a fatores materiais espaciais, é possível ler nela uma tentativa de renascimento da geopolítica neoclássica.

Conclusão

Houve, então, uma ansiedade ontológica na Rússia após o colapso da União Soviética e um renascimento do pensamento geopolítico neoclássico no país, como representado por Dugin. Mas esse ressurgimento não apenas falhou em "consertar" essa segurança ontológica, como também fez apenas limitadas incursões no imaginário de segurança russo.

A geopolítica de Dugin conseguiu claramente colocar a Rússia de volta no mapa quando o próprio mapa estava sendo redesenhado. Ela o fez definindo, desde o início, a situação pós-1991 como uma situação de crise e, em seguida, oferecendo uma definição da crise que se encaixava nas experiências não apenas da oposição "patriótica" da Rússia, mas também de seus formuladores de política externa – por isso a "catástrofe geopolítica". Esse ajuste foi possível graças ao uso de material discursivo disponível para essa construção, a saber, os quatro temas presentes, como um todo, no debate pós-1991: ideologia, modernização, singularidade da Rússia e possíveis critérios objetivos para sua afirmação. Eles foram reorganizados por Dugin de maneira condicionada à sua introdução prévia no discurso realizado pelos eurasianos do entreguerras. Historicamente, essa introdução exigia um afastamento da formulação de políticas específicas em direção a explorações mais densas sobre a identidade da Rússia *tout court*. Por isso a ênfase nas ações de "colocar" e não em "encontrar" a Rússia, nas construções da sua identidade por meio de crises, em vez de consertar a crise por meio de um imaginário de segurança.

Em parte como resultado dessa ênfase, o registro da geopolítica de Dugin no nível do imaginário de segurança permanece, na melhor das hipóteses, confuso. Estudos recentes da política russa atribuem pouco significado à geopolítica, confirmando, assim, a avaliação de Tsymburskii, realizada em 1995, quando Dugin ainda tinha importantes patrocinadores nas elites russas de política externa: "Para a maioria de seus admiradores, Dugin, em geral, continua sendo um DJ no carnaval pós-moderno",[58] em que várias figuras notáveis do passado russo e soviético podem ser reorganizadas repetidamente como atlantistas ou eurasianas.

Parece, então, que a geopolítica de Dugin conseguiu *produzir* a crise – na maneira como essa produção de crises é discutida por Weldes –, mas não era necessariamente fundamental para a sua resolução, até porque a maneira como a crise foi produzida não exigiu, como em Tsymburskii, um radical e contínuo repensar e refazer sobre o espaço político russo, mas permitiu, ao contrário, uma reativação relativamente sem problemas de um imaginário de segurança russo já familiar. Na verdade, dificilmente importa quem é exatamente definido como atlantista ou eurasiano "essencial", muito menos em quais bases metafísicas esse movimento é feito, desde que o velho inimigo esteja à vista.

---

58 Tsymburskii, *Ostrov Rossija: Geopoliticheskie i Khronopiliticheskie Raboty, 1993-2006*, p.465.

PARTE III
CONCLUSÕES EMPÍRICAS E TEÓRICAS

10. O RENASCIMENTO DIVERSIFICADO DA GEOPOLÍTICA NA EUROPA

Stefano Guzzini

NO FINAL DA GUERRA FRIA, quando a Europa estava pronta para colher os frutos de um novo ambiente de segurança, quando a própria redução das inimizades nessa região levou a declarações de segurança comum tão grandiosas como a Carta de Paris da OSCE, e inclusive quando o realismo enfrentava, talvez, o seu maior desafio teórico, muitos países europeus experimentariam o renascimento não apenas de uma versão do realismo, mas de sua ala mais materialista e militarista: a geopolítica. O projeto deste livro começou derivando uma série de hipóteses para compreender esse renascimento tão intrigante. Nossa proposta inicial especificou quatro hipóteses: (i) a partir da história das ideias, pode-se supor uma *path dependence* ideacional fruto de uma tradição materialista; (ii) em termos de uma sociologia do conhecimento, o renascimento da geopolítica pode corresponder à reação vinda de uma "potência insatisfeita"; (iii) do ponto de vista da análise construtivista da política externa, a geopolítica pode ajudar a estabelecer uma nova identidade de política externa após o desaparecimento, nos eventos de 1989, dos papéis anteriormente existentes; (iv) finalmente, a partir de uma avaliação da economia política ou de uma perspectiva institucionalista, o renascimento da geopolítica pode ser visto no contexto das várias comunidades epistêmicas (e suas diferenças nas estratégias de financiamento) presentes no campo dos especialistas em política externa de cada país, em que a ausência de uma distância teórica e política desse sistema de especialistas em relação à política – e, particularmente, aos militares – aumentaria as chances de um renascimento da geopolítica.[1]

Após uma primeira seleção de estudos empíricos (2004-2006), um workshop fez um balanço dessas quatro hipóteses e introduziu uma série de emendas e extensões que contribuíram para definir a configuração do presente livro. Primeiro, como mostraram os capítulos introdutórios, o "quebra-cabeça" inicial precisava ser reformulado e o significado de "geopolítica", especificado. Os geógrafos políticos, e particularmente os pesquisadores que trabalham com a geopolítica crítica, não acharam o renascimento da geopolítica tão intrigante assim. Mudanças anteriores no sistema internacional já haviam estimulado, quase inevitavelmente, uma "imaginação geográfica", antes de ser tomada por garantida à medida que uma nova visão compartilhada de mundo se consolidava. No entanto, aqui encontramos o renascimento de algo mais substancial, que, seguindo Mark Bassin, poderia ser chamado de "geopolítica neoclássica". Para os propósitos deste volume, a geopolítica neoclássica foi definida como

> uma análise voltada à produção de políticas estatais, geralmente conservadoras e com conotações nacionalistas, que dá primazia explicativa, mas não exclusividade, a certos fatores geográficos físicos e humanos (seja o analista explícito sobre isso ou não), e dá precedência a uma visão estratégica, a um realismo com um olhar militarista e nacionalista, para analisar as

---

1 Guzzini, "Self-fulfilling Geopolitics?", or: The Social Production of Foreign Policy Expertise in Europe, *Working Paper*, n.2003/23.

"necessidades objetivas" dentro das quais os Estados competem por poder e posição. (neste volume, p.111)

Em segundo lugar, novamente seguindo a pista dos geógrafos políticos, observamos que o renascimento da geopolítica neoclássica parecia ligado não apenas a mudanças genéricas na política mundial, mas também à existência de uma "ansiedade ontológica" (Agnew). Como observa David Atkinson, enquanto discutia o renascimento da geopolítica na Itália nos anos 1930 e 1990, em que cada instância foi caracterizada por uma instabilidade internacional, "os italianos desenvolveram formas de 'raciocínio geopolítico' para ajudar a entender esses contextos, e talvez sejam exatamente esses períodos de fluxo e ansiedade que tendem a catalisar o raciocínio geopolítico".[2] Esse importante indicador, no entanto, acaba nos apresentando o seguinte questionamento: nem todas as mudanças e instabilidades produzem "ansiedades". O raciocínio geopolítico não ressurgiu em todos os países expostos às supostas mesmas instabilidades internacionais.

Como resultado, decidimos reconfigurar a relação entre as quatro hipóteses anteriormente apresentadas. Em vez de pensarmos nelas em termos aditivos, optamos por tratar o fator da política identitária – ou, de fato, a ideia de uma crise de identidade de política externa – como fator fundamental. Posteriormente, examinamos como alguns dos outros fatores influenciaram o processo pelo qual certas crises de identidade provocaram um retorno do pensamento geopolítico, enquanto outros, não. A ocorrência de tal crise de identidade no discurso da política externa corresponderia, portanto, a uma situação em que certos autoentendimentos (internos) e/ou conceitos (externos) de papéis foram interpretados como estando em risco

---

2 Atkinson, Geopolitical Imaginations in Modern Italy, in: Dodds e Atkinson (Orgs.), *Geopolitical Traditions: a Century of Geopolitical Thought*, p.112.

com o fim da Guerra Fria ou, pelo menos, como necessitando de uma redefinição substancial.

A interpretação da identidade é feita com referência aos discursos de política externa, uma vez que eles são compostos por um estoque de sabedoria comum e de memórias coletivas, de lições compartilhadas do passado e de uma série de ideias-força[3] com as quais os países dão sentido ao mundo. Conhecer o conteúdo de tais discursos nos possibilita entender como eles podem predispor a interpretação de certos eventos internacionais – de fato, como esses eventos interagem com as autoconcepções identitárias neles incorporadas. Para esse tipo de análise, achamos útil, em particular, o conceito de "imaginário de segurança" de Jutta Weldes.

A hipótese subjacente deste livro tornou-se dupla. Primeiramente, o renascimento do pensamento geopolítico após 1989 pode ser mais bem entendido como o efeito eventual de uma crise de identidade de política externa desencadeada por uma dissonância na maneira como os imaginários de segurança eram capazes de se relacionar com os eventos de 1989. Em segundo lugar, uma crise de identidade não afeta diretamente um renascimento geopolítico. Isso depende de uma série de fatores. Também aqui o workshop introduziu algumas mudanças, insistindo mais no nível dos agentes, em que as reivindicações geopolíticas são usadas para ganhos políticos. Em suma, pode-se esperar um renascimento do pensamento geopolítico quando pelo menos alguns dos seguintes fatores se aplicarem: existe uma tradição materialista de pensamento para a política externa; essa tradição é institucionalizada dentro da cultura de especialistas em política externa; e existe um jogo político no qual esse pensamento é usado retoricamente para ganhos políticos (em geral, do lado conservador).

---

3 Bourdieu, *Propos sur le champ politique*, p.63 e 68.

O primeiro capítulo desta seção final resumirá as descobertas dos capítulos empíricos do presente livro. Conforme estabelecido no Capítulo 3, esses capítulos tiveram de analisar:

(1) se houve ou não um renascimento geopolítico no país em estudo;
(2) se houve uma crise de identidade de política externa e, caso sim, de que tipo; e
(3) quais fatores intervieram no renascimento (ou não) do pensamento geopolítico.

Cada capítulo também deve analisar em profundidade o conteúdo do pensamento geopolítico em questão. Isso foi importante para responder à especificação do quebra-cabeça em termos da "geopolítica neoclássica".

Contudo, em uma etapa posterior, esta seção final também elaborará em mais detalhes o segundo objetivo do presente volume, a saber, o desenvolvimento da teoria. Isso será feito no capítulo final, que desenvolve o papel dos mecanismos sociais na análise construtivista, apresentando dois mecanismos sociais que conectam, dinamicamente, eventos internacionais a mudanças nas culturas da anarquia internacional. O primeiro mecanismo aparece na interação entre eventos internacionais e imaginários de política externa/segurança: a mencionada crise de identidade que desencadeia práticas discursivas para reduzir a nova dissonância nas autocompreensões e nas concepções de papéis externos. Um segundo mecanismo aparece quando uma série de ressurgimentos afeta o autoentendimento da própria sociedade internacional – isto é, as culturas da anarquia. No caso em que vários imaginários de segurança trazem à tona o pensamento geopolítico, eles desencadeiam uma visão realista (com um olhar militarista) do mundo, e isso, por sua vez, afetará a autocompreensão da sociedade internacional europeia.

Em relação a este último mecanismo, é crucial conhecer o conteúdo real do renascimento geopolítico que formou o núcleo dos capítulos de cada país. Para a nossa tese empírica mais geral, apontamos que, precisamente quando os eventos internacionais indicavam anunciar mais uma mudança da cultura da anarquia lockeana para a kantiana ("o lar comum europeu", a pan-Europa como comunidade de segurança), esses mesmos eventos também promoveram uma série de crises de identidade que, por sua vez, se produzissem um renascimento do pensamento geopolítico nos imaginários de segurança de países individuais, trariam à tona uma cultura da anarquia hobbesiana. O impacto exato desses mecanismos pode ser difícil de julgar. Mas, como em toda análise de mecanismos, o foco neles torna possível entender a atual cultura lockeana não necessariamente como uma cultura estável, mas como uma cultura em que mecanismos contraditórios podem se anular. Em suma, conhecer o conteúdo geopolítico dos imaginários de segurança nos ajuda a entender o funcionamento real dos micromecanismos que sustentam uma teoria construtivista no nível sistêmico.

A seleção de casos para esta pesquisa incluiu países nos quais não houve um ressurgimento da geopolítica e países em que também variaram os diferentes tipos de crise de identidade e os fatores apresentados na nossa hipótese como possíveis para o reavivamento da geopolítica. Os países escolhidos foram aqueles para os quais seria esperada alguma "ansiedade" com o final da Guerra Fria, seja por se tratar de novos países, ou pelo menos países em novas fronteiras, seja porque suas identidades existentes estavam intimamente ligadas aos papéis desempenhados durante a Guerra Fria. Neste capítulo, apresentarei as conclusões dos estudos dos países e, a partir daí, desenvolveremos as qualificações oriundas dos nossos estudos de caso em relação à estrutura geral deste trabalho.

1. Sem crise de identidade – sem ressurgimento: a República Tcheca e a Alemanha

A hipótese fundamental do presente livro é que o renascimento geopolítico após 1989 é, em última análise, o efeito qualificado de uma crise de identidade. Nos casos em que os países não experimentaram um renascimento geopolítico substancial, o *process tracing* permitiria três possíveis razões para isso. Todas elas dizem respeito à especificação do mecanismo social que reduziu a dissonância na identidade. Primeiro, um país poderia ter sido poupado de uma crise de identidade porque seu imaginário de política externa/segurança estava disposto a interpretar os eventos de 1989 de uma maneira em que sua autocompreensão e concepção de papel externo não eram contestadas. Ou esse mecanismo de crise pode, ainda, ter sido acionado, mas foi possível respondê-lo por outros meios que não o raciocínio geopolítico. Ou, finalmente, esse mecanismo acionou o raciocínio geopolítico, mas este não se desenvolveu, pois obteve efeito oposto às hipóteses levantadas a partir dos fatores processuais que estabelecemos. Nesse contexto, a análise dos dois casos extremos pode oferecer informações valiosas sobre o funcionamento do mecanismo de crise de identidade e suas condições de escopo.

A *República Tcheca* não vê um renascimento do pensamento geopolítico desde 1989. Embora Petr Drulák procure ocorrências desse renascimento o mais amplamente possível, tanto na geopolítica formal quanto na prática, e embora ele empregue uma definição de geopolítica menos restritiva do que a da geopolítica neoclássica utilizada para o restante do livro, ele encontra apenas exemplos de reflexões retóricas, mas eventualmente inconsequentes, com ideias geopolíticas. Drulák observa que houve dois momentos em que as ideias geopolíticas apareceram: no colapso da Tchecoslováquia e, muito mais tarde, durante as discussões em torno da instalação de um sistema de defesa antimísseis. Em cada caso, o pequeno surto se deu quando a direita chegou ao poder. No entanto, o uso da geopolítica era principalmente retórico e quase indistinguível do realismo. Além disso, o uso da geopolítica não tinha equivalência ou ancoragem na geopolítica formal.[4] O sistema de especialistas em política externa da República Tcheca não estava próximo aos militares, e suas instituições de pesquisa poderiam manter o setor político a distância. Drulák nos apresenta uma das principais razões para esse não evento: o discurso político na República Tcheca é baseado em uma tradição antigeopolítica. Enquanto a geopolítica sugere inevitabilidade e determinismo, os atores políticos tchecos confiam em uma tradição que enfatiza a possibilidade de mudança. Tal ênfase na mudança e na maleabilidade é mais consoante tanto com a tradição política dos dissidentes comunistas, dos quais Drulák retraça sua história, bem como com o cenário basicamente modernista do neoliberalismo – visões exemplificadas, respectivamente, por Václav Havel e Václav Klaus, os dois políticos mais importantes no período pós-1989. Além disso, essa continuidade na visão histórica foi centrada no componente tcheco e, portanto, não foi fundamentalmente afetada pelo rompimento com a Eslováquia.

Mais especificamente, o discurso da política externa tcheca parecia não ter apresentado, em primeiro lugar, uma crise de identidade de política externa. Mas não era evidente que tal crise não estivesse de fato ocorrendo, pois não apenas o país emergiu da Guerra Fria com uma nova independência em termos de política externa, e com um "vazio" prático e estratégico que "precisava" ser preenchido, como também sofreu outro evento dramático: a separação da Eslováquia – dramático, quer dizer, se os padrões usuais das RI forem aplicados. Mas a elite política não sentiu necessidade de reavaliação; em vez disso, era como se eles tivessem acabado de voltar para casa após um

---

4 Para outras análises sobre relações internacionais na República Tcheca, ver Drulák e Druláková, International Relations in the Czech Republic: a Review of the Discipline, *Journal of International Relations and Development*, v.3, n.3; e Id., The Czech Republic, in: Jørgensen e Knudsen (Orgs.), *International Relations in Europe: Traditions, Perspectives and Destinations*.

"sequestro" temporário, para usar a famosa frase de Kundera.[5] Os eventos de 1989 não produziram uma dissonância em relação a uma determinada identidade (de política externa): ao contrário, eles acabaram com tal dissonância.

Ainda assim, em outros países da Europa Central e Oriental, para não falar da antiga União Soviética, tais alegações de simplesmente restaurar uma identidade anterior – com os tempos comunistas sendo reduzidos a um soluço da história nacional – não tiveram um efeito tão calmante; em vez disso, produziram ansiedade, como veremos no caso da Estônia.

Para resumir o caso tcheco: o autoconhecimento que fundamenta o imaginário de política externa/segurança tcheca não interpretou os eventos de 1989 ou o colapso da Tchecoslováquia como uma ameaça à identidade da política externa tcheca; muito pelo contrário. Portanto, o primeiro mecanismo de redução de dissonância na identidade não foi verificado. Além disso, os fatores processuais para o ressurgimento da geopolítica não teriam sido propícios a esse desenvolvimento. No que diz respeito à *path dependency* ideacional, o caso tcheco é caracterizado pela existência de uma forte tradição antigeopolítica. Seu sistema de especialistas em política externa mantém um certo grau de independência das Forças Armadas, cujo papel é menos significativo do que o das Forças Armadas de muitos outros países, e a produção acadêmica está longe de ser primariamente materialista. Por fim, embora os jogos políticos usassem a retórica geopolítica, tanto à direita quanto à esquerda, e ainda que esse uso estivesse ligado à ascensão dos governos de direita ou a questões militares (como mostra o exemplo do sistema de defesa antimísseis), o uso de tal retórica parece ter sido muito débil para contrabalançar os outros fatores e iniciar uma reversão da tradição antigeopolítica do país.

---

5 Kundera, Un Occident kidnappe, ou la tragedie de l'Europe Centrale, *Le Debat*, n.27.

A análise do caso tcheco também inclui uma complicação para a configuração do nosso *process tracing*. Uma tradição antigeopolítica pode ser vista tanto como um elemento que fundamenta o imaginário de política externa/segurança, como enquanto um fator de *path dependence* ideacional. De fato, os dois últimos parecem interagir entre si nos processos de identidade de política externa (portanto, não podem ser considerados dois fatores ou variáveis independentes). Embora soasse uma boa ideia isolar crises de identidade como o principal gatilho, o caso tcheco nos leva a inferir que a ausência de tal crise de identidade pode não ser independente de, pelo menos, um dos fatores para o processo de ressurgimento da geopolítica. E, em princípio, esse problema de interação também se aplica a outros casos e outros fatores. Esse é um ponto ao qual voltarei mais adiante.

O caso da *Alemanha* parece ser mais complicado. Por um lado, esse país viu um aumento no uso de argumentos geopolíticos; de fato, um aumento no uso da própria palavra "geopolítica", que havia sido evitada por um longo tempo devido à sua associação com o regime nazista. Muitos observadores, seja na história, seja na geografia, registraram esse aumento.[6] Todavia, com base em evidências tanto no nível formal quanto no nível prático, Andreas Behnke finalmente argumenta que nenhum aumento *significativo* no uso do pensamento geopolítico ocorreu na Alemanha. Não havia mesmo, para começar, uma crise de identidade assim como no caso tcheco, embora por razões diferentes. Enquanto outros capítulos examinam o mecanismo e o processo por meio dos quais a geopolítica se

---

6 Ver Bach e Peters, The New Spirit of German Geopolitics, *Geopolitics*, v.7, n.3; Bassin, Between Realism and the "New Right": Geopolitics in Germany in the 1990s, *Transactions of the Institute of British Geographers*, v.28, n.3; Dijkink, *National Identity and Geopolitical Visions: Maps of Pride and Pain*, p.32-6; Reuber e Wolkersdorfer, The Transformation of Europe and the German Contribution: Critical Geopolitics and Geopolitical Representations, *Geopolitics*, v.7, n.1; Sur, La reference a la *Geopolitik*, ou la tentation du determinisme spatial, *Materiaux pour l'Histoire de Notre Temps*, v.37-8; e Van der Wusten e Dijkink, German, British and French Geopolitics: the Enduring Differences, *Geopolitics*, v.7, n.3.

destacou nos países envolvidos, a não ocorrência de tal desenvolvimento no caso alemão volta a exigir um tipo diferente de capítulo. Behnke precisa, em primeiro lugar, comprovar sua afirmação sobre o significado limitado do aumento do uso do termo geopolítica. Assim, ele acaba apresentando elementos contra si mesmo ao incluir tanto o nível prático, em que muitos localizaram a ascensão do termo geopolítica, quanto os eventos desde o período posterior à década de 1990. Deixe-nos explicar seus dois principais argumentos.

Todos concordam que 1989 e a subsequente reunificação da Alemanha provocaram uma enorme sensação de satisfação naquele país, enfim retirando a Espada de Dâmocles que pairava sobre ela. Mas esses desenvolvimentos também provocaram certo grau de apreensão quanto ao papel dessa nova/velha Alemanha na Europa e no resto do mundo. Sobre isso, talvez não exista nada mais revelador do que as duas tentativas de assassinato de políticos de alto perfil que ocorreram no contexto da reunificação. Esse tipo de ocorrência é extremamente raro na Alemanha e parece só vir à tona em tempos de alta polarização política. Além dessas duas tentativas, o caso mais conhecido é o de Rudi Dutschke, um líder estudantil marxista que sobreviveu a um tiro na cabeça durante as revoltas de 1968.[7] No contexto da reunificação alemã, o candidato da esquerda à chancelaria, Oscar Lafontaine, e o negociador-chefe da direita do tratado de reunificação, Wolfgang Schäuble, foram vítimas de tentativas de assassinato durante viagens de campanha política. Ambos sobreviveram. Os dois homens eram personalidades centrais no debate público sobre o processo de reunificação: Lafontaine defendendo uma posição mais confederada na qual a República Democrática Alemã

---

7 Para indicar um profundo marco da época: nas eleições nacionais alemãs subsequentes em 1969, o Partido Nacional-Democrático, que acompanhava os nazistas na Alemanha, alcançou seu mais alto nível de apoio em toda a sua história: 4,3%, 1.422.000 votos (em 1972, eles estavam de volta aos níveis normais, com 0,6%). Rudi Dutschke sobreviveu, mas acabou morrendo em 1979 de um ataque epilético enquanto tomava banho, efeito retardado da lesão anterior.

(RDA) teria tempo; Schäuble pressionando por uma rápida unificação em que a RDA não deveria ser considerada em pé de igualdade com a República Federal da Alemanha (RFA), mas acessaria a RFA e seu arcabouço constitucional. Consequentemente, ao oferecerem razões para o renascimento da geopolítica na Alemanha, os observadores também indicam concordar que 1989 foi crucial. Em uma passagem que corresponde perfeitamente à tese básica do presente livro, Etienne Sur escreve:

> Parece-me [...] que a referência a argumentos geográficos [...] por muitos intelectuais alemães é sinal (precisamente) de uma certa desorientação, se não de um certo desânimo, diante de uma nova realidade geopolítica que [...] põe em questionamento as representações estabelecidas (*acquises*) da ideia de nação [...]. É como se, para algumas pessoas, "o solo duro" das [realidades geográficas] se tornasse o ponto de orientação preferido (*point de repère privilégié*) na tentativa de lidar com um sentimento nacional em plena reconstrução, e com a dolorosa experiência da reconstrução da identidade.[8]

Desse modo, a questão principal não é se alguma forma de ressurgimento ocorreu, mas, sim, quais eram os seus conteúdo e significado exatos. Mais uma vez, a maioria dos comentaristas sobre o renascimento da geopolítica na Alemanha enfatiza de imediato que sua análise lida com uma série de escritos que estão à margem do debate alemão, seja acadêmico, seja político. Esses escritos "não devem ser equiparados à opinião pública ou a influências tangíveis na percepção da elite da política externa",[9] ou, nas palavras de Bassin, "grande parte ou a maior parte da nova *Geopolitik* permanece

---

8 Sur, La reference a la *Geopolitik*, ou la tentation du determinisme spatial, *Materiaux pour l'Histoire de Notre Temps*, v.37-8, p.33.
9 Dijkink, *National Identity and Geopolitical Visions: Maps of Pride and Pain*, p.34.

nas margens políticas, bem longe do *mainstream*".[10] E, no entanto, olhar para os protagonistas desse ressurgimento é importante para o segundo ponto levantado por Behnke; a saber, que não houve uma grande crise de identidade na Alemanha. Dessa forma, quem foi que pressionou por um ressurgimento da geopolítica? Existem basicamente três grupos nesse ressurgimento. Um primeiro grupo é formado por membros das Forças Armadas alemãs, como Heinz Brill, um acadêmico que trabalha na Unidade de Pesquisa do Bundeswehr, ou Joachim F. Weber, assessor de imprensa do Exército e ex-editor do *Ostpreußenblatt*, que falou sobre um "renascimento da geopolítica e da Alemanha em uma crise de orientação".[11] Um segundo grupo consiste em vários escritores, a maioria deles analisados por Bassin, que são jornalistas e cuja formação não é o que Bassin chama de a "nova geopolítica alemã", mas, na verdade, a velha *Geopolitik* alemã. Isso se aplica a Felix Buck, nascido em 1912, que foi vice-presidente do Partido Nacional-Democrático (PND) entre 1970 e 1977 (deixando-o em 1979)[12] e cujo trabalho é cheio de elogios a Haushofer,[13] e a Heinrich Lordis von Lohausen (1907-2002), um general austríaco que serviu na Wehrmacht e cujos escritos representavam uma continuação direta da tradição da *Geopolitik*. Por fim, o terceiro grupo é composto por vários intelectuais da "nova direita" na Alemanha, em particular historiadores como Karlheinz Weißmann, cuja publicação nos anos de 1933 a 1945, em uma prestigiosa série de escritos sobre história alemã, provocou tal nível de escândalo (foi acusado de revisionismo pela história do regime nazista)

||||||||||

10 Bassin, Between Realism and the "New Right": Geopolitics in Germany in the 1990s, *Transactions of the Institute of British Geographers*, v.28, n.3, p.351.
11 Brill, *Geopolitik heute: Deutschlands Chance?*; e Weber, Renaissance der Geopolitik: Deutschland in der Orientierungskrise, *Criticon*, v.129.
12 Virchow, *Gegen den Zivilismus: Internationale Beziehungen und Militar in den politischen Konzeptionen der extremen Rechten*, p.92.
13 Buck, *Geopolitik 2000: Weltordnung im Wandel: Deutschland in der Welt am Vorabend des 3. Jahrtausends*.

que seu contrato acabou rescindido, e o editor responsável pela série, demitido. Esse editor era Rainer Zitelmann, com quem Weißmann publicou um livro de referência relacionado ao renascimento da geopolítica.[14] Zitelmann mudou-se para o diário conservador *Die Welt* antes de, afinal, decidir sair em definitivo da academia e do debate público. Desde 2000, ele trabalha com administração imobiliária e só publica temas dessa área.

Agora, se alguém pudesse desejar um grupo de desafiantes que ajudasse a *solidificar* discursos estabelecidos sobre a identidade nacional alemã, esse seria o grupo. A *Geopolitik* não era tanto um tabu nos debates alemães, como o era o seu concorrente, facilmente derrotado, no discurso de identidade nacional. Parafraseando a feliz fala de Ole Wæver sobre a Europa: "O Outro da Alemanha é o passado da Alemanha". Portanto, quando um grupo heterogêneo de pensadores marginais militares e de revisionistas históricos tentou usar o momento de 1989 para encontrar um lugar para o pensamento geopolítico, eles se utilizaram perfeitamente do já preestabelecido "Outro" do discurso alemão. Essas narrativas que tentaram redirecionar o pensamento da política externa alemã ao revisitar e reabilitar partes do passado alemão (nazista), ou simplesmente soar irredentista (como quando Buck fala dos territórios do Nordeste da Prússia sob o comando russo), não exploram uma desorientação no discurso da identidade nacional alemã; ao contrário, fornecem o "Outro" sobre o qual esse discurso pode ser fixado, como escreve Behnke. Além disso, como ele mostra, na década de 1990, o debate alemão havia acabado de ser ensaiado na *Historikerstreit*. Sem novos argumentos, mas apenas com a esperança de um *Zeitgeist* diferente, o ataque revisionista não se materializou.

Além desses desenvolvimentos, e para realizar a mais ampla análise possível do ressurgimento da geopolítica, Behnke também aborda

---

14 Zitelmann, Weißmann e Großheim (Orgs.), *Westbindung: Chancen und Risiken für Deutschland*.

a geopolítica prática. Aqui, a política externa alemã mais assertiva, oriunda da coalizão Esquerda-Verde, e em particular seu papel militar, foi vista como parte desse ressurgimento. Mais uma vez, a análise de Behnke confirma o primeiro argumento: não houve crise de identidade nem ressurgimento geopolítico. De fato, a expectativa de papel vinda de atores externos à Alemanha coincidiu com a autopercepção mencionada anteriormente, a qual via a Alemanha como um fator estabilizador, exatamente porque ela não atuou de acordo com um script antiquado de política de poder, mas, sim, porque sustentava com firmeza sua identidade alemã europeia. Apenas quando as expectativas sobre se o Exército alemão poderia intervir externamente vieram à tona é que o papel internacional potencialmente diferente da Alemanha se tornou um assunto para discussão. Por consequência, se algo existiu enquanto fator desestabilizador não foi 1989 ou a reunificação que afetaram a discussão da identidade da política externa alemã, mas as expectativas externas (que, sem dúvida, também foram compartilhadas por alguns dentro do governo alemão) de que a Alemanha voltaria a se tornar uma potência militar. De novo, a análise cuidadosa de Behnke mostra que as referências geopolíticas são, no máximo, superficiais no redirecionamento da política externa e de segurança alemã, a qual mantém um forte grau de continuidade com a política da *Bonner Republik*.

Em suma, nem a geopolítica formal, nem a prática experimentaram um renascimento significativo na Alemanha; a principal razão é que o papel e a autoidentificação da Alemanha em seu imaginário de política externa/segurança foram vistos como confirmados pela maneira pacífica como a Guerra Fria chegou ao fim. As poucas tentativas dos conservadores alemães de usar as profundas mudanças políticas para uma definição mais nacionalista do interesse nacional mobilizaram o passado e, portanto, o "Outro" da autocompreensão alemã já existente. Essas vozes geopolíticas apenas reconfirmaram a identidade pós-1945 (em especial pós-1966/1969) e provocaram uma resposta rápida e avassaladora no meio acadêmico, no campo especializado e na política para a continuação da Alemanha na perspectiva da *Berliner Republic*.[15]

Como no caso tcheco, a investigação do caso alemão também tem algumas implicações para o quadro geral de análise do presente livro. Nos estudos de ambos os países, a análise de uma *path dependence* ideacional interage claramente com a de um imaginário de segurança. Além disso, o caso alemão mostra que uma crise de identidade de política externa não é nada mecânica. Todos os imaginários de segurança envolvem visões contundentes do eu, embora uma dessas visões seja (via de regra) predominante. Como o Capítulo 3 deste volume insiste, uma tradição de política externa fornece material interpretativo para posições divergentes, embora o alcance das posições aceitáveis ou autorizadas discursivamente seja limitado. Como mostra o caso alemão, a agência entra na própria definição de crise de identidade de política externa: nem em termos materialistas (a unificação e a mudança da estrutura internacional exigem redefinição de políticas), nem em termos ideacionais (a unificação significa uma nova identidade, portanto, crise de identidade) ela é compreendida enquanto crise simplesmente por efeito de mudanças externas. Se a interpretação de um evento finalmente desencadeia ou não uma crise, tal crise é efeito de batalhas simbólicas. Nesse caso, houve tentativas de contestar a identidade alemã de *Vergangenheitsbewältigung* (reconciliar-se com o seu passado) pós-1969, mas essas tentativas mobilizaram o Outro discursivo e foram rapidamente deslegitimadas. Portanto, a agência é parte integrante do início de

---

15 Talvez pareça estranho para muitos essa não ocorrência de uma crise de identidade, e de fato a perseverança da identidade nacional pós-nacionalista, ou até antinacionalista, subjacente aos discursos de política externa. A Alemanha não tem (ou não deve ter) um "problema de identidade"? Mas a identidade alemã em questão seria considerada por muitos alemães como bem evidente: apenas nacionalistas alemães e alguns não alemães pareciam ter um problema com essa identidade alemã supostamente "não natural", "anormal", mas poucos ou a maioria dos próprios alemães não viam problema nessa identidade.

uma crise de identidade, e não apenas de seu desdobramento, enquanto os imaginários de segurança existentes fortalecem determinadas posições e não outras.

Por fim, a hipótese por nós levantada da relação entre a existência de uma crise de identidade e o renascimento do pensamento geopolítico não dá indícios, até agora, de ter sido desconfirmada. Em certo sentido, teria sido melhor para a estrutura deste livro se pelo menos em um caso os fatores processuais de ressurgimento da geopolítica tivessem feito a diferença. Mas, nos dois casos discutidos anteriormente, foi o gatilho inicial que não funcionou. Isso poderia implicar, porém, que os elementos "fatores processuais" e "crise de identidade" estivessem intimamente conectados em um tipo de configuração comum, em vez de alinhados em um processo. Esse é um ponto ao qual voltarei no capítulo final.

2. Diferentes tipos de crise de identidade e de ressurgimentos da geopolítica

Itália: geopolítica depois de 1989 e "Tangentopoli"

Na Itália, houve um claro renascimento da "geopolítica", exemplificado pelo sucesso dos escritos de Carlo Jean e pelo estabelecimento da *Limes: Rivista di Geopolitica*, que tinha uma distribuição de até 100 mil cópias na época da Guerra do Kosovo.[16] De acordo com Brighi e Petito, a Itália experimentou efetivamente uma sensação de ansiedade ontológica após 1989. De certa forma, isso pode parecer intrigante. Olhando de fora, pouco mudou, pelo menos em relação aos outros países examinados neste livro. Nenhuma nova fronteira, nenhuma reunificação, nenhum papel central na Guerra

---

16 Atkinson, Geopolitical Imaginations in Modern Italy, in: Dodds e Atkinson (Orgs.), *Geopolitical Traditions: a Century of Geopolitical Thought*, p.111.

Fria perdido, nenhum novo inimigo ou ameaças. Então, por que essa ansiedade foi sentida na Itália? A análise sugere que a Itália passou por uma crise de identidade latente por um tempo considerável, crise esta que a Guerra Fria só pôde conter temporariamente. Existe uma sensibilidade na memória coletiva da Itália sobre o tratamento supostamente injusto que o país experimentou após a Primeira Guerra, o qual deu origem ao "irredentismo" e à sensação de que a comunidade internacional não leva a Itália tão a sério quanto ela merece. Enquanto os estrangeiros mal notavam, a opinião pública italiana era lembrada repetidamente da *sorpasso* (ultrapassagem), o apelido dado aos desenvolvimentos em 1987 em que a economia da Itália cresceu mais do que a da Grã-Bretanha em termos absolutos do PIB (embora não em PIB *per capita* ou em Paridade do Poder de Compra).[17] Sempre que se discute o G7, ou a possível reforma do Conselho de Segurança da ONU, tende a existir uma insistência no discurso de política externa da Itália de que, "objetivamente", a Itália deve ser tratada em pé de igualdade com todas as principais potências europeias (daí a resistência da Itália a um assento permanente para a Alemanha). O que é notável é a sensação contínua de ser tratada numa condição de inferioridade, de ter de provar o seu valor. Assim, um tema importante dentro do imaginário de política externa italiana gira em torno da ideia da Itália como um país que outras nações não respeitam tão plenamente quanto deveriam, um país que não recebe o que lhe é devido.[18]

---

17 Não importa que essa *sorpasso* tenha sido financiada por uma dívida enorme que voltaria a assombrar o sistema político em sua grande crise no início dos anos 1990 e que tenha sido facilitada por uma mudança na contabilidade estatística, por meio da qual uma parte maior do mercado negro foi incluída no PIB (fazendo com que o PIB aumentasse 18% em um ano).

18 Dinger, *From Friends to Collaborators: a Constructivist Analysis of Changes in Italo-German Relations with the End of the Cold War*. Em geral, o autoconhecimento político da Itália tende a oscilar entre avaliações altamente autocríticas sobre o sistema político e sobre a importância internacional do país, posição esta mais encontrada em debates internos e na esquerda política, e uma autorrepresentação, usada no exterior

Durante a Guerra Fria, a posição da Itália como um dos membros fundadores da UE e o seu inabalável apoio às políticas dos norte-americanos poderiam garantir uma política externa que era, ao mesmo tempo, passiva – por meio dos Estados Unidos, da Otan e da UE – e, ainda assim, "relevantemente" ligada aos eventos do mundo. Em troca de seu apoio, as potências externas se abstiveram de examinar a política interna da Itália, que era marcada por vários problemas relacionados à natureza inacabada do sistema democrático do país, e em muito foi desculpada (se não financiada) por conta do papel central das autoridades italianas na frente anticomunista que atravessou bem no meio da sociedade italiana.[19]

Com o fim da Guerra Fria, no entanto, vários eventos podem ser vistos como abaladores desse acordo. Primeiro, qual seria o papel da Otan na Europa depois de 1989? Até onde a UE iria? E qual seria o lugar da Itália nesse contexto? O que ela ganharia por desempenhar o papel de defensora passiva? Além disso, o papel de baluarte anticomunista se tornara menos importante. De fato, o comunismo na Itália entrou rapidamente na defensiva. Com a abertura para o Oriente, os "padrões democráticos" se tornaram a principal maneira de avaliar os países no centro da Europa. Tais expectativas começaram a ser formuladas ao mesmo tempo que o sistema clientelista da Itália enfrentava uma grande crise financeira no início dos anos

---

e predominantemente no espectro da direita, como potência cultural e econômica, uma nação antiga cuja importância tem sido marginalizada por potências estrangeiras (por ciúmes ou arrogância) ou pela sociedade internacional, de modo mais amplo.

19 A Itália também foi palco do maior contingente da organização paramilitar secreta da Otan denominada Stay Behind (que havia recrutado muitos ex-soldados e oficiais nazistas e fascistas), conhecida como Gladio. Essas tropas foram responsáveis pelo reconhecimento e sabotagem no caso de uma invasão soviética, mas também foram associadas a estratégias de terror e subversão contra "inimigos internos" – comunistas, sociais-democratas e/ou pacifistas – quando uma invasão nunca chegou a acontecer. Para uma breve apresentação sobre Gladio, ver Ferraresi, A Secret Structure Codenamed Gladio, in: Hellman e Pasquino (Orgs.), *Italian Politics: a Review*, v.7.

1990, levando à sua implosão.[20] A saída de antigos protetores políticos revelou a corrupção sistemática e o crime fiscal, um sistema complexo de "governo paralelo" e o papel do crime organizado na sociedade italiana. A descoberta legal de "Tangentopoli"[21] ("Bribesville") e a acusação a políticos de alto nível foram certamente vistas por muitos italianos como um momento bastante aguardado de orgulho nacional. Por fim, foi possível identificar-se com um país que, por si só, começara a repelir as partes podres do sistema. No entanto, essa "purificação" (*mani pulite* ou "mãos limpas") também levou à deslegitimação de grandes parcelas da elite existente. O colapso de um sistema que mantinha o Partido Democrata-Cristão no poder desde o início da República pós-1945 – Giulio Andreotti, por exemplo, ocupava havia mais tempo uma posição no governo (1947-1992) do que Enver Hoxha na Albânia, como comentaram, ironicamente, alguns críticos – deixara um vazio. A definição do que seria a Itália estava em discussão, e respostas antigas não seriam mais suficientes. As bases nas quais a identidade italiana deveria ser discutida também eram menos definidas do que no caso alemão. Havia uma sensação de que a Itália tinha de procurar novos rumos. Ao mesmo tempo, o debate (sobretudo à direita) refletia uma preocupação crescente sobre a possibilidade de a Itália ser posta, novamente, em uma posição de segunda classe dentro do rol das potências europeias.

O vigoroso renascimento da geopolítica se enquadra nesse contexto de redefinição e reafirmação do status da Itália, com um espectro político de direita na defensiva após o desaparecimento da *Democrazia Christiana*. As retoricamente fortes referências à "geopolítica" – uma ideia quase tão ingrata nos debates políticos e

---

20 Guzzini, The "Long Night of the First Republic": Years of Clientelistic Implosion in Italy, *Review of International Political Economy*, v.2, n.1.
21 "Tangentopoli", em português, pode ser traduzido como "cidade do suborno" ou "cidade da propina". (N. T.)

acadêmicos na Itália e na Alemanha – pareciam responder, de duas maneiras, ao vazio criado. Primeiramente, o ressurgimento da geopolítica mobilizou o materialismo e a determinância presentes no pensamento geopolítico para defender uma nova necessidade na política externa italiana. Com base no desejo de deixar para trás a passividade do período da Guerra Fria, a "geopolítica" seria o alerta para uma definição consciente do interesse nacional e da política externa da Itália. Essa visão é claramente uma das razões por trás dos escritos de Carlo Jean (e de seu sucesso).

Segundo, a consolidação da *Limes* correspondia à necessidade de um novo fórum no qual a política externa italiana pudesse ser debatida. Provavelmente, isso é parte da explicação para o fato de que, como mostram Brighi e Petito, o renascimento geopolítico também veio da esquerda, e não apenas da direita, na medida em que a *Limes* é publicada por uma editora de centro-esquerda. O sucesso da *Limes*, cujo lançamento foi apoiado por fundos do governo em 1993, estava inicialmente na criação de um fórum em que "intelectuais de segurança"poderiam tentar resolver o vazio pós-1989 em um idioma que prometia trazer respostas. Em seu apelo a "fatos" supostamente naturais, a geopolítica sugeriu fornecer uma boa maneira de estabelecer um campo "neutro" – já que era independente de ideologias – para superar as divisões da Guerra Fria que caracterizaram o discurso político italiano. No entanto, junto com a ideologia, a *Limes* também manteve distância da teoria "acadêmica", preservando-se quase inteiramente intocada pelas descobertas teóricas no campo das relações internacionais. Isso foi feito para garantir um público mais amplo, mas esse não foi o único motivo. Consequentemente, a *Limes* reproduz com frequência a linguagem do senso comum da diplomacia (realismo) e da estratégia militar (geopolítica). Esse deveria ser o terreno "bipartidário" comum. Além disso, o(s) editor(es) da *Limes* não estava(m) procurando um terreno comum: ele(s) queria(m) criá-lo. Portanto, a publicação foi aberta tanto para a direita quanto para a esquerda, mas apenas dentro de um determinado domínio predefinido. De acordo com a declaração sobre os propósito da revista, a *Limes* foi

> fundada no confronto aberto e de oposição (*contrastivo*) entre diversos projetos e representações geopolíticas. O ponto essencial é que esses projetos e representações se refiram a conflitos de poder no espaço (terra, mar e ar) e que possam ser colocados em mapas (*cartografabili*) [...] sem nenhuma simpatia (*ammiccamento*) pelo determinismo geográfico em voga na geografia política de século XIX ou em algumas escolas geopolíticas do século XX.[22]

No entanto, deve-se acrescentar que, além da presença de uma autoafirmação italiana bastante clara em seu editorial[23] e de um editor que tende a ver o mundo fortemente através de olhos geopolíticos,[24] na *Limes* a geopolítica também pode ser definida de maneira bastante ampla – por exemplo, em relação à "geopolítica dos táxis".[25]

Portanto, para resumir, houve tanto ansiedade quanto uma crise de identidade de política externa na Itália; a geopolítica parecia uma maneira promissora de lidar com esses desdobramentos, e os atores do *establishment* político, militar e de mídia aproveitaram esse potencial. Por que a geopolítica? Aqui, os diferentes fatores processuais subsidiários desempenham um papel. De fato, como mostram Brighi e Petito, quase todos os fatores especificados para este estudo favoreceram um ressurgimento da geopolítica. Existe uma

---

22 Ver a página oficial: <http://temi.repubblica.it/limes/chi-siamo>.
23 Caracciolo, Korinmann e Maffia (Orgs.), *What Italy Stands for*.
24 De fato, em uma palestra em Copenhague, ele baseou sua visão da política externa e de segurança da Rússia nos escritos geopolíticos russos. Ver Lucio Caracciolo, "*Eurussia: Is Pan-European Security Possible?*", apresentação em conferência no Danish Institute for International Studies, 22 abr. 2009. Ver: <www.diis.dk/sw76035.asp>.
25 Ver: <http://temi.repubblica.it/limes/geopolitica-dei-taxi-guidatrici-velate-alla-ribalta/12321>.

forte tradição materialista na cultura política italiana (*path dependence* ideacional); o sistema de especialistas em política externa está próximo ao *establishment* político e militar; e especialistas independentes, vindos da academia ou em paralelo a ela, são raros, subdesenvolvidos e não teóricos.[26] As coisas começaram a mudar durante a última década – embora de maneira desigual – com uma crescente profissionalização das RI na academia e maior abertura à literatura estrangeira que vai além da inspiração teórica limitada da tríade "Huntington-Kissinger-Brzezinski" dos anos 1990. De fato, o próprio trabalho teórico fez uma nova e modesta incursão nesse período, enquanto a geopolítica recuou.

Turquia: geopolítica na esquerda e na direita e o problema de uma endêmica crise de identidade

Se a Alemanha era um país no qual quase todos os fatores relevantes denotavam antecipar a possibilidade de um renascimento do pensamento geopolítico, na Turquia a situação era quase oposta. Como em outros países nos quais os regimes militares continuaram a existir após o período do fascismo europeu, como os da Península Ibérica ou da América do Sul, a geopolítica não precisava de um renascimento: ela sempre esteve lá.[27] É verdade que houve um

||||||||||

26 Ver os cursos e os conteúdos programáticos reunidos por Bonanate, *Studi Internazionali*.
27 Ver, respectivamente, por exemplo Dodds, *Geopolitics in Antarctica: Views from the Southern Oceanic Rim*; e Id., Geopolitics and the Geographical Imagination of Argentina, in: Dodds e Atkinson (Orgs.), *Geopolitical Traditions: a Century of Geopolitical Thought*; Gangas-Geisse, Ratzel's Thought in Chilean Geography, in: Antonsich, Kolossov e Pagnini (Orgs.), *On the Centenary of Ratzel's Political Geography: Europe between Political Geography and Geopolitics*; Hepple, Metaphor, Geopolitical Discourse and the Military in South America, in: Barnes e Duncan (Orgs.), *Writing Words: Discourse, Text and Metaphor in the Representation of Landscape*; Kacowicz, Geopolitics and Territorial Issues: Relevance for South America, *Geopolitics*, v.5, n.1; Santis-Arenas, Ratzel's Thought in Chilean Geopolitics, in: Antonsich, Kolossov e Pagnini, op. cit.; e Sidaway, Iberian Geopolitics, in: Dodds e Atkinson, op. cit.

aumento considerável nas publicações e referências abertas à geopolítica, como evidenciado por Pinar Bilgin no Capítulo 7, mas houve pouca novidade nesses desenvolvimentos.

Esse aumento foi possível pela existência de um imaginário de segurança turco que Bilgin chama de "dogma da geopolítica". Esse dogma é caracterizado:

(1) pela suposição de que elementos geográficos são fatos naturais e constantes, os quais estabelecem a geopolítica como uma visão científica e objetiva do mundo;
(2) por uma crença axiomática na primazia, se não na determinância, da geografia como um fator que molda a política mundial;
(3) pela suposição de que a localização geográfica da Turquia é especial, de um modo que torna esses fatores extradeterministas para o caso turco; e
(4) pela apresentação da Turquia como um país que ocupa um lugar invejado tanto por amigos quanto por inimigos.

Esse dogma desempenha um papel importante no imaginário de segurança da Turquia, uma vez que se relaciona com duas das principais características desse mesmo imaginário. A primeira está ligada à questão perene da identidade da Turquia, que, com a chegada da República Turca, foi decidida como "ocidental". Nesse contexto, quaisquer que sejam as diferenças em relação a outros países ocidentais (em termos de religião, cultura etc.), a existência de interesses

---

Para trabalhos anteriores, ver Child, Geopolitical Thinking in Latin America, *Latin American Research Review*, v.14, n.2; Hepple, Geopolitics, Generals and the State in Brazil, *Political Geography Quarterly*, v.S5, n.4; Kelly, Geopolitical Themes in the Writings of General Carlos de Meira Mattos of Brazil, *Journal of Latin American Studies*, v.16, n.2; e Reboratti, El encanto de la oscuridad: notas acerca de la geopolitica en la Argentina, *Desarrollo Economico*, v.23, n.89. Observe que o próprio general Augusto Pinochet, do Chile, publicou um livro com o título *Geopolitica* (em 1968).

comuns de segurança – ou a "geopolítica", por assim dizer – instauram a Turquia em um terreno ocidental seguro durante a Guerra Fria. Além de ajudar a interpelar uma identidade ocidental segura, o dogma da geopolítica também serve para negociar o ocidentalismo da Turquia com uma memória coletiva que é, ao mesmo tempo, conflitiva, mas igualmente fundamental: a saber, os Tratados de Sèvres nos quais o Império Otomano foi dividido pelas potências ocidentais. A metáfora de Sèvres representa um Ocidente que não pode ser confiável e que estava pronto para minar a própria integridade do precursor da República Turca. Aqui, o dogma da geopolítica serve de intermediário para essa identidade, já que sua ênfase nas necessidades geográficas significa que não havia nada intrínseco no comportamento das nações "ocidentais" na época: elas eram basicamente compelidas a agir como agiam.

Dado o papel central da lógica materialista subjacente nesse imaginário geral de segurança, e a fixação da identidade "ocidental" em particular, os eventos de 1989 produziram, segundo Bilgin, uma "ansiedade ontológica" (Agnew). Quando, durante a década de 1990, a UE se mostrou menos disposta a conceder à Turquia adesão ao bloco, apesar de ter se expandido para incluir países da Europa Central e Oriental, e, ainda, quando mesmo os Estados Unidos mostraram alguns sinais de impaciência em relação ao processo de democratização da Turquia e aos relatórios de direitos humanos do país, qualquer que seja o entendimento da identidade da política externa turca, as atribuições resultantes dos países ocidentais quanto à função externa da Turquia foram as de um Estado ocidental marginal, talvez não inteiramente europeu, e com uma identidade mediterrânea ou mesmo do Oriente Médio. Nesse contexto em que a Turquia se sentiu traída, ela presenciou uma grande expansão de escritos geopolíticos, documentados por Bilgin, que abarca desde o surgimento de uma série de novos periódicos até trabalhos acadêmicos e políticos, incluindo os do então ministro das Relações Exteriores, (professor) Ahmet Davutoğlu.

Mas por que recuperar a geopolítica? Embora, nesse caso, o dogma da geopolítica pareça sugerir que a busca por argumentos geopolíticos seja a resposta "natural", segundo Bilgin, dois dos fatores processuais tiveram uma função complementar em limitar a busca de respostas ao vocabulário da geopolítica: o papel central das Forças Armadas e o estado da academia de RI (cujas profissionalização e independência, entretanto, melhoraram nos últimos anos). A onipresença dos militares e do ensino principalmente materialista, com uma pequena abordagem teórica que pudesse providenciar um certo distanciamento observacional aos entendimentos do senso comum ou até mesmo uma perspectiva crítica à "visão geopolítica neutra",[28] ampliou a atratividade do argumento geopolítico e a rapidez com que se deu o recurso a ele.

O capítulo apresentado por Bilgin também sublinha a importância do fator processual sobre o papel dos agentes, posto como hipótese na nossa estrutura geral do livro, uma vez que a geopolítica se destacou nas batalhas políticas diárias da Turquia. Isso, contudo, não fez com que forças conservadoras usassem argumentos geopolíticos contra uma esquerda que rebatesse e evitasse esses mesmos argumentos. Em vez disso, ambos os lados usaram livremente a argumentação geopolítica. Bilgin observa que o vazio de muitos dos argumentos geopolíticos utilizados – podendo ser moldados para qualquer determinância ambiental que seja útil em debates políticos – facilita largamente essa situação.

Para o nosso quadro geral de análise, o caso turco nos apresenta dois aspectos subsequentes, um relativo ao processo pelo qual a geopolítica é mobilizada, e outro relacionado ao seu papel em apaziguar crises de identidade. Quanto ao primeiro, a análise de Bilgin questiona o papel do conservadorismo no argumento geopolítico. Já vimos em capítulos anteriores que a retórica geopolítica não era

---

28 No original, *"geopolitical view from nowhere"*. (N. T.)

estranha a forças não conservadoras, fossem elas Havel na República Tcheca, vários políticos da coalizão Verde-Vermelha na Alemanha, o editor da *Limes* (embora seu pertencimento à esquerda seja discutível) na Itália, e Ecevit e outros na Turquia. É claro que, embora os nacionalistas conservadores sinalizassem ter usado argumentos geopolíticos com mais facilidade ou naturalidade, a geopolítica não é seu domínio exclusivo.

Esse uso "bipartidário" da geopolítica seria uma estratégia meramente retórica? De fato, um uso puramente retórico é mais fácil de explicar: todo ator político tenta mobilizar e explorar um imaginário de segurança a fim de melhorar a reverberação de seu argumento. Quando os símbolos se tornam uma ferramenta consciente e não apenas um dispositivo cultural, os atores se envolvem em batalhas simbólicas nas quais qualquer argumento "autorizado" pode ser usado se servir para aumentar a legitimidade de um argumento. Somente em contextos em que os atores estão cientes e críticos das implicações que uma reprodução de ideias geopolíticas pode ter (militarizar a política internacional) é que eles hesitam em utilizá-las, podendo ou não recorrer a tais argumentos geopolíticos ou tentar limitar seu uso (como no caso da Alemanha). De fato, nesses países, pode-se esperar que os argumentos não reverberem tão "naturalmente" quanto em outros lugares.

Mas e o pensamento geopolítico neoclássico? Existem duas maneiras pelas quais a esquerda ou os reformistas podem ser atraídos não apenas pela retórica, mas também pelo conteúdo da geopolítica (ou pelo menos por alguns de seus elementos). Em uma discussão convincente do darwinismo social, Mike Hawkins mostrou como essa visão de mundo foi apropriada por racistas, reacionários e reformistas.[29] A teoria da evolução de Darwin inclui tanto um senso de inexorabilidade natural quanto de possibilidade de mudança se as

---

29 Hawkins, *Social Darwinism in European and American Thought, 1860-1945*.

condições externas forem alteradas – é a natureza e a evolução. Por consequência, dependia muito de qual lado dessa tensão o teórico se posicionava. O lado mais conservador construiria uma linha que vai da escassez malthusiana a uma luta perene por terra ou primazia, enquanto os mais pacifistas insistiriam na análise de Darwin de um processo seletivo de crescente complexidade social, em que a violência física foi substituída pela competição econômica e ideacional. Sendo fundamentalmente sobre um processo agnóstico, os teóricos poderiam decidir enfatizar a natureza imutável da seleção humana ou os efeitos evolutivos dessa seleção. Aplicado ao nosso argumento geopolítico, isso significaria que, pelo menos em princípio, poderia haver maneiras de argumentar sobre a primazia dos fatores geográficos que, entretanto, ao enfatizarem suficientemente o caráter histórico de tais fatores, permitiriam uma visão reformista.

O caso turco, porém, parece bem diferente e leva a uma segunda maneira de entender a presença da esquerda no renascimento geopolítico: o nacionalismo. Se, como argumenta o presente livro, o renascimento geopolítico ocorrer como resposta a uma crise de identidade de política externa, deverão surgir discussões sobre a natureza dessa identidade, sobre o "interesse nacional" e sobre a "própria nação". Em muitos países, a questão do nacionalismo é quase exclusivamente reservada à direita, mas não para todos. Há, por exemplo, uma tradição republicana (às vezes, até jacobina) na esquerda francesa e uma tradição patriótica republicana liberal nos Estados Unidos (o que torna o nacionalismo um valor amplamente compartilhado no discurso político daquele país). Na Turquia, o principal partido estabelecido à esquerda do espectro político turco (Partido Popular Republicano, ou CHP) se considera o herdeiro da tradição kemalista. Essa tradição pode parecer de esquerda, já que é a tradição ocidentalizante na Turquia e, portanto, reformista em comparação com entendimentos mais tradicionalistas da sociedade turca. Ao mesmo tempo, porém, também tende a defender o papel excepcionalista das Forças Armadas na sociedade turca, que, vendo-se como garantia da integridade territorial e da sociedade secular da Turquia, mantiveram o país em um estado de limbo entre um regime que é democrático e um mesmo regime que está constantemente em uma (fria) guerra civil (com todas as consequências "necessárias" para os direitos humanos que isso implica). Em outras palavras, não é o componente conservador, mas o nacionalista, que denota ser crucial para entender o papel do nosso fator processual, pelo menos em relação à Turquia.

No entanto, o caso turco também é instrutivo para uma segunda faceta da nossa estrutura de análise. Até agora, o primeiro mecanismo foi entendido como se dando no encontro entre o imaginário de política externa/segurança e um evento externo (o fim da Guerra Fria), em que a interpretação desse evento desencadeia uma dissonância dentro da identidade de política externa contida no imaginário de um país. O arcabouço teórico indicava claramente que isso tinha de ser visto de uma maneira interpretativista, no sentido de que não havia nenhum automatismo envolvido: um determinado evento não necessariamente produziria uma crise de identidade (como vimos também nos casos alemão e tcheco). O caso turco, porém, aponta para uma qualificação específica: a possibilidade de uma crise de identidade endêmica na qual não existe um entendimento estável do eu-outro. Obviamente, toda identidade é um processo, e não uma entidade fixa. Mas ser "idêntica" requer um senso de continuidade (ao longo de um processo em construção). A natureza do renascimento geopolítico na Turquia parece sugerir que a identidade é mais precária em alguns imaginários de segurança do que em outros e, portanto, uma crise de identidade turca pode ser endêmica. Inversamente, se a principal hipótese estiver correta – isto é, que as crises de identidade podem resultar na ascensão do pensamento geopolítico –, a repetida incapacidade da geopolítica de fornecer uma solução estável para tais crises pode indicar a existência de um círculo vicioso – uma ideia que irei desenvolver agora um pouco mais detalhadamente.

Os eventos de 1989 apenas expuseram uma crise de identidade permanentemente em curso, a qual foi exacerbada pelo fato de que a importância estratégica da Turquia (a solução geopolítica) não podia mais superar a crescente distância entre as expectativas em relação ao significado de fazer parte do Ocidente (via UE) e o que a Turquia estava disposta a entregar a partir daquele momento. É basicamente a crise do kemalismo quando ser ocidental não é mais medido pelo alfabeto "correto", pela secularização (e militarização) do Estado, nem mesmo pela economia de mercado (desde o primeiro-ministro Turgut Özal na década de 1980), mas, sim, pelo regime democrático e de direitos humanos. Isso é parcialmente resultado do posicionamento da UE em seu acervo comunitário (*acquis communautaire*) – ou, na verdade, em sua tentativa de se projetar como um poder normativo (pelo menos às vezes). Mas também resulta da Guerra Fria e do seu término, uma vez que os registros de direitos humanos foram um argumento-chave na luta ideológica contra a União Soviética.

Segundo, parece que os processos de identidade no caso turco podem assumir a forma de um círculo vicioso. Por um lado, os argumentos geopolíticos são facilmente utilizados em tempos de crise. Mas, se a crise de identidade de política externa é latente, já que a ancoragem ocidental nunca foi assegurada, ela precisa de pouco para aparecer uma e outra vez, mobilizando continuamente o dogma geopolítico. Por outro, de acordo com uma hipótese derivada do caso turco, exatamente pela aparente determinância de tal pensamento, que tende a ser utilizável em todas as posições possíveis, a geopolítica não estabiliza os discursos de identidade. A determinância que ela sugere a torna atraente; mas a sua indeterminância significa que a solução para tal crise que ela fornece é sempre precária. Dessa forma, embora o pensamento geopolítico seja uma solução fácil e rápida, não é suficiente por si só e pode, de fato, se tornar parte do problema: se ele expulsa outras formas de discurso, a crise de identidade latente deve retornar. Nessas circunstâncias, podem-se esperar mecanismos sociais semelhantes àqueles disponíveis para a redução da dissonância cognitiva individual. Um deles, o *wishful thinking*, adapta a percepção da realidade (ou das crenças); aqui, isso envolveria supor que o ocidentalismo da Turquia é, afinal, reconhecido. O outro, *sour grapes*, tenderá a adaptar os desejos; portanto, como Bilgin mostra, alguma visão alternativa, como o "eurasianismo", surgirá de maneira a permitir que a autoidentificação e a percepção de papéis da Turquia coincidam melhor.[30] No entanto, apesar de a geopolítica ser atrativa, essa crise de identidade latente não será resolvida por uma abordagem geopolítica, e o debate sobre o assunto tenderá a oscilar como um pêndulo sem interrupção, mesmo que tal interrupção seja imaginada (veja a comparação com o caso russo, a seguir). Esse é um ponto ao qual voltarei no próximo capítulo.

Estônia: geopolítica civilizacional

Os antecedentes do caso da Estônia são, novamente, diferentes. Aqui, 1989 não pode ser visto como um evento que foi interpretado de forma a produzir uma crise para um determinado imaginário de segurança (como na Itália ou na Turquia), nem como um evento que poria fim a esse imaginário (como na República Tcheca). A Estônia não foi apenas sequestrada: ela deixou de existir como Estado independente por várias décadas. Portanto, o retorno à independência em 1991 não significou uma crise nos processos formadores da identidade, dentro de uma dada tradição de política externa, mas, sim, a criação de uma própria política externa. Realmente, o fato de a Estônia não ser um país independente havia algum tempo, conforme

||||||||||

30 Essa ideia é obviamente inspirada na discussão de Jon Elster sobre mecanismos sociais dentro de uma amplamente concebida análise racionalista (ver, por exemplo, Elster, A Plea for Mechanisms, in: Hedström e Swedberg (Orgs.), *Social Mechanisms: an Analytical Approach to Social Theory*; e Id., *Explaining Social Behavior: More Nuts and Bolts for the Social Sciences*). A discussão sobre se essas ideias podem ou não (ou como) ser utilizadas para uma análise de mecanismos de práticas discursivas será feita no próximo capítulo.

argumenta Merje Kuus, significava que a identidade seria, de início, articulada não em termos de política externa, mas em termos civilizacionais – e por elites culturais e não por intelectuais do Estado. Não é a geografia física, mas, sim, a geografia humana e cultural que lideraria o renascimento da geopolítica.

Portanto, como mostra Kuus, o discurso de identidade na Estônia concentra-se, e ativamente constrói, a entidade cultural de uma nação, e não propriamente um Estado e seus interesses.[31] A nação estoniana e sua legitimidade remontam a tempos imemoriais, muito antes do hiato soviético. O discurso localiza a Estônia – incluindo sua religião e sua cultura – no Ocidente, e não na Rússia (automaticamente chamada de Oriente). A Estônia é o Estado na linha de frente da fratura entre Ocidente e Oriente. Isso produz um forte senso de construção do "Outro", porque o discurso funciona sobre o que as pessoas são, e não sobre o que elas fazem; e isso tem implicações para a sociedade estoniana, na medida em que o Outro civilizacional pode ser um indivíduo "entre nós". Os indivíduos se tornam, como aponta Kuus, "portadores da geopolítica". O conceito civilizacional de identidade permeia, assim, os debates políticos, desde as políticas externas e de segurança até as que envolvem uma série de questões domésticas que incluem imigração, cidadania, direitos das minorias e educação. Sua visão de ameaça pode ser tanto o poder do Império Russo quanto uma quinta-coluna[32] interna.

É nesse contexto que Kuus analisa como os mapeamentos e identificadores culturais de Huntington foram avidamente apropriados, sobretudo na esfera pública da Estônia, tanto que eles se tornaram

---

31 Para uma discussão relacionada que examina vários níveis dos discursos da Estônia, incluindo discursos visuais, ver Berg, Some Unintended Consequences of Geopolitical Reasoning in Post-Soviet Estonia: Texts and Policy Streams, Maps, and Cartoons, *Geopolitics*, v.8, n.1.

32 "Quinta-coluna", termo cunhado durante a Guerra Civil Espanhola que, em termos gerais, significa qualquer grupo clandestino que atua dentro de um país ou região. (N. T.)

parte e foram legitimados enquanto "senso comum". As teses de Huntington agrupam geopolítica e cultura, "moldando a geopolítica em termos de identidades essenciais e enquadrando a cultura como uma questão geopolítica". E, como o imaginário de segurança da Estônia não é formado em termos de uma linguagem vinculada ao interesse estatal, mas, sim, a uma identidade cultural e a falhas civilizacionais, sua identidade não permite nenhuma visão de hibridez ou de mistura. Como em qualquer argumento étnico essencialista, ele leva a odes de "pureza", em que a mistura nunca é uma solução de compromisso ou uma evolução natural de uma identidade em processo, mas apenas uma testemunha do declínio ou da derrota dessa mesma identidade.

A proposta de Kuus identifica três reconsiderações para a nossa estrutura inicial de análise. A primeira se refere à própria definição de geopolítica, já que alguns podem considerar o "choque de civilizações" de Huntington como não sendo "geopolítico". A segunda está relacionada com a interação entre discursos nacionais e internacionais – ou, efetivamente, com o questionamento sobre em que medida as influências externas podem impactar o processo de retorno da geopolítica sobre o qual nos debruçamos nesta investigação. Por fim, sua análise mostra como o nacionalismo não é reservado apenas para grandes potências ou para potências insatisfeitas, mas também para uma "geopolítica dos fracos".

Como Huntington pode fazer parte da geopolítica? Ele não fala só sobre cultura, e não sobre natureza? Há pouca dúvida de que a tese de Huntington sobre o choque de civilizações se enquadra perfeitamente na tradição da geopolítica. Os geopolíticos clássicos sempre insistiram no componente nacional/étnico como um princípio fundamental da geografia e da política de Estado. Isso pode ser visto nos primeiros escritos de Ratzel, nos quais ele discute como o solo (*Boden*) e os seres humanos formam, juntos, um Estado, e como a natureza desse Estado depende de ideias e de uma consciência comum: as fronteiras do Estado se estendem tanto quanto o *leitende*

Gedanken; ou seja, tanto quanto se estendem os pensamentos orientadores desse Estado. Ratzel menciona ideias religiosas e nacionais, além de memórias históricas, insistindo no papel da consciência nacional.[33] Por sua vez, Kjellén tem seu capítulo sobre geopolítica imediatamente seguido por um sobre etnopolítica, mostrando como ambos fazem parte da personalidade de um Estado e como a lealdade (ao regime) e a nacionalidade (à nação) se alimentam mutuamente.[34] O princípio nacional aparece na defesa de Mackinder sobre as trocas populacionais, como ocorreu após a Primeira Guerra Mundial, entre a Grécia e a Turquia,[35] ou nas várias visões de primazia civilizacional da Europa/Ocidente/raça branca, na qual as versões do darwinismo social levariam as nações a lutarem pela sobrevivência.[36] E, obviamente, a *Geopolitik* alemã estava intimamente ligada a um "virulento nacionalismo étnico alemão".[37] A geopolítica clássica sempre incluiu a etnopolítica, a geografia física e humana/cultural. Uma vez identificada a ligação entre discurso geopolítico e nacionalismo (veja a discussão do caso turco acima), esse elemento cultural vinculado à geopolítica não nos surpreende.

No entanto, o problema da análise geopolítica é que, quando ela inclui fatores culturais e ideacionais (uma consciência nacional), não podemos mais ter certeza de quais são exatamente as "necessidades" da natureza. De fato, nesse contexto, não soa intelectualmente incongruente procurar continuidades ou raízes biológicas que possam servir como uma maneira de reduzir a cultura à natureza, mais uma vez. É óbvio que essa lógica seria evitada hoje caso surgisse em um "disfarce racial", mas não necessariamente se fosse baseada na

---

33 Ratzel, *Politische Geographie*, respectivamente, p.13-4 e 32.
34 Kjellén, *Der Staat als Lebensform*, p.123. Trata-se dos dois únicos capítulos que são completamente desenvolvidos.
35 Mackinder, *Democratic Ideals and Reality: a Study in the Politics of Reconstitution*.
36 Por exemplo, Kjellén, op. cit., p.122.
37 Herb, A Journey into the Thicket of German Geopolitik, *Geopolitics*, v.7, n.3, p.179.

psicologia ou nas ciências cognitivas, como na teoria da identidade social, por exemplo.[38] Portanto, a inclusão de fatores civilizacionais e culturais não faz com que um argumento saia da lógica geopolítica. Fatores materiais e culturais estão ligados entre si pela preocupação com o nacionalismo. Mas, ao usar fatores culturais, a geopolítica faz algo com eles. Ao adicionar cada vez mais itens indeterminados (e socialmente construídos) à lista de fatores cruciais, mantendo uma lógica argumentativa baseada em uma "determinância natural", a geopolítica tende a objetificar a cultura e a essencializar nações. Não é por acaso que o último livro de Huntington fez com que ele se afastasse dos confrontos das civilizações (homogêneas) e se aproximasse de ameaças nacionais como, segundo ele, a ameaça que os imigrantes hispânicos representam a um (essencializado) núcleo anglo-protestante central na formação dos Estados Unidos.[39] Isso reproduz o dilema mencionado no Capítulo 2 deste volume: no momento em que os escritores geopolíticos reconhecem que esses fatores não materiais são necessários e não redutíveis à natureza ou a uma necessidade estatal, a virada civilizacional perde sua suposta determinância, uma das principais razões de sua atratividade.

O segundo ponto levantado pelo capítulo de Kuus diz respeito à inter-relação entre os discursos identitários domésticos e o mundo exterior. De fato, aqui encontramos não apenas a lógica interna do argumento geopolítico, ou seja, a disposição de fixar a identidade de política externa por restrições supostamente naturais ou

---

38 Para maneiras em que tal abordagem pode ser usada para defender críticas realistas ao construtivismo, ver Mercer, Anarchy and Identity, *International Organization*, v.49, n.2; e Snyder, Anarchy and Culture: Insights from the Anthropology of War, *International Organization*, v.56, n.1.

39 Huntington, *Who Are We? The Challenges to America's National Identity*. Para uma crítica interessante acerca desses parâmetros político e conceituais, ver Katzenstein, "Walls" between "those People"? Contrasting Perspectives on World Politics, *Perspectives on Politics*, v.8, n.1.

necessárias, mas também o fato de o argumento provir de um centro de conhecimento externo e autorizado. Como escreve Kuus, as teses de Huntington foram consideradas como uma prova externa do senso comum da Estônia; em troca, o próprio Huntington usou a maneira pela qual alguns países da Europa Oriental conseguiram se identificar com sua tese como uma forma de confirmação. Ainda assim, a razão pela qual Huntington – e não outra voz legítima do Ocidente – seria recebido com tanta estima tem a ver com a predisposição existente no senso comum de certas políticas externas, isto é, por meio da ação de intelectuais locais; portanto, tal utilização das teses de Huntington não pode ser reduzida a uma "imposição" estrangeira.

Finalmente, vemos no caso estoniano como a geopolítica pode ser informada por uma sociologia do conhecimento, a qual não se destina a engrandecer as reivindicações de grandes potências reais ou aspirantes, mas, ao contrário, defende – ou efetivamente cria – a existência independente de uma nação. Ela representa, então, uma "geopolítica dos fracos", o nacionalismo defensivo de um pequeno país.[40] As referências a uma comunidade (protetora) maior à qual um país pertence remetem ao mesmo senso defensivo de nacionalismo, por mais ofensivas que possam ser suas implicações para essa comunidade de cidadãos estonianos de descendência soviética/russa.

Rússia: o retorno da geopolítica incapaz de fixar o imaginário de segurança

O fim da Guerra Fria e o fim da União Soviética levaram a repensar o que significa a "Rússia", seu papel e sua autoidentificação nos anos 1990. De fato, como apontou um perspicaz observador, tanto a política quanto os estudos internacionais foram "obcecados

---

40 Agradeço a Eiki Berg por ter insistido nesse ponto em uma conversa pessoal.

com a identidade".[41] Essa obsessão foi acompanhada por uma enxurrada de argumentos geopolíticos, mobilizando diferentes linhagens históricas da nação russa na tentativa de estabelecer um novo imaginário de política externa/segurança. Até agora, a hipótese deste livro parece valer. Mas, como Astrov e Morozova argumentam, apesar de toda a onipresença do argumento geopolítico no discurso político e público russo, em última análise, a recomposição do imaginário de segurança se baseou em inspirações que não eram estritamente geopolíticas. A geopolítica foi uma resposta rápida a uma crise – efetivamente parte da própria definição de crise –, mas não forneceu uma solução a longo prazo.

O caso russo oferece comparações interessantes com a Estônia e a Turquia. Tal como na Estônia, o reavivamento da geopolítica foi, em uma medida considerável, civilizacional, pois o que estava em jogo era a redefinição não apenas do Estado, mas da nação. Tanto na Rússia como na Estônia, o renascimento da geopolítica provocaria, a princípio, entendimentos essencializados. Mas, enquanto a Estônia usou argumentos civilizacionais de maneira defensiva, a fim de reforçar sua posição no Ocidente e contra outra civilização mais a Leste, a Rússia, percebendo-se como o cerne dessa civilização a Leste, procurava por uma maneira "segura de si" para se definir. Isso permitiu à Rússia recorrer de modo mais substancial aos seus próprios recursos simbólicos; e tais recursos se mostraram mais multifacetados, abertos a diversas linhagens históricas.

Como a Turquia, a Rússia parece ter sido presa em uma espécie de crise de identidade perene. Ambos os países foram considerados parte da Europa – mas não tão europeus assim (cf. a ideia do Império Otomano como "o homem doente da Europa"). Mais especificamente, a atribuição do papel de "grande potência" pela sociedade internacional a esses dois países em geral não tem sido de

---

41 Morozov, Obsessed with Identity: IR in Post-Soviet Russia, *Journal of International Relations and Development*, v.12, n.2.

todo sincera. Enquanto a Rússia (e, mais tarde, a União Soviética) se considerava um ator central, as sociedades internacionais subsequentes não foram necessariamente favoráveis à concessão desse status. Portanto, a discussão sobre se a Turquia ou a Rússia fazem parte da Europa e/ou do Ocidente sempre foi acompanhada de uma discussão sobre se elas eram membros "aceitáveis" da sociedade internacional. E, a cada passo, a sociedade internacional se tornava mais exigente – cada vez mais quanto aos critérios que os regimes domésticos precisavam cumprir, não apenas em relação ao poder que um país era capaz de projetar –, e tanto a Rússia quanto a Turquia enfrentavam uma exclusão da Europa/Ocidente.[42] De fato, muitas vezes os dois lados se construíram como o (significativo) outro.[43] Astrov e Morozova mostram que, como na Turquia, a geopolítica não forneceu uma estabilização da identidade no imaginário de política externa da Rússia.

Os autores identificam quatro temas que dominaram os debates russos pós-1991, a saber, ideologia, modernização, o caráter singular da Rússia e possíveis fundamentos objetivos da sua (re)afirmação após o fim do comunismo e da União Soviética.[44] Eles argumentam que os anos 1990 instauraram um grande problema para a rearticulação do imaginário relevante de política externa. Para o observador

||||||||||

42 Para o caso turco mais recente, ver Rumelili, Liminality and the Perpetuation of Conflicts: Turkish-Greek Relations in the Context of the Community-Building by the EU, *European Journal of International Relations*, v.9, n.2; e Id., Constructing Identity and Relating to Difference: Understanding EU's Mode of Differentiation, *Review of International Studies*, v.30, n.1; para uma análise das repetidas tentativas russas de alcançar o status de grande potência, ver Neumann, Russia as a Great Power, 1815-2007, *Journal of International Relations and Development*, v.11, n.2.
43 Para Rússia, ver Neumann, *Russia and the Idea of Europe: a Study in Identity and International Relations*; e Id., *Uses of the Other: the "East" in European Identity Formation*; para o Império Otomano, ver, entre outros, Said, *Orientalism*.
44 Note que os primeiros temas são compatíveis com aqueles que Hopf apontou como proeminentes no debate de identidade na União Soviética e na Rússia; ver Hopf, *Social Construction of International Politics: Identities and Foreign Policies, Moscow, 1955 and 1999*.

externo, muitas vezes propenso a confundir a Rússia com a União Soviética, pode parecer um movimento rápido simplesmente remeter, de volta, à longa história da identidade e da política externa russa, rompendo com o imediato passado soviético e mobilizando o anterior e rico reservatório de lições e linhagens da Rússia. No entanto, isso não seria fácil. Os primeiros anos "liberais", nos quais a identidade e a política externa da Rússia foram enxertadas em um modelo "ocidental" já existente, falharam na crise econômica e provocaram turbulências até o final da década. Portanto, a ruptura com o passado soviético não teve êxito; mas também não foi possível retornar a ele: o papel da ideologia comunista na autocompreensão do imaginário de política externa da Rússia tinha sido extinto. Assim, argumentam Astrov e Morozova, não havia um imaginário pronto ao qual recorrer. Mais precisamente, a crise não era apenas em relação a um novo debate sobre quais memórias históricas deveriam se tornar dominantes dentro de um então estabelecido imaginário de política externa; também envolveu, em primeiro lugar, uma decisão sobre qual tipo de imaginário seria então escolhido como base para a identidade – debate este resultado das múltiplas subjetividades do passado russo/soviético. Portanto, o caso russo é de uma crise de identidade de política externa na qual não há mais uma identidade. Conforme analisado nos capítulos iniciais do livro, crises surgem quando o imaginário de segurança predispõe a compreensão dos eventos de maneira a desestabilizar uma autocompreensão já instaurada ou dominante, ou desestabilizar a relação entre essa autocompreensão e a atribuição de papéis externos. A Rússia não é apenas um caso que se enquadra na segunda explicação, mas também um caso pertencente à primeira.

Nessa desorientação, o pensamento geopolítico surgiu e mobilizou o pensamento geopolítico anterior. De fato, o que seria mais apropriado do que refletir sobre a última vez que a política externa/segurança russa imaginou problemas semelhantes, a saber, quando a Rússia se tornou a União Soviética? Tanto Vadim Tsymburskii como

Aleksandr Dugin confiariam nesse passado para as suas recomposições eurasianas de uma identidade e, potencialmente, de um imaginário de segurança mais informados geopoliticamente. Astrov e Morozova mostram as diferentes maneiras pelas quais os dois procuram recompor essa identidade, argumentando que, com algumas qualificações, Dugin pode ser considerado um "pensador geopolítico neoclássico".

Mas o ponto principal dos autores é que, embora tenhamos uma crise de identidade e um renascimento da geopolítica, incluindo um renascimento da geopolítica neoclássica (Dugin), e embora estivesse acontecendo uma clara redefinição da identidade de política externa, a tradição da política externa é reorganizada de uma forma que não depende fortemente da geopolítica. Em vez disso, e esse movimento é realizado com a segunda presidência de Putin, é uma versão do realismo tecnocrático que informa a redefinição da identidade russa, versão esta responsável por exaltar as razões da crise e acabar mobilizando uma identidade da Guerra Fria, sem os seus componentes comunistas e o risco do confronto nuclear, mas fundamentada na mesma ameaça – o "atlantismo" ou o "americanismo" (a "falsa Europa"). Estabilizando, a princípio, a identidade, essa externalização resume uma crise endêmica de identidade.

Consequentemente, o caso da Rússia também traz algumas implicações mais amplas para o presente livro. Um renascimento da geopolítica ocorreu naquele país e, além disso, foi plausivelmente desencadeado pela crise de identidade que os principais pensadores e políticos tentaram abordar. O capítulo não se concentra muito nos outros fatores processuais, pois sabemos que todos eles levam à mesma direção. A Rússia era um caso "óbvio" de um Estado em que se poderia esperar um renascimento da geopolítica como forma de lidar com uma crise. Menos óbvia é a relação entre esse primeiro gatilho e o imaginário de segurança. Como já vimos em diversos casos até agora, mesmo que o pensamento geopolítico seja mobilizado para uma estabilização fácil em tempos de crise de identidade, ele pode não necessariamente ter sucesso. No caso turco, e até certo ponto também no caso italiano, uma razão para esse fracasso é que, apesar de seu suposto determinismo, o pensamento geopolítico pode ser reorganizado para se encaixar em várias histórias (todas reivindicando um determinismo). Ou, dito de outra maneira, existe um determinismo para cada história geopolítica, mas não há um determinismo sobre qual determinismo será escolhido. No caso russo, isso produziu uma situação em que o debate geopolítico, tão importante na definição da crise de identidade, não afetou significativamente o imaginário de segurança, uma vez que outros atores políticos foram capazes de mobilizar outras vertentes históricas. Portanto, o ressurgimento da geopolítica teve um efeito mais limitado, pelo menos até agora.

Isso nos fornece um lembrete importante de que a ligação entre o principal mecanismo social deste estudo (veja o próximo capítulo) – o de redução da dissonância em tempos de crise de identidade – e o segundo potencial – a profecia autorrealizável de remilitarizar imaginários de segurança – está longe de ser uma ligação direta. A Rússia testemunhou um debate aberto sobre a reconstituição de sua identidade de política externa (e sobre a sua subjetividade política em geral) dentro da qual o argumento geopolítico era altamente visível. Portanto, o renascimento da geopolítica foi, de fato, parte do mecanismo procurado para reduzir a dissonância ou reconstituir a identidade da política externa do país. Todavia, embora tenha afetado a profundidade da crise de identidade, esse renascimento da geopolítica não se tornou uma parte preponderante na reconstituição do imaginário de segurança; tal reconstituição ocorreu sob o disfarce de um realismo tecnocrático da grande potência (uma espécie de equilíbrio interno, como os realistas diriam). Mas não é impossível que também esse realismo mobilize uma versão mais militarizada do imaginário de segurança, retornando, assim, a uma ordem europeia mais hobbesiana, nosso segundo mecanismo. Seu vínculo com o renascimento geopolítico poderia, na melhor das hipóteses, ser indireto e fora do alcance da análise deste livro.

De qualquer forma, é provável que ainda seja muito cedo para dizer, pois a retórica pode informar comportamentos que, posteriormente, são racionalizados/compreendidos de maneira a afetar o imaginário de segurança e torná-lo "coerente".[45] Em um debate público no qual as referências geopolíticas se tornaram evidentes e legítimas, seu poder retórico pode ser chamado em crises posteriores. Falar não é fácil, e identidades e imaginários são processos continuamente em andamento.

3. Conclusão

A pesquisa deste capítulo sobre os resultados dos nossos seis estudos de casos pode ser resumida conforme a Tabela 10.1.

1. Houve uma crise de identidade de política externa?

Uma crise de identidade de política externa foi identificada em quatro dos seis casos. Onde essa crise ocorreu, seguiu-se um claro senso de desorientação em relação a como lidar com o novo papel e/ou a autoidentificação que o país (às vezes, o novo país) tinha de enfrentar. Os dois países que não sofreram nenhuma crise de identidade de política externa também não experimentaram um renascimento significativo do pensamento geopolítico. Na República Tcheca e na Alemanha, os eventos de 1989 (que incluem a subsequente reunificação alemã e a dissolução da Tchecoslováquia) pareciam, antes, confirmar a identidade predominante no imaginário de segurança. No entanto, os fatores processuais estipulados por este

---

45 Esse ponto remonta ao argumento de Deborah Larson de que o comportamento da Guerra Fria não era efeito de uma estrutura e ideologia preexistentes; antes, a ideologia da Guerra Fria foi uma racionalização *ex-post* que buscava compreender práticas improvisadas. Ver Larson, *The Origins of Containment: a Psychological Explanation*.

TABELA 10.1. UMA SÍNTESE DOS ESTUDOS DE CASO

	Crise de identidade de política externa?	Qual crise?	Qual geopolítica (formal, popular, prática)?	Quais fatores processuais? (+ para efeitos positivos no ressurgimento)
República Tcheca	Nenhuma crise e nenhum ressurgimento da geopolítica	Crise em potencial para uma identidade "não mais a mesma", devido a novas fronteiras; na verdade, novo país	Marginalmente formal e prática (e, portanto, nenhum ressurgimento significativo)	(-) potência satisfeita por alcançar soberania política e nacional
		Descoberta: nenhuma crise		(-) *path dependence* ideacional: tradição antigeopolítica
				(+/-) nova institucionalização da academia e do sistema de especialistas permitindo uma certa autonomia, mas ainda não muita influência; e nenhum papel das Forças Armadas na produção de conhecimento
				(-) debate político não em termos de uma escalada nacionalista
Alemanha	Nenhuma crise e nenhum ressurgimento da geopolítica	Crise em potencial para identidade "não mais a mesma", devido a novas fronteiras; na verdade, novo país	Marginalmente formal e prática (e, portanto, nenhum ressurgimento significativo)	(-) potência satisfeita por alcançar soberania nacional e unificação
				(-) *path dependence* ideacional: geopolítica – um tabu por causa de seu passado

	Crise de identidade de política externa?	Qual crise?	Qual geopolítica (formal, popular, prática)?	Quais fatores processuais? (+ para efeitos positivos no ressurgimento)
Alemanha (cont.)		Descoberta: nenhuma crise		(-) tradição de pesquisa nos estudos para a paz; academia com o papel de observadora (teoria); Forças Armadas sem papel especial na produção de conhecimento*
				(-) debate político não em termos de uma escalada nacionalista
Itália	Sim e ressurgimento da geopolítica	Crise em potencial para identidade "não mais a mesma", devido à identidade anterior ligada estreitamente com a Guerra Fria	Majoritariamente formal e nos interstícios entre formal, popular e política (*Limes*)	(+) potência não satisfeita por falta de reconhecimento do seu status
		Descoberta: crise por causa da percepção de declínio de status		(+) *path dependence* ideacional: tradição materialista
				(+) sem tradição de pesquisa nos estudos para a paz e papel das Forças Armadas na produção de conhecimento
				(+/-) papel da academia como observadora, mas isolada
				(+/-) debate político às vezes em termos de escalada nacionalista (dependente do governo)

	Crise de identidade de política externa?	Qual crise?	Qual geopolítica (formal, popular, prática)?	Quais fatores processuais? (+ para efeitos positivos no ressurgimento)
Turquia	Sim e ressurgimento da geopolítica	Crise em potencial para identidade "não mais a mesma", devido à identidade anterior ligada estreitamente com a Guerra Fria	Todas	(+) potência não satisfeita por falta de reconhecimento do seu status
		Descoberta: crise por causa da percepção de declínio de status		(+) *path dependence* ideacional: dogma geopolítico
				(+) sem tradição de pesquisa nos estudos para a paz; papel das Forças Armadas na produção de conhecimento; autonomia da academia em crescimento, mas isolada
				(+) debate político em termos de escalada nacionalista
Estônia	Sim e ressurgimento da geopolítica	Crise em potencial para uma identidade "ainda não existente", devido a um país e a uma elite recentemente estabelecidos	Todas, mas majoritariamente prática	(+) potência insegura
		Descoberta: crise no reconhecimento do status e na própria definição do "eu" em sua essência		(+/-) nenhum *path dependence* ideacional claro

	Crise de identidade de política externa?	Qual crise?	Qual geopolítica (formal, popular, prática)?	Quais fatores processuais? (+ para efeitos positivos no ressurgimento)
Estônia (cont.)				(+/-) nova institucionalização da academia e sistema de especialistas permitindo uma certa autonomia, mas sem grandes influências ainda; nenhum papel das Forças Armadas na produção de conhecimento
				(+) debate político em termos de escalada nacionalista
Federação Russa	Sim e ressurgimento da geopolítica	Crise em potencial para "nenhuma" identidade, já que tanto o autoconhecimento quanto o reconhecimento de papéis estavam em perigo	Majoritariamente formal e prática	(+) potência não satisfeita por falta de reconhecimento do seu status
		Descoberta: crise em razão da percepção de declínio em seu status e de uma subjetividade insegura		(+) *path dependence* ideacional: materialista, mas não estritamente em um sentido geopolítico
				(+) tradição de pesquisa nos estudos para a paz marginalizada; um papel direto das Forças Armadas e da política na produção de conhecimento
				(+) debate político em termos de escalada nacionalista

* Além disso, mesmo que tivesse um papel especial na produção de conhecimento, a tradição militar na Alemanha pós-1945 ("Staatsbürger in Uniform") também não é voltada especificamente para a geopolítica.

estudo comparativo (veja a seguir) denotavam andar lado a lado com esses imaginários de segurança. Em outras palavras, a maioria dos fatores processuais, se não todos, que facilitariam o renascimento do pensamento geopolítico estavam ausentes ou fracos nesses dois casos. Ambos os países experimentaram uma cultura política não materialista (por um período mais longo na República Tcheca do que na Alemanha), uma clara separação das Forças Armadas das elites política e acadêmica e um sistema de especialistas relativamente independente – em termos de finanças e do status de observador –, e apenas parcialmente cooptado pelo sistema político.

2. Qual tipo de crise?

Nosso estudo selecionou seis casos que variavam quanto ao tipo de situação que potencialmente levaria a uma crise – ou seja, casos em que esperaríamos que as autocompreensões e concepções de papéis externos, previamente estabelecidos, seriam alteradas. Distinguimos entre três tipos de potenciais crises de identidade de política externa: nenhuma identidade; não mais a identidade previamente estabelecida; e nenhuma identidade ainda estabelecida.

O primeiro tipo – "nenhuma identidade" – pode ser visto no caso da Rússia, em que tanto o seu papel anteriormente estabelecido enquanto uma superpotência mundial quanto o seu autoconhecimento (seja como União Soviética, seja como a Rússia czarista) estavam em risco. Além disso, esses dois aspectos estavam entrelaçados no renascimento da geopolítica que, desde então, tinha sido temporariamente resolvido com o renascimento de uma identidade tecnocrática vinculada à ideia de grande potência, a qual incorpora a noção de um adversário conhecido.

O segundo tipo – "não mais a identidade estabelecida anteriormente" – abrange diferentes subtipos. Os papéis externos da Itália e da Turquia, por exemplo, estavam tão intimamente ligados à Guerra Fria que o seu fim deu início a uma autorreflexão com níveis de ansiedade. Nos dois casos, isso resultou em uma tentativa de conter o notório declínio em seus status internacionais, o qual se chocou com seus respectivos autoconhecimentos estabelecidos, em que um país se identificava enquanto pilar da aliança ocidental (Turquia) ou do projeto europeu (Itália). Curiosamente, isso talvez tenha provocado mais ansiedade – e mais crise – do que o subtipo de Estados que se encontravam em novas fronteiras, como a República Tcheca e a Alemanha. Embora o fato de ter um novo Estado sinalize abrir caminho para uma potencial crise de identidade, nesses dois casos, pelo menos, não resultou em uma. Na Alemanha e na República Tcheca, houve um grande debate sobre o "novo" Estado que agora havia surgido e nunca tinha sido definido dentro das fronteiras atuais. Mas, em âmbito interno, as mudanças atenderam às aspirações preexistentes, em vez de desafiá-las. E, externamente, tudo estava bem desde que os dois países cumprissem com as expectativas de seus status no mundo, o que, para a Alemanha, significava manter sua identidade da *Bonner Republik* – exatamente o que ela fez. Dessa forma, para retornar ao nosso ponto interpretativista, o gatilho importante para a crise de identidade não reside na mudança de fronteiras ou na produção de novos Estados; mas, antes, na maneira pela qual o imaginário de política externa, com seus incorporados discursos de identidade e a atribuição de papéis internacionais, interpreta as mudanças históricas. Por consequência, em outros casos dentro do mesmo subtipo de "novos" países oriundos de nações já existentes, uma crise de identidade pode muito bem se desenvolver.

O último tipo – "nenhuma identidade ainda estabelecida" – foi representado pela Estônia, onde estava em jogo, principalmente, o autoentendimento interno do país, uma vez que o próprio acesso ao status de país soberano havia estabelecido, em grande medida, o papel internacional da Estônia. Restava, porém, um elemento de reconhecimento de status pelo qual a elite do novo país estava bastante ansiosa. Aqui, o papel dos mapas de Huntington se mostrou crucial, pois permitia uma ancoragem clara e "objetiva" no Ocidente (juntamente com o status que deriva dessa ancoragem).

3. Qual geopolítica?

O ressurgimento da geopolítica se deu em bases formais, práticas ou populares – isto é, no debate acadêmico, político ou público – durante os anos 1990? Nesse contexto, solicitou-se aos autores dos estudos de caso que se concentrassem particularmente no sistema de especialistas dos países estudados – ou seja, tanto no nível acadêmico quanto no político, nos quais também incluímos partes do nível público (quando jornais são analisados). Em relação aos dois países em que não houve crise de identidade, foi verificado que as aberturas à geopolítica que ocorreram na Alemanha surgiram apenas na esfera política, enquanto o envolvimento acadêmico foi marginal; e, na República Tcheca, foi novamente apenas dentro da esfera política que alguns jargões da geopolítica foram utilizados por um tempo e puderam ser encontrados. Na Itália e na Rússia, o renascimento ocorreu dentro da geopolítica prática e formal. E, embora o termo "ressurgimento" possa não ser a expressão mais apropriada no que tange ao caso turco, uma vez que a geopolítica nunca realmente saiu de cena naquele país, a Turquia viu a presença do pensamento geopolítico em todo o espectro, inclusive no nível popular. Na Estônia, a geopolítica também esteve presente nos três domínios, embora tenha retrocedido definitivamente na academia na última década.

4. Quais fatores processuais estiveram presentes?

Como observado antes, as crises de identidade e os fatores processuais estavam mais intimamente ligados (ver Capítulo 3). Por consequência, é provável que eles sejam mais bem entendidos não como fatores que surgem apenas após a ocorrência de uma crise, mas como fatores que acompanham o processo o tempo todo. Ainda assim, nossos fatores processuais não estavam igualmente presentes em todos os estudos de caso:

- Apresentamos como hipótese que a ideologia de uma grande potência ou de uma potência insatisfeita aumentaria as chances de um renascimento da geopolítica em resposta a uma crise de identidade de política externa. A existência de tal ideologia claramente contribuiu para esse ressurgimento nos casos de Itália, Rússia e Turquia, mas não nos outros.

- A *path dependence* ideacional (a existência de uma cultura política materialista) estava notoriamente presente na Itália, na Rússia e na Turquia; difícil avaliar esse elemento em relação a um novo país como a Estônia; e não está (ou não está mais) presente na República Tcheca e na Alemanha.

- No campo da experiência em política externa, sugerimos uma série de hipóteses, a saber: (1) a existência de institutos de pesquisa de estudos para a paz ou, mais amplamente, uma academia na qual as RI são ensinadas no nível do observador, o qual promove um distanciamento da linguagem da política mundial e de seus praticantes; (2) a existência de garantias institucionais para a independência dos especialistas em relação à política e às Forças Armadas; e (3) a existência de entraves à influência de militares estrangeiros ou de especialistas em questões estratégicas reduziria a probabilidade de que a resposta à crise de identidade de política externa envolvesse uma tentativa de consertá-la com a ajuda do pensamento geopolítico. Esse elemento não pôde ser coberto sistematicamente nos capítulos deste volume (um tratamento adequado exigiria quase um livro para cada estudo de caso), já que o foco principal estava na análise do ressurgimento da geopolítica e seu conteúdo.⁴⁶ Dito isso, algumas tendências gerais são conhecidas. Com exceção da Alemanha, nenhum dos países tem uma forte tradição de pesquisa nos estudos para a paz. Com exceção da Turquia e, em certa medida, da Rússia, os militares não estão particularmente presentes no sistema de especialistas em política externa. Contudo, a questão da independência da academia e do domínio de tradições não geopolíticas ou antigeopolíticas é mais complicada, porque mesmo que a academia de um país seja independente, ela pode muito bem ser insignificante dentro da cultura de especialistas em política externa desse mesmo país. Portanto, é preciso tanto ter um status de observador quanto ser levado a sério pelo campo de especialistas, o que inclui a elite política e/ou militar e a mídia em geral – fato que continua sendo um desafio em muitos países.⁴⁷ Além disso, em alguns países, a elite política é realmente capaz de fornecer esse status de observador sobre as suas próprias ações. Portanto, o sistema de especialistas em política externa é mais bem compreendido em termos de uma análise configuracional de atores e instituições que somente estudos mais detalhados seriam capazes de fornecer. A Tabela 10.1, no entanto, inclui tendências gerais para os países examinados.

---

46 O projeto de pesquisa inicial previa a realização de estudos, inspirados no aporte bourdiesiano, sobre os campos de política externa em países específicos. Ver Guzzini, "Self-fulfilling Geopolitics?", or: The Social Production of Foreign Policy Expertise in Europe, *Working Paper*, n.2003/23. No entanto, esse objetivo precisou ser abandonado devido à falta de recursos financeiros. Ainda assim, alguns autores conduziram essa empreitada de forma individual. Ver Kuus, EUrope and the Baroque, *Environment and Planning D: Society and Space*, v.28, n.3; e Id., Policy and Geopolitics: Bounding Europe in Europe, *Annals of the Association of American Geographers*, v.101, n.5.
47 Para uma análise dos Estados bálticos a esse respeito, ver Berg e Chillaud, An IR Community in the Baltic States: Is There a Genuine One?, *Journal of International Relations and Development*, v.12, n.2.

• Finalmente, incluímos a agência no debate político como um fator que pode contribuir para o surgimento de uma resposta particularmente geopolítica a uma crise de identidade de política externa. Nesse sentido, nossa expectativa era de que a retórica da "geopolítica" pudesse aparecer quando usada para lidar com questões territoriais, ou ao ser mobilizada em uma narrativa de ameaça, ou para controlar a dissidência doméstica e fortalecer o conservadorismo, bem como para estabelecer a primazia da política externa e a necessidade de estratégias de longo prazo. Essa hipótese inicial teve de ser alterada: embora tenham sido predominantemente forças conservadoras que pressionaram por um renascimento da geopolítica, esse foi o caso apenas em países em que o uso de argumentos nacionalistas se limitou ao lado conservador. Ao final das análises dos estudos de caso, o nacionalismo acabou se tornando a categoria mais fundamental para o nosso estudo. E isso também significa que, se o debate girar em torno da definição do Estado ou da nação, a geopolítica pode não apenas fornecer os argumentos, mas se tornar a própria estrutura argumentativa. Aqui, entre os quatro países que viram um renascimento da geopolítica, todos haviam experimentado esse círculo de ressonância, pelo menos durante os anos 1990.

5. A geopolítica forneceu uma solução?

Os imaginários de segurança dos países estudados foram afetados de tal modo que os discursos de identidade agora dominantes se apoiam majoritariamente no determinismo geopolítico? Essa questão é crucial para a compreensão do segundo mecanismo social (o da "geopolítica autorrealizável"), que será discutido em mais detalhes no próximo capítulo. Os estudos de caso não podem dar uma resposta final sobre essa questão, mas com a retrospectiva complementar de duas décadas após os anos 1990, é bem possível que os efeitos estruturais do ressurgimento da geopolítica tenham sido menos intensos do que talvez antecipados. Aqui, o caso da Turquia se destaca, pois o "dogma da geopolítica" já fazia parte do imaginário de segurança daquele país. E, no entanto, como a geopolítica não fornece uma solução clara e determinada, o país ainda procura por uma identidade duradoura de política externa, em que sua ausência é repetidamente verificada, mas, a cada vez, só solucionada de modo temporário pelo dogma da geopolítica: a Turquia permanece em uma crise de identidade latente e contínua. Esse limbo poderia afetar potencialmente o dogma da geopolítica e sua força. O questionamento ainda está na Estônia, na Itália e na Rússia, os outros países que experimentaram um renascimento geopolítico, mas onde o imaginário de segurança ainda não era geopolítico. O capítulo sobre a Rússia argumenta que, em última análise, ideias estritamente geopolíticas não se tornaram dominantes no imaginário de segurança russo. Tanto para a Estônia quanto para a Itália, é possível observar uma academia cada vez mais crítica e um declínio mais geral de ideias geopolíticas (neoclássicas), embora o pensamento geopolítico ainda esteja muito presente nos discursos nacionalistas e defensivos da Estônia. Em todos os casos em questão, o apelo à geopolítica parece ter sido limitado no tempo e, portanto – ou, de certa forma, como apresentado em nossa hipótese –, talvez também em profundidade.

11. MECANISMOS SOCIAIS COMO MICRODINÂMICAS EM ANÁLISES CONSTRUTIVISTAS

Stefano Guzzini

COMO PRIMEIRO PASSO NESTA PESQUISA, os estudos de caso aqui apresentados mostraram-se determinantes ao especificar a ocorrência de uma crise de identidade de política externa como o principal fator explicativo do renascimento da geopolítica em certos países após os eventos de 1989. Os outros fatores – a *path dependence* ideacional; fatores institucionais, como a economia política em torno do sistema de especialistas em política externa de um país; e as lutas políticas desse mesmo país – foram considerados "fatores processuais" que ajudaram a explicar por que o discurso geopolítico foi escolhido como uma maneira de responder a essa crise. Isso sugeriu uma análise em termos de *process tracing*, uma vez que (1) tínhamos um ponto de partida comum, o fim da Guerra Fria, e estávamos tentando explicar/entender um determinado fim (que podia variar), ou seja, o renascimento ou não da geopolítica; e (2) era impossível descartar uma possível equifinalidade ou assumir uma homogeneidade das unidades analisadas. O *process tracing* seria comparativo e interpretativista. A comparação tornaria possível cruzar os diferentes fatores explicativos em seus contextos particulares. A parte interpretativista, por sua vez, era necessária porque o ponto de partida para o ressurgimento da geopolítica não era um evento externo *per se* (isto é, o fim da Guerra Fria), mas a maneira pela qual esse evento foi interpretado em diferentes países; mais precisamente, para iniciar o processo que conduz a um potencial ressurgimento da geopolítica, a interpretação desse evento teria de desestabilizar os papéis identitários previamente estabelecidos no imaginário de segurança de um país.

Após a segunda rodada de análises empíricas, tornaram-se necessárias mais especificações sobre a relação entre os fatores processuais apresentados na nossa hipótese, frente à constatação de que esses fatores não necessariamente se alinhavam nos processos de ressurgimento da geopolítica. Na primeira seção deste capítulo, apresentarei uma forma de refletir sobre o *process tracing* não em termos de um esquema linear, mas como uma mistura de vários processos paralelos. Uma segunda seção especificará e qualificará como os mecanismos causais/sociais podem ser proveitosamente aplicados nesse *process tracing* e usados de forma coerente em uma teoria social intersubjetiva e não positivista. A terceira seção do capítulo estabelecerá os dois mecanismos básicos que fundamentam a parte empírica deste estudo: um mecanismo social de redução de crises de identidade e um mecanismo de profecia autorrealizável (que chamo de "ciclo vicioso de essencialização"). Esses dois mecanismos funcionam como microdinâmicas para a análise de mudanças estruturais na teoria construtivista e fornecem o desenvolvimento da teoria neste livro.

1. *Process tracing* interpretativista e dinâmicas históricas paralelas

Esta seção aprofundará a ideia de um *process tracing* interpretativista, adicionando um componente fundamental identificado durante a análise empírica na Parte II: a necessidade de procurar processos paralelos e suas interações, em vez de uma única linha do tempo que parta de uma conjuntura crítica e culmine em um resultado. De início, o design do *process tracing* deste estudo comparativo consistia em um modelo de entrada (*input*)-mecanismo/processo--saída (*output*), com uma qualificação na parte do *input*. Essa qualificação dizia respeito à visão de dentro para fora em relação ao *input*: em vez de assumir que o fim da Guerra Fria ("os eventos de 1989") tiveram um impacto direto nas ideias, seria a interpretação desses eventos, baseados nos imaginários de segurança preexistentes – em outras palavras, no reservatório de experiências e significados compartilhados, nas lições nacionais a partir da experiência histórica e nos já incorporados e enraizados discursos de identidade –, que formaria, então, o *input* inicial no processo. Em seguida, nosso estudo privilegiou um fator – a potencial ocorrência de uma crise de identidade nas compreensões de política externa – como o real ponto de partida para o processo de ressurgimento da geopolítica, acrescentando posteriormente outros fatores processuais (im)possibilitadores desse ressurgimento. Essa abordagem corresponderia a um esquema quase clássico de I(*nput*/entrada)-M(echanism/ mecanismo)-O(*utput*/saída) (ver Figura 11.1).

Embora o design do *process tracing* tenha sido inicialmente interpretativista, os fatores processuais seriam usados tanto em uma linha do tempo linear quanto em um sentido cumulativo, em que eles eram vistos como contribuindo para adicionar significado à compreensão do resultado: o ressurgimento da geopolítica. Assim, foi possível realizar o *process tracing* de uma maneira não tão diferente daquela operada por uma abordagem mais positivista, na qual os vários fatores processuais contariam como simples variáveis intervenientes (e, de acordo com o que levantamos nos casos empíricos, provavelmente também tendo efeitos interativos).

Os casos empíricos, contudo, adicionaram várias complicações à nossa estrutura inicial. Primeiro, o gatilho inicial e os fatores processuais estavam internamente vinculados. Na análise do caso tcheco, a ascendência histórica de uma tradição antigeopolítica decerto predispôs o debate público e acadêmico a suposições antideterministas e até progressistas sobre a natureza da política. Mas, provavelmente, ela interagiu com o próprio imaginário de política externa: é difícil imaginar uma memória coletiva de scripts e lições do passado (e "Munique" seguramente retoma um passado importante na tradição da política externa tcheca) que pudesse permanecer desconectada de tais tradições ideacionais mais amplas. Além disso, esse link age em ambos os sentidos – do imaginário de política externa em relação a tradições ideacionais gerais e vice-versa. Portanto, não podemos simplesmente dizer que ocorreu uma crise de identidade e que, em seguida, uma *path dependence* ideacional se estabeleceu: as respectivas estruturas ideacionais já faziam parte do entendimento do imaginário de segurança e, portanto, do desenvolvimento da crise em primeiro lugar. Consequentemente, em vez da ideia de um fator instigando outro, seu relacionamento deve ser visto como um processo contínuo, no qual os eventos da década após 1989 representam apenas um choque externo temporário.

FIGURA 11.1. O RESSURGIMENTO DA GEOPOLÍTICA (I): UM SIMPLES MODELO PROCESSUAL INTERPRETATIVISTA

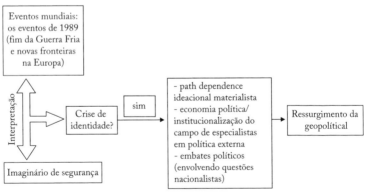

Da mesma forma, e em segundo lugar, o caso alemão indicou a existência de um vínculo entre um dos fatores processuais e o gatilho inicial de uma crise de identidade de política externa, pois

foram feitas tentativas de usar "1989" e a posição central da Alemanha (*mitteleuropäische Lage*) para redefinir seu "interesse nacional", em que argumentos geopolíticos foram usados para apoiar a "necessidade" de tal mudança. Portanto, percebemos uma luta simbólica em andamento que poderia ter provocado uma crise. Por um lado, isso significa que uma crise de identidade nos entendimentos de política externa não é simplesmente um tipo de evento mecânico em que um certo evento mundial (o de 1989) encontra identidades enraizadas e assentadas em imaginários de segurança. A agência está presente desde o início, e não apenas na mobilização do pensamento geopolítico após a crise. De fato, esse mesmo pensamento geopolítico pode fazer parte, já de início, da própria luta simbólica por um diferente discurso de identidade dominante; uma luta na qual vozes acadêmicas, populares e políticas serão ouvidas. Inspirada nos aportes de Bourdieu, essa agência é mais bem compreendida a partir das "regras do jogo" específicas de seus respectivos campos. A agência e a dinâmica geral desses campos, por sua vez, também são mais bem vistas como *processos contínuos*[1] que são, ao mesmo tempo, paralelos e interagem com as diferentes estruturas ideacionais.

Em terceiro lugar, a análise do caso turco (e até certo ponto dos casos italiano e russo) aponta para o fenômeno de uma crise de identidade "endêmica" – uma crise, ademais, para a qual o pensamento geopolítico pode ser tanto uma solução quanto um fator que contribui para intensificá-la. O pensamento geopolítico sempre foi uma característica central da cultura dos especialistas em política externa na Turquia, em parte devido à importância do papel das Forças Armadas (kemalistas) na definição e na defesa da nação, e em parte em vista da existência de um histórico materialista mais geral dentro do campo de política externa. No entanto, exatamente porque a geografia não fornece um inequívoco ponto de referência, ela também não

---

1 Grifos do autor. (N. T.)

oferece uma solução duradoura: a decisão sobre o papel da Turquia "dentro" do Ocidente ou em relação ao Ocidente não pode ser lida por meio dos mapas. Dessa forma, a crise estratégica advinda do final da Guerra Fria traz à tona essa crise endêmica de identidade na Turquia, provocando, assim, uma resposta geopolítica; mas a própria resposta geopolítica faz parte de uma crise posterior já então anunciada. Assim, temos, no caso turco, um ciclo vicioso: quando em crise, um imaginário de segurança estruturado em termos geopolíticos e com uma construção precária sobre a identidade nacional recorre a um remédio que fornece apenas uma solução de curto prazo e, portanto, alimenta o próximo momento de crise, para o qual não encontra outros meios interpretativos que não o retorno à geopolítica, e assim retorna-se ao início do ciclo.

Finalmente, os casos da Estônia e da Rússia nos lembraram de que a geopolítica não se refere necessariamente, ou em especial, aos componentes físicos da geografia, tão importantes para o pensador militar ou estratégico, mas também aos aspectos culturais e à nação. A referência da geopolítica às geografias e aos imaginários culturais, sua mobilização do conteúdo e dos simbolismos nacionalistas, embora sejam parte da nossa definição de geopolítica neoclássica, foram insuficientemente ressaltadas na Parte I deste livro. Além disso, o componente cultural pode qualificar o segundo mecanismo discutido mais adiante neste estudo, que até agora se supunha ser o "militarismo como profecia autorrealizável" dos estudos para a paz. Embora comece a partir da "essencialização" da geografia – aqui, humana e cultural, e não física (embora obviamente conectada a um espaço!) –, sua dinâmica é provavelmente diferente, um ponto ao qual voltarei mais adiante em minha discussão sobre o segundo mecanismo.

Essas quatro descobertas a partir das análises empíricas têm implicações para um tipo de *process tracing* mais favorável à nossa problemática. Claramente, o uso de um esquema *input-output* que apresenta como seu ponto de partida uma crise de identidade de política externa, e como resultado um renascimento da geopolítica, apenas deixaria em aberto uma série de questionamentos. O *input*, em si, precisa ser explicado, e essa explicação é parcialmente fornecida por fatores que o próprio *input* gera durante o processo: o pensamento geopolítico é tanto efeito quanto causa da crise de identidade. Ao mesmo tempo, fatores processuais não são "variáveis" cujo poder explicativo "se soma" em uma explicação linear;[2] em vez disso, eles são interligados de uma maneira que não é covariacional, mas, sim, relacional – ou, como Charles Ragin denominou, "combinatorial".[3]

No meu entendimento, isso requer uma compreensão específica do *process tracing*: uma que seja interpretativista, histórica e multidimensional. O *process tracing* precisa ser interpretivista por razões já descritas no Capítulo 3. O evento externo de "choque" do fim da Guerra Fria é apenas um choque para alguns. Seu significado e efeito dependem da maneira como são vistos e interpretados. Ao mesmo tempo, a interpretação de um evento como esse não é algo realizado meramente no nível individual, por exemplo, por políticos, acadêmicos ou jornalistas. O significado é dado dentro de um contexto particular. Um foco individualista em "crenças" (proposições sobre o mundo que determinados atores consideram verdadeiras) não é suficiente para dar conta dos "significados", uma vez que minimiza, de pronto, o componente simbólico das ideias e o conhecimento necessário para formar tais crenças.[4] Para entender "significados", é necessário estabelecer crenças/ideias particulares em seu contexto cultural mais amplo ou em discursos mais específicos.

Neste livro, a estrutura cultural central é a do imaginário de segurança, um repositório de memórias coletivas relevantes, com suas

---

2 Para uma menção anterior sobre esse ponto, ver, por exemplo, Abbott, Transcending General Linear Reality, *Sociological Theory*, v.6, n.2. Ver também a coleção de ensaios em Id., *Time Matters: on Theory and Method*.

3 Ragin, *The Comparative Method: Moving Beyond Qualitative and Quantitative Strategies*, por exemplo, nas p.13-5.

4 Gross, A Pragmatist Theory of Social Mechanisms, *American Sociological Review*, v.74, n.3, p.369.

batalhas e posições definidoras, seus roteiros e metáforas, que informam e, por sua vez, fornecem legitimidade quando usados na política e em outros discursos. A agência e a interpretação individual entram no processo em que o imaginário de segurança se desenvolve e evolui, mas esse imaginário de segurança não pode ser reduzido a fatores individuais. Como qualquer idioma, o imaginário de segurança possui uma gramática própria. Além disso, dado que o *explanandum* deste volume é, ele próprio, um fato ideacional (o renascimento do pensamento geopolítico), o *process tracing* conduzido para este estudo deve explicar como diferentes estruturas ideacionais se relacionam. Isso é feito dentro de uma compreensão interpretativa das ideias, pois as ideias não são conceituadas como objetos que, externamente, causam comportamento, mas são constitutivas de interesses e identidade (e, portanto, fornecem razões para o comportamento).[5]

O *process tracing* também precisa ser histórico: o *timing* e a sequência são importantes para qualquer tentativa de compreender o desenrolar de um determinado processo. De fato, fez diferença ter ocorrido um renascimento da geopolítica anterior na Alemanha, durante a década de 1980, que mobilizou o "Outro" nos discursos identitários alemães e, consequentemente, ajudou a "vacinar" (compreendendo essa metáfora de maneira bem ampla) os debates alemães durante os anos 1990, quando a geopolítica não apareceu mais apenas em sua aparência nacionalista de direita. Como em todos os processos relacionados à identidade, também a memória, a representação da história e a sequência precisam ser endogenizadas na análise. E, como

||||||||||

5 Essa é uma discussão antiga em toda a ciência social. Nas RI, ela se deu nos anos 1980-1990. Ver, em particular, Goldstein e Keohane, Ideas and Foreign Policy: an Analytical Framework, in: *Ideas and Foreign Policy: Beliefs, Institutions, and Political Change*; Kratochwil e Ruggie, International Organization: a State of the Art on an Art of the State, *International Organization*, v.40, n.4; Laffey e Weldes, Beyond Belief: from Ideas to Symbolic Technologies in the Study of International Relations, *European Journal of International Relations*, v.3, n.2; e Yee, The Causal Effects of Ideas on Politics, *International Organization*, v.50, n.1.

podemos observar na relação de interdependência, no caso turco, entre o pensamento geopolítico e os processos de identidade, o ponto fulcral do presente estudo se relaciona com alguns fatores processuais em uma via de mão dupla: o ressurgimento da geopolítica os estimula e é estimulado por eles. Aqui, a sequência é crucial.[6]

Por fim, o *process tracing* fortalecer-se-ia ao ser idealizado em multicamadas – isto é, mostrando como processos autônomos evoluem e interagem entre si durante o período que um analista escolheu estudar. Em vez de assumir uma única linha processual em que vários fatores se localizam, podemos procurar uma série de camadas que podem ser consideradas como tendo um caminho *path-dependent* próprio – ou seja, autônomo. Assim, o foco não está na trajetória de um único processo. Está na interseção temporal de trajetórias distintas de diferentes, mas interconectados, processos de longo prazo.[7] Como Falleti e Lynch mostram, esses processos podem ser conceituados em camadas (horizontais), em uma análise que corta um certo período de tempo (vertical) com o objetivo de estudar um quebra-cabeça fundamentado em teoria.[8] Em seu caso empírico sobre o

||||||||||

6 Esse é um dos pontos enfatizados pelos institucionalistas históricos. Ver Pierson, Increasing Returns, Path Dependence, and the Study of Politics, *American Political Science Review*, v.94, n.2; e Id., Not Just What, but When: Timing and Sequence in Political Processes, *Studies in American Political Development*, v.14; Thelen, Historical Institutionalism in Comparative Politics, *Annual Review of Political Science*, v.2; e Id., Timing and Temporality in the Analysis of Institutional Evolution and Change, *Studies in American Political Development*, v.14. Quando, diferentemente do presente volume, estudos históricos comparativos avaliam longos períodos de tempo, a análise também precisa incluir "efeitos de demonstração": quando Barrington Moore observa que, embora os três tipos de revoluções que ele analisa possam ser vistos como rotas alternativas, também correspondem a "estágios históricos sucessivos", nos quais a revolução anterior prepara o terreno para a próxima. Ver Moore, *Social Origins of Dictatorship and Democracy: Lord and Peasant in the Making of the Modern World*, p.413-4.
7 Aminzade, Historical Sociology and Time, *Sociological Methods & Research*, v.20, n.4, p.467.
8 Falleti e Lynch, Context and Causal Mechanisms in Political Analysis, *Comparative Political Studies*, v.42, n.9, p.1156-8. Para a minha própria aplicação de uma abordagem semelhante (embora eu não estivesse ciente disso na época), ver Guzzini,

desenvolvimento do Estado de bem-estar social e com base em discussões teóricas anteriores, Lynch identificou três dessas camadas: a arena política, a arena institucional da política para programas sociais e processos de fundo com desenvolvimentos de longo prazo, como o envelhecimento da população e a contrução do mercado público-privado de seguros. Cada uma dessas camadas se move de acordo com sua própria lógica e ritmo (ou velocidade). No entanto, a análise pode investigar interseções em momentos específicos, o que pode provocar mudanças nos processos. Por consequência, essa abordagem eventualmente leva a um entendimento da mudança, se não da criatividade, pela maneira como práticas habituais interagem[9] (veja a Figura 11.2. para a subsequente reconceitualização do nosso *process tracing*).

2. Compreendendo mecanismos sociais em um *process tracing* interpretativista

Como exatamente os mecanismos sociais podem ser utilizados em um contexto interpretativista? Assim como com o *process tracing*, a literatura sobre mecanismos sociais ou causais obteve considerável sucesso nas últimas décadas.[10] Os mecanismos parecem oferecer

||||||||||||
The "Long Night of the First Republic": Years of Clientelistic Implosion in Italy, *Review of International Political Economy*, v.2, n.1.
9 Este não é o lugar para uma discussão alongada sobre o assunto, mas ela pode ser derivada de uma análise pós-bourdieusiana. Para a ideia de que mudanças em um campo de prática podem ser induzidas por interferência e transferência de práticas de outro campo, ver Guzzini, *Power Analysis as a Critique of Power Politics: Understanding Power and Governance in the Second Gulf War*. Para uma discussão de que o hábito pode induzir mudanças, ver Barnes, *T. S. Kuhn and Social Science*. Para uma boa e conexa discussão sobre como combinar hábito com criatividade, ver Dalton, Creativity, Habit, and the Social Products of Creative Action: Revising Joas, Incorporating Bourdieu, *Sociological Theory*, v.22, n.4.
10 Essa redação não é coerente na literatura. Como as abordagens individualistas foram proeminentes no início desta discussão, existe uma certa tendência nas abordagens não individualistas a se referirem a "mecanismos sociais". Além disso, alguns autores parecem preferir o último termo como forma de evitar o risco de dar a impressão de

uma maneira de teorizar abaixo do nível das leis gerais e ainda acima do nível da mera descrição. Eles possibilitam superar as limitações da análise correlacional, em que a causalidade é reduzida à constante conjunção de variáveis sem que seja possível verificar como passamos de uma para a outra. Quando conectados à ideia de *process tracing* – e os dois são muitas vezes, e para alguns observadores necessariamente, vinculados –, mecanismos tornam-se o foco para analistas racionalistas e basicamente para todas as versões clássicas do institucionalismo, sejam racionalistas, históricas ou sociológicas.[11] Mais recentemente, versões construtivistas do institucionalismo entraram nesse debate e referem-se ao *process tracing* teoricamente informado e à análise do discurso como seus métodos preferidos, seja na ciência política, seja nas RI,[12] enquanto demandam a necessidade de usar explicações mecanicistas.[13]

---

que suas teorias podem confiar em um entendimento de "causalidade" tão rigorosa quanto aquela contida na ideia de leis universais: interpretativistas têm sido, tradicionalmente, cautelosos em relação à causalidade. Dito isso, com as necessárias qualificações e condições que fazem parte integrante da literatura sobre mecanismos, até os construtivistas podem se referir a mecanismos "causais". Para alguns estudiosos, o objetivo do debate sobre mecanismos é redefinir a causalidade de uma maneira diferente, não negá-la. Para uma declaração inicial, ver Patomäki, How to Tell Better Stories about World Politics, *European Journal of International Relations*, v.2, n.1. Aqui, usarei os dois termos de forma intercambiável, com o entendimento de que, como escrevem Hedström e Ylikovski (Causal Mechanisms in the Social Sciences, *Annual Review of Sociology*, v.36, p.53), isso exclui abordagens que definem "causalidade em termos de regularidades (como a teoria da conjunção constante de Hume ou muitas teorias probabilísticas de causalidade)".

11 O *locus classicus*: Hall e Taylor, Political Science and the Three New Institutionalisms, *Political Studies*, v.44, n.5.

12 Ver, respectivamente, Hay, Constructivist Institutionalism, in: Rhodes, Binder e Rockman (Orgs.), *The Oxford Handbook of Political Institutions*, p.58; Checkel, International Institutions and Socialization in Europe: Introduction and Framework, *International Organization*, v.59, n.4; e Id., Process Tracing, in: Klotz e Prakash (Orgs.), *Qualitative Methods in International Relations: a Pluralist Guide*.

13 Wendt, *Social Theory of International Politics*; e Id., On the Via Media: a Response to the Critics, *Review of International Studies*, v.26.

FIGURA 11.2. O RESSURGIMENTO DA GEOPOLÍTICA (II): UM MODELO PROCESSUAL INTERPRETATIVISTA ESTABELE-CIDO EM CAMADAS TEMPORAIS

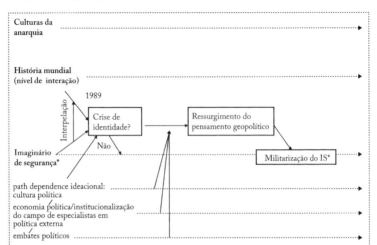

Esta seção, então, tentará avançar uma compreensão dos mecanismos sociais compatíveis com as premissas construtivistas.[14] Todas as partes centrais de uma teoria explicativa – portanto, também os mecanismos – precisam ser conceituadas dentro do cenário metateórico no qual são utilizadas. Apesar da necessidade de manter a coerência metateórica e o resultante pluralismo de conceituações sobre mecanismos, não há uma necessária, muito menos total, incomensurabilidade entre eles. Mas entender suas diferenças requer alguma tradução. Por esse motivo, tentarei confiar, tanto quanto possível, na pesquisa de mecanismos, como foi realizada por outros; mas, às vezes, precisarei traduzir suas teorias e seus mecanismos para o arcabouço teórico que informa o presente estudo.[15]

||||||||||

14 Para a minha tentativa de compreender a Escola de Copenhague por meio de uma perspectiva dos mecanismos causais, ver Guzzini, Securitization as a Causal Mechanism, *Security Dialogue*, v.42.
15 A tradução torna a incomensurabilidade menos um problema. Ao mesmo tempo, isso não necessariamente permite todos os tipos de ecletismo, uma vez que exige uma

Deixe-me começar de novo com a principal descoberta deste volume: o fim da Guerra Fria provocou um renascimento do pensamento geopolítico apenas nos países que sofreram uma crise de identidade nas suas concepções de política externa. Assumamos, portanto, que existe um elo entre crise e ressurgimento. Mas a crise em si não "explica" o renascimento, nem causa esse renascimento, necessária ou probabilisticamente. Tal afirmação nos leva à própria indagação que gerou grande parte da análise empírica na segunda parte deste livro: como[16] a crise de identidade de política externa poderia causar[17] o renascimento? A redação dessa sentença é deliberada,[18] porque, aparentemente, estamos lidando com uma análise que busca entender o desdobramento do processo envolvido no ressurgimento da geopolítica (ou seja, "como"). No entanto, esse processo parece ter implicações causais em si, uma vez que podemos rastrear o evento para um momento passado anterior a ele, identificando-o, assim, como sendo efeito de algum fenômeno inicial. Embora não seja causal em um sentido forte, a análise é certamente uma de tipo "causal", ainda que semelhante àquela conduzida pelos historiadores. O *process tracing* parece ser sobre o "como" causal dos mecanismos, não sobre o "o que" causal da análise correlacional.[19] É sobre como os efeitos foram provocados ("causas de efeitos"), e não o que causa esses efeitos ("efeitos das causas").[20] Esse ponto nos leva natu-

||||||||||

coerência com o contexto metateórico no qual está inserido. Para uma visão diferente em uma discussão que, ainda assim, é muito próxima à minha, ver Sil e Katzenstein, Analytic Eclecticism in the Study of World Politics: Reconfiguring Problems and Mechanisms across Research Traditions, *Perspectives on Politics*, v.8.

16 Grifo do autor. (N. T.)
17 Grifo do autor. (N. T.)
18 Essa é a formulação de Elster em sua discussão sobre mecanismos; ver Elster, *Explaining Social Behavior: More Nuts and Bolts for the Social Sciences*, p.35.
19 Para a expressão sobre o "como" causal e o "o que" causal, ver Vennesson, Case Studies and Process Tracing: Theories and Practices, in: Della Porta e Keating (Orgs.), *Approaches and Methodologies in the Social Sciences: a Pluralist Perspective*, p.232.
20 Bennett e Elman, Qualitative Research: Recent Developments in Case Study Methods, *Annual Review of Political Science*, v.9, p.456-8.

ralmente a uma discussão sobre o status de uma explicação e como o *process tracing* está vinculado com os mecanismos causais ou sociais. Permitam-me abordar o meu próprio uso de mecanismos fazendo um pequeno desvio com base na literatura usual sobre eles. Nos escritos metodológicos recentes, houve uma tendência a ver o *process tracing* como a adição de etapas intermediárias para passar de uma variável independente para uma variável dependente, ou do *input* para o *output* com um mecanismo intermediário.[21] Isso normalmente é representado em termos de I(*nput*)-M(ecanismo)- -O(*utput*). Em uma dessas leituras, reduziríamos basicamente a análise de mecanismos à especificação de variáveis intervenientes e, depois, aplicaríamos o mesmo tipo de análise correlacional, mas agora a etapas distintas.[22] De fato, isso significa que as correlações são "explicadas" por mais microcorrelações.[23] Com essa abordagem, a única coisa que o *process tracing* ou que mecanismos mudariam para uma análise é o número de elos causais envolvidos; eles não fazem nada com a própria ideia de causalidade implícita. Para os positivistas, o *process tracing* ou a identificação de mecanismos pouco acrescentam a uma explicação, uma vez que não há nada que exclua uma cadeia cada vez maior de elos e, portanto, uma regressão infinita, tornando os mecanismos envolvidos, em última análise, descritivos e, dessa forma, não causais.[24] Consequentemente, mesmo os autores que defendem o uso de mecanismos apontam que contrapor a análise correlacional à análise mecanicista pode ser um movimento pouco frutífero ou simplesmente equivocado. Para eles, as

||||||||||||
21 Ver a discussão de George e Bennett, *Case Studies and Theory Development in the Social Sciences*, cap.3.
22 Gerring, Review Article, The Mechanistic Worldview: Thinking Inside the Box, *British Journal of Political Science*, v.38, n.2, p.172.
23 Mahoney, Beyond Correlational Analysis: Recent Innovations in Theory and Method, *Sociological Forum*, v.16, n.3, p.578.
24 King, Keohane e Verba (Orgs.), *Designing Social Inquiry: Scientific Inference in Qualitative Research*, p.86.

correlações bivariadas podem e devem servir como um primeiro passo para a análise, ou até mesmo ser combinadas com explicações positivistas do tipo "lei geral" (Hempel-Oppenheim).[25]

Porém, reduzir mecanismos a variáveis elimina sua própria especificidade. Primeiro, uma variável interveniente "é adicionada para aumentar a variação total explicada em uma análise multivariada", mas isso é diferente de fornecer e especificar os links em um processo.[26] Essa abordagem parte de uma suposição de causas estáticas e aditivas, as quais são entendidas como sobreposições constantes e não em termos de uma sequência e de uma configuração relacional de fatores. Segundo, reduzir mecanismos a variáveis implica que elas não são apenas observáveis, mas observadas, o que nem todos os mecanismos são.[27] Aqui, o compromisso positivista com a observação exclui o que é a especificidade de pelo menos alguns mecanismos. Terceiro, pelo menos em algumas abordagens, os mecanismos não são atributos da unidade de análise, assim como seriam caso os compreendêssemos enquanto variáveis. Em vez disso, "mecanismos descrevem os relacionamentos ou as ações entre as unidades de análise ou nos casos de estudo".[28] Assumir o contrário nega novamente a possibilidade de uma causalidade combinatória.

Para evitar essa redução de mecanismos a variáveis, a maioria dos primeiros defensores da análise mecanicista a formulou a partir de um racionalismo suave. Eles repudiaram abertamente o modelo de "lei geral" e a análise correlacional simples. Nessas leituras, uma correlação não explica; na melhor das hipóteses, resume uma explicação.

||||||||||

25 Opp, Explanations by Mechanisms in the Social Sciences: Problems, Advantages, and Alternatives, *Mind & Society*, v.4, n.2.
26 Mayntz, Mechanisms in the Analysis of Social Macro-Phenomena, *Philosophy of the Social Sciences*, v.34, n.2, p.245.
27 Johnson, Consequences of Positivism: a Pragmatist Assessment, *Comparative Political Studies*, v.39, n.2, p.248.
28 Falleti e Lynch, Context and Causal Mechanisms in Political Analysis, *Comparative Political Studies*, v.42, n.9, p.1147.

Por isso, é importante abrir a "caixa-preta" de como o evento a ser analisado foi realmente alcançado. Na proeminente abordagem de Elster do assunto, os mecanismos são o nível intermediário entre a generalização disponível a partir de leis universais, que são inatingíveis nas ciências sociais, e de descrições, que, por sua vez, são muito ambíguas. Não sendo leis gerais, os mecanismos podem explicar (*ex post*) por que algo aconteceu, mas não podem ser usados para previsões, já que não temos como saber se um mecanismo será ativado ou não e/ou se sempre terá os mesmos efeitos.[29]

É compreensível que os estudiosos racionalistas tenham insistido em mecanismos. Essa abordagem atende diretamente às demandas do individualismo metodológico, que afirma que todos os eventos, micro ou macro, precisam eventualmente estar conectados aos efeitos de uma agência, intencional ou não. Portanto, é bastante normal verificar qual microcomportamento resultou em quais macroeventos. Aplicando um esquema macro-micro-macro, é possível identificarmos três mecanismos: um relacionando o nível macro ao nível micro; um no nível micro; e um do nível micro ao nível macro.[30] Em uma versão mais extrema desse entendimento sobre mecanismos, uma análise que se resume à ação individual acaba por evitar totalmente o uso de mecanismos.[31] No entanto, versões mais abertas tendem a definir a análise via mecanismos como simplesmente uma teoria racionalista da ação. Diego Gambetta, por exemplo, define mecanismos como "aquelas suposições mínimas sobre a composição dos agentes que precisamos deduzir para compreender

---

29 Esses argumentos foram retirados de Elster, A Plea for Mechanisms, in: Hedström e Swedberg (Orgs.), *Social Mechanisms: an Analytical Approach to Social Theory*, p.45. Para um argumento similar anterior, mas em uma linguagem diferente, ver Grosser, *L'Explication politique: une introduction a l'analyse comparative*.
30 Hedström e Swedberg, Social Mechanisms: an Introductory Essay, in: *Social Mechanisms: an Analytical Approach to Social Theory*.
31 Para uma abordagem que aponte essa fusão entre ação (racional) e mecanismos, ver Hedström e Swedberg, op. cit., p.11-2.

como eles interagem uns com os outros e respondem a condições externas".[32] Consequentemente, diferentes versões de racionalidade ou de processos cognitivos (incluindo emoções) tornam-se os únicos elementos a serem considerados enquanto mecanismos.

Ainda assim, é preciso ressaltar que a maioria dos racionalistas que usam mecanismos são sociólogos que baseiam suas análises em uma compreensão não exclusivamente utilitária da racionalidade. Aqui, a *Werterationalität*[33] *desempenha um papel igual, se não mais importante, que a racionalidade instrumental*.[34] De maneira diferente, a análise é conduzida em termos de razões,[35] amplamente definidas, com base no triângulo racionalista clássico desejo-crença--(oportunidades)-comportamento.[36] Nessa linhagem pós-weberiana mais ampla, a interpretação é parte integrante da abordagem e da metodologia.

Porém, mesmo esse racionalismo mais robusto fica aquém do processo interpretativista aqui preconizado. Os problemas agora são menos sobre a filosofia da ciência (como evidenciado na discussão sobre variáveis): a questão passa a ser sobre uma das ontologias sociais. Isso significa, em primeiro lugar, que precisamos ir além do individualismo metodológico. Argumentando de uma posição institucionalista, Renate Mayntz enfatiza que, uma vez que tentamos compreender os mecanismos relacionais (veja a seguir), descobrimos que este último pode não envolver necessariamente um comportamento individual motivado. Componentes institucionais e estruturais são partes decisivas do vínculo micro-macro: "Se o *explanandum* é um 'macrofenômeno' ou a conexão entre dois

---

32 Gambetta, Concatenations of Mechanisms, in: *Social Mechanisms*, op. cit., p.103.
33 *Value-rationality*, ou a ideia de racionalidade, baseada em valores de Max Weber. (N. T.)
34 Boudon, Social Mechanisms Without Black Boxes, in: *Social Mechanisms*, op. cit.
35 Grifo do autor. (N. T.)
36 Elster, A Plea for Mechanisms, in: *Social Mechanisms*, op. cit.; e Id., *Explaining Social Behavior: More Nuts and Bolts for the Social Sciences*.

'macrofenômenos' [...], o principal desafio cognitivo é, portanto, identificar as características estruturais e institucionais que organizam [...] as ações de diferentes atores para produzir efeitos [no nível] macro".[37] No entanto, como Mayntz escreve, ainda não temos "uma caixa de ferramentas cheia de mecanismos, na qual tipos específicos de constelações de atores e estruturas relacionais desempenham um papel crucial".[38]

Além disso, em segundo lugar, é essencial estar ciente do risco de um reducionismo naturalista ou materialista. Não há nada na análise de mecanismos que exija uma concepção materialista de instituições e estruturas. De fato, procurar mecanismos capazes de explicar efeitos particulares e abrir caixas após caixas pode tender a um reducionismo naturalista. Abordagens individualistas (e talvez não apenas elas), por exemplo, podem facilmente acabar no campo da psicologia cognitiva. Elster, em especial, usou descobertas da psicologia para exemplificar o funcionamento de mecanismos, como no par "fruto proibido" e "uvas azedas". Incapaz de alcançar as frutas que crescem no jardim de um vizinho, algumas pessoas começam a pensar que essas frutas em particular são as melhores, enquanto outras se convencem do contrário. Assim, a privação pode fazer com que algumas pessoas desejem mais um objeto, enquanto outras o desejem menos. Embora possamos ser pressionados a prever um comportamento, podemos, por outro lado, explicar de forma retroativa o mecanismo psicológico de quaisquer desses acontecimentos. Elster observa, portanto e com razão, que, para o individualismo metodológico, o recurso à "psicologia e talvez à biologia" é de "importância fundamental na explicação dos fenômenos sociais".[39]

||||||||||

37 Mayntz, Mechanisms in the Analysis of Social Macro-Phenomena, *Philosophy of the Social Sciences*, v.34, n.2, p.252.
38 Ibid., p.255.
39 Elster, *Explaining Social Behavior: More Nuts and Bolts for the Social Sciences*, p.36. Essa dependência da psicologia pode também levar à crítica em relação à racionalidade (utilitarista). Ver, em particular, Mercer, Rationality and Psychology in International

Tal individualismo metodológico, no entanto, pode ser levado longe demais. Por exemplo, quando Mario Bunge, que muito trabalhou para introduzir explicações mecanicistas, escreve que "o aprendizado é explicado pela formação de novos sistemas neuronais que emergem quando são ativados em conjunto para responder a certos estímulos (externos e internos)".⁴⁰ Essa explicação não alude àquilo que é significativo para os cientistas sociais. Em uma excelente resposta a Bunge, Colin Wight expõe o reducionismo fisicalista de Bunge e demonstra a necessidade de incluir o que ele chama de mecanismos conceituais e/ou semióticos na análise social:

> Toda atividade social pressupõe uma existência prévia de formas sociais. A fala requer a linguagem; a fabricação, materiais; as ações, condições; a agência, recursos; a atividade, regras. Igualmente, tais formas sociais anteriores são dependentes de conceitos [...], [e] os conceitos possuídos pelos agentes "importam"; eles fazem diferença. Em contextos sociais complexos, integram o complexo causal e, portanto, podem ser mecanismos.⁴¹

Em resumo: pensar em mecanismos é diferente da análise correlacional e perfeitamente viável dentro de uma estrutura não individualista e interpretativista. Não há conexão necessária entre mecanismos e individualismo metodológico ou versões do materialismo.

Definindo mecanismos

Como não sou um grande fã de novas definições, sigo a definição (tradicional) de Jon Elster de mecanismos como "padrões causais

||||||||||

Politics, *International Organization*, v.59, n.1; e Id., Emotional Beliefs, *International Organization*, v.64, n.1.
40 Bunge, How Does It Work? The Search for Explanatory Mechanisms, *Philosophy of the Social Sciences*, v.34, n.2, p.202.
41 Wight, Theorizing the Mechanisms of Conceptual and Semiotic Space, *Philosophy of the Social Sciences*, v.34, n.2, p.296.

de ocorrência, frequente e facilmente reconhecíveis, desencadeados em condições geralmente desconhecidas ou com consequências indeterminadas".[42] Esses mecanismos são "portáteis" no sentido de pequenos, talvez até mesmo triviais; são, dessa forma, componentes de uma explicação que pode ser transladada para outros contextos e outros casos, embora esse novo contexto possa afetar a forma como esses mecanismos se comportam. Eles viajam. Embora isso não necessariamente revele uma teoria geral com ampla aplicabilidade, torna possível conectar casos e transferir conhecimento de um para outro. Vários componentes precisam ser esclarecidos, no entanto. Primeiro, o nível de determinância de tais mecanismos é não é claro. Segundo, o nível exato de teorização (ou abstração empírica) também pode ser questionado. Argumentarei aqui que é mais proveitoso não lidar com mecanismos em termos de determinância, além de defender que não os localizemos em um nível de análise teórico muito geral.

Melhor começarmos com o nível de generalização em que os mecanismos devem ser utilizados; e tal nível pode ser bem elevado. De acordo com alguns racionalistas, a própria "racionalidade" deveria ser vista como um mecanismo. Tal visão pode parecer estranha, mas é coerente com a perspectiva racionalista, já que, ao argumentar que leis gerais são impossíveis e que as correlações não são de fato explicações, qualquer explicação se origina a partir da ação humana e de uma suposição comportamental fundamental sobre ela (para os racionalistas): ou seja, da racionalidade. A racionalidade é crucial, uma vez que fornece também uma expectativa de coerência contra a qual a ação "não racional" pode ser julgada. Mais importante, para a análise de mecanismos, a suposição de racionalidade viaja quase perfeitamente entre o nível de ação e o nível de observação.

||||||||||
42 Elster, A Plea for Mechanisms, in: Hedström e Swedberg (Orgs.), *Social Mechanisms: an Analytical Approach to Social Theory*, p.45; e Id., *Explaining Social Behavior: More Nuts and Bolts for the Social Sciences*, p.36.

Consequentemente, a coerência que a racionalidade parece prometer se aplica também aos próprios atores: um ator que toma consciência de alguma irracionalidade pode, portanto, tentar remediar essa incoerência. Assim, o requisito de coerência da racionalidade estimula o comportamento corretivo e, portanto, a racionalidade pode muito bem ser vista como um gatilho, como um mecanismo. Ainda assim, mesmo dentro do racionalismo, em vez de localizar na própria racionalidade a existência de um mecanismo, faz mais sentido referir-se a mecanismos como os diferentes caminhos pelos quais são feitas tentativas de reduzir uma incoerência. A racionalidade pode ser a premissa teórica básica para esses mecanismos, mas não são os próprios mecanismos.

Por consequência, se alguém raciocina em termos de reduções tanto de gatilhos quanto de incoerências, não é preciso muito esforço para aventarmos todas as dinâmicas de equilíbrio como possíveis mecanismos. Nesse sentido, a teoria subjacente que informa esse raciocínio postula uma tendência para o equilíbrio; e, dessa forma, qualquer evento que ponha o sistema fora de equilíbrio, ou qualquer ator fora de um estado mental equilibrado (ou satisfeito), pode desencadear mecanismos que busquem um retorno a um estado de estabilidade ou a um equilíbrio. Portanto, não surpreende que os racionalistas utilitaristas (analistas da escolha racional) vissem nos modelos de equilíbrio econômico um ponto de partida para os mecanismos sociais.[43] É preciso pouca imaginação para reformular a "teoria" do equilíbrio de poder em uma série de mecanismos sociais: *balancing* (interno ou externo), formação de coalizões, transferência de responsabilidade e *bandwagon*. De fato, lidar com uma das maiores críticas contra o realismo poderia, na verdade, se transformar em um programa da pesquisa. Como os *outputs* comportamentais podem ser tão diversos a ponto de abranger todas as reações possíveis,

---

43 Cowen, Do Economists Use Social Mechanisms to Explain?, in: Hedström e Swedberg (Orgs.), *Social Mechanisms: an Analytical Approach to Social Theory*, p.129.

o realismo se torna não falseável.⁴⁴ Como resultado, os realistas podem ser tentados a definir *ex ante* todas as condições possíveis nas quais um mecanismo, em vez de outro, vem a ser acionado. Se isso fosse possível, salvaríamos o (neor)realismo como uma teoria comportamental. O trabalho de Colin Elman sobre teorização tipológica parece ter sido inspirado nessa vontade de salvar o (neor)realismo.⁴⁵ Todavia, é importante não confundir mecanismos com teoria ou com pressuposições teóricas, embora os dois estejam obviamente ligados.

Da mesma forma, mecanismos também não devem ser equiparados ao *processo* propriamente dito, como às vezes parece ser a abordagem de Charles Tilly em seu interessante trabalho sobre mecanismos. Tilly teve como foco a *longue durée*. Assim, enquanto os individualistas metodológicos tendem a reduzir um processo até encontrar o cerne da ação racional, dando origem a um processo com muitos mecanismos menores, a abordagem de Tilly mantém uma visão holística do processo e, portanto, com tendência a ver menos mecanismos, mas, ao mesmo tempo, mecanismos muito maiores (ou, de fato: processos maiores). Ele distingue entre três formas de mecanismo: contextual, relacional e cognitivo. Os processos cognitivos são aqueles já vistos nas abordagens racionalistas; processos contextuais se referem a "influências, geradas externamente, nas condições que afetam a vida social", enquanto os mecanismos relacionais "alteram as conexões entre pessoas, grupos e redes interpessoais". Além disso,

---

44 Vasquez, The Realist Paradigm and Degenerative versus Progressive Research Programs: an Appraisal of Neotraditional Research on Waltz's Balancing Proposition, *American Political Science Review*, v.91, n.4. Para uma avaliação conexa, mas tendo como base uma análise conceitual sobre poder nas teorias realistas, ver Guzzini, The Enduring Dilemmas of Realism in International Relations, *European Journal of International Relations*, v.10, n.4.

45 Bennett e Elman, Qualitative Research: Recent Developments in Case Study Methods, *Annual Review of Political Science*, v.9; e Elman, Explanatory Typologies in Qualitative Studies of International Politics, *International Organization*, v.59, n.2.

"processos ocorrem frequentemente em combinações ou sequências de mecanismos".[46]

Quando se trata da especificação de mecanismos, contudo, a distinção entre processos e mecanismos começa a ficar obscura (e não apenas porque Tilly constrói uma abordagem na qual mecanismos e processos são somados e não distinguidos). Em princípio, os mecanismos "têm efeitos imediatos e uniformes, seus efeitos agregados, cumulativos e de longo prazo variam consideravelmente a depender das condições iniciais e das combinações com outros mecanismos".[47] Entretanto, o que seria, para utilizar alguns dos mecanismos de Tilly na promoção da democratização, o efeito imediato e uniforme da "contenção burocrática de forças militares anteriormente autônomas" ou da "desintegração das redes de confiança existentes" ou do "cumprimento explícito, por parte do governo, de seus compromissos em benefício de novos e substantivos segmentos da população" (ou "deserção da elite", em outras palavras)?[48] Não é claro que exista um *efeito*[49] imediato que tenha sido explicado, mas apenas que tal efeito tenha sido anunciado ou descrito. Efetivamente, Tilly admite que esses mecanismos e processos são, de certa forma, tautológicos. Ele se defende sugerindo que tais tautologias apontam para mecanismos como "causas próximas" para uma democratização. Parece, então, que, em vez de terem efeitos imediatos e uniformes, alguns dos mecanismos supracitados representam, na verdade, processos mais amplos, cujos efeitos relacionais e combinatórios são estipulados por uma estrutura de análise subjacente. Para o presente volume, esse tipo de mecanismo pode ser útil para pensarmos em profecias autorrealizáveis de longo prazo, mas não para compreendermos o nosso principal mecanismo sob análise: o de redução de crises de identidade.

---

46 Tilly, Mechanisms in Political Process, *Annual Review of Political Science*, v.4, p.24 e 26.
47 Ibid., p.25.
48 McAdam, Tarrow e Tilly, Methods for Measuring Mechanisms of Contention, *Qualitative Sociology*, v.31, n.4, p.319.
49 Grifo do autor. (N.T.)

Isso nos leva à segunda questão importante: o grau de determinância dos mecanismos. Existem três maneiras principais de lidar com a (in)determinância nos estudos sobre mecanismo. Primeiro, as condições sob as quais os mecanismos entram em funcionamento são deixadas em aberto. Em outras palavras, os mecanismos são concebidos como capacidades latentes ou emergentes que precisam ser desencadeadas por algumas condições iniciais. Essas condições podem variar, e seu efeito desencadeador de um mecanismo pode ser contingente. Mas, uma vez que o mecanismo é acionado, algum "efeito imediato e uniforme" ou uma causalidade suficiente (Mahoney) é assumido. Assim, a indeterminância não está no mecanismo, mas nas condições que o desencadeiam. Uma segunda maneira consiste em dizer que certas condições de fato promovem mecanismos, mas podem produzir mais de um; logo, não podemos prever qual mecanismo será acionado em um caso específico. Aqui, a indeterminância deriva dos mecanismos alternativos que podem responder a um determinado *input*: o contexto está subdeterminando a resposta. Por fim, uma terceira via vê a indeterminância no próprio mecanismo, em que ela não produz efeitos predeterminados, pois tudo depende de sua interação com outros mecanismos e/ou do processo no qual ela se desdobra e se insere.

Obviamente, se tivéssemos um *process tracing* no qual as três "indeterminações" fossem aplicadas, o mecanismo não teria nenhum poder explicativo. Esse é um verdadeiro dilema. Por um lado, mecanismos são interessantes para os estudiosos que desejam produzir explicações que não perpassem pelo uso de leis gerais e, portanto, encarem as causalidades enquanto elementos combinatórios, relacionais e conjunturais cujo funcionamento é deixado em aberto pela importância das condições e dos contextos em mudança, ou mesmo pelos próprios mecanismos. Por outro, deixar esse funcionamento muito em aberto significa que um determinado mecanismo pode não ser capaz de explicar absolutamente nada. Abrir a caixa-preta da explicação para além da correlação acabaria em mecanismos que, igualmente, não produziriam explicações, mas simplesmente resumiriam – ou pior – apenas presumiriam uma explicação. Dessa forma, talvez a definição de Elster seja uma definição que não acumule esses momentos de "indeterminação". Sua análise sempre enfatiza a indeterminância proveniente da existência de vários mecanismos que podem ser acionados em um mesmo momento. Mas, com relação às outras duas "indeterminações", ele postula que são desconhecidas as condições sob as quais um gatilho funciona ou os seus efeitos. Isso produziria dois tipos diferentes de mecanismos e suas análises.

3. Dois mecanismos sociais enquanto (micro)dinâmicas na teoria construtivista

Após estabelecermos como os mecanismos são mais bem compreendidos dentro de uma estrutura interpretativista de *process tracing*,[50] podemos agora tentar conceituar (i) um primeiro mecanismo identificado no processo que se estende desde o final da Guerra Fria até o renascimento do pensamento geopolítico e, depois, (ii) o efeito que tal ressurgimento poderia ter na cultura da anarquia. O primeiro mecanismo precisará, antes, ser estabelecido e discutido de maneira mais ampla, na medida em que se espera que tal mecanismo desempenhe, de modo geral, um papel importante na teoria construtivista. Ao mesmo tempo, também mencionarei o segundo mecanismo que liga o renascimento do pensamento geopolítico a uma mudança na cultura da anarquia, o mecanismo da profecia autorrealizável. A existência desse tipo de mecanismo foi estabelecida

---

50 Ver também a análise de Piki Ish-Shalom (Theory as Hermeneutical Mechanism: the Democratic-Peace Thesis and the Politics of Democratization, *European Journal of International Relations*, v.12, n.4) sobre *discourse-tracing* e mecanismos hermenêuticos.

na sociologia já há um tempo considerável, de modo que irei me debruçar sobre seu potencial papel na teorização construtivista.

Antes de discutir esses mecanismos, especificarei brevemente o tipo de teoria social da ação que é consistente com esse uso de mecanismos no construtivismo. Sem dúvida, o estudo foi informado pela teorização de Bourdieu, que fornece uma referência para a compreensão do contexto em que os agentes desenvolvem seus embates dentro de um campo específico.[51] Isso também inclui os embates por definições políticas em que se busca impor uma certa "visão e divisão do mundo" como a perspectiva correta.[52] A questão básica consiste, provavelmente, em uma teoria da ação que se concentre menos na racionalidade e mais no reconhecimento social que ocorre em um determinado contexto, ou em determinadas esferas ou campos, em geral em mais de um desses elementos e ao mesmo tempo. Dessa forma, podemos nos questionar: como se desenrolam os processos de identidade que estabelecem uma coerência entre a relação com o tempo (por exemplo, passado/história), com o espaço e com o contexto social, o que Alessandro Pizzorno chama de "círculos de reconhecimento"?[53] Muitos trechos da análise de Pizzorno poderiam ser facilmente transferidos para o presente projeto, a fim de

---

51 Bourdieu, *Raisons pratiques: sur la theorie de l'action*.
52 Para uma análise de Bourdieu evidenciando seus elementos não estruturalistas, ver Leander, The Promises, Problems, and Potentials of a Bourdieu-inspired Staging of International Relations, *International Political Sociology*, v.5, n.3.
53 Pizzorno, *Il velo della diversita: studi su razionalita e riconoscimento*, p.146 e ss. Para declaração (bastante) curta em inglês, ver Id., Rationality and Recognition, in: Della Porta e Keating (Orgs.), *Approaches and Methodologies in the Social Sciences: a Pluralist Perspective*. Para mais outros desenvolvimentos de alguns de seus alunos/discípulos, ver, na teoria social, Davide Sparti, *Soggetti al tempo: identità personale tra analisi filosofica e costruzione sociale*; e Id., *Identità e coscienza*; e, nas RI, Erik Ringmar, *Identity, Interest and Action: a Cultural Explanation of Sweden's Intervention in the Thirty Years War*. Ver também a tentativa de Alexander Wendt de dinamizar sua teoria, referindo-se a "lutas por reconhecimento", em Wendt, Why a World State Is Inevitable: Teleology and the Logic of Anarchy, *European Journal of International Relations*, v.9, n.4.

especificar melhor os mecanismos aqui estudados. Pizzorno mostra que o pertencimento a vários "círculos de reconhecimento" reduz o poder de cada um desses círculos, individualmente, na definição de um status e na capacidade de produzir uma ação restritiva, argumento que também foi realizado na literatura sobre *shaming* nas RI.[54] Isso também significa que o mecanismo de redução de crises de identidade não deve ser concebido em termos de um dado equilíbrio, mas, sim, como um processo dinâmico sem ponto de retorno fixo. No presente estudo, esse processo também é realizado com dois "círculos de reconhecimento", tanto no âmbito doméstico quanto no internacional. Nesse sentido, ter um ator coletivo não é, em princípio, um problema, justamente porque a coletividade também pode ser encarada como um círculo de reconhecimento dentro da nossa análise.

A isso, devem ser adicionados os componentes performativos evidenciados por Ian Hacking em seu "efeito de *looping*", passível de se tornar um tipo de mecanismo em termos de círculos dinâmicos.[55] Por exemplo, Pizzorno se refere ao círculo virtuoso de reputação.[56] Ter uma boa reputação produz efeitos em espiral: as pessoas que acreditam na boa reputação tendem a interpretar atos e eventos no sentido de ver tal crença confirmada; e o ator a quem essa reputação é atribuída tenderá a obedecer às expectativas compartilhadas em seu(s) círculo(s). Ideias compartilhadas e práticas sociais de nomeação (*naming*) interagem e podem afetar outras realidades sociais.

---

54 Pizzorno, *Il velo della diversita*, op. cit., p.139. Para a literatura sobre estratégias de *shaming*, o que obviamente implica um nexo de "reconhecimento social-status-identidade", ver, por exemplo, Risse, Ropp e Sikkink (Orgs.), *The Power of Human Rights: International Norms and Domestic Change*. Isso também é compatível com as suposições sobre as razões humanas que caracterizam o motivo da honra ou da autoestima. Ver Lebow, *The Tragic Vision of Politics: Ethics, Interests and* Orders; e Id., *A Cultural Theory of International Relations*.
55 Hacking, *The Social Construction of What?*
56 Pizzorno, *Il velo della diversita: studi su razionalita e riconoscimento*, p.231.

Um mecanismo de redução na crise de identidade de política externa

O fator mais importante para entender o renascimento da geopolítica que se deu em vários dos casos aqui estudados foi a ocorrência de uma crise de identidade de política externa dentro do imaginário de segurança nacional de um dado país. Em combinação com – e motivada por – uma *path dependence* ideacional, fatores institucionais e embates políticos (agora entendidos eles mesmos como processos), a ocorrência de tal crise tornou possível o renascimento do pensamento geopolítico. O real conteúdo desse ressurgimento ocorrido em cada país foi definido pelas lutas simbólicas dos agentes envolvidos, quer fossem na esfera da política, da academia ou da opinião pública. Precisamente porque o processo principal é sobre uma identidade coletiva, a ação estratégica se torna uma ação simbólica que, de maneira consciente ou não, intervém para definir a identidade. Enquadrados "nos" e "pelos" processos nessas três camadas, os agentes lutam pela definição sobre como a nação e/ou o Estado se autocompreendem.57 E, em alguns de nossos casos, o argumento geopolítico apareceu como "natural" nos termos de um dado embate e/ou veio a calhar estrategicamente, questões que levaram ao ressurgimento desse tipo de pensamento.

Podemos agora avaliar esse processo em mais detalhes por meio de uma análise de seu mecanismo central: redução da crise de identidade. Na terminologia de Tilly, esse mecanismo é intersubjetivo. Instigado pela ocorrência de uma crise de identidade, cuja origem é contingente, o mecanismo produz efeitos os quais, por sua vez, são apenas parcialmente contingentes. Quando uma crise de identidade ocorre nos discursos de política externa, ela desencadeia ações simbólicas para reduzir tal dissonância. No entanto, o conteúdo de tais

---

57 Johnson, por exemplo, insiste nesse componente não racional na ação simbólica, enquanto forma de conectar abordagens culturais a uma teoria da ação; ver Johnson, How Conceptual Problems Migrate: Rational Choice, Interpretation, and the Hazards of Pluralism, *Annual Review of Political Science*, v.5.

tentativas dependerá do contexto em que esse mecanismo opera. Foi somente nos casos nos quais muitos dos fatores processuais identificados para o presente estudo acompanharam a ocorrência de uma crise de identidade de política externa que a geopolítica pôde aparecer como uma possível solução e, portanto, ressurgir. Se o mecanismo, como tal, parece transferível para outros *locus*, seu conteúdo exato depende do contexto.

A ideia subjacente para conceber esse mecanismo é que os processos de identidade podem ser ligados a dinâmicas de coerência ou congruência. Em uma analogia (frouxa) aos mecanismos de redução de dissonância cognitiva analisados por racionalistas (brandos),[58] podemos ver esses processos como mecanismos de redução da incongruência/dissonância da identidade. Uma crise de identidade de política externa aparece quando há uma tensão ou uma contradição na autocompreensão de um ator coletivo, ou mesmo quando há uma incompatibilidade entre essa compreensão e a percepção dominante sobre seu respectivo papel externo. Essa dissonância desencadeará, então, respostas mais concretas, que incluem: (1) a *negação* de que existe qualquer dissonância; (2) a *negociação*, isto é, tentativas de dissuadir o outro de uma visão errônea sobre a identidade (ou seja, existe a percepção de uma dissonância, mas isso se baseia em um mal-entendido); e (3-4) a aceitação de uma real dissonância, que estimula ou tentativas de mudar a cultura internacional, de maneira a permitir que a própria identidade se encaixe nessa outra conformação (*imposição*); ou esforços para redefinir a identidade como uma maneira de se adaptar a expectativas ou projeções externas (*adaptação*). Apresento essas respostas como componentes da análise geral desse mecanismo discursivo.

---

58 Além de Elster, ver, em particular, Kuran, Social Mechanisms of Dissonance Reduction, in: Hedström e Swedberg (Orgs.), *Social Mechanisms: an Analytical Approach to Social Theory*.

Para ilustrar a primeira dessas respostas, podemos recorrer à análise de Jutta Weldes sobre a Crise dos Mísseis em Cuba, em 1962. Seu problema de pesquisa era um não evento: por que era quase inconcebível para os tomadores de decisão dos Estados Unidos verem a presença de mísseis soviéticos em solo cubano como tendo por principal objetivo defender Cuba de outro ataque, quando essa interpretação soava quase natural para os cubanos? Weldes exclui uma série de explicações possíveis (como a não proporcionalidade desses sistemas bélicos para esse objetivo) no sentido de mostrar que essa visão contradizia frontalmente a autocompreensão dos Estados Unidos em suas relações exteriores. Apesar do passado colonialista dos Estados Unidos, que poderia ter permitido um certo grau de empatia, e apesar do seu envolvimento em uma tentativa anterior de invasão à Cuba pós-revolucionária, o imaginário de segurança norte--americano mobilizou predominantemente uma identidade de anti--imperialismo: os Estados Unidos como o defensor de um mundo livre. A empatia com a versão cubana desse evento provocaria uma grande dissonância, ao apresentar os Estados Unidos como o autor da crise, como expansionista e agressivo. Quando a interpretação de uma instalação de mísseis puramente defensivos contradiz a identidade de política externa norte-americana, algo precisa ceder e ser reformulado. A visão cubana era lida como pura propaganda. Esse exemplo ilustra, assim, a primeira resposta supracitada: a *negação* de qualquer dissonância.

Uma resposta relacionada consiste em manter inalteradas as verbalizações sobre a identidade no discurso de política externa, mas adaptando o comportamento. Aqui, a análise de Janice Bially Mattern das relações EUA-Reino Unido durante a crise de Suez fornece uma boa ilustração.[59] Bially Mattern analisa a maneira pela qual a política externa dos Estados Unidos foi capaz de mudar o

---

59 Bially Mattern, *Ordering International Politics: Identity, Crisis, and Representational Force.*

comportamento do governo britânico por meio da aplicação não apenas de uma força estratégica, mas também simbólica. Além da pressão financeira, a política externa norte-americana instaurou a sua contraparte britânica diante de um espelho, o qual retratava uma imagem do Reino Unido como neocolonial e agressivo, e não mais amigo e próximo da civilização ocidental. Isso criou uma forma de chantagem cujo desdobramento é compreensível quando vemos o mecanismo da identidade envolvido: ou o Reino Unido abandonava as ações em que estava pautando sua política externa e, assim, demonstrava ter mantido sua estimada identidade e o reconhecimento social pelos Estados Unidos, o seu outro mais significativo; ou continuava suas ações correndo o risco de ser relegado ao ostracismo e de ver revogados o seu status e, até mesmo, a sua própria participação no exclusivo clube anglo-americano no Atlântico. Nesse caso, devido à amizade, o Reino Unido optou por manter uma boa imagem, aquela que estava em sintonia com sua própria autocompreensão e, assim, mudou seu comportamento. No primeiro tipo de resposta, enquanto o discurso se baseia na autocompreensão existente, ao não se identificar com uma outra imagem de si mesmo, no segundo, por sua vez, o discurso também se baseia em uma autocompreensão existente, mas o faz ao aceitar a visão do Outro (e depois adapta seu próprio comportamento). Talvez não seja acidental que ambos os exemplos sejam de situações de crise de política externa nas quais o mecanismo, se acionado, precisa de uma resposta rápida.

O segundo tipo de resposta seria mais típico para situações de "não crise", em que é dado mais tempo à *negociação*, ficando, portanto, mais próxima das condições do presente estudo. Aqui, a lógica é que, embora pareça haver uma dissonância, ela não é real, de modo que uma melhor comunicação e uma melhor diplomacia resolveriam qualquer mal-entendido. Entretanto, para contar como uma resposta a uma crise real, esse mal-entendido precisa ser interpretado como significativo, como algo que toca em um componente importante da identidade presente no imaginário de política externa. Não é qualquer dissonância nas compreensões identitárias que produzirão automaticamente uma crise. Ainda assim, pode ocorrer uma crise se, por exemplo, um ator externo enfatizar sistematicamente certos componentes dos discursos identitários de um país, os quais a sua própria elite de política externa considera como secundários – por exemplo, a Itália como tendo uma cultura política ambígua ilustrada pela corrupção generalizada e pelo crime organizado. Nesse caso, a incompatibilidade é ameaçadora, já que pode levar a uma abertura de "feridas antigas" ou a uma reabertura de confrontos de identidade supostamente superados. Além disso, pode tocar também em um ponto fraco na autocompreensão de um país, um ponto em que os discursos nacionais podem ser ambivalentes, se não contraditórios. A resposta pode consistir apenas no uso da diplomacia pública, mas mais provavelmente se baseará em ações específicas destinadas a imprimir na sociedade internacional a visão preferida do país sobre a sua própria identidade. As iniciativas de direitos humanos do presidente norte-americano, Jimmy Carter, após a Guerra do Vietnã, podem ser lidas dessa maneira, com o objetivo de desviar a atenção de uma visão dos Estados Unidos como uma potência neocolonial ou imperialista e, em vez disso, focar no status almejado pelo país como o defensor universal dos direitos.

O terceiro e o quarto tipos de resposta são semelhantes, pois em cada caso a dissonância é primeiramente aceita, depois enfrentada. No entanto, as duas respostas diferem em termos do *locus* da adaptação: no âmbito doméstico ou no círculo de reconhecimento da sociedade internacional. As políticas do antigo regime de *apartheid* na África do Sul seguramente se encaixam no primeiro caso de "adaptação". Além da pressão econômica, o status de pária atribuído por ser um país em que o racismo era legalmente tolerado exercia imensa pressão nos esforços para manter a autocompreensão de um país respeitável, fomentando a oposição interna (também entre as partes brancas da sociedade) e, eventualmente, levando a uma redefinição completa do Estado e da identidade nacional. Em uma versão mais fraca, o mesmo argumento se aplica a todas as estratégias de *shaming* bem-sucedidas em que a resposta e a adaptação cabem, em especial, ao país repudiado. Em uma versão diferente, como no caso da antiga União Soviética, também pode ocorrer uma autorredefinição ativa, a qual visa tornar a identidade mais amistosa perante a sociedade internacional. Tanto a *glasnost* quanto a *perestroika*, juntamente com uma série de ações que variaram desde a autorização para inspetores estrangeiros acessarem bases nucleares (o Tratado de Estocolmo) até a aceitação da independência dos países do antigo bloco oriental, não só minaram as regras do jogo da Guerra Fria, como também forneceram uma nova autoidentificação da União Soviética que poderia ser aceitável para a sociedade internacional. Importante observar que o objetivo aqui não é discutir se a competição militar, as sanções econômicas ou outras sanções "duras" eram mais importantes do que as estratégias de *shaming* em termos de promover essa mudança. O ponto significativo é que a mudança não é apenas comportamental, mas relacional, pois também exige o reconhecimento de uma nova identidade para além do anterior status de pária. Consequentemente, afeta o autoconhecimento do país envolvido, efeito este mais de longo prazo, pois se existe uma pressão em um momento de ausência de uma crise de identidade – como acontece hoje com alguns dos chamados *rogue states* (por exemplo, Coreia do Norte e Irã) –, isso provoca reações de orgulho e esforços para manter o próprio status, e não reações de adaptação.

A última resposta, a qual chamei de "imposição", consiste em tentar fazer com que a autocompreensão e o reconhecimento externo coincidam, por meio da alteração das regras existentes, para ocasionar um reconhecimento bem-sucedido. Claramente, essa estratégia não está aberta para atores cujo status é baixo ou insignificante para a sociedade internacional. Moldar a cultura da sociedade internacional à própria imagem é, decerto, um dos jogos diplomáticos mais ambiciosos que existem. Sem dúvida, essa tem sido a estratégia dos Estados Unidos desde 1945, à qual recorreram mais recentemente, com força particular durante as administrações do presidente George W. Bush.[60] Mas essa estratégia também se enquadra em todas as tentativas de retratar o "poder normativo" da UE como uma alternativa para administrar os assuntos internacionais e, portanto, estabelecer os valores que definem o estatuto da sociedade internacional. Por fim, e apesar da impressão de que a Rússia de hoje está simplesmente atrasada em relação às novas regras para a definição de status nos assuntos internacionais, os últimos governos de Putin e Medvedev podem ser vistos como tentativas de orientar o ambiente internacional de modo a retorná-lo às normas mais antigas e mais orientadas para a *Realpolitik*.

Em resumo, o mecanismo de redução da crise de identidade consiste em um complexo, o qual inclui o gatilho fornecido pela crise de identidade de política externa e as reações que ela provoca. Embora, via de regra, seja esperada uma resposta que recomponha a coerência da identidade de política externa, o conteúdo dessa resposta irá variar. Estabeleci aqui quatro diferentes tipos de reação, derivados de meios lógicos pelos quais as crises de identidade podem ser resolvidas. Portanto, o mecanismo de redução de crises de identidade tem alguma determinância e parece poder ser transferível para diferentes contextos. Mas, enquanto o mecanismo, de forma geral, é comparável entre contextos, seu conteúdo é específico a um determinado contexto, da mesma forma como o processo no qual esse mecanismo se desenvolve. Nesse processo, a agência simbólica desempenha um papel importante, embora tal desempenho possa não ser intencional. Visto dessa maneira, o renascimento da geopolítica representa o renascimento de um canal ou de um meio específico dentro do qual uma crise de identidade de política externa é criada, e um esforço para resolvê-la, empreendido.

|||||||||||

60 Ver, por exemplo, Buzan, *The United States and Great Powers: World Politics in the Twenty-First Century*; e Guzzini, Foreign Policy without Diplomacy: the Bush Administration at a Crossroads, *International Relations*, v.16, n.2.

Mecanismos de profecias autorrealizáveis: o círculo vicioso da essencialização

Um primeiro objetivo do estudo apresentado neste volume era explicar o "quebra-cabeça" de um renascimento do pensamento geopolítico na Europa justo depois da Guerra Fria ter acabado. O primeiro mecanismo é central para essa explicação. Para o segundo objetivo específico deste estudo – ou seja, os possíveis efeitos autorrealizáveis de um ressurgimento da geopolítica –, um mecanismo adicional precisa ser estabelecido. Embora uma análise sistemática desse mecanismo esteja fora da parte empírica de nosso estudo, podemos agora teorizar sobre ele com mais precisão e com o conhecimento construído até aqui.[61]

A cadeia existente nesse mecanismo é bastante longa. Enquanto o mecanismo da redução da crise de identidade é relativamente de curto ou médio alcance, as profecias autorrealizáveis que afetam estruturas profundas são, quase necessariamente, mais próximas do tipo de mecanismo social apontado por Tilly, que se estende por um longo período de tempo. Eles podem nem ser percebidos, ou então, dado o longo contexto histórico no qual estão inseridos, ser neutralizados por outros eventos e dinâmicas, ou por outros mecanismos. No entanto, a ação de tais profecias autorrealizáveis é passível de avaliação.

No presente caso, a cadeia de eventos e ações desse mecanismo começaria com o link do renascimento do pensamento geopolítico e seus efeitos no imaginário de segurança. Somente naqueles casos em que a geopolítica neoclássica impactou o imaginário da política externa e, portanto, trouxe consigo o olhar militarista do realismo, conforme definido no Capítulo 2, ou quando essa geopolítica reconfirmou esse mesmo olhar militarista (como no caso turco), podemos

---

61 Profecias autorrealizáveis são alguns dos mecanismos clássicos reconhecidos pela literatura. Ver a repetida referência à formulação inicial de Merton em Hedström e Swedberg (Orgs.), *Social Mechanisms: an Analytical Approach to Social Theory*.

esperar uma militarização do imaginário de segurança.⁶² Por um lado, essa militarização leva à reversão do famoso ditado de Clausewitz, a saber, que a política é a continuação da guerra por outros meios. Nessa profecia autorrealizável, é dada prioridade ao cenário mais pessimista. Dentro de sua lógica, uma estratégia preemptiva, decidida unilateralmente, é admissível, se não necessária. A política deve seguir o primado não apenas da política externa, mas também da estratégia militar. Isso corresponde à crítica dos estudos clássicos para paz em conjunto com o construtivismo sobre a Guerra Fria como uma profecia autorrealizável.⁶³

Porém, uma análise minuciosa do argumento geopolítico presente nos casos contidos neste volume mostra que essa é apenas uma parte da história. Se uma militarização resulta de uma essencialização da geografia física típica de um certo tipo de pensamento estratégico, o mecanismo também pode começar a partir da essencialização da geografia humana ou cultural. Como o caso da Estônia, entre outros, nos indica, esse tipo de essencialização pode até ser o principal efeito. A identidade é essencializada quando a localizamos de volta no tempo – como se ela estivesse ligada a um espaço específico. Ao sugerir geografias humanas imutáveis, tal essencialização se traduz facilmente em uma visão não apenas do "nós" *versus* "eles", mas de amigos e inimigos, sejam esses amigos e inimigos internos ou externos à comunidade. Como observa Morozov ao discutir o caso russo, "as premissas teóricas básicas [da geopolítica] produzem uma predisposição para enxergar a política global de modo maniqueísta".⁶⁴

|||||||||||

62 Isso não implica que o renascimento do pensamento geopolítico e seu impacto no imaginário de segurança são a única maneira de militarizar esse mesmo imaginário.
63 Para uma análise desse link, ver Guzzini, "The Cold War Is What We Make of It": When Peace Research Meets Constructivism in International Relations, in: Guzzini e Jung (Orgs.), *Contemporary Security Analysis and Copenhagen Peace Research*.
64 Morozov, Obsessed with Identity: IR in Post-Soviet Russia, *Journal of International Relations and Development*, v.12, n.2, p.202.

Em outras palavras, o mecanismo da geopolítica autorrealizável começaria com qualquer um dos dois tipos de essencialização típicos do discurso geopolítico: o da geografia física, que informa e mobiliza o olhar militarista do realismo, ou o da geografia humana/cultural, que promove uma homogeneização do alter e do ego; além disso, produz uma clara divisão entre um interno (cultural) e um externo, com o potencial de fazer com que cultura e tamanho espacial coincidam (nacionalismo, anti-imigração e, em alguns casos, também limpeza étnica), e a convicção de uma inalterável visão de mundo baseada na conformação amigo-inimigo. Claro que a combinação desses dois tipos de essencialização – da geografia física e da geografia humana/cultural – teria efeito ainda mais forte na sua capacidade de acionar o mecanismo da geopolítica autorrealizável, já que somente a defesa militar de uma nação/cultura/grupo étnico ameaçado seria suficiente.

Um próximo passo nessa cadeia de eventos e ações é o nível de interação social – aqui, no âmbito exterior. A partir do momento em que a essencialização do imaginário de segurança começa a afetar o comportamento de política externa de um ator, ela também afetará a interação em termos de política externa que esse ator tem com os demais atores, tanto direta quanto indiretamente, pois tal interação passará a ser, cada vez mais, interpretada de uma certa maneira. Portanto, a essencialização impacta não apenas a cadeia de ação-reação, mas também a percepção dos agentes sobre essa mesma cadeia. Isso, por sua vez, afetará novamente o comportamento. Quando a Alemanha interrompeu, pela primeira vez, as discussões sobre um possível auxílio ao governo grego, o qual vivenciava uma crise financeira em 2010, o ministro francês para Assuntos Europeus, Pierre Lellouche (reconhecido por ser um acadêmico dos estudos estratégicos), afirmou que tal comportamento já era esperado: "Vinte anos após a reunificação, existe uma nova geração, existe a globalização, a pressão demográfica, [e mesmo assim] você tem uma Alemanha que, como todos, reivindica seus interesses nacionais".[65] A "pressão demográfica" mencionada por Lellouche é nada menos do que o *Volksdruck* (pressão populacional) de Haushofer.[66] Não importa que a Alemanha tenha, há décadas, uma taxa de natalidade muito baixa para sua reprodução demográfica, o que implicaria uma "deflação" da então denominada "pressão". Além disso, desde 2008, a Alemanha também possui um saldo negativo de migração e está se tornando menos populosa (em 13 mil pessoas, em 2009 – se é que isso implica alguma mudança nessa "pressão").[67] Independentemente desses fatores, a cada nova geração na Alemanha parece haver uma razão para se afirmar que os alemães não são mais mantidos sob controle por causa de seu passado. Em outras palavras, não é um evento (qualquer que seja esse evento) que indica a necessidade do pensamento geopolítico na explicação da política alemã; o que vemos, na verdade, é uma convicção geopolítica sendo lida de trás para a frente em relação ao evento político e à política pensada para tal evento.

Isso nos leva, então, ao terceiro passo do mecanismo, crucial para vinculá-lo à profecia autorrealizável. Se vários imaginários de segurança forem essencializados ao mesmo tempo e/ou difundidos por meio da interação,[68] um círculo vicioso de desconfiança surge em re-

||||||||||||

65 Hall, French Minister Says Bail-out Alters EU Treaty, *Financial Times*, disponível em: <http://cachef.ft.com/cms/s/0/d6299cae-69b5–11df-8432–00144feab49a.html#axzz1FoWpU1LA>, acesso em: 5 mar. 2011.
66 *Demographischer Volksdruck*, no inglês *demographic population pressure*, ou, em português, pressão demográfica populacional. (N. T.)
67 Ver os dados publicados pelo *Statistisches Bundesamt*. Para a relação nascimento-mortalidade, a qual tem sido negativa desde 1971, ver: <www.destatis.de/jetspeed/portal/cms/Sites/destatis/Internet/DE/Navigation/Statistiken/Bevoelkerung/GeburtenSterbefaelle/GeburtenSterbefaelle.psml>. Para a taxa de migração, ver <www.destatis.de/jetspeed/portal/cms/Sites/destatis/Internet/DE/Navigation/Statistiken/Bevoelkerung/Wanderungen/Wanderungen.psml>.
68 O desenho de pesquisa deste estudo pode ser vítima de um tipo de "nacionalismo metodológico", se for lido apenas por meio de seus estudos de caso, individualmente, e de sua agregação. O contexto internacional (as culturas da anarquia) e os fatores transnacionais são bem mais proeminentes neste segundo mecanismo.

lações anteriormente amistosas, ou é reconfirmado em relações de inimizade. A geopolítica se torna autorrealizável ao afetar a cultura da anarquia, confirmando sua cultura hobbesiana preexistente ou então caminhando em direção a ela. Esse mecanismo é, portanto, semelhante ao mecanismo de redução de crises de identidade, pois diz respeito a um nível intersubjetivo e estrutural, mas funciona de maneira diferente; e é a "concatenação"[69] desses dois mecanismos que atrela o fim da Guerra Fria a um possível movimento em direção não a uma identidade coletiva mais kantiana, e sim mais hobbesiana. Nesse ponto reside o paradoxo: é por meio dos mecanismos de redução da crise de identidade e do "círculo vicioso de essencialização" que uma mudança pacífica (o fim da Guerra Fria) pode desencadear, na verdade, práticas menos propícias à paz.

FIGURA 11.3. O RETORNO DA GEOPOLÍTICA (III): MECANISMOS SOCIAIS EM UM MODELO PROCESSUAL INTERPRETATIVISTA ESTABELECIDO EM CAMADAS TEMPORAIS

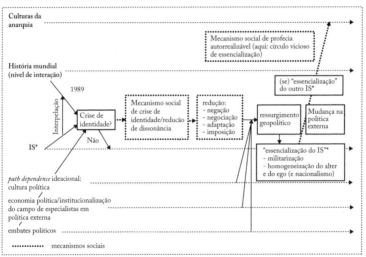

* IS: Imaginário de segurança

||||||||||||
69 Tilly, Observations of Social Processes and Their Formal Representation, *Sociological Theory*, v.22, n.4.

Este livro não tem condições de responder até que ponto este segundo mecanismo foi acionado na Europa dos anos 1990, nem avaliar quantos processos compensatórios ocorreram.[70] Mas podemos especificar algumas descobertas para os diferentes links nessa cadeia. Por um lado, não houve um renascimento da geopolítica em dois dos países estudados, e, em alguns nos quais de fato ocorreu tal renascimento, ainda não está claro se ele afetou os discursos identitários incorporados nos imaginários de segurança (no caso, da Itália e da Rússia), principalmente porque seus efeitos estão diminuindo (veja também o caso da Estônia). Portanto, a essencialização dos imaginários de segurança não ocorreu, durante a década de 1990, de maneira abrangente para todos os países analisados. A certa altura, parecia que a interação internacional poderia militarizar ainda mais a autocompreensão da sociedade internacional – a saber, na preparação para a Guerra do Iraque, na qual a administração de George W. Bush pressionou por essa mudança. Ainda é muito recente para falar sobre seus efeitos.

Quanto à essencialização da geografia humana e sua potencial mobilização de percepções "amigo-inimigo" já preestabelecidas e inflexíveis, tal dinâmica é visível. Dito isso, a única percepção "amigo-inimigo" que estaria conectada ao final da Guerra Fria (a percepção antirrussa ou – do ponto de vista do outro lado da Guerra Fria – a percepção antieuropeia-atlantista) só apareceu mais tarde, com o fim da guerra entre a Rússia e a Geórgia, mobilizando claramente o senso de um "eles lá" e "nós aqui". Contudo, a divisão de identidade mais importante instauraria esses dois lados contra o "islamismo". Aqui, a securitização da identidade religiosa alcançou o nível de interação, em que tal securitização é também

---

70 Em uma comunicação pessoal, Emanuel Adler insiste, com razão, na possível presença de outros mecanismos paralelos, pertencentes a práticas e instituições europeias, os quais podem domesticar ou até cancelar o efeito do "círculo vicioso de essencialização".

contraposta – geralmente devido a uma consciência reflexiva dos efeitos autorrealizáveis de tal abordagem –, produzindo, assim, em outras palavras, uma resposta dessecuritizante. É aqui que as teses de Huntington, com ou sem razão, acabam mobilizadas, muitas vezes, para legitimar uma Europa essencializada (se não uma Europa cristã, ou, mais politicamente correta, então uma Europa judaico-cristã). Embora essa essencialização represente o mesmo tipo de gatilho e mecanismo, ela é só indiretamente parte do encadeamento de mecanismos que começa com o fim da Guerra Fria. Nos casos em que uma crise de identidade foi respondida com um renascimento da geopolítica, isso nunca se deu tendo o "islâmico" como o "Outro" desse renascimento. Entretanto, tendo preparado o terreno para um pensamento tão essencializado, esse renascimento tornaria possível que essa lógica de essencialização presente no argumento geopolítico fosse transferida (e ainda mais essencializada) para o "islamismo".

Isso nos leva ao último ponto que desejo ressaltar. Analisamos como o renascimento do pensamento geopolítico ocorreu de maneira variada nos diversos contextos nacionais estudados. Mas claro que isso também ocorreu não apenas num certo período da história mundial, mas dentro de um determinado estado da cultura de anarquia internacional.

Portanto, é necessário perguntar como essa cultura se relaciona com os contínuos processos dentro da esfera das interações políticas e dentro dos imaginários de segurança. Assim como o renascimento do pensamento geopolítico em certos países precisa ser visto no contexto dos respectivos imaginários (nacionais) de segurança, seu efeito agregador tem de ser incorporado à cultura internacional existente. Como vimos no nível nacional, a *path dependency* de certos imaginários de segurança, bem como de certas tradições ideacionais, estruturas institucionais e constelações políticas, é mais propícia para que tal ressurgimento tenha um efeito estrutural. O mesmo se aplica internacionalmente. Aqui, os processos em curso da cultura lockeana europeia,[71] as configurações institucionais de uma comunidade de segurança em processo de alargamento (via UE) e os efeitos de um multilateralismo denso, no qual ocorrem os compromissos diplomáticos dentro da Europa, asseguram que os possíveis efeitos de uma militarização dos imaginários de segurança tenham sido, em grande medida, controlados, embora parcialmente incentivados via Otan. A existência de uma rede institucional como essa faz com que as culturas de anarquia lockeanas sejam bastante "aderentes".[72]

Mas, ao mesmo tempo, a essencialização das identidades tem progredido. É como se ela tivesse caído em um vazio institucional com menos amortecedores. Constantemente alimentado por debates nacionalistas e populistas, é nesse contexto que o segundo mecanismo pode ainda estar exercendo sua influência. A geopolítica faz parte de uma definição mais étnica/cultural da nação, em oposição

|||||||||||

71 Se a Guerra Fria pode contar como um ambiente lockeano, e a própria UE como um quase ambiente kantiano (pelo menos um espaço grotiano solidário), então a ordem pan-europeia dos anos 1990 está certamente dentro da categoria lockeana. Não quero insistir na colocação de que essas categorias parecem muito pouco refinadas. Se tanto o período da Guerra Fria quanto o da pós-Guerra Fria contarem como lockeanos, a categoria é, decerto, muito ampla. De fato, tal categoria parece abranger quase todas as culturas de anarquia internacionais (não nacionais) conhecidas. É quase como se ela fosse uma categoria residual, quando são excluídas situações de guerra civil (Hobbes, antes do Leviatã) e de democracias em funcionamento (ou Repúblicas kantianas). Na medida em que nem uma guerra civil totalmente contínua, nem uma República abrangente já existiram no âmbito internacional, todas as sociedades internacionais eram, por definição, lockeanas. Essa pode ser uma das ironias da Escola Inglesa, que defendia a conceituação da sociedade internacional qualitativamente diferente daquela proposta para a sociedade doméstica (contra a analogia doméstica) e fez um apelo para a categoria grotiana ou intermediária, quando talvez essa seja a única categoria que a história mundial já experimentou em relação à sociedade internacional – uma vez que as analogias domésticas quanto a guerras civis e a democracias excluíram as demais categorias. Para o objetivo deste livro, o ponto mais importante, no entanto, é pensarmos na mudança estrutural dessa cultura de anarquia, independentemente da forma como a rotulamos, e depois encontrarmos palavras para categorizar as diferenças significativas. Dessa forma, é importante pensarmos na dinâmica dessa cultura, e não em suas definições estáticas.

72 Wendt, *Social Theory of International Politics*, e Id., Why a World State Is Inevitable: Teleology and the Logic of Anarchy, *European Journal of International Relations*, v.9, n.4.

a uma definição cívica/política. Essa definição cívica/política se enfraqueceu em muitos locais da Europa onde costumava ser forte (por exemplo, na França). E, embora esse círculo de essencialização não tenha conduzido a uma reversão completa em direção a uma cultura de anarquia mais hobbesiana, ele provavelmente preveniu uma guinada em direção a uma cultura mais kantiana. A paralisação da integração europeia – ou, mais precisamente, seu componente federal – é uma ilustração disso. Eis uma clara afirmação contrafactual, mas, ainda assim, não arbitrária: baseia-se na descoberta desse mecanismo.[73] É nesse contexto que os mecanismos sociais podem desempenhar um de seus papéis explicativos mais importantes.

4. Conclusão

O presente livro procurou lançar luz sobre o paradoxal renascimento do pensamento geopolítico na Europa, justamente quando o fim da Guerra Fria parecia anunciar uma nova era. Argumentamos aqui que, quando ocorreu uma crise de identidade de política externa, a suposta clareza e determinância do pensamento geopolítico se apresentaram úteis para fornecer uma orientação, embora essa orientação não fosse necessariamente duradoura. Porém, essa crise não ocorreria de modo obrigatório, nem estava presente em todos os nossos casos. Na ocorrência de uma crise, é de se esperar uma resposta que almeje o restabelecimento da coerência interna, mas, de novo, o conteúdo dessa resposta não é necessariamente predeterminado. O conteúdo do argumento geopolítico dependia de uma série de outros processos em curso, como a *path dependency* ideacional, a estrutura institucional e a economia política em torno da *expertise* nacional em política externa, e os embates políticos em torno da

---

[73] Isso conecta a análise de mecanismos com argumentações contrafactuais. Ver também Lebow, *Forbidden Fruit: Counterfactuals and International Relations.*

definição do interesse "nacional". Este volume procurou, portanto, compreender o renascimento do pensamento geopolítico por meio de uma análise de processos históricos paralelos, dentro dos quais conceituamos um mecanismo social de redução de crises de identidade que, em um determinado contexto, desencadearia uma resposta a mobilizar ou a introduzir ideias geopolíticas.

O livro também sugeriu um segundo mecanismo no possível funcionamento de uma profecia autorrealizável. Se o pensamento geopolítico afetasse os imaginários de segurança, ele "essencializaria" a geografia física ou a geografia humana/cultural, ou ambas. Tal desenvolvimento poderia produzir um mecanismo, via interações de política externa, difusão dos imaginários de segurança e do desenvolvimento autônomo de tais imaginários, capaz de mobilizar tanto uma visão militarizada da política quanto identidades essencializadas (ego e alter) que, em combinação, tornariam não só possível como provável uma política externa nacionalista e um rígido esquema amigo-inimigo. Embora a militarização, no sentido clássico, tenha sido limitada, o processo de homogeneização de identidades continua forte, embora não sem oposição. Chamei esse segundo mecanismo de círculo vicioso de essencialização. Somente a concatenação desses dois mecanismos produziria a preocupação normativa inicial de uma "geopolítica autorrealizável".

Esses links são causais no sentido de uma causalidade que se questiona sobre "como" processos ocorrem (em vez de "o que" ocorreu). Eles estão inseridos em um processo que, apesar de focado em estruturas (imaginários de segurança, discursos de identidade, culturas de anarquia), processos institucionais e suas *path dependencies*, é aberto, já que contingente a uma série de contextos e fatores.[74] Em alguns casos,

---

74 A necessidade de incorporar esse caráter "aberto" do processo dentro do institucionalismo histórico é um ponto repetidamente salientado por Kathleen Thelen, Historical Institutionalism in Comparative Politics, *Annual Review of Political Science*, v.2; e Id., Timing and Temporality in the Analysis of Institutional Evolution and Change, *Studies in American Political Development*, v.14.

a concatenação dos mecanismos não foi muito além de sua fase inicial; em outros, tal concatenação foi interrompida em outro momento. A análise também mostra que um simples foco no nível interativo dos eventos mundiais deixa de lado processos simultâneos nos quais esses eventos podem ter implicações muito diferentes. Concebida dessa maneira, a análise é informada por um tipo de história não linear e por um retraçamento do processo histórico. De fato, o problema para a análise se torna, então, justificar os poucos elos necessários que conectam os processos em andamento. Observando as figuras 11.2 e 11.3, vemos que os efeitos mútuos desses processos são contínuos e, em princípio, precisariam ser representados por setas com conexões por toda parte. Isso, no entanto, é um problema não só para esta análise, mas para todas as análises. A explicação isola certas conexões como significativas em termos de seu papel em entender a cacofonia de eventos, ações, práticas e processos. Obviamente, o foco em certos links pode não lograr sucesso, mas isso é semelhante ao risco, bastante comum, de julgar mal a importância de certos links, e não pelo fato de precisar isolar alguns. Portanto, esse é um problema, em geral, compartilhado por todas as explicações.

Assim, chegamos agora ao final desta análise. Ao conceituarmos mecanismos de uma maneira consistente com o construtivismo e mostrarmos sua importância empírica, estes dois últimos capítulos podem finalmente lançar luz sobre os enigmas iniciais do nosso estudo. Com a especificação do processo e a concatenação de mecanismos, torna-se possível entender como o renascimento do pensamento geopolítico e o afastamento de uma cultura de anarquia kantiana apareceram não *apesar* do fim da Guerra Fria, mas, paradoxalmente, *por causa* do fim da Guerra Fria. Ademais, ao identificarmos dois tipos diferentes de mecanismos, o estudo fornece o desenvolvimento teórico das microdinâmicas da mudança estrutural (macro) dentro de uma análise construtivista.

REFERÊNCIAS BIBLIOGRÁFICAS

AALTO, Pami. Beyond Restoration: the Construction of Post-Soviet Geopolitics in Estonia. *Cooperation and Conflict*, v.35, n.1, p.65-88, 2000.

_____. Constructing Post-Soviet Geopolitics in Estonia: a Study in Security, Identity and Subjectivity. *Acta Politica*, University of Helsinki, n.19, 2001.

AALTO, Pami; BERG, Eiki. Spatial Practices and Time in Estonia: from Post-Soviet Geopolitics to European Governance. *Space & Polity*, v.6, n.3, p.253-70, 2002.

ABBOTT, Andrew. Transcending General Linear Reality. *Sociological Theory*, v.6, n.2, p.169-86, 1988.

_____. *Time Matters*: on Theory and Method. Chicago: University of Chicago Press, 2001.

AGNEW, John. *Geopolitics*: Re-visioning World Politics. Londres: Routledge, 1998.

_____. *Geopolitics*: Re-visioning World Politics. 2.ed. Londres/Nova York: Routledge, 2003.

AGNEW, John et al. Symposium on Stefano Guzzini's (Org.), The Return of Geopolitics in Europe? Social Mechanisms and Foreign Policy Identity Crises, *Cooperation and Conflict*, v.52, n.3, p.399-422, 2017.

AJAMI, Fouad. The Summoning: "But They Said, We Will Not Hearken". *Foreign Affairs*, v.72, n.4, p.2-9, 1993.

AKYOL, Taha. Stratejik Derinlik. *Milliyet*, 17 fev. 2003.

ALLAN, Pierre; GOLDMANN, Kjell (Orgs.). *The End of the Cold War*: Evaluating Theories of International Relations. Dordrecht: Martinus Nijhoff, 1992.

ALTINAY, Ayşe Gül. Militarizm, İnsan Hakları ve Milli Güvenlik Dersi. *Bianet*, 2003. Disponível em: <www.bianet.org>. Acesso em: 11 abr. 2005.

_____. *The Myth of the Military-Nation*: Militarism, Gender, and Education in Turkey. Londres: Palgrave, 2005.

AMINZADE, Ronald. Historical Sociology and Time. *Sociological Methods & Research*, v.20, n.4, p.456-80, 1992.

ANCEL, Jacques. *Geopolitique*. Paris: Delagrave, 1936.

ANDREATTA, Filippo; HILL, Christopher. Struggling to Change: the Italian State and the New Order. In: WALLACE, William; NIBLETT, Robert (Orgs.). *Rethinking the European Order*: West European Responses 1989-1997. Oxford: St Martin's Press, 2000. p.242-67.

ANDREESCU, Gabriel. The Transylvanian Issue and the Issue of Europe. *The Hungarian Quarterly*, v.39, n.152, p.56-64, 1998.

ANTONSICH, Marco. Geopolitica e geografia politica in Italia dal 1945 ad oggi. *Quaderni del Dottorato di Ricerca in Geografia Politica*, Universita di Trieste, n.2 (edição especial da monografia), 1996.

_____. Santoro, i nomi e i numi della geopolitica. *Limes: Rivista Italiana di Geopolitica*, v.1, p.289-91, 1997.

_____. *Geopolitica e geografia Politica in Italia dal 1945 ad oggi*. Trieste: Quaderni del Dottorato in Geografia, 1997.

ANTONSICH, Marco et al. *Geopolitica della crisi*: Balcani, Caucaso e Asia centrale nel nuovo scenario internazionale. Milão: ISPI-EGEA, 2001.

ANZERA, Giuseppe; MARNIGA, Barbara. *Geopolitica dell'acqua*: gli scenari internazionali e il caso del Medio Oriente. Milão: Guerini Studio, 2003.

ARFI, Badredine. Security *qua* Existential Surviving (While Becoming Otherwise) through Performative Leaps of Faith, *International Theory*, v.12, n.2, p.291-305, 2020.

ARON, Raymond. *Paix et guerre entre les nations*. 8.ed. Paris: Calmann-Levy, 1962. [Ed. bras.: *Paz e guerra entre as nações*. Trad. Sérgio Bath. São Paulo: WMF Martins Fontes, 2018.]

ARON, Raymond. *Macht, Power*, Puissance: prose démocratique ou poésie démoniaque? *European Journal of Sociology*, v.5, n.1, p.26-51, 1964.

_____. Max Weber et la politique de puissance. In: *Les etapes de la pensee sociologique*. Paris: Gallimard, 1967. p.642-56. [Ed. bras.: *As etapas do pensamento sociológico*. 7.ed. Trad. Sérgio Bath. São Paulo: Martins Fontes, 2008.]

_____. Reason, Passion, and Power in the Thought of Clausewitz. *Social Research*, v.39, n.4, p.599-621, 1972.

_____. *Penser la Guerre, Clausewitz. II*: L'age planetaire. Paris: Gallimard, 1976.

ASHLEY, Richard K. The Geopolitics of Geopolitical Space: toward a Critical Social Theory of International Politics. *Alternatives*, v.XII, n.4, p.403-34, 1987.

_____. Untying the Sovereign State: a Double Reading of the Anarchy Problematique. *Millennium: Journal of International Studies*, v.17, n.2, p.227-62, 1988.

_____. Imposing International Purpose: Notes on a Problematique of Governance. In: CZEMPIEL, Ernst-Otto; ROSENAU, James (Orgs.). *Global Changes and Theoretical Challenges*: Approaches to World Politics for the 1990s. Lanham: Lexington Books, 1989. p.251-90.

ATAÖV, Türkkaya. Symposium on the Teaching of International Politics in Turkey. *Milletlerarası Münasebetler Türk Yıllığı*, v.2, p.188-96, 1961.

ATKINSON, David. Geopolitical Imaginations in Modern Italy. In: DODDS, Klaus; ATKINSON, David (Orgs.). *Geopolitical Traditions*: a Century of Geopolitical Thought. Londres: Routledge, 2000. p.93-117.

AUSWARTIGES AMT [AA]. *Ausenpolitik der Bundesrepublik Deutschland*. Dokumente von 1949 bis 1994. Herausgegeben aus Anlas des 125. Jubilaums des Auswartigen Amts. Colônia: Verlag Wissenschaft und Politik, 1995.

AXELROD, Robert; KEOHANE, Robert O. Achieving Cooperation under Anarchy: Strategies and Institutions. In: OYE, Kenneth (Org.). *Cooperation under Anarchy*. Princeton: Princeton University Press, 1986. p.226-54.

AYTÜRK, İlker. Turkish Linguists against the West: the Origins of Linguistic Nationalism in Ataturk's Turkey. *Middle Eastern Studies*, v.40, n.6, p.1-25, 2004.

BACH, Jonathan; PETERS, Susanne. The New Spirit of German Geopolitics. *Geopolitics*, v.7, n.3, p.1-18, 2002.

BANCHOFF, Thomas. German Identity and European Integration. *European Journal of International Relations*, v.5, n.3, p.259-89, 1999.

BARNES, Barry. *T. S. Kuhn and Social Science*. Londres: Macmillan, 1982.

BARRINHA, André; FREIRE, Maria Raquel (Orgs.). *Segurança, liberdade e política*: pensar a Escola de Copenhaga em português. Lisboa: Imprensa de Ciências Sociais, 2015.

BARTHES, Ronald. *Mythologies*. Londres: Vintage Classics, 1980. [Ed. port.: *Mitologias*. Lisboa: Edições 70, 2012.]

BASSIN, Mark. Imperialism and the Nation State in Friedrich Ratzel's Political Geography. *Progress in Human Geography*, v.11, n.4, p.473-95, 1987.

_____. Race contra Space: the Conflict between German *Geopolitik* and National Socialism. *Political Geography Quarterly*, v.6, n.2, p.115-34, 1987.

_____. Between Realism and the "New Right": Geopolitics in Germany in the 1990s. *Transactions of the Institute of British Geographers*, v.28, n.3, p.350-66, 2003.

_____. The Two Faces of Contemporary Geopolitics. *Progress in Human Geography*, v.28, n.5, p.620-26, 2004.

BASSIN, Mark; AKSENOV, Konstantin E. Mackinder and the Heartland Theory in Post-Soviet Geopolitical Discourse. *Geopolitics*, v.11, n.1, p.99-118, 2006.

BEDNÁŘ, Miloslav. Význam Palackého filosofické obnovy české státní ideje. In: ŠMAHEL, František; DOLEŽALOVÁ, Eva (Orgs.). *František Palacký 1798/1998, dějiny a dnešek*. Praga: Historický ústav AV ČR, 1999. p.63-72.

BEER, Francis A.; HARRIMAN, Robert. Realism and Rhetoric in International Relations. In: *Post-Realism*: the Rhetorical Turn in International Relations. East Lansing: Michigan State University Press, 1996. p.1-34.

BEHNKE, Andreas. The Enemy Inside: the Western Involvement with Bosnia and the Problem of Securing Identities, *Alternatives: Global, Local, Political*, v.23, n.3, p.375-95, 1998.

BEHNKE, Andreas. The Politics of Geopolitik in Post-Cold War Germany. *Geopolitics*, v.11, n.3, p.396-419, 2006.

_____. *NATO's Security Discourse after the Cold War*. Abingdon: Routledge, 2013.

BERENSKÖTTER, Felix. Anxiety, Time, and Agency. *International Theory*, v.12, n.2, p.273-90, 2020.

BENNETT, Andrew; ELMAN, Colin. Qualitative Research: Recent Developments in Case Study Methods. *Annual Review of Political Science*, v.9, p.455-76, 2006.

BERG, Eiki. *Eesti tähendused, piirid ja kontekstid*. Tartu: Tartu Ülikooli Kirjastus, 2002.

_____. Local Resistance, National Identity and Global Swings in Post--Soviet Estonia. *Europe-Asia Studies*, v.54, n.1, p.109-22, 2002.

_____. Some Unintended Consequences of Geopolitical Reasoning in Post-Soviet Estonia: Texts and Policy Streams, Maps, and Cartoons. *Geopolitics*, v.8, n.1, p.101-20, 2003.

BERG, Eiki; CHILLAUD, Matthieu. An IR Community in the Baltic States: Is There a Genuine One? *Journal of International Relations and Development*, v.12, n.2, p.193-9, 2009.

BERG, Eiki; ORAS, Saima. Writing Post-Soviet Estonia on to the World Map. *Political Geography*, v.19, n.5, p.601-25, 2000.

BERGER, Peter L.; LUCKMANN, Thomas. *The Social Construction of Reality*: a Treatise in the Sociology of Knowledge. Nova York: Anchor Books, 1966.

BIALLY MATTERN, Janice. *Ordering International Politics*: Identity, Crisis, and Representational Force. Londres/Nova York: Routledge, 2005.

BILGE, Suat. Jeopolitik. *Kara Kuvvetleri Dergisi*, v.2, n.5, p.1-30, 1959.

BILGIN, Pinar. Turkey and the EU: Yesterday's Answers to Tomorrow's Security Problems? In: HERD, Graeme P.; HURU, Jouko (Orgs.). *EU Civilian Crisis Management*. Surrey: Conflict Studies Research Centre, Royal Military Academy Sandhurst, 2001. p.38-51.

_____. The "Peculiarity" of Turkey's Position on EU-NATO Security Cooperation: a Rejoinder to Missiroli. *Security Dialogue*, v.34, n.3, p.343-7, 2003.

BILGIN, Pinar. Türkiye-AB İlişkilerinde Güvenlik Kültürünün Rolü. In: KARADELI, Cem (Org.). *Turkey and Europe in the Post-Cold War Era*. Ancara: Ayrac, 2003. p.192-220.

_____. A Return to "Civilisational Geopolitics" in the Mediterranean? Changing Geopolitical Images of the European Union and Turkey in the post-Cold War Era. *Geopolitics*, v.9, n.2, p.269-91, 2004.

_____. Turkey's Changing Security Discourses: the Challenge of Globalization. *European Journal of Political Research*, v.44, p.1-27, 2005.

_____. "Only Strong States Can Survive in Turkey's Geography": the Uses of "Geopolitical Truths" in Turkey. *Political Geography*, v.26, p.740-56, 2007.

_____. Thinking Past "Western" IR? *Third World Quarterly*, v.29, n.1, p.5-23, 2008.

_____. The State of IR in Turkey. *BISA News* (The Newsletter of the British International Studies Association), 2008.

_____. Securing Turkey through "Western-oriented" Foreign Policy. *New Perspectives on Turkey* (special issue on Turkish foreign policy), v.40, p.105-25, 2009.

_____. *The International in Security, Security in the International*. Abingdon: Routledge, 2017.

BILGIN, Pinar; TANRISEVER, Oktay. A Telling Story of IR in the Periphery: Telling Turkey about the World, Telling the World about Turkey. *Journal of International Relations and Development*, v.12, n.2, p.174-79, 2009.

BILLIG, Michael. *Banal Nationalism*. Thousand Oaks: Sage, 1995.

BIR, Çevik. Turkey's Role in the New World Order. *Strategic Forum*, v.135, 1998. Disponível em: <www.ndu.edu/inss/strforum/forum135.html>. Acesso em: 19 nov. 2001.

BITTERMANN, Klaus; DEICHMANN, Thomas (Orgs.). *Wie Dr. Joseph Fischer lernte, die Bombe zu lieben*. Berlim: Verlag Klaus Bittermann, 1999.

BOBBIO, Norberto. *Saggi sulla scienza politica in Italia*. 2.ed. Roma/Bari: Laterza, 1996 [1969]. [Ed. bras. *Ensaios sobre ciência política na Itália*. Brasília/São Paulo: Editora UnB/Imprensa Oficial, 2002.]

BOESLER, Klaus-Achim. Neue Ansätze der politischen Geographie und der Geopolitik zu Fragen der Sicherheit. In: JORKE, Wolf-Ulrich

(Org.). *Sicherheitspolitik an der Schwelle zum 21*: Jahrhundert. Ausgewählte Themen – Strategien – Handlungsoptionen. Festschrift für Dieter Wellershoff. Berlim: Bundesakademie für Sicherheitspolitik, 1994/1995. p.75-87.

BONANATE, Luigi. *Studi Internazionali*. Turim: Fondazione Giovanni Agnelli, 1990.

_____. Qualche argomento contro l'interesse nazionale. *Limes: Rivista Italiana di Geopolitica*, v.2, p.303-11, 1997.

BOOTH, Ken. Critical Explorations. In: BOOTH, Ken (Org.). *Critical Security Studies and World Politics*. Boulder: Lynne Rienner, 2005. p.1-18.

BOSWORTH, R. J. B. *Italy the Least of the Great Powers*: Italian Foreign Policy before the First World War. Cambridge: Cambridge University Press, 1979.

_____. *Italy and the Wider World, 1860-1960*. Londres: Routledge, 1996.

BOUDON, Raymond. Social Mechanisms without Black Boxes. In: HEDSTRÖM, Peter; SWEDBERG, Richard (Orgs.). *Social Mechanisms*: an Analytical Approach to Social Theory. Cambridge: Cambridge University Press, 1998. p.172-203.

BOURDIEU, Pierre. *Raisons pratiques*: sur la theorie de l'action. Paris: Editions du Seuil, 1994. [Ed. bras.: *Razões práticas*: sobre a teoria da ação. 11.ed. Campinas: Papirus, 1996.]

_____. *Propos sur le champ politique*. Lyon: Presses Universitaires de Lyon, 2000.

_____. *Language et pouvoir symbolique*. 2.ed. rev. e amp. Paris: Seuil, 2001.

BRIGHI, Elisabetta. One Man Alone? A Longue Duree Approach to Italy's Foreign Policy under Berlusconi. *Government and Opposition*, v.41, n.2, p.278-97, 2006.

_____. *Foreign Policy, Domestic Politics and International Relations*: the Case of Italy. Abingdon: Routledge, 2013.

BRILL, Heinz. *Geopolitik und Geostrategie*: Begründung-Degeneration--Neuansätze. Bergisch Gladbach: Amt für Studien und Übungen der Bundeswehr, 1993.

_____. *Geopolitik heute*: Deutschlands Chance? Frankfurt/M.: Ullstein, 1994.

BRONSTEIN, Mihhail. Idapoliiitika on tundeline teema. *Postimees*, 5 jul. 2002.

BROOKS, Stephen G.; WOHLFORTH, William C. Power, Globalization and the End of the Cold War: Reevaluating a Landmark Case for Ideas. *International Security*, v.25, n.3, p.5-53, 2000/2001.

BRUBAKER, Rogers; COOPER, Frederick. Beyond "Identity". *Theory and Society*, v.29, n.1, p.1-47, 2000.

BRUNHES, Jean. *Geographie humaine de la France*. Paris: Société de l'Histoire Nationale, 1920.

BRZEZINSKI, Zbigniew. *The Grand Chessboard*: American Primacy and Its Geostrategic Imperatives. Nova York: Basic Books, 1997.

_____. *La grande scacchiera*. Milão: Longanesi, 1998.

BUCK, Felix. *Geopolitik 2000*: Weltordnung im Wandel – Deutschland in der Welt am Vorabend des 3. Jahrtausends. Frankfurt/M.: Report Verlag, 1996.

BULL, Hedley. *The Anarchical Society*: a Study of Order in World Politics. Londres: Macmillan, 1977.

_____. Civilian Power Europe: a Contradiction in Terms? *Journal of Common Market Studies*, v.12, n.2, p.149-64.

BUNGE, Mario. How Does It Work? The Search for Explanatory Mechanisms. *Philosophy of the Social Sciences*, v.34, n.2, p.182-210, 2004.

BUZAN, Barry. *The United States and Great Powers*: World Politics in the Twenty-First Century. Cambridge: Polity Press, 2004.

BUZAN, Barry; WÆVER, Ole; DE WILDE, Jaap. *Security*: a New Framework for Analysis. Boulder: Lynne Rienner, 1998.

CAGNETTA, Mariella. Mare Nostrum, un mito geopolitica da Pompeo a Mussolini. *Limes: Rivista Italiana di Geopolitica*, v.2, p.251-7, 1994.

CARACCIOLO, Lucio. *Terra incognite*: le radici geopolitiche della crisi italiana. Roma/Bari: Laterza, 2001.

CARACCIOLO, Lucio; KORINMAN, Michel. Editoriale. *Limes: Rivista Italiana di Geopolitica*, v.1, p.1, 1993.

_____. *Italy and the Balkans*. Washington: Center for Strategic & International Studies, 1998.

CARACCIOLO, Lucio; ORFEI, Giovanni (Orgs.). Tavola rotonda: alla ricerca dell'interesse nazionale. *Limes: Rivista Italiana di Geopolitica*, v.1, 1993.

CARACCIOLO, Lucio; KORINMAN, Michel; MAFFIA, Empedocle (Orgs.). *What Italy Stands for*. Washington: Center for Strategic & International Studies, 1997.

CARR, Edward Heller. *The Twenty Years' Crisis*: an Introduction to the Study of International Relations. 2.ed. Londres: Macmillan, 1946. [Ed. bras.: *Vinte de anos de crise, 1919-1939*. Brasília: Editora UnB, 2001.]

CASTORIADIS, Cornelius. *The Imaginary Institution of Society*. Cambridge: MIT Press, 1987.

CEMISS. *Il Sistema Italia*: gli interessi nazionali nel nuovo scenario internazionale. Milão: FrancoAngeli, 1997.

CERRETI, Claudio. San Giuliano e la non-geopolitica dei geografi. *Limes: Rivista Italiana di Geopolitica*, v.3, p.249-60, 1997.

CESA, Marco. Geopolitica e realismo. *Quaderni di Scienza Politica*, v.4, p.511-2, 1995.

CHAADAEV, Petr. *Polnoe sobranie sochinenii*. v.II. Moscou: Nauka, 1991.

CHABOD, Federico. *Storia della politica estera italiana dal 1870 al 1896*. Bari: Laterza, 1951.

_____. *Italian Foreign Policy*: the Statecraft of the Founders. Princeton: Princeton University Press, 1998.

CHECKEL, Jeffrey T. International Institutions and Socialization in Europe: Introduction and Framework. *International Organization*, v.59, n.4, p.801-26, 2005.

_____. Process Tracing. In: KLOTZ, Audie; PRAKASH, Deepa (Orgs.). *Qualitative Methods in International Relations*: a Pluralist Guide. Houndmills: Palgrave Macmillan, 2008. p.114-28.

CHILD, John. Geopolitical Thinking in Latin America. *Latin American Research Review*, v.14, n.2, p.89-111, 1979.

CHILDS, Timothy. *Italo-Turkish Diplomacy and the War Over Libya, 1911-1912*. Leiden: Brill, 1990.

CITY PAPER. EU Referendum News, set. 2003. Disponível em: <www.balticsww.com/EU:BalticsSayYes.html>. Acesso em: 18 dez. 2003.

CLAUDE JR., Inis L. *Power and International Relations*. Nova York: Random House, 1962.

CLAVAL, Paul. *Geopolitica e geostrategia*: pensiero politico, spazio, territorio. Bologna: Zanichelli, 1996.

COHEN, Saul B. *Geography and Politics in a Divided World*. Nova York: Random House, 1963.

_____. Global Geopolitical Change in the Post-Cold War Era. *Annals of the Association of American Geographers*, v.81, n.4, p.551-80, 1991.

_____. Geopolitical Realities and United States Foreign Policy. *Political Geography*, v.22, n.1, p.1-33, 2003.

COLOMBO, Alessandro. *La componente sicurezza/rischio negli scacchieri geopolitici Sud ed Est*: le opzioni del Modello di Difesa italiano. Roma: CeMiSS, 1996.

COPELAND, Dale C. A Realist Critique of the English School. *Review of International Studies*, v.29, n.3, p.427-41, 2003.

ČORNEJ, Petr. Ke genezi Palackého pojetí husitství. In: ŠMAHEL, František; DOLEŽALOVÁ, Eva (Orgs.). *František Palacký 1798/1998, dějiny a dnešek*. Praga: Historický ústav AV ČR, 1999. p.123-38.

CORSICO, Fabio (Org.). *Interessi nazionali e identità italiana*. Milão: FrancoAngeli, 1998.

COSTA, Wanderley Messias da. *Geografia política e geopolítica*: discursos sobre o território e o poder. São Paulo: Hucitec/Edusp, 1991.

COWEN, Tylor. Do Economists Use Social Mechanisms to Explain? In: HEDSTRÖM, Peter; SWEDBERG, Richard (Orgs.). *Social Mechanisms*: an Analytical Approach to Social Theory. Cambridge: Cambridge University Press, 1998. p.125-46.

COX, Robert W. Social Forces, States and World Orders: beyond International Relations Theory (+Postscript 1985). In: KEOHANE, Robert O. (Org.). *Neorealism and Its Critics*. Nova York: Columbia University Press, 1986 [1981]. p.204-54.

CROW, Suzanne. Russia Asserts Its Strategic Agenda. *RFE/RL Research Report*, v.2, p.1-8, 17 dez. 1993.

DALBY, Simon. American Security Discourse: the Persistence of Geopolitics. *Political Geography Quarterly*, v.9, n.2, p.171-88, 1990.

_____. *Creating the Second Cold War*: the Discourse of Politics. Londres: Pinter Publishers, 1990.

DALTON, Benjamin. Creativity, Habit, and the Social Products of Creative Action: Revising Joas, Incorporating Bourdieu. *Sociological Theory*, v.22, n.4, p.603-22, 2004.

DAVUTOĞLU, Ahmet. *Stratejik Derinlik*: Türkiye'nin Uluslararası Konumu. Istambul: Küre, 2001.

DEMANGEON, Albert. Geographie politique. *Annales de Géographie*, v.XLI, p.22-31, 1932.

DE MARTONNE, E. Europe Centrale I. *Geographie Universelle*, Paris, v.IV, 1930.

DE MICHELIS, Gianni. *La lunga ombra di Yalta*: la specificita della politica italiana, conversazione con Francesco Kostner. Veneza: Marsilio Editori, 2003.

DERRIDA, Jacques; HABERMAS, Jürgen. Nach dem Krieg: Die Wiedergeburt Europas. *Frankfurter Allgemeine Zeitung*, 31 maio 2003.

DESSLER, David. Beyond Correlations: toward a Causal Theory of War. *International Studies Quarterly*, v.35, n.3, p.337-55, 1991.

DIEZ, Thomas. Europe's Others and the Return of Geopolitics. *Cambridge Review of International Affairs*, v.17, n.2, p.319-35, 2004.

DIEZ, Thomas; MANNERS, Ian. Reflecting on Normative Power Europe. In: BERENSKOETTER, Felix; WILLIAMS, M. J. (Orgs.). *Power in World Politics*. Londres: Routledge, 2007. p.173-88.

DIJKINK, Gertjan. *National Identity and Geopolitical Visions*: Maps of Pride and Pain. Londres/Nova York: Routledge, 1996.

DINER, Dan. Knowledge of Expansion: on the Geopolitics of Karl Haushofer. *Geopolitics*, v.4, n.3, p.161-88, 1999.

DINGER, Dorte. *From Friends to Collaborators*: a Constructivist Analysis of Changes in Italo-German Relations with the End of the Cold War. Bremen, 2011. Dissertação (PhD) – University of Bremen, BIG SSS.

DINI, Lamberto. *Fra Casa Bianca e Botteghe Oscure*: fatti e retroscena di una stagione alla Farnesina. Milão: Guerini Associati, 2001.

DODDS, Klaus. *Geopolitics in Antarctica*: Views from the Southern Oceanic Rim. Chichester: Wiley, 1997.

_____. Geopolitics and the Geographical Imagination of Argentina. In: DODDS, Klaus; ATKINSON, David (Orgs.). *Geopolitical Traditions*: a Century of Geopolitical Thought. Londres: Routledge, 2000. p.150-84.

DODDS, Klaus; ATKINSON, David (Orgs.). *Geopolitical Traditions*: a Century of Geopolitical Thought. Londres: Routledge, 2000.

DOĞANAY, Hayati. Türkiye'nin Coğrafi Konumu ve Bundan Kaynaklanan Dış Tehditler. *Türk Dunyası Araştırmaları*, v.10, n.58, p.9-69, 1989.

DOSSENA, Paolo. *Hitler & Churchill*: Mackinder e la sua scuola. Alle radici della geopolitica. Milão: Asefi Terziaria, 2002.

DOTY, Roxanne Lynn. Foreign Policy as a Social Construction: a Post-positivist Analysis of U.S. Counterinsurgency Policy in the Philippines. *International Studies Quarterly*, v.37, n.3, p.297-320, 1993.

DRULÁK, Petr. The Problem of Structural Change in Alexander Wendt's Social Theory of International Politics. *Journal of International Relations and Development*, v.4, n,4, p.363-79, 2001.

_____. *Teorie mezinárodních vztahů*. Praga: Portál, 2003.

_____. Probably a Problem-solving Regime, Perhaps a Rights-based Union: European Integration in the Czech and Slovak Political Discourse. In: SJURSEN, Helene (Org.). *Questioning EU Enlargement*: Europe in Search of Identity. Londres/Nova York: Routledge, 2006. p.167-85.

_____. Between Geopolitics and Anti-Geopolitics: Czech Political Thought. *Geopolitics*, v.11, n.3, p.420-38, 2006.

_____. Qui decide la politique etrangere tcheque? Les internationalistes, les europeanistes, les atlantistes ou les autonomistes? *La Revue Internationale et Strategique*, v.61, p.71-84, 2006.

_____. Motion, Container and Equilibrium: Metaphors in the Discourse about European Integration. *European Journal of International Relations*, v.12, v.4, p.499-531, 2006.

_____. Wozu die Raketenabwehr gut ist. *Financial Times Deutschland*, 3 abr. 2007. Disponível em: <www.ftd.de/politik/international/gastkommentar-wozu-die-raketenabwehr-gut-ist/182120.html>. Acesso em: 1 dez. 2011.

DRULÁK, Petr; DRULÁKOVÁ, Radka. International Relations in the Czech Republic: a Review of the Discipline. *Journal of International Relations and Development*, v.3, n.3, p.256-82, 2000.

_____. The Czech Republic. In: JØRGENSEN, Knud-Erik; KNUDSEN, Tonny Brems (Orgs.). *International Relations in Europe*: Traditions, Perspectives and Destinations. Londres: Routledge, 2006. p.172-96.

DRULÁK, Petr; KÖNIGOVÁ, Lucie. The Czech Republic: From Socialist Past to Socialized Future. In: FLOCKHART,Trine (Org.). *Socializing Democratic Norms*: the Role of International Organizations for the Construction of Europe. Londres: Palgrave, 2005. p.149-68.

DUCHÊNE, François. Die Rolle Europas im Weltsystem: von der regionalen zur planetarischen Interdependenz. In: KOHNSTAMM, Max; HAGER, Wolfgang (Orgs.). *Zivilmacht Europa*: Supermacht oder Partner? Frankfurt/M.: Suhrkamp, 1973. p.11-35.

DUGIN, Alexander. *Absoljutnaja Rodina*. Moscou: Arctogaia, 1999.

_____. *Rus Jeopolitiği*: Avrasyacı Yaklaşım. Trad. Vügar İmanov. Istambul: Küre, 2003.

DVORSKÝ, Viktor. *Území československého národa*. Praga: Český čtenář, 1918.

_____. Hranice Československé republiky. *Sborník Československé Společnosti Zeměpisné*, Praga, sv.24, 37, 1919.

_____. *Základy politické geografie a československý stat*. Praga: Český čtenář, 1923.

EBELING, Frank. *Geopolitik*: Karl Haushofer und seine Raumwissenschaft 1919-1945. Berlim: Akademie Verlag, 1994.

ECEVIT, Bülent. Prime Minister Ecevit's Address to Republican Peoples' Party Group. *Belgenet*, 2001. Disponível em: <www.belgenet.com/2001/be_210301.html>. Acesso em: 5 maio 2005.

EESTI EKSPRESS. Eestimaa aastal 2050: õnnelik riik. 25 fev. 1999. Disponível em: <www.ekspress.ee>. Acesso em: 19 nov. 2000.

EESTI PÄEVALEHT, p.17-8, 27 nov. 1999. Disponível em: <www.epl.ee>. Acesso em: 16 jan. 2001.

EESTI TULEVIKUUURINGUTE INSTITUUT. Vaher: paljukardetud oht idast ei ole kadunud. 22 dez. 2003. Disponível em: <www.epl.ee>. Acesso em: 18 nov. 2004.

_____. Ilves loodab korrigerida euroliidu välispoliitikat. 23 jul. 2004. Disponível em: <www.epl.ee>. Acesso em: 18 nov. 2004.

_____. *Eesti Tulevikustsenaariumid*. Tallinn: Eesti Tulevikuuuringute Instituut, 1997.

ELMAN, Colin. Explanatory Typologies in Qualitative Studies of International Politics. *International Organization*, v.59, n.2, p.293-326, 2005.

ELSÄSSER, Jürgen. *Nie wieder Krieg ohne uns*: Das Kosovo und die neue deutsche Geopolitik. Hamburgo: Konkret Literatur Verlag, 1999.

ELSTER, Jon. A Plea for Mechanisms. In: HEDSTRÖM, Peter; SWEDBERG, Richard (Orgs.). *Social Mechanisms*: an Analytical Approach to Social Theory. Cambridge: Cambridge University Press, 1998. p.45-73.

_____. *Explaining Social Behavior*: More Nuts and Bolts for the Social Sciences. Cambridge: Cambridge University Press, 2007.

ERALP, Atila. Giriş. In: *Devlet, Sistem Ve Kimlik*: Uluslararası İlişkilerde Temel Yaklaşımlar. Ancara: İletişim, 1996. p.7-13.

EREN, Ahmet Cevat. *Jeopolitik Tarihine Toplu bir Bakış*. Istambul: Nurgök Matbaası, 1964.

ERIKSSON, Johan (Org.). *Threat Politics*: New Perspectives on Security, Risk and Crisis Management. Aldershot: Ashgate, 2002.

EROL, Mehmet Seyfettin. Türkiye'nin AB Sürecinde Avrasya Politikası: Niçin ve Nasıl Bir İşbirliği? *Avrasya Dosyası*, v.10, n.2, p.5-37, 2004.

ESTÔNIA. Ministério das Relações Étnicas. *State Programme Integration in Estonian Society 2000-2007*. Tallinn, 2000. Disponível em: <www.riik.ee/saks/ikomisjon.htm>. Acesso em: 16 jan. 2001.

ESTÔNIA. Minstério das Relações Exteriores. *Guidelines of the National Defence Policy of Estonia*. Tallinn, 1996. Disponível em: <www.vm.ee/eng/nato/def.policy.html>. Acesso em: 14 mar. 2001.

_____. *National Security Concept of the Republic of Estonia*. Tallinn, 2001.

EVANGELISTA, Matthew. *Unarmed Forces*: the Transnational Movement to End the Cold War. Ithaca: Cornell University Press, 1999.

_____. Norms, Heresthetics and the End of the Cold War. *Journal of Cold War Studies*, v.3, n.1, p.5-35, 2001.

FAHRI [FINDIKOĞLU], Ziyaeddin. Jeopolitik. In: *Jeopolitik: İlmi Antoloji Denemesi*. Istambul: Gençlik Kitabevi, 1946. p.81-93.

FALLETI, Tulia G.; LYNCH, Julia F. Context and Causal Mechanisms in Political Analysis. *Comparative Political Studies*, v.42, n.9, p.1143-66, 2009.

FAZ. Für ein Europa der Nationen und gegen den europäischen Bundestaat. *Frankfurter Allgemeine Zeitung*, 4 set. 1993. Disponível em: <www.web.nexis-lexis.com>. Arquivo com o autor.

FAZ. Das Auswärtige Amt weist Stoibers Europa-Ruge zurück. *Frankfurter Allgemeine Zeitung*, 4 nov. 1993. Disponível em: <www.web.nexis--lexis.com>. Arquivo com o autor.

_____. Kohl gegen Stoiber. *Frankfurter Allgemeine Zeitung*, 12 nov. 1993. Disponível em: <www.web.nexis-lexis.com>. Arquivo com o autor.

_____. Die CDU doch für Bundestaat Europa. *Frankfurter Allgemeine Zeitung*, 7 fev. 1994. Disponível em: <www.web.nexis-lexis.com>. Arquivo com o autor.

FELDMAN, Gregory. European Integration and the Discourse of National Identity in Estonia. *National Identities*, v.3, n.1, p.5-21, 2001.

_____. Culture, State, and Security in Europe: the Case of Citizenship and Integration Policy in Estonia. *American Ethnologist*, v.32, n.4, p.676-94, 2005.

FELDMEYER, Karl. Die NATO und Deutschland nach dem Ende des Ost-West-Gegensatzes. In: ZITELMANN, Rainer; WEIβMANN, Karlheinz; GROβHEIM, Michael (Orgs.). *Westbindung*: Chancen und Risiken für Deutschland. Frankfurt/M.: Propyläen Verlag, 1993. p.459-76.

FERRARESI, F. A Secret Structure Codenamed Gladio. In: HELLMAN, Stephen; PASQUINO, Gianfranco (Orgs.). *Italian Politics*: a Review. v.7. Londres: Pinter Publishers, 1992. p.9-48.

FERRARIS, Luigi Vittorio. Dal Tevere al Danubio: L'Italia riscopre la geopolitica a tavolino. *Limes: Rivista Italiana di Geopolitica*, v.1-2, p.213-25, 1993.

FISCHER, Joschka. Kaum ist die Einheit da, schickt man deutsche Soldaten zur Front. Interview mit dem Fraktionssprecher der hessischen Grünen, Joschka Fischer, zum Golfkonflikt. *Frankfurter Rundschau*, p.6, 9 jan. 1991.

_____. Rede des Außenministers zum Natoeinsatz im Kosovo. *Media Culture Online*, 1999. Disponível em: <www.mediacultureonline.de/fileadmin/bibliothek/fischerjoschka_kosovorede/fischer_kosovorede.pdf>. Acesso em: 1 dez. 2011.

_____. Rede bei der Mitgliederversammlung der Deutschen Gesellschaft für Auswärtige Politik. *Glasnost*, 24 nov. 1999. Disponível em: <www.glasnost.de/db/DokZeit/99fischer.html>. Acesso em: 1 dez. 2011.

FISCHER, Joschka. Vom Staatenbund zur Föderation: Gedanken über die Finalität der europäischen Integration. *Auswäertiges Amt*, 2000. Disponível em: <www.auswaertiges-amt.de/diplo/de/Infoservice/Presse/Reden/2000/000512-EuropaeischeIntegrationPDF.pdf>. Acesso em: 3 nov. 2008.

_____. Rede des Bundesauβenministers Joschka Fischer zur Aktuellen Lage nach Beginn der Operation gegen den internationalen Terrorismus in Afghanistan. *Documentarchiv*, 11 out. 2001. Disponível em: <www.documentarchiv.de/brd/2001/rede_fischer_1011.html>. Acesso em: 1 dez. 2011.

_____. *Die rot-grunen Jahre*: Deutsche Ausenpolitik – vom Kosovo bis zum 11. September. Colônia: Kiepenheuer & Witsch, 2007.

FLOCKHART, Trine. "Masters and Novices": Socialization and Social Learning through the NATO Parliamentary Assembly. *International Relations*, v.18, n.3, p.361-80, 2004.

FORSBERG, Tuomas. Power, Interest and Trust: Explaining Gorbachev's Choices at the End of the Cold War. *Review of International Studies*, v.25, n.4, p.603-21, 1999.

FOSSATI, Fabio. *Economia e politica estera in Italia*: l'evoluzione negli anni Novanta. Milão: Franco Angeli, 1999.

FRATTINI, Franco. *Cambiamo Rotta*. Milão: Piemme, 2004.

FREI, Daniel. *Feindbilder und Abrustung*: Die gegenseitige Einschatzung der UdSSR und der USA. Munique: Beck, 1985.

GAGNON JR., V. P. (Valère Philip). *The Myth of Ethnic War*: Serbia and Croatia in the 1990s. Ithaca: Cornell University Press, 2004.

GALLI DELLA LOGGIA, Ernesto. *La morte della patria*. Roma: Laterza, 1996.

_____. *L'identità nazionale*. Bologna: Il Mulino, 1998.

GAMBETTA, Diego. Concatenations of Mechanisms. In: HEDSTRÖM, Peter; SWEDBERG, Richard (Orgs.) *Social Mechanisms*: an Analytical Approach to Social Theory. Cambridge: Cambridge University Press, 1998. p.102-24.

GANGAS-GEISSE, Mónica. Ratzel's Thought in Chilean Geography. In: ANTONSICH, Marco; KOLOSSOV, Vladimir; PAGNINI, M. Paola (Orgs.). *On the Centenary of Ratzel's Political Geography*: Europe between Political Geography and Geopolitics. Roma: Società Geografica Italiana, 2001. p.193-201.

GARTON ASH, Timothy. Germany's Choice. *Foreign Affairs*, v.73, p.65-81, 1994.

_____. *History of the Present*: Essays, Sketches and Dispatches from Europe in the 1990s. Londres: Penguin Books, 1999.

GEIS, Anna. Die Zivilmacht Deutschland und die Enttabuisierung des Militärischen. *HSFK Standpunkte*, n.2, 2005.

GELLNER, Ernest. *Nations and Nationalism*. Oxford: Blackwell, 1983.

_____. The Price of Velvet: Thomas Masaryk and Vaclav Havel. *Czech Sociological Review*, v.3, n.1, p.45-58, 1995.

GENSCHER, Hans-Dietrich. *Erinnerungen*. Berlim: Siedler Verlag, 1995.

GEORGE, Alexander. The Causal Nexus between Cognitive Beliefs and Decision-Making Behaviour: the "Operational Code" Belief System. In: FALKOWSKI, Laurence (Org.) *Psychological Models in International Politics*. Boulder: Westview Press, 1979. p.95-124.

GEORGE, Alexander; BENNETT, Andrew. *Case Studies and Theory Development in the Social Sciences*. Cambridge: MIT Press, 2005.

GERMAIN, Randall. E. H. Carr and the Historical Mode of Thought. In: COX, Michael (Org.). *E. H. Carr*: a Critical Appraisal. Houndmills: Palgrave, 2000. p.322-36.

GERRING, John. The Mechanistic Worldview: Thinking Inside the Box. *British Journal of Political Science*, v.38, n.2, p.161-79, 2007.

GHECIU, Alexandra. Security Institutions as Agents of Socialization? NATO and the "New Europe". *International Organization*, v.59, n.4, p.973-1012, 2005.

GILPIN, Robert. *War and Change in World Politics*. Nova York: Cambridge University Press, 1981.

GÖKSU-ÖZDOĞAN, Günay. *'Turan'dan 'Bozkurt'a Tek Parti Döneminde Türkçülük (1931-1946)*. 2.ed. Istambul: İletişim, 2001.

GOLDSTEIN, Judith; KEOHANE, Robert O. Ideas and Foreign Policy: an Analytical Framework. In: *Ideas and Foreign Policy*: Beliefs, Institutions, and Political Change. Ithaca: Cornell University Press, 1993. p.3-30.

GÖNLÜBOL, Mehmet et al. *Olaylarla Türk Dış Politikası*. 7.ed. Ancara: Alkın, 1989 [1967].

GRAY, Colin S. *Nuclear Strategy and National Style*. Lanham: Hamilton Press, 1986.

_____. *Jeopolitik, Strateji ve Coğrafya*. Ancara: ASAM, 2003.

_____. Geopolitics and Deterrence. *Comparative Strategy*, v.31, n.4, p.295-321, 2012.

GRÄZIN, Igor. Julgeolek ja elujäämine kõigepealt. *Postimees*, 23 mar. 1996.

GREGORY, Derek. *Explorations in Critical Human Geography*: Hettner Lecture 1997. Heidelberg: Department of Geography/Heidelberg University, 1998.

GROSS, Neil. A Pragmatist Theory of Social Mechanisms. *American Sociological Review*, v.74, n.3, p.358-79, 2009.

GROSSER, Alfred. *L'Explication politique*: une introduction a l'analyse comparative. Paris: Armand Colin, 1972.

GROßHEIM, Michael; WEIßMANN, Karlheiz; ZITELMANN, Rainer. Einleitung: "Wir Deutschen und der Westen". In: *Westbindung*: Chancen und Risiken für Deutschland. Frankfurt/M.: Propyläen Verlag, 1993. p.9-17.

GÜRKAN, İhsan, 1987a. Türkiye'nin Jeopolitik Önemi ve Bundan Kaynaklanan Tehditlerin Genel Değerlendirilmesi. *İstanbul Üniversitesi Atatürk İlkeleri ve İnkılap Tarihi Enstitüsü Yıllığı*, v.2, p.343-58, 1987.

_____. Türkiye'nin Jeostratejik ve Jeopolitik Önemi. In: *Türkiye'nin Savunması*. Ancara: DPE, 1987. p.10-31.

GUSTERSON, Hugh. *People of the Bomb*: Portraits of America's Nuclear Complex. Minneapolis: University of Minnesota Press, 2004.

_____. The Seven Deadly Sins of Samuel Huntington. In: BESTEMAN, Catherine; GUSTERSON, Hugh (Orgs.). *Why America's Top Pundits Are Wrong*: Anthropologists Talk Back. Berkeley: University of California Press, 2005. p.24-42.

GUZZINI, Stefano. *Power Analysis as a Critique of Power Politics*: Understanding Power and Governance in the Second Gulf War. San Domenico di Fiesole, 1994. Dissertação (PhD) – European University Institute.

_____. The "Long Night of the First Republic": Years of Clientelistic Implosion in Italy. *Review of International Political Economy*, v.2, n.1, p.27-61, 1995.

GUZZINI, Stefano. Machtbegriffe am Ausklang (?) der meta-theoretischen Wende in den Internationalen Beziehungen (oder: Gebrauchsanweisung zur Rettung des Konstruktivismus vor seinen neuen Freunden). In: JØRGENSEN, Knud-Erik (Org.). *The Aarhus-Norsminde Papers*: Constructivism, International Relations and European Studies. Aarhus: Institut for Statskundskap, 1997 [1995]. p.69-82.

_____. *Realism in International Relations and International Political Economy*: the Continuing Story of a Death Foretold. Londres/Nova York: Routledge, 1998.

_____. A Reconstruction of Constructivism in International Relations. *European Journal of International Relations*, v.6, n.2, p.147-82, 2000.

_____. Strange's Oscillating Realism: Opposing the Ideal – and the Apparent. In: LAWTON, Thomas C.; ROSENAU, James N.; VERDUN, Amy C. (Orgs.). *Strange Power*: Shaping the Parameters of International Relations and International Political Economy. Aldershot: Ashgate, 2000. p.215-28.

_____. Calling for a Less "Brandish" and Less "Grand" Reconvention. *Review of International Studies*, v.27, n.3, p.495-501, 2001.

_____. The Different Worlds of Realism in International Relations. *Millennium: Journal of International Studies*, v.30, n.1, p.111-21, 2001.

_____. Foreign Policy without Diplomacy: the Bush Administration at a Crossroads. *International Relations*, v.16, n.2, p.291-97, 2002.

_____. "Self-fulfilling Geopolitics?", or: The Social Production of Foreign Policy Expertise in Europe. *Working Paper*, Copenhague, DIIS (Danish Institute for International Studies), n.2003/23, 2003.

_____. "The Cold War Is What We Make of It": When Peace Research Meets Constructivism in International Relations. In: GUZZINI, Stefano; JUNG, Dietrich (Orgs.). *Contemporary Security Analysis and Copenhagen Peace Research*. Londres/Nova York: Routledge, 2004. p.40-52.

_____. The Enduring Dilemmas of Realism in International Relations. *European Journal of International Relations*, v.10, n.4, p.533-68, 2004.

_____. The Concept of Power: a Constructivist Analysis. *Millennium: Journal of International Studies*, v.33, n.3, p.495-522, 2005.

_____. From (Alleged) Unipolarity to the Decline of Multilateralism? A Power-Theoretical Critique. In: NEWMAN, Edward; THAKUR,

Ramesh; TIRMAN, John (Orgs.). *Multilateralism under Challenge?* Power, International Order and Structural Change. Tóquio: United Nations University Press, 2006. p.119-38.

GUZZINI, Stefano. Re-reading Weber, or: The Three Fields for the Analysis of Power in International Relations, *Working Paper*, Copenhague, DIIS (Danish Institute for International Studies), n.2007/29, 2007.

_____. Securitization as a Causal Mechanism. *Security Dialogue*, v.42, n.4-5, p.329-41, 2011.

_____. The Ends of International Relations Theory: Stages of Reflexivity and Modes of Theorizing, *European Journal of International Relations*, v.19, n.3, p.521-41, 2013.

_____. Uma reconstrução do construtivismo nas relações internacionais. *Monções: Revista de Relações Internacionais da UFGD*, v.2, n.3, p.376-429, 2014.

_____. A história dual da securitização. In: BARRINHA, André; FREIRE, Maria Raquel (Orgs.). *Segurança, liberdade e política*: pensar a Escola de Copenhaga em Português. Lisboa: Imprensa de Ciências Sociais, 2015. p.15-32.

_____. Militarizing Politics, Essentializing Identities: Interpretivist Process Tracing and the Power of Geopolitics. *Cooperation and Conflict*, v.52, n.3, p.423-45, 2017.

HAAB, Mare. Estonia. In: MOURTIZEN, Hans (Org.). *Bordering Russia*: Theory and Prospects for Europe's Baltic Rim. Aldershot: Ashgate, 1998. p.109-29.

HACISALIHOĞLU, I. Yaşar. Jeopolitik Doğarken. *Jeopolitik*, v.1, n.1, p.1, 2003.

HACKE, Christian. *Weltmacht wider Willen*: Die Aussenpolitik der Bundesrepublik Deutschland. Frankfurt/M./Berlim: Ullstein Verlag, 1993.

HACKING, Ian. *The Social Construction of What?* Cambridge: Harvard University Press, 1999.

HAGE, José Alexandre Altahyde. Geopolítica brasileira: o desenvolvimento histórico-cultural de uma atividade política. *Revista de Geopolítica*, v.6, n.1, p.109-22, 2015.

HAHN, Karl-Eckhard. Westbindung und Interessenlage: Über die Renaissance der Geopolitik. In: SCHWILK, Heimo; SCHACHT, Ulrich

(Orgs.). *Die Selbstbewusste Nation*: "Anschwellender Bocksgesang" und weitere Beiträge zu einer deutschen Debatte. Berlim: Ullstein Verlag, 1994. p.327-44.

HALL, Ben. French Minister Says Bail-out Alters EU Treaty. *Financial Times*, 27 maio 2010. Disponível em: <http://cachef.ft.com/cms/s/0/d6299cae-69b5-11df-8432-00144feab49a.html#axzz1FoWpU1LA>. Acesso em: 5 mar. 2011.

HALL, Peter A. Aligning Ontology and Methodology in Comparative Research. In: MAHONEY, James; RUESCHMEYER, Dietrich (Orgs.). *Comparative Historical Analysis in Social Sciences*. Cambridge: Cambridge University Press, 2003. p.373-404.

HALL, Peter A.; TAYLOR, Rosemary C. R. Political Science and the Three New Institutionalisms. *Political Studies*, v.44, n.5, p.936-57, 1996.

HALLIK, Klara. Rahvuspoliitilised seisukohad parteiprogrammides ja valimisplatvormides. In: HEIDMETS, Mart (Org.). *Vene küsimus ja Eesti valikud*. Tallinn: Tallinn Pedagogical University, 1998. p.77-100.

HARP AKADEMILERI KOMUTANLIĞI. Türkiye'nin Jeopolitik Durumu üzerine bir inceleme. *Silahlı Kuvvetler Dergisi*, v.83, n.210, p.3-17, 1963.

HASLAM, Jonathan. *No Virtue like Necessity*: Realist Thought in International Relations since Machiavelli. New Haven/Londres: Yale University Press, 2002.

HASLINGEROVÁ, Ivana. Samostatnou zarhanični politiku musíme bránit zuby nehty. *Fragmenty*, 2007. Disponível em: <www.fragmenty.cz/iz00014.htm>. Acesso em: 19 jun. 2008.

HASSNER, Pierre. Morally Objectionable, Politically Dangerous (Review of Huntington's Clash of Civilizations). *The National Interest*, v.46, p.63-9, 1996/1997.

HAUSHOFER, Karl. *Geopolitik des Pazifischen Ozeans*: Studien über die Wechselbeziehungen zwischen Geographie und Geschichte. Berlim: Kurt Vowinckel Verlag, 1924.

_____. *Weltpolitik von heute*. Berlim: "Zeitgeschichte" Verlag und Vertriebs-G.m.b.H, 1934.

HAVEL, Václav. The Power of the Powerless. In: KEANE, John (Org.). *The Power of the Powerless*: Citizens Against the State in Central-Eastern Europe. Londres: Hutchinson, 1978/1985.

HAVEL, Václav. *Letní přemítání. Spisy VI.* Praga: Torst, 1999.

_____. *Projevy a jiné texty z let 1992-1999*: Spisy VII. Praga: Torst, 1999.

HAWKINS, Mike. *Social Darwinism in European and American Thought, 1860-1945*. Cambridge: Cambridge University Press, 1997.

HAY, Colin. Ever-Diminishing Expectations? Or Why Politics Is Not All That It Was Once Cracked Up to Be. Paper apresentado no Department of International Relations, London School of Economics and Political Science, Londres, 26 jan. 2005.

_____. Constructivist Institutionalism. In: RHODES, R. A. W.; BINDER, Sarah A.; ROCKMAN, Bert A. (Orgs.). *The Oxford Handbook of Political Institutions*. Oxford: Oxford University Press, 2006. p.56-74.

HEDSTRÖM, Peter; SWEDBERG, Richard. Social Mechanisms: an Introductory Essay. In: _____. *Social Mechanisms*: an Analytical Approach to Social Theory. Cambridge: Cambridge University Press, 1998. p.1-31.

_____. *Social Mechanisms*: an Analytical Approach to Social Theory. Cambridge: Cambridge University Press, 1998.

HEDSTRÖM, Peter; YLIKOVSKI, Petri. Causal Mechanisms in the Social Sciences. *Annual Review of Sociology*, v.36, p.49-67, 2010.

HEIDMETS, Mart (Org.). *Vene küsimus ja Eesti valikud*. Tallinn: Tallinn Pedagogical University, 1998.

HELLMANN, Gunther. Rekonstruktion der "Hegemonie des Machtstaates Deutschland unter modernen Bedingungen"? Zwischenbilanzen nach zehn Jahren neuer deutscher Außenpolitik. Johann Wolfgang Goethe-Universität Frankfurt. Mimeo, 2000. Disponível em: <www.soz.uni-frankfurt.de/hellmann/mat/hellmann-halle.pdf>. Acesso em: 1 dez. 2011.

_____. Der neue Zwang zur großen Politik und die Wiederentdeckung besserer Welten. *WeltTrends*, v.13, p.117-25, 2005.

_____. "... um diesen deutschen Weg zu Ende gehen zu können." Die Renaissance machtpolitischer Selbstbehauptung in der zweiten Amtszeit der Regierung Schröder-Fischer. In: EGLE, Christoph; ZOHLNHÖFER, Reimut (Orgs.). *Ende des rot-grünen Projektes*: Eine Bilanz der Regierung Schröder 2002-200. Wiesbaden: VS Verlag für Sozialwissenschaften, 2007. p.453-79.

HELLMANN, Gunther et al. De-Europeanization by Default? Germany's EU Policy in Defense and Asylum. *Foreign Policy Analysis*, v.1, n.1, p.143-64, 2005.

HELME, Mart. Eesti teevalik Euroopa ja USA veskikivide vahel. *Eesti Päevaleht*, 28 set. 2002. Disponível em: <www.epl.ee>. Acesso em: 12 out. 2002.

HEPPLE, Leslie W. Geopolitics, Generals and the State in Brazil. *Political Geography Quarterly*, v.S5, n.4, p.S79-S90, 1986.

_____. The Revival of Geopolitics. *Political Geography Quarterly*, v.5, n.4, p.S21-S36, 1986.

_____. Metaphor, Geopolitical Discourse and the Military in South America. In: BARNES, Trevor J.; DUNCAN, James S. (Orgs.). *Writing Words*: Discourse, Text and Metaphor in the Representation of Landscape. Londres/Nova York: Routledge, 1992. p.136-54.

HERB, Guntram. A Journey into the Thicket of German *Geopolitik*. *Geopolitics*, v.7, n.3, p.175-82, 2002.

HIRSCHMAN, Alfred. *The Rhetoric of Reaction*: Perversity, Futility, Jeopardy. Cambridge: Belknap Press of Harvard University Press, 1991.

HNÍZDO, Bořek. Základní geopolitické teorie. *Mezinárodní vztahy*, v.4, p.72-9, 1994.

_____. *Mezinárodní perspektivy politických regionů*. Praga: Institut pro Středoevropskou Kulturu a Politiku, 1995.

HOBSON, John M. *The Eurocentric Conception of World Politics*. Cambridge: Cambridge University Press, 2012.

HOFSTADTER, Richard. *Social Darwinism in American Thought*. Boston: Beacon Press, 1944.

HOLSTI, K. J. National Role Conceptions in the Study of Foreign Policy. *International Studies Quarterly*, v.14, n.3, p.233-309, 1970.

_____. International Theory and War in the Third World. In: JOB, Brian (Org.). *The Insecurity Dilemma*: National Security of Third World States. Boulder: Lynne Rienner, 1992. p.37-60.

HOPF, Ted. *Social Construction of International Politics*: Identities and Foreign Policies, Moscow, 1955 and 1999. Ithaca: Cornell University Press, 2002.

HRABOVÁ, Libuše. Palacký a kontinuita dějin. In: ŠMAHEL, František; DOLEŽALOVÁ, Eva (Orgs.). *František Palacký 1798/1998, dějiny a dnešek*. Praga: Historický ústav AV ČR, 1999. p.87-92.

HÜLSSE, Rainer. Sprache ist mehr als Argumentation: Zur wirklichkeitskonstruierenden Rolle von Metaphern. *Zeitschrift für Internationale Beziehungen*, v.10, n.2, p.211-46, 2003.

HUNTER, James H. Commentary on "The Social Origins of Environmental Determinism". *Annals of the Association of American Geographers*, v.76, n.2, p.277-81, 1986.

HUNTINGTON, Samuel P. The Clash of Civilizations? *Foreign Affairs*, v.72, n.3, p.22-49, 1993.

_____. Why International Primacy Matters. In: LYNN-JONES, Sean M.; MILLER, Stephen E. (Orgs.). *The Cold War and After*: Prospects for Peace. ed. amp. Cambridge: The MIT Press, 1993. p.307-22.

_____. *The Clash of Civilizations and the Remaking of the World Order*. Nova York: Simon & Schuster, 1996. [Ed. bras.: *O choque de civilizações e a recomposição da ordem mundial*. Rio de Janeiro: Objetiva, 1996.]

_____. *Tsivilisatsioonide kokkupõrge ja maailmakorra ümberkujundamine*. Trad. Mart Trummal. Tartu: Fontese Kirjastus, 1999.

_____. *Who Are We?* The Challenges to America's National Identity. Nova York: Simon & Schuster, 2004.

HUYSMANS, Jef. Security! What Do You Mean? From Concept to Thick Signifier. *European Journal of International Relations*, v.4, n.2, p.226-55, 1998.

HVOSTOV, Andrei. Soometumise saladus. *EPL*, 30 nov. 1999. Disponível em: <www.epl.ee>. Acesso em: 19 jan. 2000.

ILARI, Virgilio. *Inventarsi una patria*: esiste l'identità nazionale? Roma: Ideazione, 1996.

İLHAN, Suat. *Jeopolitikten Taktiğe*. Ancara: Harp Akademileri Komutanlığı, 1971.

_____. Jeopolitik ve Tarih İlişkileri. *Belleten*, v.XLIX, n.195, p.607-24, 1986.

_____. *Jeopolitik Duyarlılık*. Ancara: Türk Tarih Kurumu, 1989.

_____. *Türkiye'nin ve Türk Dünyasının Jeopolitiği*. Ancara: Türk Kültürünü Araştırma Enstitüsü, 1997.

_____. *Dünya Yeniden Kuruluyor*: Jeopolitik ve Jeokültür Tartışmaları. Istambul: Ötüken, 1999.

_____. *Avrupa Birliğine Neden Hayır*: Jeopolitik Yaklaşım. Istambul: Ötüken, 2000.

İLHAN, Suat. *Avrupa Birliğine Neden Hayır-2*. Istambul: Ötüken, 2002.

_____. *Türkiye'nin Zorlaşan Konumu*: Uygarlıklar Savaşı-Küreselleşme--Petrol. Istambul: Ötüken, 2004.

_____. *Türklerin Jeopolitiği ve Avrasyacılık*. Ancara: Bilgi, 2005.

ILVES, Toomas Hendrik. Address to Riigikogu. Tallinn, Estonian Ministry of Foreign Affairs, 5 dez. 1996. Disponível em: <www.vm.ee/eng/pressreleases/speeches/1996/9612min.html>. Acesso em: 2 jun. 1999.

_____. Estonia, Sweden, and the Post-Post-Cold War Era. Remarks by Toomas Hendrik Ilves, Minister of Foreign Affairs of the Republic of Estonia, at the Institute of International Affairs, Estocolmo. Tallinn, Estonian Ministry of Foreign Affairs, 9 jan. 1997. Disponível em: <www.vm.ee/eng/pressreleases/speeches/1997/970109ilv.htm>. Acesso em: 4 maio 1999.

INACKER, Michael J. Macht und Moralität. Über eine neue deutsche Sicherheitspolitik. In: SCHWILK, Heimo; SCHACHT, Ulrich (Orgs.). *Die Selbstbewusste Nation*: "Anschwellender Bocksgesang" und weitere Beiträge zu einer deutschen Debatte. Berlim: Ullstein Verlag, 1994. p.346-89.

INCISA DI CAMERANA, Ludovico. *La vittoria dell'Italia nella terza guerra mondiale*. Roma/Bari: Laterza, 1996.

INGRAM, Alan. Alexander Dugin: Geopolitics and Neo-Fascism in Post--Soviet Russia. *Political Geography*, v.20, n.8, p.1029-51, 2001.

ISH-SHALOM, Piki. Theory as Hermeneutical Mechanism: the Democratic-Peace Thesis and the Politics of Democratization. *European Journal of International Relations*, v.12, n.4, p.565-98, 2006.

IŞIK, Hüseyin. Stratejik Konumu Nedeniyle Türkiye Kuvvetli Olmak Zorundadır. *Güncel Konular*, v.8, p.37-52, 1987.

IVASHOV, Leonid. *Rossiia ili Moskoviia?* Geopoliticheskoe Izmerenie Natsional'noi Bezopasnosti Rossii. Moscou: EKSMO, 2002.

JAANSON, Kaido. EL ja Eesti rahvuslik identiteet. Prof. Kaido Jaansoni peaettekande teesid akadeemilisel nõukogul. Tallinn, Office of the President, 19 fev. 1998.

_____. Eestlase identititeet 20. sajandil. In: TAMM, Marek; VÄLJA-TAGA, Märt (Orgs.). *Mõtteline Euroopa*: valik esseid Euroopa Liidust. Tallinn: Kirjastus Varrak, 2003. p.127-37.

JACKSON, Patrick Thaddeus. Hegel's House, or "People Are States Too". *Review of International Studies*, v.30, n.2, p.281-7, 2004.

JEAN, Carlo. Geopolitica. *Enciclopedia delle Scienze Sociali*, Roma, Istituto dell'Enciclopedia Italiana, v.II, p.275-85, 1993.

_____. *Geopolitica*. Roma/Bari: Laterza, 1995.

_____. *Guerra, strategia e sicurezza*. Roma/Bari: Laterza, 1997.

_____. *Geopolitica dell'Europa centro-orientale*. Levico Terme: CSSEO, 2000.

_____. *Manuale di geopolitica* (ed. rev. de *Geopolitica* [1995]). Roma/Bari: Laterza, 2003.

_____. *Geopolitica del XXI secolo*. Roma/Bari: Laterza, 2004.

JEAN, Carlo; FAVARETTO, Tito (Orgs.). *Geopolitica dei Balcani orientali e centralita delle reti infrastrutturali*. Milão: Franco Angeli, 2004.

JEPPERSON, Ronald L.; WENDT, Alexander; KATZENSTEIN, Peter J. Norms, Identity and Culture in National Security. In: KATZENSTEIN, Peter J. (Org.). *The Culture of National Security*. Nova York: Columbia University Press, 1996. p.33-75.

JERVIS, Robert. *Perception and Misperception in International Politics*. Princeton: Princeton University Press, 1976.

_____. International Primacy: Is the Game Worth the Candle? In: LYNN-JONES, Sean M.; MILLER, Stephen E. (Orgs.). *The Cold War and After*: Prospects for Peace. ed. amp. Cambridge: The MIT Press, 1993. p.291-306.

JOENNIEMI, Pertti. Models of Neutrality: the Traditional and the Modern. *Cooperation and Conflict*, v.23, n.1, p.53-67, 1988.

_____. Neutrality beyond the Cold War. *Review of International Studies*, v.19, n.3, p.289-304.

JOFFE, Josef. Kettenrasseln für Deutschland. Wie sich Bayerns Wahlkämpfer Stoiber eine europäische Friedensgemeinschaft vorstellt. *Süddeutsche Zeitung*, 4 nov. 1993. Disponível em: <www.web.nexis-lexis.com>. Arquivo com o autor.

JOHNSON, James. How Conceptual Problems Migrate: Rational Choice, Interpretation, and the Hazards of Pluralism. *Annual Review of Political Science*, v.5, p.223-48, 2002.

_____. Consequences of Positivism: a Pragmatist Assessment. *Comparative Political Studies*, v.39, n.2, p.224-52.

JOHNSTON, Alastair Iain. Thinking about Strategic Culture. *International Security*, v.19, n.4, p.32-64, 1995.

JONES, Charles. *E. H. Carr and International Relations*. Cambridge: Cambridge University Press, 1998.

JURADO, Elena. Complying with European Standards of Minority Rights Education: Estonia's Relations with the European Union OSCE and Council of Europe. *Journal of Baltic Studies*, v.34, n.3, p.399-431, 2003.

KACOWICZ, Arie M. Geopolitics and Territorial Issues: Relevance for South America. *Geopolitics*, v.5, n.1, p.81-100, 2000.

KAGAN, Robert. The Benevolent Empire. *Foreign Policy*, v.111, p.24-35, 1998.

KALDRE, Peeter. Milline kolmas tee? *Postimees*, 15 fev. 2001.

KALLAS, Siim. Vaata raevus kaugemale. *Eesti Päevaleht*, 30 out. 2002. Disponível em: <www.epl.ee>. Acesso em: 13 nov. 2002.

_____. Kelle poolt on Eesti? *Postimees*, 11 fev. 2003. Disponível em: <www.postmees.ee>. Acesso em: 16 mar. 2003.

_____. Peame motlema 85 aastat ette! *Postimees*, 25 fev. 2003. Disponível em: <www.postimees.ee>. Acesso em: 16 mar. 2003.

KALLIS, Aristotle. *Fascist Ideology*: Territory and Expansionism in Italy and Germany, 1922-1945. Londres: Routledge, 2000.

KANT, Edgar R. K. *Eesti geopoliitilisest ja geoökonoomilisest asendist, eriti Venemaa suhtes*. Tartu: Postimehe trükk, 1931.

_____. Baltoskandia: eriti Eesti majandusgeograafia. *Loeng*. Tartu: K/V A. Aasa Koduulikooli kirjastus, 1936/1937.

KAPLINSKI, J. Kultuur ja kuldpuur. *Sõnumileht*, 5 set. 1998. Disponível em: <www.sl.ee>. Acesso em: 3 jan. 1999.

_____. Euroopa piir ja piirivalvurid. *Eesti Ekspress*, 2 out. 2003. Disponível em: <www.ekspress.ee>. Acesso em: 19 dez. 2003.

KATUS, Kalev. Rahvastiku areng. In: OJA, Ahto (Org.). *Eesti 21*: sajandil: arengustrateegiad, visioonid, valikud. Tallinn: Estonian Academy of Sciences Press, 1999. p.42-6.

KATZENSTEIN, Peter J., 2010. "Walls" between "Those People"? Contrasting Perspectives on World Politics. *Perspectives on Politics*, v.8, n.1, p.11-25, 2010.

KELLY, Philip L. Geopolitical Themes in the Writings of General Carlos de Meira Mattos of Brazil. *Journal of Latin American Studies*, v.16, n.2, p.439-61, 1984.

KENNAN, George F. The Sources of Soviet Conduct. In: _____. *American Diplomacy 1900-1950*. Chicago: University of Chicago Press, 1951 [1947]. p.107-28.

_____. *Memoiren eines Diplomaten*. Munique: DTV, 1967.

KIIN, Sirje. Eesti-pildist maailmas. *Eesti Ekspress*, 15 jan. 1999.

KING, Gary; KEOHANE, Robert O.; VERBA, Sidney. *Designing Social Inquiry*: Scientific Inference in Qualitative Research. Princeton: Princeton University Press, 1994.

KINNVALL, Catarina; MITZEN, Jennifer. Anxiety, Fear, and Ontological Security in World Politics: Thinking with and beyond Giddens. *International Theory*, v.12, n.2, p.240-56, 2020.

KIRCH, Marika. *Changing Identities in Estonia*: Sociological Facts and Commentaries. Tallinn: Estonian Science Foundation, 1994.

_____. Eesti Identiteet ja Euroopa liit. In: TAMM, Marek; VÄLJATAGA, Märt (Orgs.). *Motteline Euroopa*: valik esseid Euroopa Liidust. Tallinn: Kirjastus Varrak, 2003. p.150-66.

KIRSTE, Knud; MAULL, Hanns W. Zivilmacht und Rollentheorie. *Zeitschrift für Internationale Beziehungen*, v.3, n.2, p.283-312, 1996.

KISSINGER, Henry A. *A World Restored*: the Politics of Conservatism in a Revolutionary Era. Londres: Victor Gollancz Ltd, 1957.

_____. *The White House Years*. Boston: Little Brown, 1979.

_____. *The Years of Upheaval*. Boston: Little Brown, 1983.

_____. *L'arte della diplomazia*. Milão: Sperling & Kupfer, 1996. [Ed. bras.: *Diplomacia*. São Paulo: Saraiva, 2012.]

KJELLÉN, Rudolf. *Der Staat als Lebensform*. Trad. J. Sandmeier (neue berechtigte Übertragung). Berlim/Grunewald: Kurt Vowinckel Verlag, 1924 [1916].

KLAUS, Václav. Z projevu ministerského předsedy Václava Klause v Budči (26 September). *Československá zahraniční politika: Dokumenty*, Praga, Federal Ministry of Foreign Affairs, v.39, n.9, p.832-3, 1992.

_____. *Masaryk a jeho obraz v dnešní české společnosti*. Discurso da conferência T. G. Masaryk, idea demokracie a současné evropanství. Praga, 2 mar. 2000.

KLIOT, Nurit; WATERMAN, Sam (Orgs.). *Pluralism and Political Geography*. Londres: Croom Helm, 1983.

KNOX, MacGregor. Fascism, Ideology, Foreign Policy and War. In: LYTTELTON, Adrian (Org.). *Liberal and Fascist Italy*. Oxford University Press, 2002.

KNUDSEN, Olav (Org.). *Stability and Security in the Baltic Sea Region. Russian, Nordic and European Aspects*. Londres/Portland: Frank Cass, 1999.

KOGAN, Norman. *La politica estera italiana*. Milão: Lerici, 1963.

KOLSTØ, Pål (Org.). *National Integration and Violent Conflict in post-Soviet Societies*. Lanham: Rowman & Littlefield, 2002.

KÖMÜRCÜ, Güler. Bu İsme Dikkat; Ahmet Davutoğlu. *Akşam*, 29 ago. 2003.

KORČÁK, Jaromir. *Geopolitické základy Československa*: Jeho kmenové oblasti. Praga: Orbis, 1938.

KOSLOWSKI, Roy; KRATOCHWIL, Friedrich. Understanding Change in International Politics: the Soviet Empire's Demise and the International System. *International Organization*, v.48, n.2, p.215-47, 1994.

KOZYREV, Andrei. A Transformed Russia in a New World. *International Affairs (Moscow)*, v.38, p.85-91, 1992.

KRAMER, Mark. Ideology and the Cold War. *Review of International Studies*, v.25, n.4, p.539-76, 1999.

_____. Realism, Ideology, and the End of the Cold War. *Review of International Studies*, v.27, n.1, p.119-30, 2001.

KRASNER, Stephen D. Wars, Hotel Fires, and Plane Crashes. *Review of International Studies*, v.26, p.131-36, 2000.

KRATOCHWIL, Friedrich. The Embarrassment of Changes: Neo-Realism and the Science of Realpolitik without Politics. *Review of International Studies*, v.19, n.1, p.63-80, 1993.

KRATOCHWIL, Friedrich; RUGGIE, John Gerard. International Organization: a State of the Art on an Art of the State. *International Organization*, v.40, n.4, p.753-75, 1986.

KRAUTHAMMER, Charles. The Unipolar Moment. *Foreign Affairs*, v.70, n.1, p.23-33, 1991.

_____. The Unipolar Moment Revisited. *The National Interest*, v.70, p.5-17, 2002-2003.

KREJČÍ, Oskar. *Český národní zájem a geopolitika*. Praga: Universe, 1993.
KRUZEL, Joseph; HALTZEL, Michael H. (Orgs.). *Between the Blocs*: Problems and Prospects for Europe's Neutral and non-Aligned States. Cambridge: Cambridge University Press, 1989.
KUNDERA, Milan. Un Occident kidnappe, ou la tragedie de l'Europe Centrale. *Le Debat*, n.27, p.2-24, 1983.
_____. The Tragedy of Central Europe. *The New York Review of Books*, p.33-8, 26 abr. 1984.
KURAN, Timur. Social Mechanisms of Dissonance Reduction. In: HEDSTRÖM, Peter; SWEDBERG, Richard (Orgs.). *Social Mechanisms*: an Analytical Approach to Social Theory. Cambridge: Cambridge University Press, 1998. p.147-71.
KURKI, Milja. *Causation in International Relations*: Reclaiming Causal Analysis. Cambridge: Cambridge University Press, 2008.
KUUS, Merje. European Integration in Identity Narratives in Estonia: a Quest for Security. *Journal of Peace Research*, v.39, n.1, p.91-108, 2002.
_____. Toward Cooperative Security? International Integration and the Construction of Security in Estonia. *Millennium: Journal of International Studies*, v.31, n.2, p.297-317, 2002.
_____. *Geopolitics Reframed*: Security and Identity in Europe's Eastern Enlargement. Nova York: Palgrave Macmillan, 2007.
_____. Cosmopolitan Militarism? Spaces of NATO Expansion. *Environment and Planning A*, v.41, p.545-62, 2009.
_____. EUrope and the Baroque. *Environment and Planning D: Society and Space*, v.28, n.3, p.381-7, 2010.
_____. Policy and Geopolitics: Bounding Europe in EUrope. *Annals of the Association of American Geographers*, v.101, n.5, p.1140-55, 2011.
_____. *Geopolitics and Expertise*: Knowledge and Authority in European Diplomacy. Chichester: Wiley-Blackwell, 2014.
LACOSTE, Yves. *La geographie, ça sert d'abord à faire la guerre*. Paris: Maspéro, 1978.
_____. Preambule. In: *Dictionnaire de geopolitique*. Paris: Flammarion, 1993. p.1-35.
LAFER, Celso. *A identidade internacional do Brasil e a política externa brasileira*: passado, presente e futuro. 2.ed. São Paulo: Perspectiva, 2004.

LAFFEY, Mark; WELDES, Jutta. Beyond Belief: from Ideas to Symbolic Technologies in the Study of International Relations. *European Journal of International Relations*, v.3, n.2, p.193-237, 1997.

LAGERSPETZ, Mikko. Postsocialism as a Return: Notes on a Discursive Strategy. *East European Politics and Societies*, v.13, n.2, p.377-90, 1999.

LAITIN, David. National Revival and Competitive Assimilation in Estonia. *Post-Soviet Affairs*, v.12, p.25-39, 1996.

LARSON, Deborah Welch. *The Origins of Containment*: a Psychological Explanation. Princeton: Princeton Univesity Press, 1985.

LARUELLE, Marlene. *Russian Eurasianism*: an Ideology of an Empire. Trad. Mischa Gabowitsch. Washington: Woodrow Wilson Center Press, 2008.

LAURISTIN, Marju. Contexts of Transition. In: LAURISTIN, Marju et al. (Orgs.). *Return to the Western World*: Cultural and Political Perspectives on the Estonian Post-Communist Transition. Tartu: University of Tartu Press, 1997. p.25-40.

LAURISTIN, Marju; HEIDMETS, Mart (Orgs.). *The Challenge of the Russian Minority*: Emerging Multicultural Democracy in Estonia. Tartu: University of Tartu Press, 2002.

LAURISTIN, Marju et al. (Orgs.). *Return to the Western World*: Cultural and Political Perspectives on the Estonian Post-Communist Transition. Tartu: University of Tartu Press, 1997.

LEANDER, Anna. The Globalisation Debate: Dead-Ends and Tensions to Explore. *Journal of International Relations and Development*, v.4, n.3, p.274-85, 2001.

_____. The Power to Construct International Security: on the Significance of Private Military Companies. *Millennium: Journal of International Studies*, v.33, n.3, p.803-26, 2005.

_____. Thinking Tools. In: KLOTZ, Audie; PRAKASH, Deepa (Orgs.). *Qualitative Methods in International Relations*: a Pluralist Guide. Houndmills: Palgrave Macmillan, 2008. p.11-27.

_____. The Paradoxical Impunity of Private Military Companies: Authority and the Limits to Legal Accountability. *Security Dialogue*, v.41, n.5, p.467-90, 2010.

LEANDER, Anna. The Promises, Problems, and Potentials of a Bourdieu-inspired Staging of International Relations. *International Political Sociology*, v.5, n.3, p.294-313, 2011.

LEBOW, Richard Ned. The Long Peace, the End of the Cold War, and the Failure of Realism. *International Organization*, v.48, n.2, p.249-77, 1994.

_____. *The Tragic Vision of Politics*: Ethics, Interests and Orders. Cambridge: Cambridge University Press, 2003.

_____. *A Cultural Theory of International Relations*. Cambridge: Cambridge University Press, 2008.

_____. *Forbidden Fruit*: Counterfactuals and International Relations. Princeton: Princeton University Press, 2010.

LEBOW, Richard Ned; RISSE-KAPPEN, Thomas (Orgs.). *International Relations Theory and the End of the Cold War*. Nova York: Columbia University Press, 1995.

LEBOW, Richard Ned; STEIN, Janice Gross. *We All Lost the Cold War*. Princeton: Princeton University Press, 1994.

LE PRESTRE, Philip G. (Org.). *Role Quests in the Post-Cold War Era*: Foreign Policies in Transition. Montreal: McGill-Queen's University Press, 1997.

LÉVESQUE, Jacques. *1989*: la fin d'un Empire, l'URSS et la libération de l'Europe de l'Est. Paris: Presses de Sciences Po, 1995.

LIEVEN, Anatol. *The Baltic Revolution*: Estonia, Latvia and Lithuania and the Path to Independence. ed. rev. New Haven: Yale University Press, 1993.

LIGHT, Margot. *The Soviet Theory of International Relations*. Brighton: Harvester Wheatsheaf, 1988.

LINDEMANN, Thomas. *Die Macht der Perzeptionen und die Perzeption von Machten*. Berlim: Duncker & Humblot, 2000.

LISE MILLI GÜVENLIK BILGISI. 7.ed. Istambul: Devlet Kitapları, 2004.

LOROT, Pascal. *Storia della geopolitica*. Trieste: Asterios Editore, 1997.

LOWE, C. J.; MARZARI, Frank. *Italian Foreign Policy, 1870-1940*. Londres: Routledge/Kegan Paul, 1975.

LOWENTHAL, Abraham F. Geopolitical Realities and US Foreign Policy: Comments on a Paper by Professor Saul B. Cohen. *Political Geography*, v.22, n.1, p.35-8, 2003.

LUCARELLI, Sonia; MENOTTI, Roberto. Le relazioni internazionali nella terra del "Principe". *Rivista Italiana di Scienza Politica*, v.1, p.31-82, 2002.

_____. *Studi internazionali*: i luoghi del sapere in Italia. Roma: Edizioni Associate, 2002.

_____. No-constructivists' Land: International Relations in Italy in the 1990s. *Journal of International Relations and Development*, v.5, n.2, p.114-42, 2002.

LUIK, Jüri. Remarks by Mr Juri Luik, Minister of Foreign Affairs of the Republic of Estonia, at the Final Conference for a Pact of Stability in Europe. Paris, 20 mar. 1995. Tallinn: Ministry of Foreign Affairs. Disponível em: <www.vm.ee/eng/pressreleases/speeches/1995/9503221sp.html>. Acesso em: 5 maio 1999.

LUIK, Viivi et al. Eestlaseks jääda saab vaid eurooplasena. *Postimees*, 8 ago. 2003.

LUKE, Timothy W. The Discipline of Security Studies and the Codes of Containment: Learning from Kuwait. *Alternatives*, v.16, p.315-44.

LUTTWAK, Edward. From Geopolitics to Geoeconomics: Logic of Conflict, Grammar of Commerce. *The National Interest*, v.20, p.17-23, 1990.

_____. *Strategia*: la logica della guerra e della pace. 2.ed. rev. Milão: Rizzoli, 2001.

LYNCH, Allen. *The Soviet Study of International Relations*. Cambridge: Cambridge University Press, 1989 [1987].

MACKINDER, Halford John. The Geographical Pivot of History. *The Geographical Journal*, v.23, n.4, p.421-37, 1904.

_____. *Democratic Ideals and Reality*: a Study in the Politics of Reconstitution. Harmondsworth: Penguin, 1944 [1919].

MAHAN, Alfred Thayer. *The Influence of Sea Power Upon History, 1660-1783*. Boston: Little Brown & Co, 1890.

MAHONEY, James. Beyond Correlational Analysis: Recent Innovations in Theory and Method. *Sociological Forum*, v.16, n.3, p.575-93, 2001.

MALCOLM, Neil et al. *Internal Factors in Russian Foreign Policy*. Oxford: Oxford University Press, 1996.

MÄLKSOO, Maria. *The Politics of Becoming European*: a Study of Polish and Baltic post-Cold War Security Imaginaries. Londres/Nova York: Routledge, 2010.

MALMBORG, Mikael af. *Neutrality and State-Building in Sweden*. Houndmills: Palgrave, 2001.

MAMADOUH, Virginie; DIJKINK, Gertjan. Geopolitics, International Relations and Political Geography: Geopolitical Discourse. *Geopolitics*, v.11, n.3, p.349-66, 2006.

MANNERS, Ian. Normative Power Europe: a Contradiction in Terms? *Journal of Common Market Studies*, v.40, n.2, p.235-58, 2002.

MANNHEIM, Karl. *Ideology and Utopia*. Nova York: Harvest Books, 1936.

MASARYK, Tomáš G. *Světová revoluce*. Praga: Orbis, 1925.

MAULL, Hanns W. Germany and Japan: the New Civilian Powers. *Foreign Affairs*, v.69, n.5, p.91-106, 1990/1991.

MAYNTZ, Renate. Mechanisms in the Analysis of Social Macro-Phenomena. *Philosophy of the Social Sciences*, v.34, n.2, p.237-59, 2004.

MAZZEI, Franco. Invarianti e proiezioni geopolitiche della Cina. In: LANCIOTTI, Lionello (Org.). *Conoscere la Cina*. Turim: Fondazione Giovanni Agnelli, 2000.

MCADAM, Doug; TARROW, Sidney; TILLY, Charles. Methods for Measuring Mechanisms of Contention. *Qualitative Sociology*, v.31, n.4, p.307-31, 2008.

MCCOLL, Robert W. A Geographical Model for International Behaviour. In: KLIOT, Nurit; WATERMAN, Sam (Orgs.). *Pluralism and Political Geography*. Londres: Croom Helm, 1983. p.284-94.

MCCGWIRE, Michael. *Perestroika and Soviet National Security*. Washington: The Brookings Institution, 1991.

MEARSHEIMER, John. Back to the Future: Instability in Europe after the Cold War. *International Security*, v.15, n.1, p.5-56, 1990.

_____. *The Tragedy of Great Power Politics*. Nova York: W. W. Norton, 2001.

_____. *La logica di potenza*: l'America, le guerre, il controllo del mondo. Milão: Universita Bocconi, 2003.

MEINECKE, Friedrich. Einfuhrung. In: *Die großen Machte*, by Leopold von Ranke. Leipzig: Insel Verlag, 1916. p.3-10.

MELLO, Leonel Itaussu Almeida. *Quem tem medo de geopolítica?* São Paulo: Hucitec/Edusp, 1999.

MERCER, Jonathan. Anarchy and Identity. *International Organization*, v.49, n.2, p.229-52, 1995.

_____. Rationality and Psychology in International Politics. *International Organization*, v.59, n.1, p.77-106, 2005.

_____. Emotional Beliefs. *International Organization*, v.64, n.1, p.1-31, 2010.

MERLE, Marcel. *Sociologie des relations internationales*. 3.ed. Paris: Dalloz, 1982.

MERSEBURGER, Peter. *Willy Brandt, 1913-1992*: Visionar und Realist. Stuttgart/Munique: DVA, 2002.

MILLIKEN, Jennifer. Metaphors of Prestige and Reputation in American Foreign Policy and American Realism. In: BEER, Francis A.; HARIMAN, Robert (Orgs.). *Post-Realism*: the Rhetorical Turn in International Relations. East Lansing: Michigan State University Press, 1996. p.217-38.

_____. The Study of Discourse in International Relations: a Critique of Research and Methods. *European Journal of International Relations*, v.5. n.2, p.225-54, 1999.

MILNER, Helen. The Assumption of Anarchy in International Relations Theory: a Critique. *Review of International Studies*, v.17, n.1, p.67-85, 1991.

MITROFANOV, Alexei. *Shagi Novoi Geopolitiki*. Moscou: Russkii Vestnik, 1997.

MITU, Sorin. Illusions and Facts about Transylvania. *The Hungarian Quarterly*, v.39, n.152, p.64-74, 1998.

MITZEN, Jennifer. Ontological Security in World Politics: State Identity and the Security Dilemma. *European Journal of International Relations*, v.12, n.3, p.341-70, 2006.

MOLNÁR, Gusztáv. The Geopolitics of NATO-Enlargement. *The Hungarian Quarterly*, v.38, n.146, p.3-16, 1997.

_____. The Transylvanian Question. *The Hungarian Quarterly*, v.39, n.149, p.49-62, 1998.

MOORE JR., Barrington. *Social Origins of Dictatorship and Democracy*: Lord and Peasant in the Making of the Modern World. Harmondsworth: Penguin, 1987 [1966].

MORAVEC, Emmanuel. *V úloze mouřenína*. Pardubice: Filip Trend Publishing, 1939/2004.

MOREAU DEFARGES, Philippe. *Introduzione alla geopolitica*. Bologna: Il Mulino, 1996.

MORGENTHAU, Hans J. *Scientific Man vs. Power Politics*. Chicago: University of Chicago Press, 1946.

_____. *Politics among Nations*: the Struggle for Power and Peace. Nova York: Knopf, 1948.

MOROZOV, Viatcheslav. Obsessed with Identity: IR in Post-Soviet Russia. *Journal of International Relations and Development*, v.12, n.2, p.200-5.

_____. *Rossija i Drugie*: Identichnost' i Granitsy Politicheskogo Soobschestva. Moscou: Novoe Literaturnoe Obozrenie, 2009.

MOROZOVA, Natalia. Geopolitics, Eurasianism and Russian Foreign Policy under Putin. *Geopolitics*, v.14, p.667-86, 2009.

MOSCATI, Ruggero. Gli esordi della politica estera fascista, il periodo Contarini, Corfu. In: TORRE, Augusto (Org.). *La politica estera italiana dal 1914 al 1943*. Turim: Eri, Edizioni Rai Radiotelevisione Italiana, 1963.

MURPHY, Alexander B.; JOHNSON, Corey M. Johnson. German Geopolitics in Transition. *Eurasian Geography and Economics*, v.45, n.1, p.1-17, 2004.

MURPHY, Alexander B. et al. Forum: Is There a Politics to Geopolitics? *Progress in Human Geography*, v.28, n.5, p.619-40, 2004.

MUSSOLINI, Benito. *Scritti e discorsi di Benito Mussolini*. Milão: Ulrico Hoepli Editore, 1934.

MUTT, Mihkel. Repliik: kaks rumalat pörsakest väntavad filme. *Sirp*, 15 nov. 2002.

NARTOV, Nikolai. *Geopolitika*. Moscou: Unity, 2003.

NAU, Henry R. *At Home Abroad*: Identity and Power in American Foreign Policy. Ithaca: Cornell University Press, 2002.

NEIVELT, Indrek. Unustatud Venemaa. *EPL*, 6 nov. 2002. Disponível em: <www.epl.ee/artikkel.php?ID=219467&P=1>. Acesso em: 13 nov. 2002.

NEJEDLÝ, Zdeněk. *Velké osobnosti*. Praga: Mladá fronta, 1951.

NEUMANN, Iver B. *Russia and the Idea of Europe*: a Study in Identity and International Relations. Londres/Nova York: Routledge, 1995.

_____. *Uses of the Other*: the "East" in European Identity Formation. Minneapolis: University of Minnesota Press, 1999.

_____. Beware of Organicism: the Narrative Self of the State. *Review of International Studies*, v.30, n.2, p.259-67, 2004.

_____. Russia as a Great Power, 1815-2007. *Journal of International Relations and Development*, v.11, n.2, p.128-51, 2008.

NOREEN, Erik. Verbal Politics of Estonian Policy-Makers: Reframing Security and Identity. In: ERIKSSON, Johan (Org.). *Threat Politics*: New Perspectives on Security, Risk and Crisis Management. Aldershot: Ashgate, 2002. p.84-99.

NORMAN, Ludvig. Interpretive Process Tracing and Causal Explanations. *Qualitative & Multi-Method Research Newsletter*, v.13, n.2, p.4-9, 2015.

NUTT, Mart. Tsivilisatsioonide kokkupõrge? *Eesti Päevaleht*, 4 ago. 1999. Disponível em: <www.epl.ee>. Acesso em: 14 jan. 2000.

Ó TUATHAIL, Gearóid. *Critical Geopolitics*: the Politics of Writing Global Space. Londres: Routledge, 1996.

_____. Thinking Critically About Geopolitics. In: Ó TUATHAIL, Gearóid; DALBY, Simon; ROUTLEDGE, Paul (Orgs.). *The Geopolitics Reader*. Londres/Nova York: Routledge, 1998. p.1-14.

_____. Theorizing Geopolitical Reasoning: the Case of the United States' Response to the War in Bosnia. *Political Geography*, v.21, p.601-28, 2002.

_____. Geopolitical Structures and Cultures: towards Conceptual Clarity in the Critical Study of Geopolitics. In: TCHANTOURIDZE, Lasha (Org.). *Geopolitics*: Global Problems and Regional Concerns. Bison Paper #4, Centre for Defence and Security Studies, Winnipeg, Manitoba, The Centre for Defence and Security Studies, University of Manitoba, 2004. p.75-102.

Ó TUATHAIL, Gearóid; AGNEW, John. Geopolitics and Discourse: Practical Geopolitical Reasoning in American Foreign Policy. *Political Geography*, v.11, n.2, p.190-204, 1992.

_____. Geopolitics and Discourse: Practical Geopolitical Reasoning in American Foreign Policy. In: Ó TUATHAIL, Gearóid; DALBY, Simon; ROUTLEDGE, Paul (Orgs.). *The Geopolitics Reader*. Londres/Nova York: Routledge, 1992/1998. p.78-91.

Ó TUATHAIL, Gearóid; DALBY, Simon. Introduction: Rethinking Geopolitics: towards a Critical Geopolitics. In: Ó TUATHAIL, Gearóid; DALBY, Simon; ROUTLEDGE, Paul (Orgs.). *Rethinking Geopolitics*. Londres/Nova York: Routledge, 1998. p.1-15.

OJA, Ahto (Org.). *Eesti 21. sajandil*: arengustrateegiad, visioonid, valikud. Tallinn: Estonian Academy of Sciences Press, 1999.

OLCAYTU, Turhan, 1996. Türkiye'nin Jeostratejisi. *Atatürkcü Düşünçe*, v.3, n.25, p.8-9, 1996.

O'LOUGHLIN, John. Geopolitical Fantasies, National Strategies and Ordinary Russians in the Post-Communist Era. *Geopolitics*, v.6, n.3, p.17-48, 2001.

ÖNGÖR, Sami. Siyasi Coğrafya ve Jeopolitik. *Siyasal Bilgiler Fakültesi Dergisi*, v.18, p.301-16, 1963.

OOLO, Antti. Venemaa-hirm tuleneb ajaloost. *Eesti Päevaleht*, 20 mar. 2000.

OPAT, Jaroslav. TGM: pokračovatel v Palackého díle politickém. In: ŠMAHEL, František; DOLEŽALOVÁ, Eva (Orgs.). *František Palacký 1798/1998, dějiny a dnešek*. Praga: Historický ústav AV ČR, 1999. p.349-60.

OPP, Karl-Dieter. Explanations by Mechanisms in the Social Sciences: Problems, Advantages, and Alternatives. *Mind & Society*, v.4, n.2, p.163-78, 2005.

ORAN, Baskın, 2005. *Türk Dış Politikası*: Kurtuluş Savaşından Bugune Olgular, Belgeler, Yorumlar, Cilt I-II. v.I-II. Ancara: İletişim, 2005.

ORBIE, Jan. Civilian Power Europe: Review of the Original and Current Debates. *Cooperation and Conflict*, v.41, n.1, p.123-8, 2006.

OSMANAĞAOĞLU, Behçet. *Geopolitik*: Devlet İdaresinde, Dış Siyasette Coğrafyanın Rolü. Istambul: İstanbul Ticaret Odası, 1968.

ØSTERUD, Øyvind. The Uses and Abuses of Geopolitics. *Journal of Peace Research*, v.25, n.2, p.191-9, 1988.

ÖZDAĞ, Muzaffer. *Türk Dünyası ve Doğu TürkistanJeopolitiği Üzerine.* Istambul: Doğu Türkistan Vakfı Yayınları, 2000.

_____. *Türkiye ve Türk DünyasıJeopolitiği Üzerine.* Ancara: ASAM, 2001.

_____. *Türk DünyasıJeopolitiği.* v.I-IV. Ancara: ASAM, 2003.

ÖZDAĞ, Ümit. *Türk Tarihinin ve GeleceğininJeopolitik Cercevesi.* Ancara: ASAM, 2003.

PAGNINI, Maria Paola. La geografia politica. In: PELLEGRINI, Corna (Org.). *Aspetti e problemi dell geografia.* v.1. Milão: Marzorati Editore, 1987. p.409-42.

PALACKÝ, František. *Dějiny národa českého v Čechách a v Moravě.* Praga: B. Kočího, 1907.

PALACKÝ, Franz. Die Geschichte des Hussitenthums und Prof. Constantin Hofler. Kritische Studien. Praga: Verlag von Friedrich Tempsky, 1868.

PARKER, Geoffrey. *Western Geopolitical Thought in the Twentieth Century.* Londres/Sydney: Croom Helm, 1985.

PATMAN, Robert. Reagan, Gorbachev and the Emergence of "New Political Thinking". *Review of International Studies,* v.25, n.4, p.577-601, 1999.

PATOČKA, Jan. *Tři studie o Masarykovi.* Praga: Mladá fronta, 1991.

PATOMÄKI, Heikki. How to Tell Better Stories about World Politics. *EuropeanJournal of International Relations,* v.2, n.1, p.105-33, 1996.

PAVLOVSKY, Gleb. Konsensus Ischet Stolitsu. *Russkii Zhurnal,* 26 mar. 2010.

PERNIK, Piret. Eesti identiteet välispoliitilises diskursuses 1990-1999. In: *Bakalaureusetöö.* Tallinn: Eesti Humanitaarinstituut, 2000.

PETRIGNANI, Rinaldo. *Neutralita e alleanza*: le scelte di politica estera dell'Italia dopo l'Unita. Bologna: Il Mulino, 1987.

PETROVA, Margarita H. The End of the Cold War: a Battle or Bridging Ground between Rationalist and Ideational Approaches to International Relations? *EuropeanJournal of International Relations,* v.9, n.1, p.115-63, 2003.

PIERSON, Paul. Increasing Returns, Path Dependence, and the Study of Politics. *American Political Science Review,* v.94, n.2, p.251-67, 2000.

_____. Not Just What, but When: Timing and Sequence in Political Processes. *Studies in American Political Development,* v.14, p.72-92, 2000.

PINOCHET UGUARTE, Augusto. *Geografía militar*: interpretación militar de los factores geográficos. Santiago: Estado Mayor General del Ejército, 1967.

_____. *Geopolítica*. 2.ed. Santiago: Editorial Andrés Bello, 1974.

PIZZORNO, Alessandro. *Il velo della diversita*: studi su razionalita e riconoscimento. Milão: Feltrinelli, 2007.

_____. Rationality and Recognition. In: DELLA PORTA, Donatella; KEATING, Michael (Orgs.). *Approaches and Methodologies in the Social Sciences*: a Pluralist Perspective. Cambridge: Cambridge University Press, 2008. p.162-73.

POLANSKI, David. *L'impero che non c'e*: geopolitica degli Statu Uniti d'America. Milão: Guerini e Associati, 2005.

PORTINARO, Pier Paolo. *Il realismo politico*. Roma/Bari: Laterza, 1999.

POULIOT, Vincent. Practice Tracing. In: BENNETT, Andrew; Checkel, JEFFREY (Orgs.). *Process Tracing*: from Metaphor to Analytical Tool. Cambridge: Cambridge University Press, 2015. p.237-59.

PROZOROV, Sergei. *The Ethics of Postcommunism*: History and Social Praxis in Russia. Basingstoke: Palgrave Macmillan, 2010.

PUTNAM, Robert D. Diplomacy and Domestic Politics: the Logic of Two-level Games. *International Organization*, v.42, n.3, p.427-60, 1988.

RAFFESTIN, Claude; LOPRENO, Dario; PASTEUR, Yvan. *Géographie et histoire*. Lausanne: Éditions Payot Lausanne, 1995.

RAGIN, Charles C. *The Comparative Method*: Moving Beyond Qualitative and Quantitative Strategies. Berkeley: University of California Press, 1987.

RANKE, Leopold von. *Die großen Machte*. Leipzig: Insel Verlag, 1916 [1833].

RATZEL, Friedrich. *Anthropo-Geographie oder Grundzuge der Anwendung der Erdkunde auf die Geschichte*. Stuttgart: Verlag von J. Engelhorn, 1882.

_____. Der Staat als Organismus. *Die Grenzboten*, v.55, p.614-23, 1896.

_____. *Politische Geographie*. Munique/Leipzig: Oldenbourg, 1897.

_____. *Erdenmacht und Volkerschicksal*. Eine Auswahl aus seinen Werken. Org. e intr. Karl Haushofer. Stuttgart: Alfred Kroner Verlag, 1940.

RAUDSEPP, Maari. Rahvusküsimus ajakirjanduse peeglis. In: HEIDMETS, Mart (Org.). *Relations between Turkey and the European Union*.

1998. p.113-34. Disponível em: <www.mfa.gov.tr/grupa/ad/adab/relations.html>. Acesso em: 26 mar. 2001.

REBORATTI, Carlos E. El encanto de la oscuridad: notas acerca de la geopolitica en la Argentina. *Desarrollo Economico*, v.23, n.89, p.137-44, 1983.

REUBER, Paul; WOLKERSDORFER, Günter. The Transformation of Europe and the German Contribution: Critical Geopolitics and Geopolitical Representations. *Geopolitics*, v.7, n.1, p.39-60, 2002.

_____. Macht, Politik und Raum. *Politische Geographie*, 2003. Disponível em: <www.politische-geographie.de/Docs/PolGeoForschungsjournal.pdf>. Acesso em: 1 dez. 2011.

RHODES, Edward. The Imperial Logic of Bush's Liberal Agenda. *Survival*, v.45, n.1, p.131-54, 2003.

RINGMAR, Erik. *Identity, Interest and Action*: a Cultural Explanation of Sweden's Intervention in the Thirty Years War. Cambridge: Cambridge University Press, 1996.

RISSE-KAPPEN, Thomas. Did "Peace Through Strength" End the Cold War? Lessons from INF. *International Security*, v.16, n.1, p.162-88, 1991.

_____. Ideas do not Float Freely: Transnational Coalitions, Domestic Structures, and the End of the Cold War. *International Organization*, v.48, n.2, p.185-214, 1994.

_____. Kontinuitat durch Wandel: Eine "neue" deutsche Ausenpolitik? *Aus Politik und Zeitgeschichte*, B11, p.24-31, 8 mar. 2004.

RISSE, Thomas; ROPP, Stephen C.; SIKKINK, Kathryn (Orgs.). *The Power of Human Rights*: International Norms and Domestic Change. Cambridge: Cambridge University Press, 1999.

ROCHAU, Ludwig August von. *Grundsatze der Realpolitik (angewendet auf die staatlichen Zustande Deutschlands)*. Frankfurt/M.: Ullstein Verlag, 1972 [1853/1869].

ROLETTO, Giorgio; MASSI, Ernesto. Per una geopolitica italiana. *Geopolitica*, v.1, n.1, p.5-11, 1938.

ROMANO, Sergio. Rinegoziamo le basi americane. *Limes: Rivista Italiana di Geopolitica*, v.4, p.249-53, 1996.

ROSE, Gideon. Neoclassical Realism and Theories of Foreign Policy. *World Politics*, v.51, n.1, p.144-72, 1998.

ROUTLEDGE, Paul. Anti-Geopolitics: Introduction. In: Ó TUATHAIL, Geraóid; DALBY, Simon; ROUTLEDGE, Paul (Orgs.). *The Geopolitics Reader*. Londres/Nova York: Routledge, 1998. p.245-55.

RUMELILI, Bahar. Liminality and the Perpetuation of Conflicts: Turkish-Greek Relations in the Context of the Community-Building by the EU. *European Journal of International Relations*, v.9, n.2, p.213-48, 2003.

_____. Constructing Identity and Relating to Difference: Understanding EU's Mode of Differentiation. *Review of International Studies*, v.30, n.1, p.27-47, 2004.

_____. Integrating Anxiety into International Relations Theory: Hobbes, Existentialism, and Ontological Security. *International Theory*, v.12, n.2, n.257-72, 2020.

RUMI, Giorgio. *Alle origini della politica estera fascista*. Bari: Laterza, 1968.

RUUTSOO, R. Introduction: Estonia on the Border of Two Civilizations. *Nationalities Papers*, v.23, n.1, p.13-5, 1995.

_____. Discursive Conflict and Estonian Post-Communist Nation-Building. In: LAURISTIN, Marj; HEIDMETS, Mart (Orgs.). *The Challenge of the Russian Minority*: Emerging Multicultural Democracy in Estonia. Tartu: University of Tartu Press, 2002. p.31-54.

SAAR, Jüri. Tsivilisatsioonide kokkupõrke teooria retseptsioonist Eestis. *Akadeemia*, v.10, n.7, p.1512-8, 1998.

SAID, Edward. *Orientalism*. Nova York: Vintage Books, 1979. [Ed. bras.: *Orientalismo*: o Oriente como invenção do Ocidente. Trad. Rosaura Eichenberg. São Paulo: Companhia de Bolso, 2007.]

_____. The Clash of Ignorance. *The Nation*, 22 out. 2001.

SALVATORELLI, Luigi. *Nazionalfascismo*. Turim: Gobetti, 1923.

SANDER, Oral. Türk Dış Politikasında Sürekliliğin Nedenleri. *Siyasal Bilgiler Fakültesi Dergisi*, v.XXXVII, n.3-4, p.105-24, 1982.

SANTIS-ARENAS, Hernán. Ratzel's Thought in Chilean Geopolitics. In: ANTONSICH, Marco; KOLOSSOV, Vladimir; PAGNINI, M. Paola (Orgs.). *On the Centenary of Ratzel's Political Geography*: Europe between Political Geography and Geopolitics. Roma: Società Geografica Italiana, 2001. p.183-91.

SANTORO, Carlo Maria. *La politica estera di una media potenza*: l'Italia dall'Unita ad oggi. Bologna: Il Mulino, 1991.

SANTORO, Carlo Maria. La geopolitica del Mediterraneo. *Affari Esteri*, v.109, p.108-20, 1995.

_____. Relazioni internazionali. *Enciclopedia delle Scienze Sociali*, Roma, Istituto dell'Enciclopedia Italiana, v.7, p.342-55, 1996.

_____. L'ambiguita di Limes e la vera geopolitica: elogio della teoria. *Limes: Rivista Italiana di Geopolitica*, v.4, p.307-13, 1996.

_____. *Studi di geopolitica, 1992-1994*. Turim: UTET, 1997.

_____. *Occidente*: geoteoria dell'Europa. Milão: Franco Angeli, 1998.

SASSOON, Daniel. The Making of Italian Foreign Policy. In: WALLACE, William; PATERSON, William E. (Orgs.). *Foreign Policy-Making in Western Europe*: a Comparative Approach. Hants: Saxon House, 1978.

SCHÄUBLE, Wolfgang; LAMERS, Karl. Überlegungen zur europäischen Politik. 1994. Disponível em: <www.wolfgang-schaeuble.de/positionspapiere/schaeublelamers94.pdf>.

SCHIMMELFENNIG, Frank; SEDELMEIER, Ulrich (Orgs.). *The Europeanization of Central and Eastern Europe*. Ithaca: Cornell University Press, 2005.

SCHLÖGEL, Karl. Deutschland: Land der Mitte, Land ohne Mitte. In: ZITELMANN, Rainer; WEIβMANN, Karlheinz; GROβHEIM, Michael (Orgs.). *Westbindung edward said*: Chancen und Risiken für Deutschland. Frankfurt/M.: Propyläen Verlag, 1993. p.441-58.

SCHMIERER, Joscha. *Mein Name sei Europa*: Einigung ohne Mythos und Utopie. Frankfurt/M.: Fischer Taschenbuch Verlag, 1996.

SCHMITT, Carl. *The Nomos of the Earth in the International Law of Jus Publicum Europaeum*. Trad. G. L. Ulmen. Nova York: Telos Press, 2003. [Ed. bras.: *O nomos da Terra no direito das gentes do jus publicum europæum*. Rio de Janeiro: Contraponto/Editora PUC-Rio, 2014.]

SCHÖLLGEN, Gregor. *Die Macht in der Mitte Europas*. Munique: Verlag C. H. Beck, 1992.

_____. *Angst vor der Macht. Die Deutschen und ihre Ausenpolitik*. Frankfurt/M./Berlim: Ullstein, 1993.

SCHRÖDER, Gerhard. "Weil wir Deutschlands Kraft vertrauen". Regierungserklarung des Bundeskanzlers am 10. November 1998 vor dem Deutschen Bundestag in Berlin. 10 nov. 1998. Disponível em: <www.

mediacultureonline.de/fileadmin/bibliothek/schroeder_RE_1998/schroeder_RE_1998.pdf>. Acesso em: 1 dez. 2011.

SCHRÖDER, Gerhard. Eine Ausenpolitik des "Dritten Weges?". *Gewerkschaftliche Monatshefte*, v.50, p.392-6, 1999.

_____. Regierungserklarung des Bundeskanzlers Gerhard Schroder zur Aktuellen Lage nach Beginn der Operation gegen den internationalen Terrorismus. 2001. Disponível em: <www.documentarchive.de/brd/2001/rede_schroeder_1011.html>. Acesso em: 3 nov. 2008.

_____. Rede von Bundeskanzler Schroder beim Weltwirtschaftsforum 2002 in New York. 2002. Disponível em: <http://usa.embassy.de/gemeinsam/schroeder020102.htm>. Acesso em: 3 nov. 2008.

_____. Rede von Bundeskanzler Gerhard Schroder zum Wahlauftakt am Montag. Hannover (Opernplatz), 5 ago. 2002. Disponível em: <http://powi.uni-jena.de/wahlkampf2002/dokumente/SPD_Schroeder_Rede_WahlkampfauftaktHannover.pdf>. Acesso em: 1 dez. 2011.

SCHUMPETER, Joseph A. *Capitalism, Socialism, and Democracy*. Nova York: Harper, 1975 [1942]. [Ed. bras.: *Capitalismo, socialismo e democracia*. Trad. Luiz Antonio Oliveira de Araujo. São Paulo: Editora Unesp, 2017.]

SCHÜRMANN, Reiner. The Ontological Difference and Political Philosophy. *Philosophy and Phenomenological Research*, v.40, p.99-122, 1979.

SCHWARZ, Hans-Peter. *Die Zentralmacht Europas*: Deutschlands Ruckkehr auf die Weltbuhne. Berlim: Siedler Verlag, 1994.

SCHWILK, Heimo; SCHACHT, Ulrich (Orgs.). *Die Selbstbewusste Nation*: "Anschwellender Bocksgesang" und weitere Beitrage zu einer deutschen Debatte. Berlim: Ullstein Verlag, 1994.

SEMJONOV, Jurij N. *Fašistická geopolitika ve službách amerického imperialismu*. Praga: Naše vojsko, 1951. (Russian original: "Fashistskaja geopolitika na sluzhbe amerikanskogo imperializma". Moscou: Gospolitizdat, 1949.)

SENGHAAS, Dieter. *Friedensprojekt Europa*. Frankfurt/M.: Suhrkamp Verlag, 1992.

_____. *Zivilisierung wider Willen*: Der Konflikt der Kulturen mit sich selbst. Frankfurt/M.: Suhrkamp, 1998.

SERGOUNIN, Alexander A. Russian Post-Communist Foreign Policy Thinking at the Cross-Roads: Changing Paradigms. *Journal of International Relations and Development*, v.3, n.3, p.216-55, 2000.

SERRA, Enrico. *La diplomazia in Italia*. Milão: FrancoAngeli, 1984.

_____. *Professione: ambasciatore d'Italia*. Milão: FrancoAngeli, 1999.

SEZGIN, Emin; YILMAZ, Selahattin (Orgs.). *Jeopolitik*. Ancara: Harp Akademileri Yayınları, 1965.

SIDAWAY, James Derrick. Iberian Geopolitics. In: DODDS, Klaus; ATKINSON, David (Orgs.). *Geopolitical Traditions*: a Century of Geopolitical Thought. Londres/Nova York: Routledge, 2000. p.118-49.

SIDAWAY, James Derrick et al. Translating Political Geographies. *Political Geography*, v.23, n.8, p.1037-49, 2004.

SIL, Rudra; KATZENSTEIN, Peter J. Analytic Eclecticism in the Study of World Politics: Reconfiguring Problems and Mechanisms across Research Traditions. *Perspectives on Politics*, v.8, n.2, p.411-31, 2010.

SIMPSON, Gerry J. *Great Powers and Outlaw States*: Unequal Sovereigns in the International Legal Order. Cambridge: Cambridge University Press, 2004.

SMITH, David J. *Estonia*: Independence and European Integration. Londres/Nova York: Routledge, 2001.

SMITH, Jean Edward. *George Bush's War*. Nova York: Henry Holt and Company, 1992.

SMITH, Steve. Belief Systems and the Study of International Relations. In: LITTLE, Richard; SMITH, Steve (Orgs.). *Belief Systems and International Relations*. Oxford: Basil Blackwell, 1988. p.11-36.

SMITH, Woodruff D. Friedrich Ratzel and the Origins of Lebensraum. *German Studies Review*, v.3, n.1, p.51-68, 1980.

SNYDER, Jack. Anarchy and Culture: Insights from the Anthropology of War. *International Organization*, v.56, n.1, p.7-45, 2002.

ŠOLLE, Zdeněk, 1999. Palacký, Masaryk, habsburská monarchie a střední Evropa. In: ŠMAHEL, František; DOLEŽALOVÁ, Eva (Orgs.). *František Palacký 1798/1998, dějiny a dnešek*. Praga: Historický ústav AV ČR. p.467-80.

SOOSAAR, Enn. Eesti tee Euroopasse: vahekokkuvõte 1997. In: TAMM, Marek; VÄLJATAGA, Märt (Orgs.). *Mõtteline Euroopa*: valik esseid Euroopa Liidust. Tallinn: Kirjastus Varrak, 2003. p.33-52.

SOOSAAR, Enn. Venemaa on Venemaaa on Venemaa. *Eesti Ekspress*, 5 ago. 2003.

SPARTI, Davide. *Soggetti al tempo*: Identità personale tra analisi filosofica e costruzione sociale. Milão: Feltrinelli, 1996.

_____. *Identità e coscienza*. Bologna: il Mulino, 2000.

SPRENGEL, Rainer. Geopolitik und Nationalsozialismus: Ende einer deutschen Fehlentwicklung oder fehlgeleiteter Diskurs? In: DIEKMANN, Irene; KRÜGER, Peter; SCHOPS, Julius H. (Orgs.). *Geopolitik*: Grenzgänge im Zeitgeist, Band 1.1: 1890 bis 1945. Potsdam: Verlag für Berlin-Brandenburg, 2000. p.147-68.

SPYKMAN, Nicholas. Geography and Foreign Policy, I. *American Political Science Review*, v.32, n.1, p.28-50, 1938.

STANZIONE, Luigi. Le parole o le cose? Adhuc sub iudice lis est. *Geotema: Organo Ufficiale dell'Associazione Geografi Italiani*, v.1, p.115-20, 1995.

STEELE, Brent J. Ontological Security and the Power of Self-Identity: British Neutrality in the American Civil War. *Review of International Studies*, v.31, n.3, p.519-40, 2005.

_____. *Ontological Security in International Relations*: Self-Identity and the IR State. Londres/Nova York: Routledge, 2007.

STEIN, Janice Gross. Psychological Explanations of International Conflict. In: CARLSNAES, Walter; RISSE, Thomas; SIMMONS, Beth A. (Orgs.). *Handbook of International Relations*. Londres: Sage, 2002. p.292-308.

STEINBRUNER JR., John D. *The Cybernetic Theory of Decision*: New Dimensions of Political Analysis. Princeton: Princeton University Press, 1974.

STERLING-FOLKER, Jennifer. Lamarckian with a Vengeance: Human Nature and American International Relations Theory. *Journal of International Relations and Development*, v.9, n.3, p.227-46, 2006.

STOIBER, Edmund. SZ Interview mit Edmund Stoiber. *Suddeutsche Zeitung*, 2 nov. 1993. Disponível em: <web.nexis-lexis.com>. Arquivo com o autor.

STÜRMER, Michael. *Die Grenzen der Macht*: Begegnung der Deutschen mit der Geschichte. Berlim: Siedler, 1992.

SUR, Étienne. La référence à la *Geopolitik*, ou la tentation du déterminisme spatial. *Matériaux pour l'histoire de notre temps*, v.37-38, p.31-7, 1995.

TAAGEPERA, Rein. Endise tsiviilgarnisoni integratsioon. *Postimees*, 21 set. 1998. Disponível em: <www.postimees.ee/leht/98/09/21/arvamus. htm>. Acesso em: 21 mar. 2000.

_____. Europa into Estonia, Estonia into Europa. *Global Estonian*, p.24-7, 1999.

TAMM, Marek; VÄLJATAGA, Märt (Orgs.). *Motteline Euroopa*: valik esseid Euroopa Liidust. Tallinn: Kirjastus Varrak, 2003.

TAYLOR, Philip M. *War and the Media*: Propaganda and Persuasion in the Gulf War. Manchester/Nova York: Manchester University Press, 1992.

THELEN, Kathleen. Historical Institutionalism in Comparative Politics. *Annual Review of Political Science*, v.2, p.369-404, 1999.

_____. Timing and Temporality in the Analysis of Institutional Evolution and Change. *Studies in American Political Development*, v.14, p.101-8, 2000.

THIES, Jochen. Perspektiven deutscher Außenpolitik. In: ZITELMANN, Rainer; WEIßMANN, Karlheinz; GROßHEIM, Michael (Orgs.). *Westbindung*: Chancen und Risiken für Deutschland. Frankfurt/M.: Propyläen Verlag, 1993. p.523-36.

THOMAS, Lewis V.; ITZKOWITZ, Norman. *A Study of Naima*. Nova York: University Press, 1972.

TICKNER, Arlene B. Hearing Latin American Voices in International Relations Studies. *International Studies Perspectives*, v.4, n.4, p.325-50, 2003.

TILLY, Charles. Mechanisms in Political Process. *Annual Review of Political Science*, v.4, p.21-41, 2001.

_____. Observations of Social Processes and Their Formal Representation. *Sociological Theory*, v.22, n.4, p.595-602, 2004.

TORBAKOV, Igor. Eurasian Idea Could Bring Together Erstwhile Enemies Turkey and Russia. *Eurasia Insight*, 18 mar. 2002. Disponível em: <www.eurasianet.org>. Acesso em: 5 maio 2005.

TRUBETZKOY, N. S. *The Legacy of Genghis Khan*. Ann Arbor: Michigan Slavic Publications, 1991.

TSVETAEVA, Marina. *The Demesne of the Swans*. Trad. Robin Kemball. Ann Arbor: Ardis, 1980.

TSYMBURSKII, Vadim. Ostrov Rossiia (Perspektivy Rossiiskoi Geopolitiki). *Polis*, v.5, p.6-23, 1993.

TSYMBURSKII, Vadim. Vtoroje Dyhanije Leviafanov. *Polis*, v.1, p.87-92, 1995.

_____. Dve Evrasii: omonimia kak kljuch k ideologii rannego evrasiistva. *Acta Eurasica*, v.1-2, p.28, 1998.

_____. Geopolitika kak Mirovidenie i Rod Zanyatii. *Polis*, v.4, p.7-28, 1999.

_____. Eto Tvoi Poslednii Geokulturnyi Vybor, Rossija? *Polis*, nov. 2001.

_____. ZAO Rossija. *Russkii Zhurnal*, 8 maio 2002.

_____. Halford Mackinder: Trilogiya Hartlenda i Prizvanie Geopolitika. *Russkii Arkhipelag*, 2004.

_____. *Ostrov Rossija*: Geopoliticheskie i Khronopiliticheskie Raboty, 1993-2006. Moscou: RO SSPEN, 2007.

TUCKER, Robert W.; HENDRICKSON, David C. *The Imperial Temptation*: the New World Order and America's Purpose. Nova York: Council of Foreign Relations Press, 2002.

TUMINEZ, Astrid S. Russian Nationalism and the National Interest in Russian Foreign Policy. In: WALLANDER, Celeste A. (Org.). *The Sources of Russian Foreign Policy After the Cold War*. Boulder: Westview Press, 1996. p.41-61.

TUNANDER, Ola. Geopolitics of the North, Geopolitik of the Weak: a Post-Cold War Return to Rudolf Kjellén. *Cooperation and Conflict*, v.43, n.2, p.164-84, 2008.

TURFAN, Ruhi. *Geopolitik*: Geopolitikle İlgili Ana Konular. Istambul: İstanbul Matbaacılık Okulu, 1962.

TURKEY ENTRY "WOULD DESTROY EU". *BBC News*, 8 nov. 2002. Disponível em: <http://news.bbc.co.uk/2/hi/europe/2420697.stm>. Acesso em: 15 maio 2008.

TÜRK, Hikmet Sami. Turkish Defence Policy. Discurso proferido no Washington Institute for Near East Policy, 3 mar. 1999. Disponível em: <www.washingtoninstitute.org>. Acesso em: 19 nov.2001.

TURQUIA. Ministério da Defesa. *White Paper*, 2000. Disponível em: <www.msb.gov.tr>. Acesso em: 9 jun. 2005.

TÜRSAN, Nurettin. Jeopolitik ve Jeostratejinin Işığı Altında Türkiye'nin Stratejik Değeri-II. *Belgelerle Türk Tarihi Dergisi*, v.41, p.30-5, 1971.

TYULIN, Ivan. Between the Past and the Future: International Studies in Russia. *Zeitschrift für Internationale Beziehungen*, v.4, n.1, p.181-94, 1997.

UÇAR, Orkun; TURNA, Burak. *Metal Fırtına*. Istambul: Timaş, 2005.

URKHANOVA, Rimma. Evrasiitsy i Vostok: Pragmatika Ljubvi? *Acta Eurasica*, v.1, p.12-31, 1995.

UZUN, Hayrettin. Türkiye'nin Artan Jeopolitik Önemi. *Silahlı Kuvvetler Dergisi*, v.100, n.279, p.43-7, 1981.

VÄHI, Tiit. Kaks suur hirmu, mis viivad Eesti elu edasi. *Eesti Paevaleht*, 5 jun. 2001.

VALDEZ, Jonathan. The Near Abroad, the West, and National Identity in Russian Foreign Policy. In: DAWISHA, Adeed; DAWEESHA, Karen (Orgs.). *The Making of Foreign Policy in Russia and the States of Eurasia*. Armonk: M. E. Sharpe, 1995. p.84-110.

VÁLKA, Josef. Palacký a francouzští liberální historikové. In: ŠMAHEL, František; DOLEŽALOVÁ, Eva (Orgs.). *František Palacký 1798/1998, dějiny a dnešek*. Praga: Historický ústav AV ČR, 1999. p.93-100.

VAN DER WUSTEN, Herman; DIJKINK, Gertjan. German, British and French Geopolitics: the Enduring Differences. *Geopolitics*, v.7, n.3, p.19-38, 2002.

VAN EVERA, Stephen. Primed for Peace: Europe After the Cold War. In: LYNN-JONES, Sean M. (Org.). *The Cold War and After*: Prospects for Peace. Cambridge: The MIT Press, 1991. p.193-243.

VARES, Peeter. Estonia and Russia: Interethnic Relations and Regional Security. In: KNUDSEN, O. (Org.). *Stability and Security in the Baltic Sea Region*: Russian, Nordic and European Aspects. Londres/Portland: Frank Cass, 1999.

VASQUEZ, John A. The Realist Paradigm and Degenerative versus Progressive Research Programs: an Appraisal of Neotraditional Research on Waltz's Balancing Proposition. *American Political Science Review*, v.91, n.4, p.899-912, 1997.

VEBER, Václav. Úvod. In *V úloze mouřeniná*. In Emmanuel Moravec. Pardubice: Filip Trend Publishing, 1939/2004. p.5-12.

VENNESSON, Pascal. Case Studies and Process Tracing: Theories and Practices. In: DELLA PORTA, Donatella; KEATING, Michael (Orgs.). *Approaches and Methodologies in the Social Sciences*: a Pluralist Perspective. Cambridge: Cambridge University Press, 2008. p.223-39.

VIDAL DE LA BLACHE, Paul. Régions françaises. *Revue de Paris*, v.6, 1910.

VIGEZZI, Brunello. *L'Italia unita e le sfide della politica estera*. Milão: Unicopli, 1997.

VIHALEMM, Peeter. Changing National Spaces in the Baltic Area. In: LAURISTIN, Marju et al. (Orgs.). *Return to the Western World*: Cultural and Political Perspectives on the Estonian Post-Communist Transition. Tartu: University of Tartu Press, 1997. p.129-62.

VIHALEMM, Triin; LAURISTIN, Marju. Cultural Adjustment to the Changing Societal Environment: the Case of Russians in Estonia. In: LAURISTIN, Marju et al. (Orgs.). *Return to the Western World*: Cultural and Political Perspectives on the Estonian Post-Communist Transition. Tartu: University of Tartu Press, 1997. p.279-97.

VINKOVETSKY, Ilya (Org. e trad.). *Exodus to the East*: Forebodings and Events. An Affirmation of the Eurasians. Idyllwild: Charles Schlacks, 1996.

VIRCHOW, Fabian. *Gegen den Zivilismus*: Internationale Beziehungen und Militär in den politischen Konzeptionen der extremen Rechten. Wiesbaden: VS Verlag für Sozialwissenschaften, 2006.

VOIGT, Karsten. 'Die deutsch-französischen Beziehungen und die neue *Geopolitik*' – Rede von Karsten D. Voigt, Koordinator für die Deutsch--Amerikanische Zusammenarbeit im Auswärtigen Amt, im Rahmen des Deutsch-Französisches Seminars der Association Jean Monnet, 5 jul. 2002. Disponível em: <www.auswaertiges-amt.de/diplo/de/Infoservice/Presse/Reden/Archiv/2002/020705-DtFrBeziehungen.html>. Acesso em: 12 jan. 2005.

WÆVER, Ole, 1995. Securitization and Desecuritization. In: LIPSCHUTZ, Ronnie (Org.). *On Security*. Nova York: Columbia University Press, 1995. p.46-86.

_____. European Security Identities. *Journal of Common Market Studies*, v.34, n.1, p.103-32, 1996.

_____. Identity, Communities and Foreign Policy: Discourse Analysis as Foreign Policy Theory. In: HANSEN, Lene; WÆVER, Ole (Orgs.). *European Integration and National Identity*: the Challenge of the Nordic States. Londres/Nova York: Routledge, 2002. p.20-49.

WAGENER, Martin. Auf dem Weg zu einer "normalen" Macht? Die Entsendung deutscher Streitkräft in der Ära Schröder. *Trierer Arbeitspapiere zur Internationalen Politik*, v.8, 2004.

WALKER, Stephen G. (Org.). *Role Theory and Foreign Policy Analysis*. Durham: Duke University Press, 1987.

WALT, Stephen M. *The Origins of Alliances*. Ithaca: Cornell University Press, 1987.

WALTZ, Kenneth N. *Theory of International Politics*. Reading: Addison-Wesley, 1979.

WATZAL, Ludwig Der Irrweg von Maastricht. In: ZITELMANN, Rainer; WEIβMANN, Karlheinz; GROβHEIM, Michael (Orgs.). *Westbindung*: Chancen und Risiken für Deutschland. Frankfurt/M.: Propyläen Verlag, 1993. p.477-500.

WEBER, Joachim F. Renaissance der Geopolitik. Deutschland in der Orientierungskrise. *Criticon*, v.129, p.31-3, 1992.

WEBER, Max. *Wirtschaft und Gesellschaft*: Grundriss der verstehenden Soziologie. 5.ed. rev. Tübingen: J. C. B. Mohr (Paul Siebeck), 1980 [1921/1922].

WELDES, Jutta. Constructing National Interests. *European Journal of International Relations*, v.2, n.3, p.275-318, 1996.

_____. *Constructing National Interests*: the United States and the Cuban Missile Crisis. Minneapolis: University of Minnesota Press, 1999.

_____. The Cultural Production of Crises: U.S. Identity and Missiles in Cuba. In: WELDES, Jutta et al. (Orgs.). *Cultures of Insecurity*: States, Communities and the Production of Danger. University of Minneapolis Press, 1999. p.35-62.

WENDT, Alexander. Anarchy Is What States Make of It: the Social Construction of Power Politics. *International Organization*, v.46, n.2, p.391-425, 1992.

_____. Constructing International Politics. *International Security*, v.20, n.1, p.71-81, 1995.

_____. *Social Theory of International Politics*. Cambridge: Cambridge University Press, 1999.

_____. On the Via Media: a Response to the Critics. *Review of International Studies*, v.26, p.165-180, 2000.

WENDT, Alexander. Why a World State Is Inevitable: Teleology and the Logic of Anarchy. *European Journal of International Relations*, v.9, n.4, p.491-542, 2003.

_____. The State as Person in International Theory. *Review of International Studies*, v.30, n.2, p.289-316.

WIBERG, Hakan. Peace Research and Eastern Europe. In: ALLAN, Pierre; GOLDMANN, Kjell (Orgs.). *The End of the Cold War*: Evaluating Theories of International Relations. Dordrecht: Martinus Nijhoff, 1992. p.147-78.

WIGHT, Colin. State Agency: Social Action without Human Activity? *Review of International Studies*, v.30, n.2, p.269-80, 2004.

_____. Theorizing the Mechanisms of Conceptual and Semiotic Space. *Philosophy of the Social Sciences*, v.34, n.2, p.283-99, 2004.

_____. *Agents, Structures and International Relations*: Politics as Ontology. Cambridge: Cambridge University Press, 2006.

WILLIAMS, Michael C. What Is the National Interest? The Neoconservative Challenge in IR Theory. *European Journal of International Relations*, v.11, n.3, p.307-37, 2005.

WILLIAMS, Michael C.; NEUMANN, Iver B. From Alliance to Security Community: NATO, Russia, and the Power of Identity. *Millennium: Journal of International Studies*, v.29, n.2, p.357-87, 2000.

WOHLFORTH, William C. *The Elusive Balance*: Power and Perceptions during the Cold War. Ithaca: Cornell University Press, 1993.

_____. Realism and the End of the Cold War. *International Security*, v.19, n.3, p.91-129, 1994/1995.

WOLFERS, Arnold. *Discord and Collaboration*: Essays on International Politics. Baltimore/Londres: The Johns Hopkins University Press, 1962.

WOLKERSDORFER, Günther. Karl Haushofer and Geopolitics: the History of a German Mythos. *Geopolitics*, v.4, n.3, p.145-60, 1999.

YANIK, Lerna K. Those Crazy Turks That Got Caught in the "Metal Storm": Nationalism in Turkey's Best Seller Lists. *RSCAS Working Paper*, 2008. Disponível em: <http://hdl.handle.net/1814/8002>. Acesso em: 22 maio 2008.

_____. Valles of the Wolves-Iraq: Anti-geopolitics. *Alla Turca, Middle East Journal of Culture and Communication*, v.2, n.1, p.153-70, 2009.

YEE, Albert S. The Causal Effects of Ideas on Politics. *International Organization*, v.50, n.1, p.69-108, 1996.

YILMAZ, Eylem; BILGIN, Pinar. Constructing Turkey's "Western" Identity during the Cold War: Discourses of the "Intellectuals of Statecraft". *International Journal*, v.61, n.1, p.39-59, 2005.

YILMAZ, Mehmet. Derin bir Kitap. *Zaman*, 4 jun. 2001.

ZATULIN, Konstantin. Pochemu nam nado segodnja priznat' nezavisimost' Abhazii i Juzhnoi Osetii. *Izvestia*, 25 ago. 2008.

ZEHFUSS, Maja. Constructivism and Identity: a Dangerous Liaison. *European Journal of International Relations*, v.7, n.3, p.315-48, 2001.

_____. *Constructivism in International Relations*: the Politics of Reality. Cambridge: Cambridge University Press, 2002.

ZIELENIEC, Josef. Rozhovor Národní obrody s ministrem mezinárodních vztahů ČR Josefem Zieleniecem – Aj po rozvode si ostaneme blízki. *Československá zahraniční politikanew york – dokumenty*, Praga, Federal Ministry of Foreign Affairs, v.39, n.10, p.885-8, 6 out. 1992.

_____. Rozhovor ministra mezinárodních vztahů ČR Josefa Zieleniece v Práci. *Československá zahraniční politika – dokumenty*, Praga, Federal Ministry of Foreign Affairs, v.39, n.9, p.836-9, 29 set. 1992.

_____. Rozhovor ministra zahraničí Josefa Zieleniece pro Hospodářské noviny – Dva státy, dvě diplomacie. *Česká zahraniční politika – dokumenty*, Praga, Czech Ministry of Foreign Affairs, v.40, n.1, p.74-9, 19 jan.1993.

ZITELMANN, Rainer; WEIβMANN, Karlheinz; GROβHEIM, Michael (Orgs.). *Westbindung*: Chancen und Risiken für Deutschland. Frankfurt/M.: Propyläen Verlag, 1993.

ÍNDICE REMISSIVO

Agnew, John, 13, 60, 98, 145, 409, 431
Alemanha
  governo Kohl, 235
  governo Schröder/Fischer, 209, 211, 215, 233, 238-9, 249
aliança eslava, 187
análise constitutiva, 127-8, 128*n*
Andreatta, Beniamino, 265
Andreotti, Giulio, 426
ansiedade ontológica, 42-3, 117, 134, 142, 170-2, 174, 188, 204, 328, 376, 392, 402, 409, 423, 431
antigeopolítica, 146, 171-9, 185, 188, 197-9, 202, 207-8, 414-6, 449, 457, 464 e neoliberalismo, 199
antropomorfisação, 123
apartheid, 492
Aron, Raymond, 30-1, 88

Ash, Timothy Garton, 341

balança de poder; equilíbrio de poder, 52, 106, 178
Baltoscandia, 339
Barthes, Roland, 361
Bassin, Mark, 22, 65, 67, 73, 156, 408, 418-9
behaviorismo, 139-40
Behnke, Andreas, 9, 209, 399, 416-7, 419-21
Berliner Republik (República Berlinense), 210, 215, 233-41, 422
Bially Mattern, Janice, 133, 490
Billig, Michael, 336
Bobbio, Norberto, 103-4*n*
Bonanate, Luigi, 277
Bonner Republik (República de Bonner), 210, 215, 222, 224-6, 242, 421, 454
Bottai, Bruno, 266

Bottai, Giuseppe, 266
Bourdieu, Pierre, 152, 465, 486
　análise de (dos) campos, 152
Brandt, Willy, 220
Brill, Heinz, 419
Brubaker, Rogers, 125, 143
Brzezinski, Zbigniew, 86, 388, 429
Buck, Felix, 419-20
Bunge, Mario, 479
Bush, George W., 276, 494, 500

campo de especialistas em política externa (cultura ou sistema), 116, 118, 122, 125, 128, 130, 138, 152, 159, 161, 171, 203, 266, 290, 366, 372, 408, 410, 414, 415, 429, 457, 461, 464-5
capital simbólico, 131
Caracciolo, Lucio, 266, 428n
Carr, Edward H., 81, 105, 144-5, 190
Carta de Paris, 57, 407
Carter, Jimmy, 492
causalidade, 13, 128, 400, 471, 474-5, 484, 504
　de Hume, 127-8
　do tipo "como é possível", 128n, 143-4
Cesa, Marco, 268
Chaadaev, Petr, 381
Checkel, Jeffrey, 141
choque de civilizações, 32, 38, 62, 71, 148n, 331, 340, 342-3, 439
Clausewitz, Carl von, 31, 33, 95
　reversão, 30, 496

Cohen, Saul, 99-102
comparação
　orientada pelos casos (case-oriented), 161n
Comte, Auguste, 75
conferência
　de Munique, 188-9
　de Versalhes, 189
Conrad, Joseph, 371
construtivismo, 28, 30, 34, 39-40, 43-6, 121, 154, 165, 461-505
　microdinâmicos, 34, 44, 46, 121, 461-505
　micro/macrodinâmicas, 121
Cooper, Frederick, 125, 143
contrafactual, 132, 503
crise
　de Fashoda, 84
　de Suez, 490
　dos Mísseis de Cuba, 128, 132, 365, 490
crise de identidade de política externa, 28-30, 41, 44, 71, 115-66, 170, 190, 207, 257-8, 281, 292-3, 313-7, 365, 409-14, 422, 428, 434, 436, 445, 448-53, 456, 458, 461-4, 466, 473, 488-94, 503
　definições de, 117, 160-1
　razões para, 134-5, 461
crise ontológica, 219, 252, 365, 370, 373, 391
　produção de, 409
cristianismo ortodoxo, 394
cultura estratégica, 126-7
Cultura Geopolítica, 213

culturas da anarquia, 40, 45, 67, 70, 110, 121, 128, 162, 411-2, 472, 485, 499, 501-5

Dalby, Simon, 13, 109, 145

D'Alema, Massimo, 287-8*n*

darwinismo, 81

social, 20, 68-9, 74, 77, 79-82, 85, 93, 112, 145*n*, 146, 433, 440

sobrevivência do mais forte, 74

Davutoğlu, Ahmet, 294, 296-8, 311-2, 431

De Michelis, Gianni, 286-7

declínio hegemônico, 52

definição do círculo hermenêutico, 143

Derrida, Jacques, 178

dessecuritização, 45, 121, 501

détente, 40*n*, 54, 135, 374-5

determinismo geográfico-espacial, 68, 88, 97, 99-100, 106, 111

como primazia explicativa, 111

discurso, 256

discursos de política externa, 40, 63, 110, 117-8, 121, 128-34, 138, 142, 161-2, 410, 488

divisão da Tchecoslováquia, 190, 195, 197-9

dogma geopolítico

características do, 293-301

definição do, 295-6

Dugin, Aleksandr, 38, 326*n*, 369-70, 392-403, 445-6

Durkheim, Émile, 75

Dutschke, Rudi, 417

Dvorský, Viktor, 189-92, 194, 206

Ebeling, Frank, 217-8

Ecevit, Bülent, 328-9, 433

"efeito de *looping*", 487

eixo da Eurásia, 194

elites de política externa socialização, 154-5

Elster, Jon, 476, 478-80, 485

emancipação tcheco (movimento de), 180

equifinalidade, 43, 140-1, 461

Escola de Copenhague de Estudos de Segurança, 36*n*, 96

Escola Inglesa de Relações Internacionais, 45, 87-8, 502*n*

espacializações de poder, 212

Estado da Grande Morávia, 191-3, 207

Estônia

Conceito de Segurança Nacional, 348-9

negociação de adesão na UE, 358

estudos para a paz, 54, 116, 456-7, 466

eurasianismo, 312, 324-6, 369-71, 376-85, 388-9, 392-402, 437

falácia funcional, 43

Feldmeyer, Karl, 228

Fischer, Joschka, 209, 211, 215, 233, 238-41, 244-5, 249-50, 252

Florovskii, Georgii, 378

força representacional, 133

Galli della Loggia, Ernesto, 264
Gambetta, Diego, 476
Gellner, Ernest, 180
Genscher, Hans-Dietrich, 220
geoestratégia, 99, 269, 272, 384, 386, 387-92
geografia
 física, 42
 humana/cultural, 42
 política, 49
geopolítica
 autorrealizável, 46
 banalização da, 216
 civilizacional, 332, 336-7, 343, 353, 362, 383-4
 culturalismo, 333
 definição crítica da, 107
 definição de, 98-9, 107, 110-1, 174-5, 260-1, 271-3
 e conservadorismo, 321-2, 328
 e determinismo, 50, 100-1, 176, 196, 402, 446-7
 e enviesamento militar, 95
 e essencialização, 360-1, 496
 e facismo, 260
 e identidade nacional, 264
 e imperialismo, 138-9, 259
 e interesse nacional, 265
 e nacionalismo, 434, 440
 e objetividade, 175-6
 e organicismo, 74-5
 e pressão demográfica, 497-8
 e primazia da geografia, 298
 e realismo, 69, 111-3, 272-3
 e revisionismo, 260
 e senso comum, 335-6, 340
 escola alemã/*Geopolitik*, 68, 70-1, 85
 escola francesa de, 102, 150, 269-70
 fenômeno de primeira ordem *vs* fenômeno de segunda ordem, 58-9, 109
 finitude do mundo, 84, 146
 formal, 175, 177
 geografia da política *vs* política da geografia, 57-8
 interconexão das relações, 83-4
 prática, 174, 178-9
 primazia explicativa, 106-7
 uso de, 106-7, 112
 uso retórico da, 105, 156, 186, 198-9, 273-7, 338, 369-70, 375, 413-4, 433
geopolítica clássica, 20, 22, 62, 67-9, 70-85, 86, 88-9, 99, 107, 110-1, 116, 297, 299, 304, 308, 310, 320, 327, 330, 440
geopolítica crítica, 28, 57-64, 70, 98, 107-10, 134, 144-5, 253, 274, 334-5, 408
geopolítica do irredentismo, 148
geopolítica dos fracos, 19, 439, 442
geopolítica, escola francesa de, 102, 150, 269-70
geopolítica neoclássica, 22, 26, 30-1, 64-5, 67-8, 70, 87, 97-113, 115, 122, 127, 137, 138-63, 166, 175, 210-4, 229, 231, 370, 392,

398, 402, 408-9, 411, 413, 446, 466, 495
definição de, 110-1, 408-9
dilema de, 97-8
e primazia explicativa de fatores geográficos, 98
geo-política, 59, 107-9, 282
Geopolitik, 212-25, 231, 240-1, 248, 396
eurasianismo e, 396-8
uso da, 213-4
Gilpin, Robert, 52, 92
Giscard d'Estaing, Valéry, 303
Gorbachev, Mikhail, 27, 52, 135
Guénon, René, 277, 393
Guerra do Afeganistão/Operação Liberdade Duradoura, 245-6
Guerra do Golfo, 132, 186
Guerra do Kosovo/campanha da Otan, 209-10, 244, 249-50
Guerra do Kuwait 1990/1991, 224-5
Guerra Fria, 40
 fim da, 45, 50-1, 55, 109-10, 169-70, 212, 215-9, 220
guerra preventiva, 53
Guerra Rússia-Geórgia, 500-1
Guerras dos Balcãs, 51, 55-7
Guzzini, Stefano, 170-1, 177, 210, 229

Habermas, Jürgen, 178
Hacking, Ian, 487
Hallik, Klara, 356
harmonia de interesse, 81, 144
Haslam, Jonathan, 80
Haushofer, Karl, 21, 71-4, 76-9, 83-4, 153, 214, 217-8, 261, 278, 363-4, 369, 396, 398-9, 419, 498
Havel, Václav, 172-3, 178-9, 181-2, 185-8, 191, 197, 206-7, 343, 414, 433
Hawkins, Mike, 433
Hellmann, Günther, 239, 242-4
Helme, Mart, 351
Hess, Rudolf, 71
Hirschman, Albert O., 117
história tcheca
 período da Grande Morávia, 182, 191-3
 período hussita, 182-5
 tradição hussita, 184
Hitler, Adolf, 68, 70-1, 131
Hnízdo, Bořek, 198
Hobbes, Thomas, 45, 92
Hofstadter, Richard, 80
Homero, 388
Huntington, Samuel P., 32-3, 38-9, 49, 62, 86, 112, 148, 310, 331-4, 339-44, 352, 357, 359-61, 429, 438-9, 441-2, 455, 501
huntingtonismo, 341-2, 352, 359-60
 banal, 331-62
Hus, Jan, 182-6
Hvostov, Andrei, 342

identidade
 alemã, 221-2, 224, 234, 238, 248, 421-2

como conceito disposicional, 125
conceito de, 125
definição de, 125
societal, 126; identidade de política externa, 125
e autoconcepções/autoentendimentos, 41-2, 118-9, 149
e concepções externas de papel, 41-2, 118-9, 149
ideologia pan-alemã, 195
İlhan, Suat, 294, 296-300, 309-12, 324-5
Ilves, Toomas Hendrik, 340, 348-9, 352
imaginação geopolítica, 59, 61, 65, 212, 215, 395
imaginário
  alemão, 234
  definição de, 127-9
  de política externa, 121-2, 129, 134, 149
  de segurança, 172, 212-3, 299-300, 410, 467-8
  e dogma da geopolítica turca, 430
  em discurso de política externa alemã, 209-10
intelectuais de governo, 343
"interesse(s) nacional(is)", 16, 42, 124, 242, 263-5, 268, 275-6, 281, 287, 387, 390, 434, 465
Força Internacional de Assistência para a Segurança (International Security Assistance Force – Isaf), 249
interpretativista, 12, 30, 43, 60, 118-9, 122, 128, 160-1, 165-6, 278, 422, 435, 454, 461-8, 477, 479, 485
invasão avariana, 192
Ish-Shalom, Piki, 13, 485n
Itália
  governo Berlusconi, 288
  governo Prodi, 287
  Lega Nord (Liga Norte), 282n
  política externa durante a Guerra Fria, 425
  renascimento da geopolítica, 39
  Tangentopoli, 423-9

Jaanson, Kaido, 354-5
Jean, Carlo, 25, 39, 74n, 96, 102-5, 112, 156, 258, 264, 270, 271-7, 288, 291, 423, 427

Kallas, Siim, 350-1
Kaplinski, Jaan, 352-3
kemalismo, 436
Kennan, George F., 91, 132, 368
Kievan Rus', 379
Kirch, Marika, 340-2
Kissinger, Henry, 84, 270, 429
Kivine, Märt, 340
Kjellén, Rudolf, 74n, 153, 440
Klaus, Václav, 172-3, 191, 197-8, 200, 206, 208, 414
Kohl, Helmut, 225, 233, 235, 238
Korčák, Jaromír, 189, 192-4, 206

Korinman, Michel, 266
Kozyrev, Andrei, 373
Krejčí, Oskar, 190-1, 193, 195-6, 206
Kundera, Milan, 171, 337, 415

Laar, Mart, 340
Lacoste, Yves, 18, 60, 102, 104n, 150, 155, 266, 269-70
Lafontaine, Oscar, 417
Lamers, Karl, 235, 238-41
Larson, Deborah Welch, 144, 448n
Lauristin, Marju, 337, 353
Lebensraum, 74, 78, 216, 218, 230, 299
Lellouche, Pierre, 497-8
Lieven, Anatol, 351
Liga das Nações, 191, 218
Limes: Rivista Italiana di Geopolitica, 39, 258, 266-71, 282, 287, 290-2, 423, 427-8, 433
Luik, Jüri, 345, 350
Luke, Timothy, 131
Luttwak, Edward, 86, 270

Machtpolitik, 209, 222, 242, 248
Machtvergessenheit, 226
Mackinder, Halford, 18, 38, 75, 82-5, 112, 148, 262, 270, 278, 300, 303-4, 316, 363, 377-8, 388, 440
Mahan, Alfred Thayer, 18, 75, 278
Malthus, Thomas Robert, 20, 74, 78, 85, 92
malthusianismo, 20, 78-9, 82, 85-6, 97, 111, 434

Maquiavel, Niccolò, 92, 216, 282
Martino, Antonio, 287
marxismo-leninismo, 173, 181, 185
Masaryk, Tomáš Garrigue, 179-82, 184-5, 187, 189, 191, 197, 207
Massi, Ernesto, 261
Mayntz, Renate, 477-8
Mearsheimer, John, 49, 55-6, 86, 270
mecanismo social, 44, 109, 411, 413, 447, 458, 462, 495, 504
   círculo vicioso de essencialização, 45, 166, 462, 495-504
   definição de, 470-85
   e construtivismo, 471-2
   e determinância, 484
   e equilíbrio, 481
   e positivismo, 474-5
   e processos, 483-4
   e psicologia, 478
   e racionalismo, 476-8, 480-1
   intersubjetivo, 488-9
   redução na crise de identidade de política externa, 44-5
Meri, Lennart, 342, 344-5
metafísica, 104, 187, 378, 392-403
metáforas, 74-5, 77, 79, 130-1, 138, 278-80, 468
metateóricas, 58, 165-6, 472
Missão da ONU no Timor-Leste, 247
Mitrofanov, Aleksey, 38
Mitteleuropa, 219
Mittellage, 226-9, 232, 236, 240, 248
Molnár, Gusztáv, 148

Moravec, Emmanuel, 189-91, 193, 195, 206
Morgenthau, Hans, 90-1, 177, 273
nacionalismos universalistas, 92
Morozov, Viatcheslav, 397-8, 496
movimento hussita, 182-5, 190-1, 207
Mussolini, Benito, 259, 261-2
Mutt, Mihkel, 353

narrativas, 213
nazismo
 e geopolítica, 219
 e *Geopolitik*, 216-7
Nejedlý, Zdeněk, 179, 181-2, 184, 187, 207
neoeurasianismo, 392, 396-402
neo-*Geopolitik*, 230-2
Nutt, Mart, 357

Ó Tuathail, Gearóid (Toal, Gerard), 62, 109, 145, 177n, 213, 274
Ojuland, Kristiina, 352
11 de Setembro (2001), 33, 245-6, 251, 275
Organização do Tratado do Atlântico Norte (Otan), 142, 154-5, 172, 197, 201-5, 223-5, 228, 232, 236, 244-5, 250, 284, 303, 313, 334, 346-50, 353, 356, 425, 502
 e Stay Behind, 425n
Ostorientierung, 237
Ostpolitik, 40, 50, 54, 135, 237
Özdağ, Muzaffer, 308-9, 312, 324

Özdağ, Ümit, 308, 325-6

Pacto Molotov-Ribbentrop, 72
Palacký, František, 179-84, 186-7, 207
pan-germanismo, 187*path dependence*
 ideacional, 116, 119, 138, 143, 159, 170-1, 173, 407, 416, 422, 429, 456, 461, 464, 488
pensamento geopolítico, 26, 28, 30, 38-43, 49-65, 67, 70, 75, 109, 112, 116-8, 121, 123, 125, 137-41, 146, 149, 153, 156, 160-2, 164, 171, 175, 177-9, 189, 196, 199-200, 206, 258, 260, 278, 285, 291, 293-5, 312, 328, 368, 388, 402, 409-13, 416, 420, 423, 427, 429, 433, 435-6, 445-8, 453, 455-6, 459, 465, 467-9, 473, 485, 488, 495-8, 501, 503-5
Petrignani, Rinaldo, 279
Pizzorno, Alessandro, 486-7
política externa alemã, 71, 209-53, 420-1
 sob Helmut Kohl, 233
política externa Schröder/Fischer, 209-10
prática discursiva, 108, 133-4, 397
primazia da política externa, 373
process tracing, 43, 141-2, 210-1
 configuracional, 118-9
 e causal, 473-4
 fatores processuais (subsidiários), 43

histórica, 467-9
interpretativista, 43, 118-9, 143, 422, 461, 467
multicamadas, 469
processo de Helsinque, 54
profecia autorrealizável, 32
Putin, Vladimir, 172, 203-4, 363-5, 375, 390, 446, 494
discurso de Munique, 375

Ratzel, Friedrich, 72, 73-8, 386, 399, 439-40
Antropo-Geography, 72
Raudsepp, Maaris, 359
razão de Estado, 75, 82, 88
Reagan, Ronald, 52-3, 135, 374
realidade social, 58
realismo, 55, 69, 103-4
"antiaparente", 103-4
anti-ideal, 103-4*n*
clássico, 86-7
como conhecimento prático, 89-90
definição de, 86-7
determinismo, 51-2
determinismo cíclico, 55
dilema identitário de, 106
e geopolítica, 88-9, 95-6, 158, 178
e indeterminância, 93
e pensamento do pior cenário possível, 94
e tradição historicista alemã, 157
estrutural, 101

poder expansionista, 89
primazia da política externa, 95
teoria de congelamento, 55
vácuo de poder, 90-1
Realpolitik, 16, 56, 75, 81, 333, 494
reforma tcheca, 184
regressão
histórica, 144
infinita, 126-7
relações Turquia-Comunidade Europeia, 313-4
representações, 59
ressecuritização, 45, 121
retraimento, 52
revisionismo
Alemanha, 230
Revolução de Veludo, 170-2, 185, 207-8
Risse(-Kappen), Thomas, 152, 251
Roletto, Giorgio, 261
Rumsfeld, Donald, 94
Rússia, 204-5
ressurgimento geopolítico, 38
"Rússia Continente", 395
Rússia Insular, 384-7, 391
Ruutsoo, Rein, 344

Saar, Jüri, 355
Santoro, Carlo Maria, 258, 268, 270, 277-80
Savitskii, Petr, 378, 380-2
Schäuble e Lamers (artigo de), 238-41
Schäuble, Wolfgang, 235, 417-8
Schmitt, Carl, 277, 385-6, 399

Schröder, Gerhard, 239, 242-3, 246-7, 249-50, 252
script espacial da política, 334
síntese turaniana, 380-2
sistema antimísseis norte-americano, 196, 200-5
sistemas de crença, 120n, 144
Sombart, Werner, 80n
Sonderweg, 218-20, 222-3, 227, 229, 231, 237-8, 243, 248-9, 252
alemão, 218-9, 222-3, 229, 237-8, 243, 248-9
Soosaar, Enn, 346, 356
Spencer, Herbert, 75, 79-80, 101
Spykman, Nicholas, 270, 278, 300, 338
Stoiber, Edmund, 233-5, 239
Struck, Peter (ministro da Defesa alemão 2002-2005), 248
Sumner, William, 80
Sur, Étienne, 418

Taagepera, Rein, 345-6
teoria da identidade social, 441
Thatcher, Margaret, 220
Tilly, Charles, 482-3, 488, 495
Tjutchev, Fyodor, 381-2
tradição geopolítica, 18, 20, 64, 68, 82, 85, 90, 96-7, 108-9, 112, 148, 150, 153, 162, 164, 257, 335, 363, 366
Tradições Geopolíticas, 213
Tratado de Sèvres (metáfora), 304-5, 311, 330, 431
Tratado de Trianon, 148

Trubetzkoy, Nikolai, 376-84, 390-1, 393-8
Tsymburskii, Vadim, 369-70, 383-403, 445-6
Türk, Hikmet Sami, 315-6

União Europeia (UE), 12, 146-7, 155, 172, 197, 203-6, 228, 232-6, 238, 240-1, 250-1, 275, 284, 287, 295, 310-1, 314, 316, 322-9, 331-2, 334, 342, 346-7, 350, 352-3, 358, 366n, 425, 431, 436, 494, 502
Política Europeia de Segurança e Defesa (ESDP), 250, 303
Política Externa e de Segurança Comum, 236
Tratado de Maastricht, 228
União Soviética, 40n, 41, 52-4, 83, 136-7, 309, 313n, 322, 335, 351, 363, 371, 380, 384-5, 387, 389, 395, 402, 415, 436, 442, 444-5, 453, 493
unificação alemã, 215-6, 220-1, 234, 417, 448

Vaher, Ken-Marti, 350
Vähi, Tiit, 352
Verantwortungsgemeinschaft, 223
Verantwortungspolitik, 221-2, 231, 245, 249
vertigem geopolítica, 62, 339
Vihalemm, Peeter, 337, 353
Voigt, Karsten, 211-2
Von Bertalanffy, Ludwig, 101

Von Rochau, Ludwig, 75
Von Treitschke, Heinrich, 242
Vondra, Alexandr, 203-4

Wæver, Ole, 146, 420
Walt, Stephen, 52
Waltz, Kenneth, 52, 101, 177
Watzal, Ludwig, 227
Weber, Joachim F., 419
Weißmann, Karlheinz, 419-20
Weldes, Jutta, 128-9, 131-2, 143-4, 365, 367, 399, 403, 410, 490
Wendt, Alexander, 40, 45, 56, 121
Werterationalität, 477
Westbindung, 220-1, 223, 226-7, 229-31, 233, 237, 245, 249-50

Wight, Colin, 479
Wight, Martin, 280
wilsonianismo, 82, 131
Wittfogel, Karl, 72
Wohlforth, William, 52
Wolfers, Arnold, 88-9, 139

Yeltsin, Boris, 390

Zahradil, Jan, 203
Zhirinovsky, Vladimir, 38
Zieleniec, Josef, 197
Zitelmann, Rainer, 420
Zivilisierungspolitik, 209
Zwischeneuropa, 218

SOBRE O LIVRO

Formato: 14 × 21 cm
Mancha: 23 × 38 paicas
Tipologia: Adobe Caslon Pro 10,5/14
Papel: Off-white 80 g/m² (miolo)
Cartão Supremo 250 g/m² (capa)

1ª edição Editora Unesp: 2020

EQUIPE DE REALIZAÇÃO

Edição de texto
Fábio Fujita (Copidesque)
Jennifer Rangel de França (Revisão)

Capa
Estúdio Bogari

Editoração eletrônica
Sergio Gzeschnik (Diagramação)

Assistência editorial
Alberto Bononi